高等院校应用创新教材

材 料 力 学

郄禄文　王国安　张　颖　主编

科 学 出 版 社

北　京

内 容 简 介

本书根据普通高等学校土木工程专业本科教育培养目标和培养方案编写而成。在编写本书过程中，编者借鉴和吸收了国内外同类教材的优点，结合土木工程专业特点，既注重知识体系的完整性和实用性，又突出工程应用的训练。本书共分9章，主要内容包括绪论、轴向拉伸或压缩、扭转、弯曲内力与弯曲应力、梁的弯曲变形、应力状态与强度理论、组合变形及连接的实用计算、压杆稳定和能量法。

本书可作为普通高等学校土木工程专业及相关专业的教学用书，也可供土建类、水利类、机械类各专业及相关工程技术人员参考。

图书在版编目(CIP)数据

材料力学/郄禄文，王国安，张颖主编. —北京：科学出版社，2017

（高等院校应用创新教材）

ISBN 978-7-03-051263-5

Ⅰ. ①材… Ⅱ.①郄… ②王… ③张… Ⅲ. ①材料力学-高等学校-教材 Ⅳ. ①TB301

中国版本图书馆CIP数据核字（2017）第000024号

责任编辑：周艳萍 / 责任校对：王万红
责任印制：吕春珉 / 封面设计：耕者设计

科学出版社 出版
北京东黄城根北街16号
邮政编码：100717
http://www.sciencep.com

三河市铭浩彩色印装有限公司印刷
科学出版社发行　各地新华书店经销
*
2017年11月第 一 版　开本：787×1092 1/16
2017年11月第一次印刷　印张：19 1/2
字数：456 000

定价：58.00元

（如有印装质量问题，我社负责调换〈骏杰〉）

销售部电话 010-62136230　编辑部电话 010-62151061

编 委 会

主　编　郄禄文　王国安　张　颖

副主编　李红梅　刘宝会　马连华

主　审　刚芹果

前　言

本书是为适应新形势下应用型工科专业“材料力学”课程的教学需要，参照国内各院校相关专业人才培养计划，按照“材料力学”课程教学大纲所规定的基本内容而编写的。

应用工程技术的发展对力学知识的要求越来越高，但当前“材料力学”课程的教学课时数在逐步减少。为适应新形势下应用型人才培养需求，在编写本书时，编者广泛借鉴和吸收了国内外同类教材的优点，在内容上略去繁难复杂的公式推导过程，突出工程中常见结构基本力学原理及其应用的介绍，并列举了杆件基本变形强度、刚度和稳定性计算的工程实例，第 9 章还介绍了能量法在结构计算和设计中的应用，对问题的分析做了必要的阐述。除第 1 章外，每章后附有习题，习题答案在书后给出，便于读者自学。

本书由郄禄文、王国安、张颖担任主编，李红梅、刘宝会、马连华担任副主编，刚芹果担任主审。本书编写分工如下：河北大学郄禄文编写第 1 章、第 3 章和附录，河北大学马连华编写第 2 章，华北科技学院王国安编写第 4 章和第 5 章，河北大学张颖编写第 6 章和第 8 章，河北农业大学李红梅编写第 7 章，河北工业大学刘宝会编写第 9 章。全书由郄禄文统稿，河北大学刚芹果对全书内容进行了审阅和补充。在编写本书过程中，编者还参考和借鉴了国内同类教材、专著和相关论文资料，在此向各位作者表示衷心的感谢。

由于编者水平有限，时间仓促，书中难免存在疏漏和不妥之处，恳请读者批评指正。

编　者

2017 年 6 月

目　　录

第1章　绪　　论

1.1　材料力学的任务

在土木工程中，各种建筑物在施工期和使用阶段所承受的所有外力统称为荷载（load）。例如，吊车梁的重力、墙体的自重、家具和设备的重力、风荷载、雪荷载、地震力和爆炸力等。建筑物中承受荷载并且传递荷载的空间骨架称为结构（structure），组成结构物的单个组成部分称为构件（member）。为了保证整个结构能够满足设计使用要求，必须要求组成结构物的每一个构件在荷载作用下能够正常工作，即必须使构件同时满足强度、刚度和稳定性三方面的要求。

1. 强度要求

在荷载作用下构件抵抗破坏的能力称为强度（strength）。对构件的设计应保证它在规定的荷载作用下能够正常工作而不会发生断裂或过大塑性变形等破坏，即应具有足够的强度。例如，钢筋混凝土梁在荷载作用下不会发生破坏。

2. 刚度要求

在荷载作用下构件抵抗变形的能力称为刚度（stiffness）。在荷载作用下构件所产生的变形应不超过工程上允许的范围，即要具有足够的刚度。例如，吊车梁如果变形过大，将会影响吊车的运行。

3. 稳定性要求

承受荷载作用时，构件在原有状态下应保持稳定的平衡，即要满足稳定性（stability）的要求。例如，工业厂房的钢柱应该始终维持原有的直线平衡状态，保证不被压弯。

材料的强度、刚度和稳定性问题均与所用材料的力学性能有关，这些力学性能均需通过材料试验来测定。对有些靠理论解决不了的问题，需借助试验来解决。因此，试验研究和理论分析是材料力学（mechanics of materials）的重要组成部分。

在设计构件时，不但要满足上述强度、刚度和稳定性的要求，还必须尽可能地合理选用材料和降低材料的消耗量，以节约材料、降低成本和减轻构件自重。显然，构件的设计存在着安全性和经济性方面的矛盾，材料力学的任务就在于，通过对构件设计的基本力学原理的学习，为解决这种矛盾提供理论依据和计算方法，以适当地选择材料以及构件的横截面形状与尺寸，使构件的设计在满足强度、刚度和稳定性要求下，做到既安全又经济，从而使矛盾得到合理的解决。在不断解决新矛盾的同时，材料力学得到快速发展。

1.2 材料力学的基本假设

构成建筑的构件材料，虽然其物质结构和性质是多样的，但是它们都是固体，而且在荷载作用下都会产生变形——包括物体尺寸和形状的变化。这种材料统称为可变形固体（deformable solid）。

对可变形固体材料制成的构件进行强度、刚度和稳定性计算时，为了使计算简化，通常根据所研究问题的性质，忽略一些次要因素，依据其主要性质做出一些假设，将它们抽象为某种理想模型，然后进行理论分析。

材料力学中对可变形固体通常做出如下五个假设。

1. 连续性假设

连续性假设（continuity assumption）认为物体在其整个体积内毫无空隙地充满了物质，结构是密实的。实际上，可变形固体内都具有不同程度的空隙，并可能存在气孔、杂质等缺陷。但是这些空隙的大小与构件的尺寸相比是极其微小的，故可以忽略不计，从而认为固体是密实的。可变形固体的变形必须满足几何相容条件，即变形后的固体既不引起“空隙”，也不发生“挤入”现象。

2. 均匀性假设

均匀性假设（homogenization assumption）认为物体在其整个体积内材料的结构和性质相同，从物体内取出的任何一部分，不论其体积大小如何，力学性质都是完全一致的。事实上，可变形固体基本组成部分（如晶体的晶粒）的性质存在不同程度的差异。但是因为基本组成部分的大小与构件的尺寸相比是非常微小的，并且它们在构件中的排列是不规则的，而物体的力学性质反映的是其中所有基本组成部分的统计平均量，所以可认为物体的理想性质是均匀的。

3. 各向同性假设

各向同性假设（isotropy assumption）认为物体在各个方向具有相同的力学性质。实际上，有些材料沿各个方向的力学性质是不同的，另一些材料沿各个方向的力学性质是完全相同的，我们将后一种材料称为各向同性材料。对于工程上常用的晶体结构的金属材料，尽管晶粒在不同方向有不同性质，但从宏观上看，仍可认为晶体结构的材料是各向同性材料。

4. 小变形假设

小变形假设（small deformation assumption）认为所研究的构件在承受荷载作用时，其变形量总是远小于其外形尺寸。所以，在研究构件的平衡及内部受力和变形等问题时，一般可按构件的原始尺寸进行计算。

5. 线弹性假设（linear elasticity assumption）

工程上所用的材料，在荷载作用下均将发生变形。如果在卸载后变形消失，物体恢复原状，则称这种变形为弹性变形（elastic deformation）；但当荷载过大时，则发生的变形只有一部分在卸载后能够消失，另一部分变形将不会消失而残留下来，这种残留下来的变形称为塑性变形（plastic deformation）。对于每种残留来讲，在一定的受力范围内，其变形完全是弹性的，并且外力与变形之间呈线性关系，因此在材料力学中所研究的大部分问题局限在弹性变形范围内。

综上所述，在材料力学中，通常把实际材料看作均匀、连续、各向同性的可变形固体，且在小变形和弹性变形范围内对其进行研究。

1.3 材料力学的研究对象

建筑构件按其几何形状通常可分为三类，即杆件、板壳和实体。材料力学所研究的主要对象为杆件。杆件是纵向（长度方向）尺寸比横向（垂直于长度方向）尺寸要大数倍的构件。杆件的几何要素为横截面和轴线。横截面为垂直于长度方向的平截面，横截面形心的连线为轴线，横截面和轴线是相互垂直的。横截面沿轴线变化的杆件称为变截面杆，轴线为直线的杆件称为直杆，轴线为曲线的杆件称为曲杆，如图 1-1 所示。梁、柱和传动轴等都可抽象为直杆。

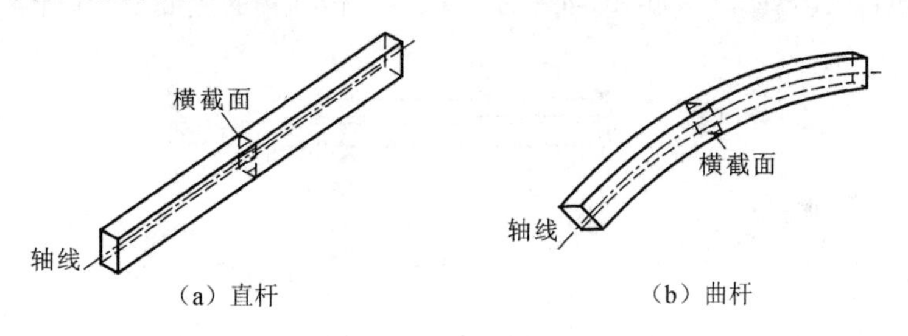

图 1-1 直杆和曲杆

材料力学主要研究等截面直杆。在工程实际中，等截面直杆的分析计算原理一般也可近似地用于曲率较小的曲杆与横截面无显著变化的变截面杆。

1.4 杆件的基本变形

在多种多样的外力作用下，杆件的变形也是多样的。其基本变形有轴向拉伸或压缩、剪切、扭转和弯曲四种形式，杆件的其他复杂变形都可看成以上四种基本变形的组合。

1. 轴向拉伸或压缩

在一对作用线与杆轴线重合的等值反向外力作用下，直杆发生长度改变的变形，这种变形形式称为轴向拉伸或压缩（axial tension or compression），如图 1-2 所示。例如，在荷载作用下，简单桁架中的杆件就只发生轴向拉伸或压缩。

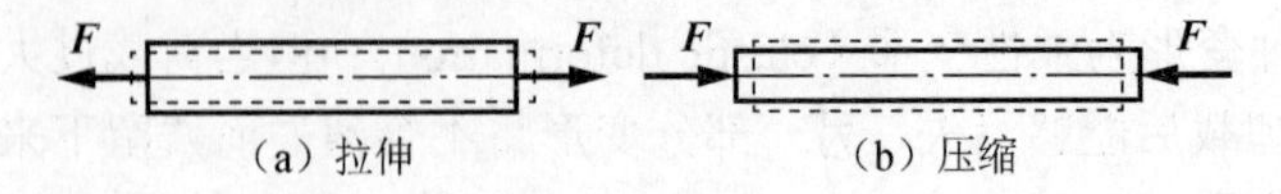

图 1-2　杆件轴向拉伸或压缩变形

2. 剪切

在一对相距很近的等值、反向的横向外力作用下，杆件横截面沿外力作用方向发生相对错动变形，这种变形形式称为剪切（shearing），如图 1-3 所示。

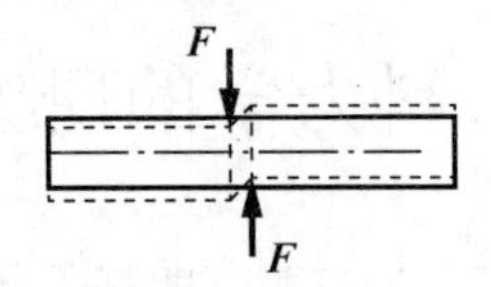

图 1-3　杆件剪切变形

3. 扭转

在一对转向相反、作用面垂直于直杆轴线的外力偶（$\boldsymbol{M}_e$）作用下，直杆的相邻横截面将绕轴线发生相对转动，杆件表面纵向线变成螺旋线，而轴线仍维持直线，这种变形形式称为扭转（torsion），如图 1-4 所示。机械中传动轴的主要变形就包括扭转。

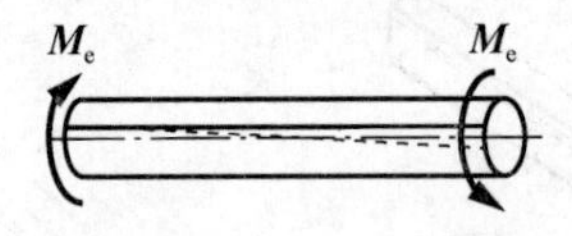

图 1-4　杆件扭转变形

4. 弯曲

在一对作用在杆件纵向平面内的等值反向力偶作用下，杆件将在纵向平面内发生弯曲变形，变形后的杆轴线将弯成曲线，这种变形形式称为纯弯曲（bending），如图 1-5 所示。梁在横向力作用下的变形就是纯弯曲和剪力的组合，通常称为横力弯曲。

图 1-5　杆件弯曲变形

工程中常用杆件在荷载作用下的变形，大多为上述几种基本变形形式的组合，只发生一种基本变形形式的杆件较为少见。若以某一种基本变形形式为主，其他变形形式属于次要变形的，则可按该基本变形形式计算；若几种变形形式都是非次要变形的，则属于组合变形问题。

1.5 内力和截面法的概念

1. 内力

杆件内部各质点间存在相互作用力，当杆件受到外力作用而变形时，杆件内部各质点间的相互作用力将发生变化。这种由外力作用而引起的质点间相互作用力的改变量，即为材料力学所研究的杆件内力。由于假设杆件是均匀、连续的可变形固体，因此杆件内部相邻部分之间相互作用的内力实际上是一个连续分布的内力系，该力系的合成结果（力或力偶）简称为内力。

2. 截面法

由于内力是杆件内相邻部分之间的相互作用力，为了显示内力，可应用截面法，其一般步骤如下：

1）假想在需求内力的截面处把杆件截为两部分，取其中任一部分为隔离体。

2）分析隔离体的受力情况，找出作用在隔离体上的外力和截面处的内力。

3）应用平衡条件求出截面未知内力 $\boldsymbol{X}$。

假设一截面将杆件截开，使内力显现出来，应用静力平衡方程求解内力，这就是截面法的基本思想，如图 1-6 所示。

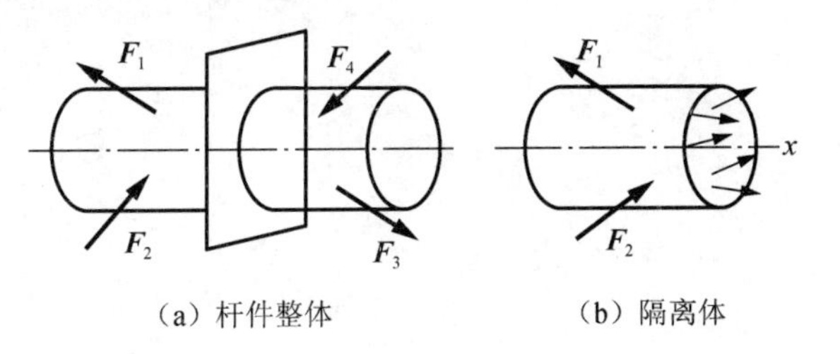

（a）杆件整体　　（b）隔离体

图 1-6　截面法

复习和小结

材料力学的任务在于使构件的设计在满足强度、刚度和稳定性的要求下，合理地选择材料及构件的横截面形状和尺寸，使之既安全又经济。本章介绍了材料力学的五个基本假设和主要研究对象，给出了杆件的四种基本变形形式：轴向拉伸或压缩、剪切、扭转和弯曲，介绍了杆件横截面内力和截面法的基本概念。

思考题

1. 材料力学的任务是什么？
2. 材料力学的基本假设是什么？
3. 材料力学的主要研究对象是什么？
4. 杆件的基本变形有哪些？
5. 截面法的基本步骤是什么？

第2章　轴向拉伸或压缩

2.1　轴向拉伸或压缩的概念和实例

轴向拉伸或压缩是工程中杆件基本变形形式之一。轴向拉伸是在轴向力作用下，杆件产生伸长变形，简称拉伸；轴向压缩是在轴向力作用下，杆件产生缩短变形，简称压缩。工程实践中存在着很多承受拉伸或压缩的杆件。例如，旋臂式吊车中的 *AB* 杆[图 2-1(a)]、紧固螺栓［图 2-1（b）］等都是受拉伸的杆件，而油缸活塞杆［图 2-1（c）］、建筑物中的支柱［图 2-1（d）］等则是受压缩的杆件。

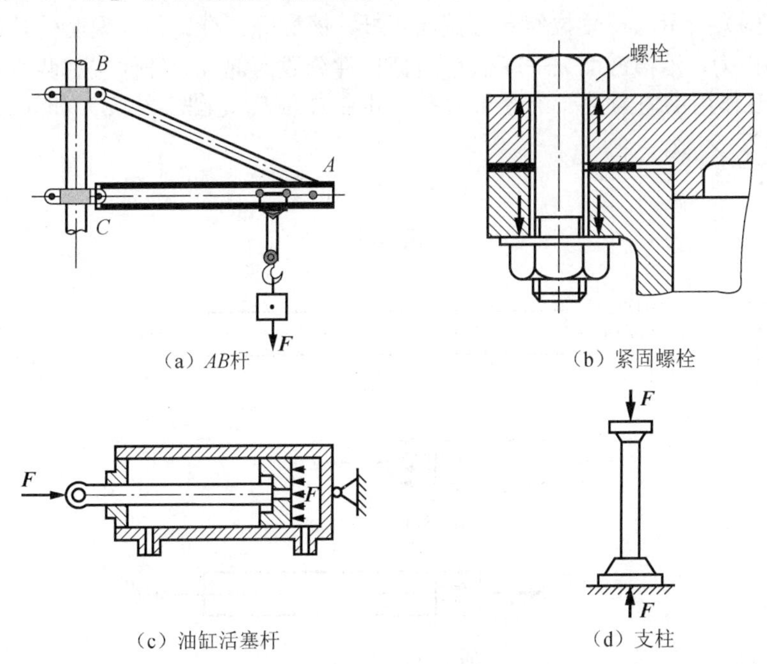

图 2-1　拉伸或压缩杆件

这些受拉或受压的杆件虽然外形各有差异，加载方式也不同，但其共同特点是作用于杆件的外力合力的作用线与杆件的轴线相重合，杆件沿轴线方向伸长或缩短，故称轴向拉伸或压缩。以轴向拉伸（压缩）为主要变形的杆件，称为拉（压）杆。尽管实际拉（压）杆的端部连接情况和传力方式各不相同，但在讨论时可以将它们简化为一根等截面的直杆（等直杆），两端的力系用合力代替，其作用线与杆的轴线重合，则其可简化为图 2-2 所示的受力简图，图中用实线表示变形前杆件的外形，用虚线表示变形后杆件的形状。

图 2-2　受力简图

本章主要研究拉（压）杆的内力、应力及变形的计算，同时通过拉伸或压缩试验来研究材料在拉伸或压缩时的力学性能。

2.2　轴向拉伸或压缩时横截面上的内力和应力

2.2.1　横截面上的内力

图 2-3（a）所示为一受拉伸的等截面直杆，简称等直杆。为了说明受拉或受压杆件横截面上的内力，沿横截面 *m*—*m* 假想地把杆件分成两部分。杆件左右两段在沿横截面 *m*—*m* 上相互作用的内力是一个分布力系，其合力为 $\boldsymbol{F}_{\mathrm{N}}$ ［图 2-3（b）和（c）］。由左段的平衡方程 $\sum X = 0$，得

$$F_{\mathrm{N}} - F = 0$$
$$F_{\mathrm{N}} = F$$

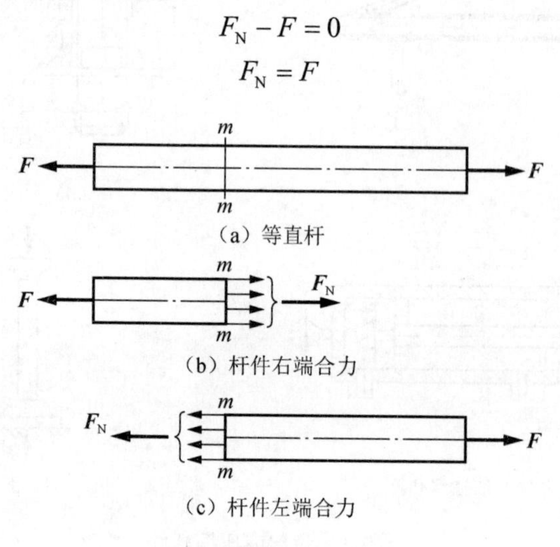

图 2-3　杆件受力图

如果选取右段为研究对象，可得同样结果［图 2-3（c）］。

以上过程可归纳为以下几步：

1）切开：沿所求横截面假想地将杆件切开。

2）取出：取出其中任意一部分作为研究对象。

3）替代：以内力代替弃去部分对选取部分的作用。

4）平衡：列平衡方程求出内力。

因为外力 $\boldsymbol{F}$ 的作用线与杆件轴线重合，内力的合力 $\boldsymbol{F}_{\mathrm{N}}$ 的作用线也必然与杆件的轴线重合，所以 $\boldsymbol{F}_{\mathrm{N}}$ 称为轴力。习惯上，把拉伸时的轴力方向规定为正，压缩时的轴力方向规定为负。

若沿杆件轴线作用的外力多于两个，则在杆件各部分的横截面上轴力不尽相同。这时通常用轴力图表示轴力沿杆件轴线变化的情况。作图时，沿杆件轴线方向取坐标表示横截面的位置，以垂直于杆件轴线的另一坐标代表轴力。下面用例题来说明轴力图的绘制。

例 2-1　直杆受力如图 2-4（a）所示，作直杆的轴力图。

解：注意到直杆受到多个外力作用，内力将随着横截面位置的不同而发生变化。需将直杆分为三段，即 AB 段、BC 段和 CD 段来计算内力。其具体解法如下。

1）应用截面法，沿 1—1 横截面假想地把直杆截开为两部分，去掉右边部分，保留左边部分，并设横截面上的轴力 $\boldsymbol{F}_{\mathrm{N1}}$ 方向为正，即为拉力。保留部分的受力如图 2-4（b）所示。根据平衡方程 $\sum X=0$，得

$$F_{\mathrm{N1}}-F=0$$

故 AB 段的轴力为

$$F_{\mathrm{N1}}=F$$

2）用同样的方法，将杆件从 2—2 横截面截开，保留左段，其受力如图 2-4（c）所示。根据平衡方程 $\sum X=0$，得

$$F_{\mathrm{N2}}+2F-F=0$$

故 BC 段的轴力为

$$F_{\mathrm{N2}}=-F$$

负号表示该横截面上的轴力的实际方向与所设方向相反，即为压力。

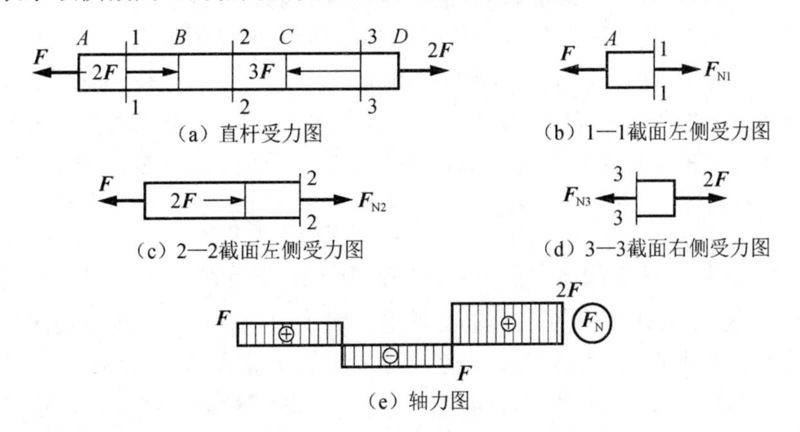

图 2-4　作直杆轴力图过程

3）从 3—3 横截面处截开杆件，由于右段外力少，计算简便，因此保留右段，受力

如图 2-4（d）所示，根据平衡方程$\sum X = 0$，得

$$F_{N3} - 2F = 0$$

故CD段轴力为

$$F_{N3} = 2F$$

最后，综合以上计算结果，按比例绘制轴力图，如图 2-4（e）所示。在轴力图中，将拉力绘在坐标轴的上侧，压力绘在坐标轴的下侧。这样，轴力图不仅显示出杆件各段内轴力的大小，而且可表示出各段内的变形是拉伸还是压缩。

2.2.2 横截面上的应力

只根据轴力并不能判断杆件是否具有足够的强度。例如，用同一材料制成粗细不同的两根杆，在相同的拉力作用下，两杆的轴力自然是相同的。但当拉力逐渐增大时，细杆必定先被拉断。这说明拉杆的强度不仅与轴力的大小有关，而且与横截面面积有关。所以必须用横截面上的应力来度量杆件的受力程度。

在拉（压）杆的横截面上，与轴力$\boldsymbol{F}_N$对应的应力是正应力σ。根据连续性假设，横截面上到处都存在着内力。若以A表示横截面面积，则微面积$\mathrm{d}A$上的微内力$\sigma\mathrm{d}A$组成一个垂直于横截面的平行力系，其合力就是轴力$\boldsymbol{F}_N$。于是得静力关系

$$F_N = \int_A \sigma \mathrm{d}A \tag{2-1}$$

因为还不确定σ在横截面上的分布规律，只由式（2-1）并不能确定$\boldsymbol{F}_N$与σ之间的关系。因此，必须从研究杆件的变形入手，以确定应力σ的分布规律。

拉伸变形前，在等直杆的侧面上绘制垂直于杆轴的直线ab和cd（图 2-5）。拉伸变形后，发现ab和cd仍为直线，且仍然垂直于轴线，只是分别平行地移至$a'b'$和$c'd'$。根据这一现象，提出如下假设：变形前原为平面的横截面，变形后仍然保持为平面且仍垂直于轴线。这就是轴向拉伸或压缩时的平面假设。由此可以推断，拉杆所有纵向纤维的伸长都相等。尽管现在还不了解纤维伸长和应力存在怎样的关系，但因为材料是均匀的，各纵向纤维的性质相同，因而其受力也就相同。由它们的变形相等和力学性能相同，可以推想出各纵向纤维的受力是一样的。所以，杆件横截面上的内力是均匀分布的，即在横截面上各点处的正应力都相等，即σ等于常量。于是由式（2-1）得出

$$\sigma = \frac{F_N}{A} \tag{2-2}$$

式（2-2）就是拉杆横截面上正应力σ的计算公式。当$\boldsymbol{F}_N$为压力时，它同样可用于压应力计算。不过，细长杆受压时容易被压弯，属于稳定性问题，这里指的是受压杆未被压弯的情况。关于正应力的符号，一般规定拉应力为正，压应力为负。

使用式（2-2）时，要求外力合力的作用线必须与杆件的轴线重合，这样才能保证各纵向纤维变形相等，横截面上正应力均匀分布。若轴力沿轴线变化，可作出轴力图，再由式（2-2）求出不同横截面上的应力。在某些情况下，杆件横截面沿轴线变化。当这类杆件受到拉力或压力作用时，如外力的作用线与杆件的轴线重合，且横截面尺寸沿

轴线的变化缓慢，则横截面上的应力仍可近似地用式（2-2）计算。这时横截面面积不再是常量，而是轴线坐标 x 的函数。若以 $A(x)$ 表示坐标 x 的横截面面积，$F_N(x)$ 和 $\sigma(x)$ 分别表示横截面上的轴力和应力，则由式（2-2）可得

$$\sigma(x)=\frac{F(x)}{A(x)} \tag{2-3}$$

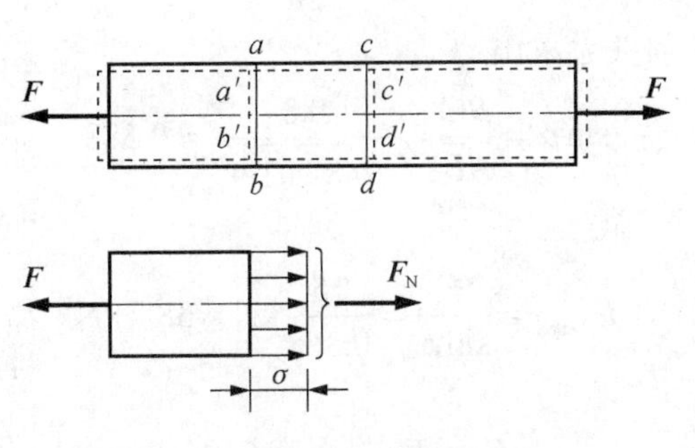

图 2-5　拉伸变形

例 2-2　图 2-6（a）为一悬臂吊车的简图，斜杆直径 $d=20\,\text{mm}$，AB 为钢杆。荷载 $F=15\,\text{kN}$，当 $\boldsymbol{F}$ 移到 A 点时，求斜杆 AB 横截面上的应力。

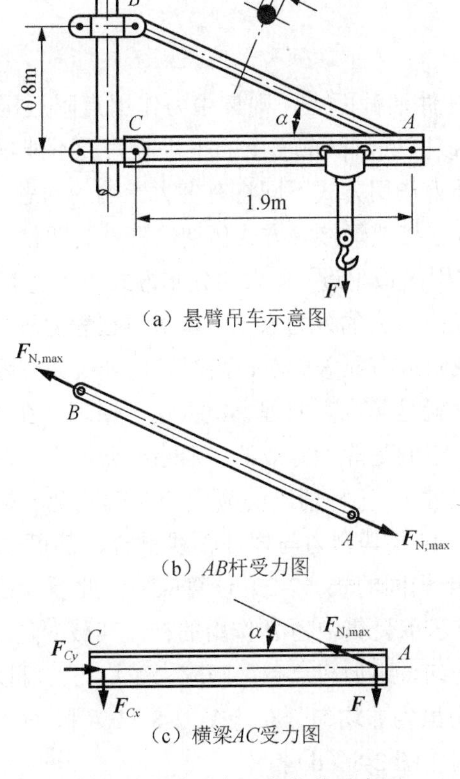

图 2-6　悬臂吊车及各构件受力图

解：当荷载 $\boldsymbol{F}$ 移到 A 点时，斜杆 AB 受到的拉力最大，设其值为 $F_{\mathrm{N,max}}$，根据横梁［图 2-6（c）］的平衡条件 $\sum M_C=0$，得

$$F_{\mathrm{N,max}}\sin\alpha\,\overline{AC}-F\,\overline{AC}=0$$

$$F_{\mathrm{N,max}}=\frac{F}{\sin\alpha}$$

在△ABC 中，由几何关系求出

$$\sin\alpha=\frac{\overline{BC}}{\overline{AB}}=\frac{0.8}{\sqrt{0.8^2+1.9^2}}\approx 0.388$$

代入 $F_{\mathrm{N,max}}$ 的表达式，得

$$F_{\mathrm{N,max}}=\frac{F}{\sin\alpha}=\frac{15}{0.388}\mathrm{kN}\approx 38.7\,\mathrm{kN}$$

斜杆 AB 的轴力为

$$F_{\mathrm{N}}=F_{\mathrm{N,max}}=38.7\,\mathrm{kN}$$

由此求得 AB 杆横截面上的应力为

$$\sigma=\frac{F_{\mathrm{N}}}{A}=\frac{38.7\times10^3}{\frac{\pi}{4}\times\left(20\times10^{-3}\right)^2}\mathrm{Pa}\approx 123\,\mathrm{MPa}$$

2.2.3 圣维南原理

若以集中力作用于杆件端截面上，则集中力作用点附近区域内的应力分布比较复杂，式（2-2）只能计算该区域内横截面上的平均应力，不能描述作用点附近的真实情况。这就引出端截面上外力作用方式不同将有多大影响的问题。一般来说，在工程实践中，外力通过销钉、铆钉连接或焊接等方式传递给杆件。即使外力合力的作用线与杆件的轴线重合，而在外力作用区域附近，外力的分布方式也可能有各种情况。但试验指出，作用于弹性体上某一局部区域内的外力系，可以用与它静力等效的力系来代替。经过代替，只对原力系作用区域附近有显著影响，而对较远处（如在距离略大于外力分布区域处）影响可忽略不计，这就是圣维南原理。根据这一原理，在图 2-7 中，尽管两端外力的分布方式不同，但只要它们是静力等效的，则除靠近杆件两端的部分外，在离两端略远处（约等于横截面的尺寸），三种情况的应力分布就完全一样。所以，无论在杆件两端按哪种方式施加荷载，只要其合力与杆件轴线重合，都可以把它们简化成相同的计算简图［图 2-7（a）］，用相同的式（2-2）计算应力。此原理已被大量试验与计算所证实。例如，图 2-8（a）所示承受集中力 $\boldsymbol{P}$ 作用的杆，其截面宽度为 b，在距加载点越近的横截面上的应力越不均匀，距加载点越远则应力越均匀。可以看出，在距端部为 $b/4$ 与 $b/2$ 的横截面上，应力虽为非均匀分布［图 2-8（b）和（c）］，但在距端部为 b 的横截面上，应力则趋向均匀［图 2-8（d）］。

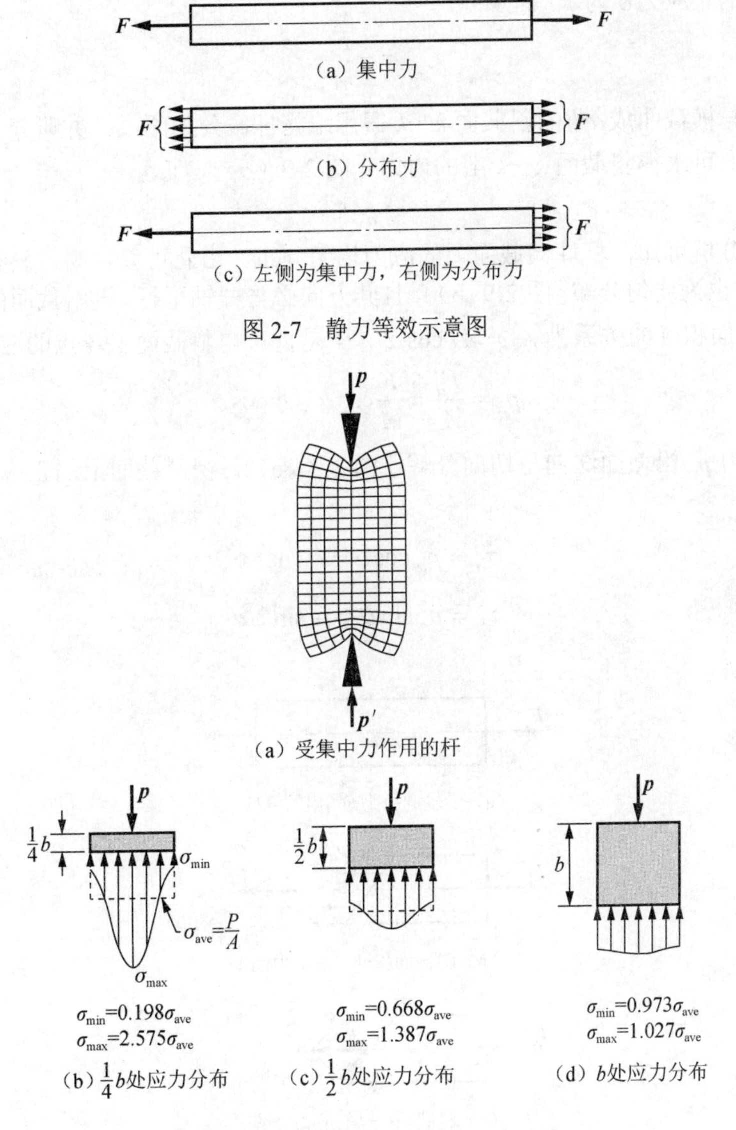

图 2-7　静力等效示意图

图 2-8　集中力作用下杆件的应力分布

2.3　直杆轴向拉伸或压缩时斜截面上的应力

2.2 节讨论了轴向拉伸或压缩时直杆横截面上的正应力，它是今后强度计算的依据。但不同材料的试验证明，拉（压）杆的破坏不一定都是沿横截面发生的，有时会沿斜截面发生。为全面分析杆件的强度，了解各种破坏发生的原因，需研究轴向拉伸（或压缩）时斜截面上的应力。

设一等截面直杆受轴向拉力 $\boldsymbol{F}$ 作用［图 2-9（a）］，横截面面积为 A，由式（2-2），

得横截面上的正应力σ为

$$\sigma = \frac{F}{A} \tag{2-4}$$

用一个与横截面成α角的斜截面 k—k 假想地将杆截分为两段，并研究左段的平衡，运用截面法，可求得斜截面 k—k 上的内力［图 2-9（b）］为

$$F_\alpha = F \tag{2-5}$$

由前述分析可知，杆件横截面上的应力均匀分布，由此可以推断，斜截面 k—k 上的总应力 $\boldsymbol{p}_\alpha$ 也为均匀分布[图 2-9(b)]，且其方向必与杆轴平行。设斜截面的面积为 A_α，A_α 与横截面面积 A 的关系为 $A_\alpha = A/\cos\alpha$ 。于是，可得斜截面上各点的应力为

$$p_\alpha = \frac{F_\alpha}{A_\alpha} = \frac{F}{A}\cos\alpha = \sigma\cos\alpha \tag{2-6}$$

将总应力 $\boldsymbol{p}_\alpha$ 沿截面法向与切向分解［图 2-9（c）］，得斜截面上的正应力 σ_α 与切应力 τ_α 分别为

$$\sigma_\alpha = p_\alpha\cos\alpha = \sigma\cos^2\alpha \tag{2-7}$$

$$\tau_\alpha = p_\alpha\sin\alpha = \frac{\sigma}{2}\sin 2\alpha \tag{2-8}$$

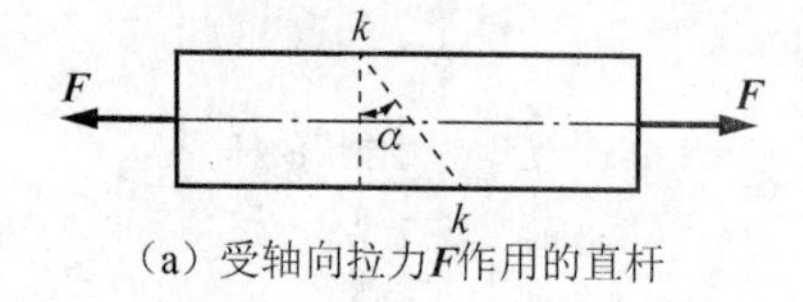

（a）受轴向拉力$\boldsymbol{F}$作用的直杆

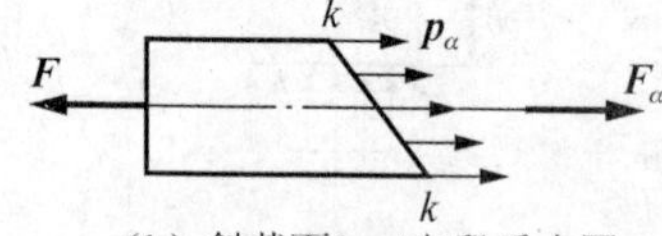

（b）斜截面k—k左段受力图

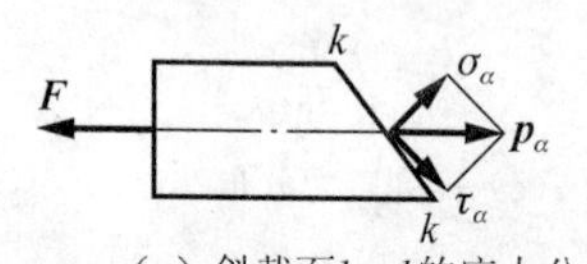

（c）斜截面k—k的应力分解

图 2-9　直杆斜截面上的应力

通过一点的所有不同方位截面上的应力的集合，称为该点处的应力状态。由式（2-7）和式（2-8）两式可知，在所研究的拉杆中，一点处的应力状态由其横截面上的正应力σ即可完全确定，这样的应力状态称为单轴应力状态。关于应力状态的问题将在第 6 章中详细讨论。

由式（2-7）和式（2-8）两式可知，通过拉（压）杆内任一点不同方位截面上的正应力 σ_α 和切应力 τ_α，随 α 角做周期性变化。

1）α=0° 时

$$\sigma_{0^\circ}=\sigma\cos^2 0^\circ=\sigma=\sigma_{\max}$$

$$\tau_{0^\circ}=\frac{\sigma}{2}\sin(2\times 0^\circ)=0$$

上式说明，轴向拉（压）时，横截面上的正应力具有最大值，切应力为零。

2）α=45° 时

$$\sigma_{45^\circ}=\sigma\cos^2 45^\circ=\frac{\sigma}{2}$$

$$\tau_{45^\circ}=\frac{\sigma}{2}\sin(2\times 45^\circ)=\frac{\sigma}{2}=\tau_{\max}$$

上式说明，在 45° 的斜截面上，切应力最大，此时正应力和切应力相等，其值为横截面上正应力的一半。

3）α=90° 时

$$\sigma_{90^\circ}=\sigma\cos^2 90^\circ=0$$

$$\tau_{90^\circ}=\frac{\sigma}{2}\sin(2\times 90^\circ)=0$$

上式说明，杆件轴向拉伸或压缩时，平行于轴线的纵向截面上无应力。

为便于应用上述公式，应力符号规定如下：σ_α 仍以拉应力为正，压应力为负；τ_α 对杆内任意点的矩，顺时针转向时为正，反之为负。按此规定，图 2-9（c）所示的 σ_α 与 τ_α 均为正。

由式（2-8）可知，必有 $\tau_\alpha=-\tau_{(\alpha+90^\circ)}$，说明杆件内部相互垂直的截面上，切应力必然成对出现，两者等值且都垂直于两平面的交线，其方向则同时指向或背离交线，即切应力互等定理。

2.4 材料在拉伸或压缩时的力学性能

如第 1 章所述，材料力学是研究受力构件的强度和刚度等问题的。而构件的强度和刚度，除了与构件的几何尺寸及受力情况有关外，还与材料的力学性能有关。试验指出，材料的力学性能不仅取决于材料本身的成分、组织及冶炼、加工、热处理等过程，而且取决于加载方式、应力状态和温度。本节主要介绍工程中常用材料在常温、静荷载条件下的力学性能。

在常温、静荷载条件下，材料常分为塑性和脆性材料两大类，本节重点讨论它们在拉伸或压缩时的力学性能。

2.4.1 材料的拉伸或压缩试验

在进行拉伸试验时，先将材料加工成符合国家标准的试样。为了避开试样两端受力部分对测试结果的影响，试验前先在试样的中间等直部分上画两条横线（图 2-10），当试样受力时，横线之间的一段杆中任何横截面上的应力均相等，这一段即为杆的工作段，其长度称为标距，在试验时就量测该工作段的变形。常用的试样有圆截面和矩形截面两种。为了能比较不同粗细的试样在拉断后工作段的变形程度，通常对圆截面标准试样的标距 l 与横截面直径 d 的比例加以规定，对矩形截面标准试样的标距 l 与横截面面积 A 的比例加以规定。常用的标准比例有两种，即

$$l=10d \text{ 和 } l=5d \text{（对圆截面试样）} \tag{2-9}$$

或

$$l=11.3\sqrt{A} \text{ 和 } l=5.65\sqrt{A} \text{（对矩形截面试样）} \tag{2-10}$$

压缩试样通常用圆截面柱体或正方形截面短柱体（图 2-11），其长度 l 与横截面直径 d 或边长 b 的比值一般规定为 1～3，这样才能避免试样在试验过程中被压弯。

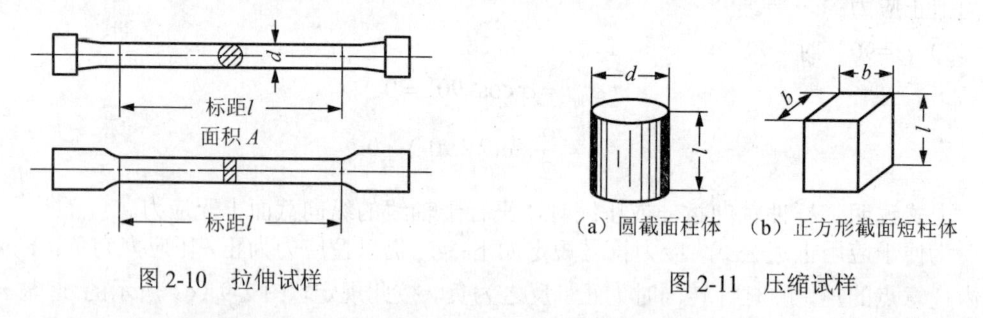

图 2-10 拉伸试样

图 2-11 压缩试样

拉伸或压缩试验时使用的设备是多功能万能试验机。万能试验机由机架、加载系统、测力示值系统、荷载位移记录系统及夹具、附具五个基本部分组成。关于试验机的具体构造和原理，可参阅有关材料力学试验书籍。

2.4.2 低碳钢在拉伸时的力学性能

低碳钢是含碳量较低（在 0.25%以下）的普通碳素钢，如 Q235 钢，是工程上广泛应用的材料，它在拉伸试验中所表现出的变形与抗力之间的关系也比较典型。将准备好的低碳钢标准试样安装到万能试验机上，开动试验机使试样两端受轴向拉力 $\boldsymbol{F}$ 的作用。当力 $\boldsymbol{F}$ 由零逐渐增加时，试样逐渐伸长，用仪器测量标距 l 的伸长量 Δl，将各 $\boldsymbol{F}$ 值与相应的 Δl 值记录下来，直到试样被拉断为止。然后，以 Δl 为横坐标，力 $\boldsymbol{F}$ 为纵坐标，在纸上标出若干个点，以曲线相连，可得一条 $\boldsymbol{F}$-Δl 曲线，称为低碳钢的拉伸曲线或拉伸图，如图 2-12 所示。一般万能试验机可以自动绘出拉伸图。

低碳钢试样的拉伸图只能代表试样的力学性能，因为该图的横坐标和纵坐标均与试样的几何尺寸有关。为了消除试样尺寸的影响，将拉伸图中的 F 值除以试样横截面的原面积 A，用应力来表示，即 $\sigma=F/A$；将 Δl 除以试样工作段的原长 l，用应变来表示，即 $\varepsilon=\Delta l/l$。这样，所得曲线即与试样的尺寸无关，可以代表材料的力学性能，称为应力-应变曲线或 σ-ε 曲线，如图 2-13 所示。

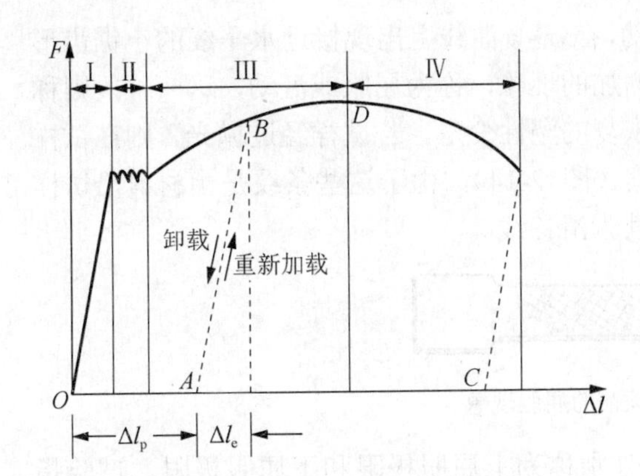

图 2-12 低碳钢拉伸图（F-Δl 曲线）

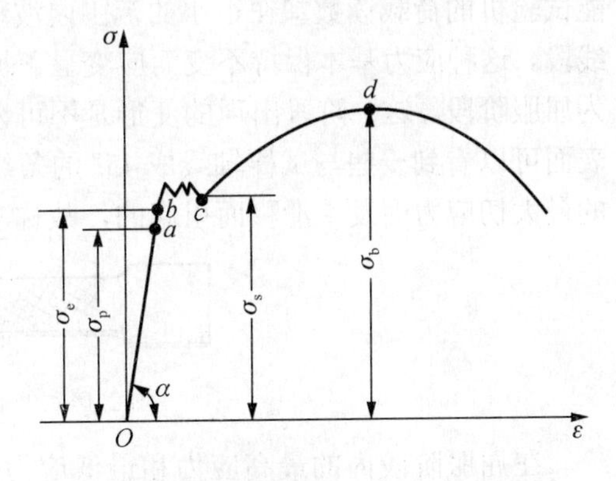

图 2-13 低碳钢拉伸 σ - ε 曲线

可以看出，低碳钢在整个拉伸试验过程中大致可分为四个阶段。

1. 弹性阶段

弹性阶段即图 2-12 中的阶段Ⅰ、图 2-13 中的 Ob 段。

在拉伸的初始阶段，σ 与 ε 的关系为直线 Oa，这表示在这一阶段内 σ 与 ε 成正比，即

$$\sigma \propto \varepsilon \tag{2-11}$$

或者把它写成等式

$$\sigma = E\varepsilon \tag{2-12}$$

这就是拉伸或压缩的胡克定律。式中，E 为与材料有关的比例常数，称为弹性模量。

因为应变没有量纲，所以 E 的量纲与 σ 相同，常用单位是吉帕，记为 GPa（$1\text{GPa} = 10^9\text{ Pa}$）。由式（2-12），并从 σ - ε 曲线的直线部分可以得到

$$E = \frac{\sigma}{\varepsilon} = \tan\alpha \tag{2-13}$$

所以 E 是直线 Oa 的斜率。直线 Oa 的最高点 a 所对应的应力用 σ_p 来表示，称为比例极限。可见，当应力低于比例极限时，应力与应变成正比，材料的力学性能服从胡克定律。

超过比例极限后，从 a 点到 b 点，σ 与 ε 之间的关系不再是直线，但解除拉力后变形仍可完全消失，这种变形称为弹性变形。b 点所对应的应力 σ_e 是材料只出现弹性变形的极限值，称为弹性极限。在 σ - ε 曲线上，a、b 两点非常接近，所以工程上对弹性极限和比例极限并不严格加以区分。

在应力大于弹性极限后，如再解除拉力，则试件变形的一部分随之消失，这就是上面提到的弹性变形。但还遗留下一部分不能消失的变形，这种变形称为塑性变形或残余变形。

2. 屈服阶段

屈服阶段即图 2-12 中的阶段Ⅱ、图 2-13 中的 bc 段。

在应力超过弹性极限并增加到某一数值时，试样的伸长量有非常明显的增加，而万

能试验机的荷载读数却在很小的范围内波动，在σ-ε曲线上出现接近水平线的小锯齿形线段。这种应力基本保持不变而应变显著增加的现象，称为屈服或流动，这一阶段则称为屈服阶段。这一阶段出现的变形是不可恢复的塑性变形。若试样经过抛光，则在试样表面可以看到一些与试样轴线成45°的条纹（图 2-14），由于这些条纹是由材料沿试样的最大切应力面发生滑移而引起的，故称其为滑移线。

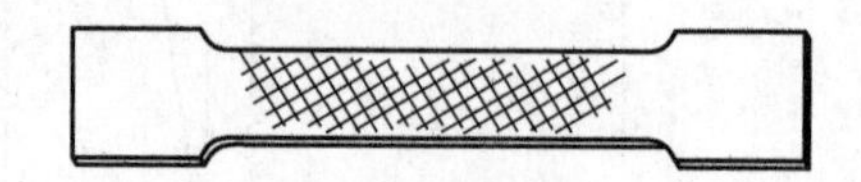

图 2-14　低碳钢的屈服现象

在屈服阶段内的最高应力和最低应力分别称为上屈服极限和下屈服极限。试验指出，上屈服极限的数值与试样形状、加载速度等很多因素有关，一般是不稳定的；而下屈服值则较为稳定，能够反映材料的性能。通常将下屈服点所对应的应力σ_s称为屈服极限或屈服点。材料屈服表现为显著的塑性变形，而零件的塑性变形将影响机器的正常工作，所以屈服极限σ_s是衡量材料强度的重要指标。

3. 强化阶段

强化阶段即图 2-12 中的阶段Ⅲ、图 2-13 中的cd段。

试样经过屈服阶段后，材料的内部结构得到了重新调整。在此过程中材料不断发生强化，试样中的抵抗力不断增大，材料抵抗变形的能力有所提高，表现为变形曲线自c点开始又继续上升，直到最高点d为止，这一现象称为强化，这一阶段称为强化阶段。其最高点 d 所对应的应力σ_b称为强度极限或抗拉强度。它是衡量材料强度的另一重要指标。在强化阶段，试样的横向尺寸有明显的缩小。

若在强化阶段某点B停止加载，并逐渐卸除荷载（图 2-12），σ-ε曲线将沿着斜直线BA回到A点，斜直线BA近似平行于Oa。这说明：在卸载过程中，应力和应变按直线规律变化，这就是卸载定律。拉力完全卸除后，应力-应变图中，Δl_e表示消失了的弹性变形，而Δl_p表示不再消失的塑性变形。卸载后，如在短期内重新加载，则应力和应变大致上沿卸载时的斜直线AB变化，直到B点后，又沿曲线BD变化，直至拉断。可见再次加载时，直到B点以前材料的变形是线性的，过B点后才开始出现塑性变形。材料经过这样处理后，其比例极限和屈服极限将得到提高，而拉断时的塑性变形减少，即塑性降低了。这种通过卸载的方式使材料的性质获得改变的做法称为冷作硬化。工程上经常利用冷作硬化来提高材料在线弹性范围内所能承受的最大荷载，如起重用的钢索和建筑用的钢筋，常用冷拔工艺提高抗拉强度（钢筋冷拉后，其抗压强度并不提高，所以在钢筋混凝土中，受压钢筋不用冷拉）。另外，材料经冷作硬化处理后，其塑性降低，这在许多情况下又是不利的。例如，机器上的零件初加工后，由于冷作硬化使材料变脆变硬，给下一步加工造成困难，且容易产生裂纹，往往需要在工序之间安排退火，以消除冷作硬化的影响。

4. 局部变形阶段

局部变形阶段即图 2-12 中的阶段Ⅳ、图 2-13 中的 d 点以后部分。

过 d 点以后，试样在某一薄弱区域内，横向尺寸突然显著缩小，形成颈缩现象，如图 2-15 所示。在试样继续变形的过程中，颈缩部分的横截面面积急剧缩小，使试样继续伸长所需的拉力也相应减小，因此，F-Δl 和 σ-ε 曲线出现下降现象。最后，试样在最小横截面处被拉断。

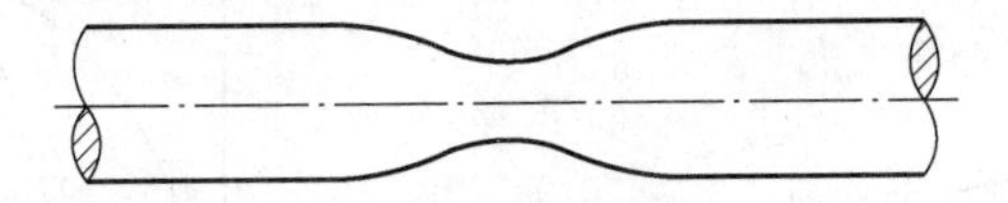

图 2-15　低碳钢的颈缩现象

为了衡量材料的塑性性能，通常以试样拉断后的标距 l_1 与其原长 l 之差除以 l 的比值（表示成百分数）来表示，称为延伸率。

$$\delta = \frac{l_1 - l}{l} \times 100\% \tag{2-14}$$

此值的大小表示材料在拉断前能发生的最大塑性变形程度，是衡量材料塑性的一个重要指标。低碳钢的延伸率很高，其平均值为 20%～30%，这说明低碳钢的塑性性能很好。

工程上通常按延伸率的大小把材料分为两大类，一般认为 $\delta \geqslant 5\%$ 的材料为塑性材料，如碳钢、黄铜、铝合金等；而把 $\delta < 5\%$的材料称为脆性材料，如灰口铸铁、玻璃、陶瓷等。

衡量材料塑性的另一个指标为横截面收缩率，用 ψ 表示，其定义为

$$\psi = \frac{A - A_1}{A} \times 100\% \tag{2-15}$$

式中，A 为试样变形前横截面面积；A_1 为试样拉断后颈缩处的最小横截面面积。

低碳钢的 ψ 一般在 60%左右。

2.4.3　其他金属材料在拉伸时的力学性能

工程上常用的金属材料，除低碳钢外，还有中碳钢、某些高碳钢和合金钢、铝合金、青铜、黄铜等。图 2-16 是几种塑性材料的拉伸 σ-ε 曲线。由图 2-16 可见，这五种材料的延伸率都比较大（$\delta > 5\%$）。45 钢和 Q235 钢的 σ-ε 曲线大体相似，有弹性阶段、屈服阶段和强化阶段；其他三种材料都没有明显的屈服阶段。对于没有明显屈服阶段的塑性材料，通常以产生 0.2%的塑性应变时的应力作为名义屈服极限，以 $\sigma_{0.2}$ 表示（图 2-17）。确定 $\sigma_{0.2}$ 的方法：在 ε 轴上取 0.2% 的点，过此点作平行于 σ-ε 曲线的直线段的直线（斜率也为 E），与 σ-ε 曲线相交的点所对应的应力即为 $\sigma_{0.2}$。各类碳素钢随含碳量的增加，屈服极限和强度极限相应增大，但延伸率降低。例如，合金钢、工具钢等高强度钢，其屈服极限较高，但塑性性能较差。

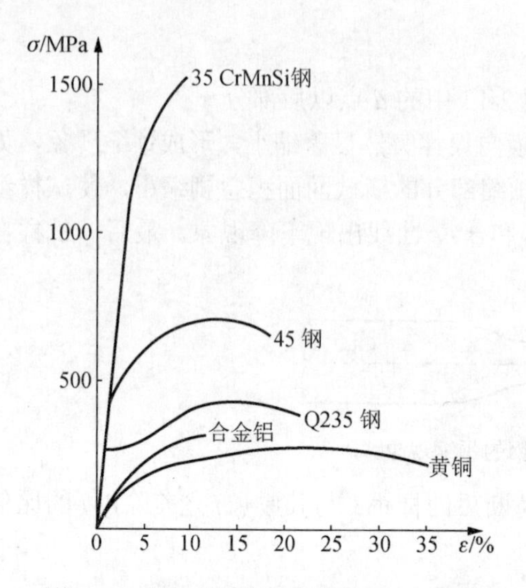

图 2-16　其他金属材料的拉伸 σ - ε 曲线

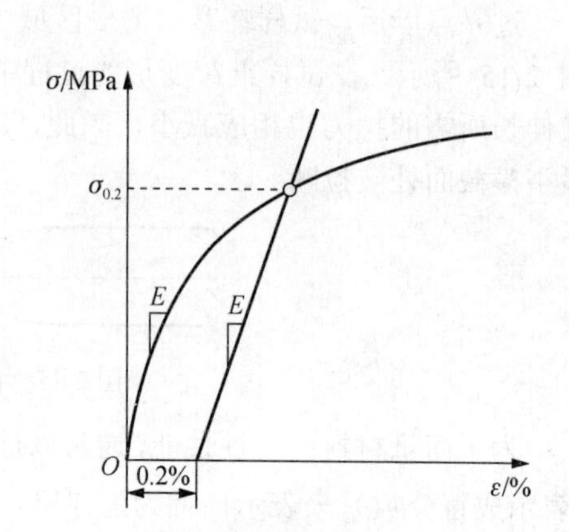

图 2-17　名义屈服应力

有些材料，如铸铁、陶瓷等发生断裂前没有明显的塑性变形，延伸率很小，这类材料称为脆性材料。图 2-18 是铸铁在拉伸时的 σ - ε 曲线，这是一条微弯曲线，即应力与应变不成正比。但由于直到拉断时试样的变形都非常小，且没有屈服阶段、强化阶段和局部变形阶段，因此在较低的拉力下，可近似地认为变形服从胡克定律。在工程计算中，通常取总应变为0.1% 时 σ - ε 曲线的割线（图 2-18 所示的虚线）斜率来确定其弹性模量，称为割线弹性模量。脆性材料的拉伸失效形式一般为断裂，用抗拉强度 σ_b 来衡量。铸铁等脆性材料抗拉强度很低，所以不宜作为抗拉零件的材料。

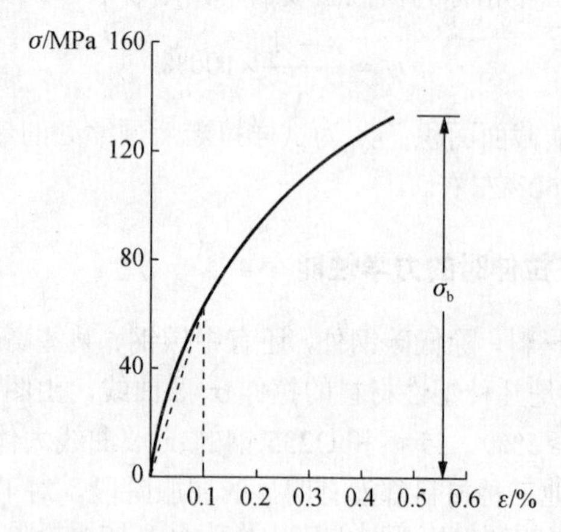

图 2-18　铸铁在拉伸时的 σ - ε 曲线

2.4.4　金属材料在压缩时的力学性能

下面介绍低碳钢在压缩时的力学性能。低碳钢压缩试验采用短圆柱体试样，试样高度和直径关系为 l=(1.5～3.0)d。将压缩试样置于万能试验机的承压平台间，并使之发生压缩变形。与拉伸试验相同，可绘出试样在试验过程中的缩短量Δl与抗力$\boldsymbol{F}$之间的关系曲线，称为试样的压缩图。为了使得到的曲线与所用试样的横截面面积和长度无关，同样可以将压缩图改画成σ-ε曲线，如图 2-19 实线所示。为了便于比较材料在拉伸或压缩时的力学性能，在图 2-19 中用虚线绘出了低碳钢在拉伸时的σ-ε曲线。

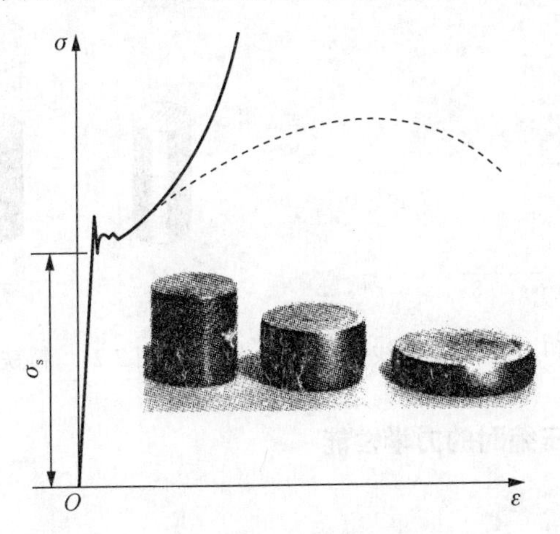

图 2-19 低碳钢的压缩特性

由图 2-19 可以看出，低碳钢在压缩时的弹性模量、弹性极限和屈服极限等与拉伸时基本相同，但超过屈服极限σ_s后，由于压缩试样产生很大的塑性变形，越压越扁，横截面面积不断增大，而计算名义应力时仍采用试样的原面积，造成曲线逐渐上升。虽然名义应力不断增加，但实际应力并不增加，故试样不会断裂，使得低碳钢试样的抗压强度极限σ_{bc}无法测定。

由低碳钢拉伸试验的结果可以了解其在压缩时的力学性能。多数金属都有类似低碳钢的性质，所以塑性材料压缩时，在屈服阶段以前的特征值都可用拉伸时的特征值，只需把拉换成压。但也有一些金属，如铬钼硅合金钢，在拉伸和压缩时的屈服极限并不相同，因此，对这些材料需要做压缩试验，以确定其压缩屈服极限。

与塑性材料不同，脆性材料在拉伸和压缩时的力学性能有较大的区别。图 2-20 绘出了铸铁在拉伸（虚线）和压缩（实线）时的σ-ε曲线，比较这两条曲线可以看出：①无论拉伸还是压缩，铸铁的σ-ε曲线都没有明显的直线阶段，所以应力-应变关系只是近似地符合胡克定律；②铸铁在压缩时无论强度还是延伸率都比在拉伸时要大得多，因此这种材料宜用作受压构件。铸铁抗压强度极限比抗拉强度极限高 4～5 倍。其他脆性材料，如混凝土、石料等，抗压强度也远高于其抗拉强度。

铸铁试样受压破坏现象如图 2-21 所示，其破坏面的法线与轴线成 45°～55°的倾角，表明试样沿斜截面因相对错动而破坏。

脆性材料抗拉强度低，塑性性能差，但抗压能力强，而且价格低廉，宜作为抗压零件的材料。铸铁坚硬耐磨，易于浇铸成形状复杂的零部件，广泛用于铸造机床床身、机座、缸体及轴承座等受压零部件。因此，其压缩试验比拉伸试验更为重要。

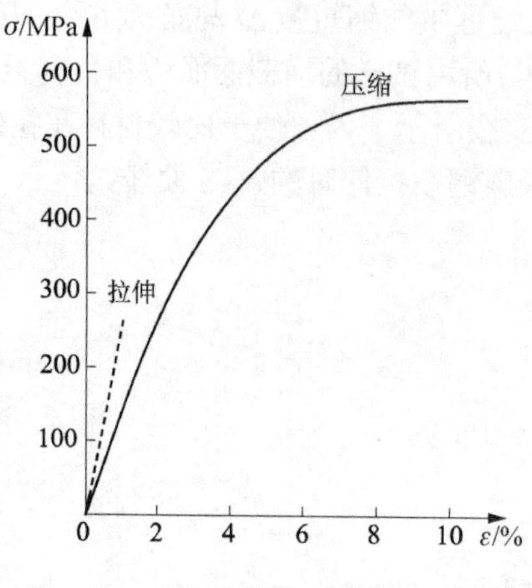

图 2-20　铸铁拉伸和压缩 σ - ε 曲线

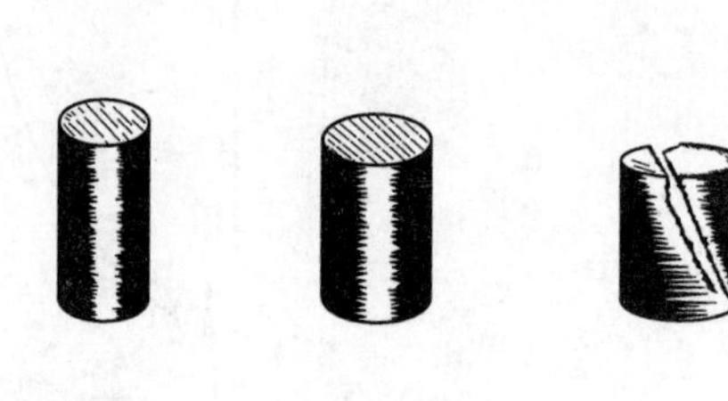

图 2-21　铸铁试样受压破坏现象

2.4.5　非金属材料在压缩时的力学性能

1. 混凝土

混凝土是由水泥、石子和砂加水搅拌均匀经水化作用后形成的人造材料，是典型的脆性材料。混凝土的抗拉强度很小，为抗压强度的 1/20～1/5（图 2-22），因此，一般都用作压缩构件，故混凝土常需做压缩试验以了解压缩时的力学性质。混凝土的标号也是根据其抗压强度标定的。试验时常将混凝土做成边长为 150mm 的正立方体试样（试样成型后，在标准养护条件下养护 28 天后进行试验），两端由压板传递压力，压坏时有两种形式：①压板与试样端面间加润滑剂以减小摩擦力，压坏时沿纵向开裂，如图 2-23（a）所示；②压板与试样端面间不加润滑剂，摩擦力大，使得试样横向变形受到阻碍，提高了抗压强度。随着压力的增加，中部四周逐渐剥落，最后试样剩下两个对接的截锥体而破坏，如图 2-23（b）所示。两种破坏形式所对应的抗压强度也有差异。

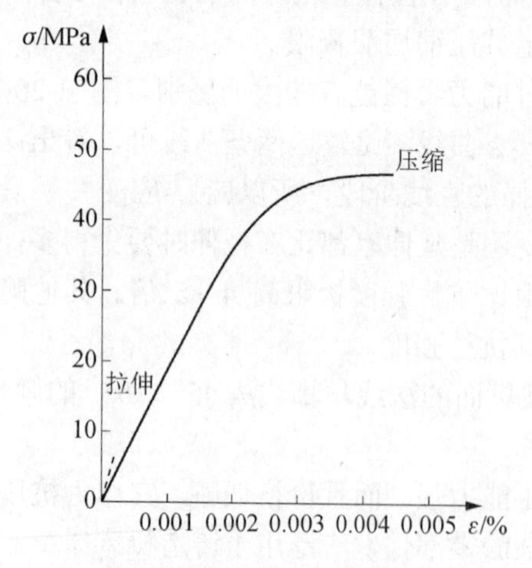

图 2-22　混凝土拉伸和压缩 σ - ε 曲线

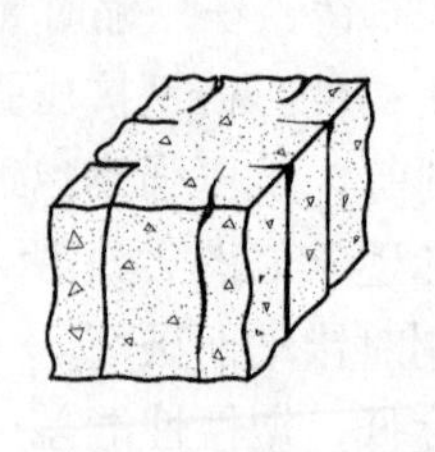

（a）纵向开裂

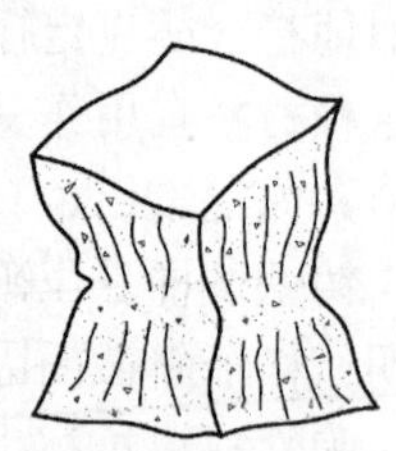

（b）中部四周剥落

图 2-23　混凝土压缩破坏现象

2. 木材

木材的力学性能随应力方向与木纹方向间倾角大小的不同而有很大的差异，即木材的力学性能具有方向性，称为各向异性材料。图 2-24 为木材在顺纹拉伸、顺纹压缩和横纹压缩的σ-ε曲线。由图 2-24 可见，木材沿顺纹方向压缩时的强度极限比横纹方向压缩时的强度极限高得多，顺纹抗压强度极限低于顺纹抗拉强度极限，但受木节等缺陷的影响较小，在工程中广泛用作柱、斜撑等承压构件。由于木材的力学性能具有方向性，因此在设计计算中，其弹性模量E和许用应力$[\sigma]$都应随应力方向与木纹方向间倾角的不同而不同，详情可参阅《木结构设计规范》(GB 50005—2003)。

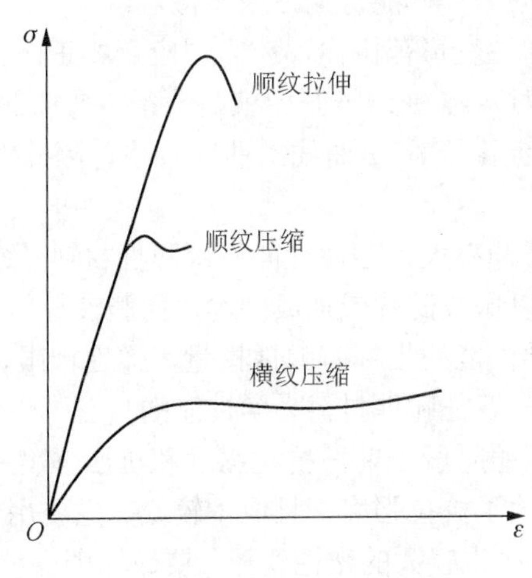

图 2-24　木材σ-ε曲线

3. 玻璃钢

玻璃钢是由玻璃纤维作为增强材料，与热固性树脂黏合而成的一种复合材料。玻璃钢的主要优点是质量小、强度高、成型工艺简单、耐腐蚀、抗振性能好，且拉、压时的力学性能基本相同，因此，玻璃钢作为结构材料在工程中得到广泛应用。

表 2-1 列出了工程上几种常用材料在常温、静荷载下拉伸和压缩时的主要力学性质。

表 2-1　几种常用材料在常温、静荷载下拉伸和压缩时的主要力学性质

材料名称或牌号	屈服极限σ_s/MPa	强度极限σ_b/MPa		塑性指标	
		拉伸	压缩	δ/%	ψ/%
Q235 钢	216～235	380～470	380～470	24～27	60～70
Q274 钢	255～274	490～608	490～608	19～21	
35 钢	310	530	530	20	45
45 钢	350			16	40
15Mn 钢	300	520	520	23	50
16Mn 钢	270～340	470～510	470～510	16~21	45～60
灰口铸铁		150～370	600～1300	0.5～0.6	
球墨铸铁	290～420	390～600	≥1568	1.5～10	

续表

材料名称或牌号	屈服极限σ_s/MPa	强度极限σ_b/MPa		塑性指标	
		拉伸	压缩	δ/%	ψ/%
有机玻璃		755	＞130		
红松（顺纹）		98	≈33		
普通混凝土		0.3～1	2.5～80		

2.4.6 塑性材料和脆性材料的主要特点

塑性材料和脆性材料的力学性能有如下主要特点：

1）多数塑性材料在弹性变形范围内，应力与应变成正比关系，符合胡克定律；多数脆性材料在拉伸或压缩时σ-ε曲线一开始就是一条微弯曲线，即应力与应变不成正比关系，不符合胡克定律，但由于σ-ε曲线的曲率较小，因此在应用上假设它们成正比关系。

2）塑性材料断裂时延伸率大，塑性性能好；脆性材料断裂时延伸率很小，塑性性能很差。所以塑性材料可以压成薄片或抽成细丝，而脆性材料则不能。

3）表征塑性材料力学性能的指标有弹性模量、弹性极限、屈服极限、强度极限、延伸率和横截面收缩率等；表征脆性材料力学性能的只有弹性模量和强度极限。

4）多数塑性材料在屈服阶段以前，抗拉强度和抗压强度基本相同，应用范围广；多数脆性材料抗压强度远大于抗拉强度，且成本较低，主要用于制作受压构件。

5）由于塑性材料能够产生较大的塑性变形，要破坏塑性材料需要消耗较大的能量，因此塑性材料承受冲击荷载的能力强，而脆性材料承受冲击荷载的能力很差，所以承受动荷载作用的构件多由塑性材料制作。

必须指出，在常温、静荷载条件下，根据拉伸试验所得材料的延伸率将材料分为塑性材料和脆性材料。但是，材料是塑性的还是脆性的，取决于材料所处的温度、加载速度和受力状态等条件。例如，低碳钢在常温下表现为塑性，但在低温下表现为脆性；石料通常认为是脆性材料，但在各向受压的情况下，却表现出很好的塑性；将铸铁放在高压介质下做拉伸试验，拉断时也会发生塑性变形和颈缩现象。

2.5 拉（压）杆件的许用应力和强度条件

由脆性材料制成的构件，在拉力作用下，当变形很小时就会发生断裂。塑性材料制成的构件，在拉断之前已产生不可恢复的塑性变形，即不能保持原来的形状和尺寸，已不能正常工作。可以把构件断裂和出现塑性变形统称为失效。受压短杆的压溃、压扁同样也是失效。上述失效现象都是强度不足引起的，然而构件失效并非都是强度问题。例如，若机床主轴变形过大，即使未出现塑性变形，也不能保证加工精度，这也属于失效，它是由刚度不足引起的。受压细长杆被压弯，则是由稳定性不足引起的失效。此外，不同的加载方式，如冲击、交变应力等，以及不同的环境条件，如高温、腐蚀等，都会导致失效。这里主要关注强度问题，其他形式的失效将于后面章节介绍。

2.5.1 许用应力

前面已经介绍了利用式（2-1）求杆件在拉伸或压缩时横截面上的正应力，这种应力称为工作应力。但仅有工作应力并不能判断杆件是否会因强度不足而发生失效，只有将杆件的最大工作应力与材料的强度指标联系起来，才有可能做出判断。

前述试验表明，当正应力达到强度极限 σ_b 时，会引起断裂；当正应力达到屈服极限 σ_s 时，将产生屈服或出现显著的塑性变形。构件工作时发生断裂是不允许的，发生屈服或出现显著的塑性变形一般也是不允许的。所以，从强度方面考虑，断裂是构件破坏或失效的一种形式，同样，屈服也是构件失效的一种形式，一种广义的破坏。通常将强度极限与屈服极限统称为极限应力，并用 σ_u 表示。对于塑性材料，由于其屈服极限 σ_s 小于强度极限 σ_b，因此通常以屈服应力作为极限应力；对于无明显屈服阶段的塑性材料，则用 $\sigma_{0.2}$ 作为 σ_u；对于脆性材料，强度极限是唯一强度指标，因此以强度极限作为极限应力。

在理想情况下，为了充分利用材料的强度，似乎应使材料的工作应力接近材料的极限应力，但实际上这是不可能的，因为存在下列不确定因素：

1）用在构件上的外力常估计不准确。

2）计算简图往往不能精确地符合实际构件的工作情况。

3）实际材料的组成与品质等难免存在差异，不能保证构件所用材料完全符合计算时所做的理想均匀假设。

4）构件在使用过程中偶尔会遇到超载的情况，即受到的荷载超过设计时所规定的荷载。

5）极限应力值是根据材料试验结果按统计方法得到的，材料产品的合格与否也只能凭抽样检查来确定，所以实际使用材料的极限应力有可能低于给定值。

所有这些不确定的因素，都有可能使构件的实际工作条件比设想的要危险。为了确保安全，构件还应具有适当的强度储备，特别是对于因破坏将带来严重后果的构件，更应给予较大的强度储备。

由此可见，杆件的最大工作应力 σ_{max} 应小于材料的极限应力 σ_u，而且还要有一定的安全裕度。因此，在选定材料的极限应力后，除以一个大于 1 的系数 n，所得结果称为许用应力，即

$$[\sigma]=\frac{\sigma_u}{n} \tag{2-16}$$

式中，大于 1 的系数 n 称为安全系数。关于安全系数的选取，应根据实际情况，合理地权衡安全与经济两方面的要求，不应偏重于某一方面的需要。各种材料在不同工作条件下的安全系数或许用应力，可从有关规范或设计手册中查到。在一般静强度计算中，对于塑性材料，按屈服应力所规定的安全系数 n_s，通常取 1.5～2.2；对于脆性材料，按强

度极限所规定的安全系数n_b，通常取3.0～5.0，甚至更大。

2.5.2 强度条件

根据以上分析，为了保证拉（压）杆在工作时不致因强度不够而破坏，杆内的最大工作应力σ_{max}不得超过材料的许用应力$[\sigma]$，即

$$\sigma_{max}=\left(\frac{F_N}{A}\right)_{max}\leqslant[\sigma] \tag{2-17}$$

式（2-17）即为拉（压）杆的强度条件。对于等截面杆，式（2-17）变为

$$\sigma_{max}=\frac{F_{N,max}}{A}\leqslant[\sigma] \tag{2-18}$$

利用上述强度条件，可以解决下列三种强度计算问题：

1）强度校核。已知荷载、杆件尺寸及材料的许用应力，根据强度条件校核是否满足强度要求。

2）选择横截面尺寸。已知荷载及材料的许用应力，确定杆件所需的最小横截面面积。对于等截面拉（压）杆，其所需横截面面积为

$$A\geqslant\frac{F_{N,max}}{[\sigma]}$$

3）确定承载能力。已知杆件的横截面面积及材料的许用应力，根据强度条件可以确定杆能承受的最大轴力，即

$$F_{N,max}\leqslant A[\sigma]$$

然后即可求出承载力。

最后还需指出，如果最大工作应力σ_{max}超过了许用应力$[\sigma]$，但只要不超过许用应力的5%，在工程计算中仍然是允许的。

在以上计算中都用到材料的许用应力。几种常用材料在一般情况下的许用应力约值见表2-2。

表2-2 几种常用材料的许用应力约值

材料名称	牌号	轴向拉伸许用应力约值/MPa	轴向压缩许用应力约值/MPa
低碳钢	Q235	140～170	140～170
低合金钢	16Mn	230	230
灰口铸铁		35～55	160～200
木材（顺纹）		5.5～10.0	8～16
混凝土	C20	0.44	7
混凝土	C30	0.6	10.3

注：适用于常温、静荷载和一般工作条件下的拉杆和压杆。

下面通过例题来说明上述三类问题的具体解法。

例 2-3 螺纹内径$d=15\text{mm}$的螺栓，紧固时所承受的预紧力$F=22\text{kN}$。若已知螺

栓的许用应力$[\sigma]=150\,\text{MPa}$，试校核螺栓的强度是否足够。

解：1）确定螺栓所受轴力。应用截面法，很容易求得螺栓所受的轴力即为预紧力，有

$$F_{\text{N}}=F=22\text{kN}$$

2）计算螺栓横截面上的正应力。根据拉伸或压缩杆件横截面上正应力计算式（2-1），螺栓在预紧力作用下，横截面上的正应力为

$$\sigma=\frac{F_{\text{N}}}{A}=\frac{F}{\frac{\pi d^2}{4}}=\frac{4\times 22\times 10^3}{3.14\times 15^2}\approx 124.6\,\text{MPa}$$

3）应用强度条件进行校核。已知许用应力为

$$[\sigma]=150\,\text{MPa}$$

螺栓横截面上的实际应力为

$$\sigma\approx 124.6\,\text{MPa}<[\sigma]=150\,\text{MPa}$$

所以，螺栓的强度是足够的。

例 2-4　一钢筋混凝土组合屋架如图 2-25（a）所示，受均布荷载q作用，屋架的上弦杆AC和BC由钢筋混凝土制成，下弦杆AB为 Q235 钢制成的圆截面钢拉杆。已知：$q=10\text{kN/m}$，$l=8.8\text{m}$，$h=1.6\text{m}$，钢的许用应力$[\sigma]=170\,\text{MPa}$，试设计钢拉杆AB的直径。

解：1）求支反力F_A和F_B。因屋架及荷载左右对称，故

$$F_A=F_B=\frac{1}{2}ql=\frac{1}{2}\times 10\times 8.8=44\text{kN}$$

2）用截面法求拉杆内力$F_{\text{N}AB}$。取左半个屋架为脱离体，受力如图 2-25（b）所示。由

$$\sum M_C=0\text{，}\quad F_A\times 4.4-q\times\frac{l}{2}\times\frac{l}{4}-F_{\text{N}AB}\times 1.6=0$$

得

$$F_{\text{N}AB}=\left(F_A\times 4.4-\frac{1}{8}ql^2\right)/1.6=\frac{44\times 4.4-\frac{1}{8}\times 10\times 8.8^2}{1.6}=60.5\text{kN}$$

3）设计 Q235 钢拉杆的直径。由强度条件

$$\frac{F_{\text{N}AB}}{A}=\frac{4F_{\text{N}AB}}{\pi d^2}\leqslant[\sigma]$$

得

$$d\geqslant\sqrt{\frac{4F_{\text{N}AB}}{\pi[\sigma]}}=\sqrt{\frac{4\times 60.5\times 10^3}{\pi\times 170}}\approx 21.29\text{mm}$$

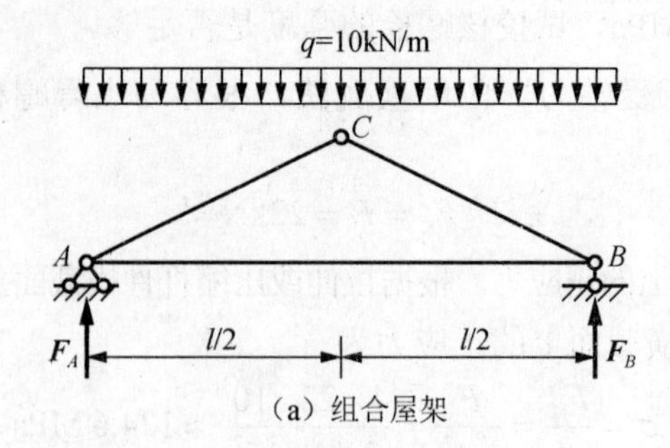

（a）组合屋架

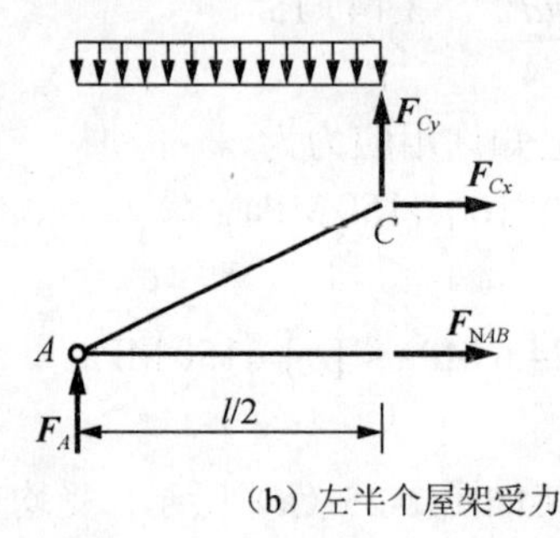

（b）左半个屋架受力

图 2-25　例 2-4 图

例 2-5　三角架 ABC 由 AC 和 BC 两根杆组成，如图 2-26（a）所示。杆 AC 由两根 14a 的槽钢组成，许用应力$[\sigma]=160\,\text{MPa}$；杆 BC 为一根 22a 的工字钢，许用应力为$[\sigma]=100\,\text{MPa}$。求荷载 F 的许可值$[F]$。

解：1）求两杆内力与力 F 的关系。取节点 C 为研究对象，其受力如图 2-26（b）所示。节点 C 的平衡方程为

$$\sum F_x=0\text{，}\quad F_{\text{N}BC}\cos\frac{\pi}{6}-F_{\text{N}AC}\cos\frac{\pi}{6}=0$$

$$\sum F_y=0\text{，}\quad F_{\text{N}BC}\sin\frac{\pi}{6}+F_{\text{N}AC}\sin\frac{\pi}{6}-F=0$$

解得

$$F_{\text{N}BC}=F_{\text{N}AC}=F \tag{2-19}$$

2）计算各杆的许可轴力。由型钢表查得杆 AC 和 BC 的横截面面积分别为 $A_{AC}=18.51\times10^{-4}\times2=37.02\times10^{-4}\,\text{m}^2$，$A_{BC}=42\times10^{-4}\,\text{m}^2$。根据强度条件

$$\sigma=\frac{F_{\text{N}}}{A}\leqslant[\sigma]$$

得两杆的许可轴力为

$$[F_{\text{N}}]_{AC}=(160\times10^{6})\times(37.02\times10^{-4})=592.32\times10^{3}\,\text{N}=592.32\text{kN}$$

$$[F_{\text{N}}]_{BC}=(100\times10^{6})\times(42\times10^{-4})=420\times10^{3}\,\text{N}=420\text{kN}$$

3）求许可荷载。将$[F_{\text{N}}]_{AC}$和$[F_{\text{N}}]_{BC}$分别代入式（2-19），便得到按各杆强度要求所算出的许可荷载，即

$$[F]_{AC} = [F_{\mathrm{N}}]_{AC} = 592.32\text{kN}$$
$$[F]_{BC} = [F_{\mathrm{N}}]_{BC} = 420\text{kN}$$

所以该结构的许可荷载应取$[F] = 420\text{kN}$。

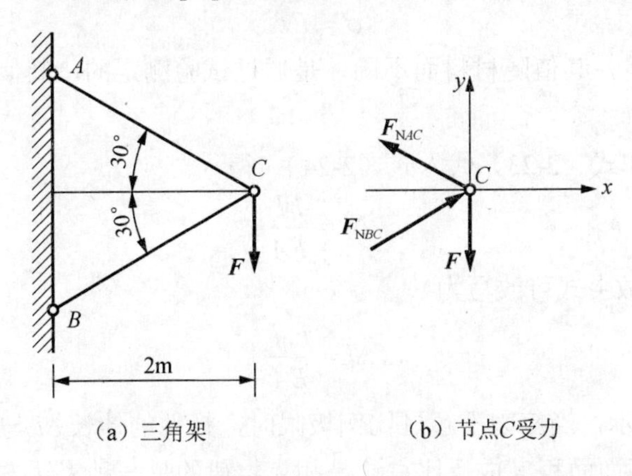

（a）三角架　　（b）节点C受力

图 2-26　例 2-5 图

2.6　杆件在轴向拉伸或压缩时的变形

试验表明，直杆在轴向拉力作用下，将引起轴向尺寸伸长，而其横向尺寸将缩短［图 2-27（a）］；反之，在轴向压力作用下，将引起轴向尺寸缩短，横向尺寸增大［图 2-27（b）］。

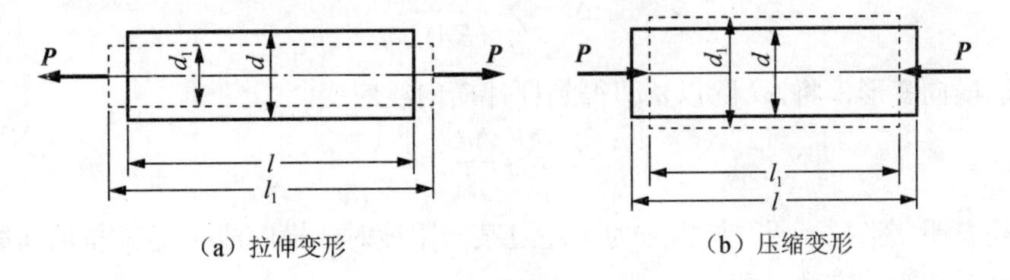

（a）拉伸变形　　（b）压缩变形

图 2-27　拉伸与压缩变形

设l、d为直杆变形前的长度与直径，l_1、d_1为直杆变形后的长度与直径，则轴向和横向伸长分别为

$$\Delta l = l_1 - l \tag{2-20}$$

$$\Delta d = d_1 - d \tag{2-21}$$

Δl与Δd称为绝对变形。由式（2-20）和式（2-21）可知Δl与Δd符号相反。将Δl除以l，得到杆件轴向线应变为

$$\varepsilon = \frac{\Delta l}{l} \tag{2-22}$$

设杆件的横截面面积为A，根据式（2-1），得到杆件横截面上的应力为

$$\sigma = \frac{P}{A} \tag{2-23}$$

胡克定律（2.4 节）指出，当应力不超过材料的比例极限时，应力与应变成正比，即

$$\sigma = E\varepsilon \tag{2-24}$$

式中，E 为弹性模量，其值随材料而不同，是通过试验测定的，其值表征材料抵抗弹性变形的能力。

将式（2-22）和式（2-23）代入式（2-24），得

$$\Delta l = \frac{Pl}{EA} \tag{2-25a}$$

由于 $P = F_{\mathrm{N}}$，故上式可改写为

$$\Delta l = \frac{F_{\mathrm{N}} l}{EA} \tag{2-25b}$$

式（2-25a）表示，当应力不超过比例极限时，杆件的伸长 Δl 与拉力 P 和杆件原长度 l 成正比，与横截面面积 A 成反比。这是胡克定律的另一种表达方式。以上结果同样适用于轴向压缩的情况，只要把轴向拉力改为压力，把伸长 Δl 改为缩短 Δl 即可。

由式（2-25）可以看出，对于长度相等且受力相同的杆件，EA 越大则变形 Δl 越小，所以 EA 称为杆件的抗拉（或抗压）刚度。

当拉（压）杆有两个以上的外力作用时，需先画出轴力图，然后按式（2-25b）分段计算各段的变形，各段变形的代数和即为杆的总变形力

$$\Delta l = \sum_i \frac{F_{\mathrm{N}i} l_i}{(EA)_i} \tag{2-26}$$

关于横向变形，将 Δd 除以 d 即得到杆件横向线应变，即

$$\varepsilon' = \frac{\Delta d}{d} \tag{2-27}$$

试验表明，当拉（压）杆内应力不超过某一限度时，横向线应变 ε' 与轴向线应变 ε 之比的绝对值为一常数，即

$$\mu = \left| \frac{\varepsilon'}{\varepsilon} \right| \tag{2-28}$$

式中，μ 为横向变形系数或泊松比，是无因次的量，其数值随材料而异，也是通过试验测定的。

因为当杆件轴向尺寸伸长时横向尺寸缩短，而轴向尺寸缩短时横向尺寸增大，所以 ε 和 ε' 的符号是相反的。这样，ε 和 ε' 的关系可表示为

$$\varepsilon' = -\mu\varepsilon \tag{2-29}$$

泊松比 μ 与弹性模量 E 一样，都是材料的弹性常数。几种常用金属材料的 E 和 μ 值可参阅表 2-3。

表 2-3　常用金属材料的 E 和 μ 值

材料名称	E/GPa	μ
低碳钢	196～216	0.25～0.33
中碳钢	205	
合金钢	186～216	0.24～0.33
灰口铸铁	78.5～157	0.23～0.27
球墨铸铁	150～180	
铜及其合金	72.6～128	0.31～0.742
铝合金	70	0.33
混凝土	15.2～36	0.16～0.18
木材（顺纹）	9～12	

例 2-6　已知阶梯形直杆受力如图 2-28（a）所示，材料的弹性模量 $E = 200\text{GPa}$，杆各段的横截面面积分别为 A_{AB}=A_{BC}=1500mm^2，A_{CD}=1000mm^2。要求：

1）作轴力图；

2）计算杆的总伸长量。

解： 1）作轴力图。因为在 A、B、C、D 处都有集中力作用，所以 AB、BC 和 CD 三段杆的轴力各不相同。应用截面法得

$$F_{\text{N}AB} = 300 - 100 - 300 = -100\text{kN}$$

$$F_{\text{N}BC} = 300 - 100 = 200\text{kN}$$

$$F_{\text{N}CD} = 300\text{kN}$$

轴力图如图 2-28（b）所示。

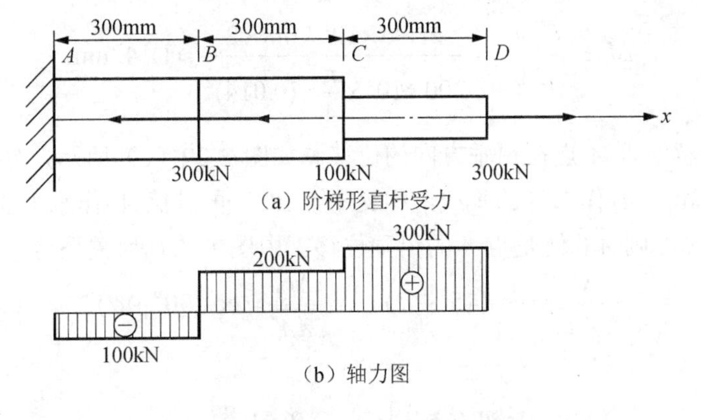

（a）阶梯形直杆受力

（b）轴力图

图 2-28　例 2-6 图

2）计算杆的总伸长量。因为杆各段轴力不等，且横截面面积也不完全相同，所以必须分段计算各段的变形，然后求和。各段杆的轴向变形分别为

$$\Delta l_{AB} = \frac{F_{\text{N}AB} l_{AB}}{EA_{AB}} = \frac{-100 \times 10^3 \times 300}{200 \times 10^3 \times 1500} = -0.1\text{mm}$$

$$\Delta l_{BC}=\frac{F_{\mathrm{NBC}}l_{BC}}{EA_{BC}}=\frac{200\times10^3\times300}{200\times10^3\times1500}=0.2\mathrm{mm}$$

$$\Delta l_{CD}=\frac{F_{\mathrm{NCD}}l_{CD}}{EA_{CD}}=\frac{300\times10^3\times300}{200\times10^3\times1000}=0.45\mathrm{mm}$$

杆的总伸长量为

$$\Delta l=\sum_{i=1}^{3}\Delta l_i=-0.1+0.2+0.45=0.55\mathrm{mm}$$

例 2-7 如图 2-29（a）所示，实心圆钢杆 AB 和 AC 在杆端 A 铰接，在 A 点作用有铅垂向下的力 $\boldsymbol{F}$ 。已知 $F=30\mathrm{kN}$，d_{AB}=10mm，d_{AC}=14mm，钢的弹性模量 $E=200\mathrm{GPa}$。试求 A 点在铅垂方向的位移。

解：1）利用静力平衡条件求二杆的轴力。两杆受力后伸长，使 A 点有位移，为求出各杆的伸长，先求出各杆的轴力。在微小变形情况下，求各杆的轴力时可将角度的微小变化忽略不计。以节点 A 为研究对象，受力如图 2-29（b）所示，由节点 A 的平衡条件，有

$$\sum F_x=0,\quad F_{\mathrm{NC}}\sin30^\circ-F_{\mathrm{NB}}\sin45^\circ=0$$

$$\sum F_y=0,\quad F_{\mathrm{NC}}\cos30^\circ+F_{\mathrm{NB}}\cos45^\circ-F=0$$

解得各杆的轴力为

$$F_{\mathrm{NB}}=0.518F=15.53\mathrm{kN},\qquad F_{\mathrm{NC}}=0.732F=21.96\mathrm{kN}$$

2）计算杆 AB 和 AC 的伸长。利用胡克定律，有

$$\Delta l_B=\frac{F_{\mathrm{NB}}l_B}{EA_B}=\frac{15.53\times10^3\times\sqrt{2}}{200\times10^9\times\dfrac{\pi}{4}\times(0.01)^2}\approx1.399\mathrm{mm}$$

$$\Delta l_C=\frac{F_{\mathrm{NC}}l_C}{EA_C}=\frac{21.96\times10^3\times0.8\times2}{200\times10^9\times\dfrac{\pi}{4}\times(0.014)^2}\approx1.142\mathrm{mm}$$

3）利用图解法求 A 点在铅垂方向的位移。如图 2-29（c）所示，分别过 AB 和 AC 伸长后的点 A_1 和点 A_2 作二杆的垂线，相交于点 A''，再过点 A'' 作水平线，与过点 A 的铅垂线交于点 A'，则 $\overline{AA'}$ 便是点 A 的铅垂位移。由图中的几何关系得

$$\frac{\Delta l_B}{\overline{AA''}}=\cos(45^\circ-\alpha),\qquad \frac{\Delta l_C}{\overline{AA''}}=\cos(30^\circ+\alpha)$$

可得

$$\tan\alpha\approx0.12,\qquad \alpha\approx6.87^\circ$$

$$\overline{AA''}\approx1.778\mathrm{mm}$$

所以点 A 的铅垂位移为

$$\varDelta=\overline{AA''}\cos\alpha=1.778\times\cos6.87^\circ\approx1.765\mathrm{mm}$$

从上述计算可见，变形与位移既有联系又有区别。位移是指其位置的移动，而变形是指构件尺寸的改变量。变形是标量，位移是矢量。

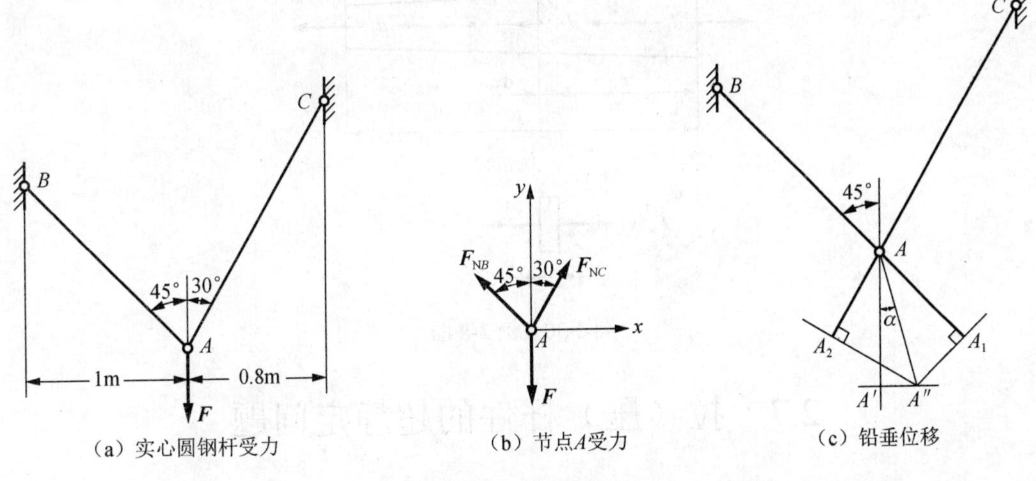

（a）实心圆钢杆受力　（b）节点A受力　（c）铅垂位移

图 2-29　例 2-7 图

式（2-25）适用于杆件横截面面积 A 和轴力 F_N 皆为常量的情形。若杆件横截面沿轴线变化，但变化平缓；轴力也沿轴线变化，但作用线仍与轴线重合，这时，可用相邻的横截面从杆件中取出长为 $\mathrm{d}x$ 的微段，把式（2-25）适用于这一微段，得微段的伸长为

$$\mathrm{d}(\Delta l)=\frac{F_N(x)\mathrm{d}x}{EA(x)} \tag{2-30}$$

式中，$F_N(x)$ 和 $A(x)$ 分别为轴力和横截面面积，它们都是 x 的函数。

积分式（2-30），得杆件的伸长为

$$\Delta l=\int_l \frac{F_N(x)\mathrm{d}x}{EA(x)} \tag{2-31}$$

例 2-8　图 2-30 所示为一锥度不大的圆锥形杆，左右两端的直径分别为 d_1 和 d_2。若不计杆件的自重，试求在轴向拉力 $\boldsymbol{F}$ 作用下杆件的伸长。材料的弹性模量 E 为已知。

解：设距左端为 x 的横截面的直径为 d，按比例关系可以求出

$$d=d_1\left(1-\frac{d_1-d_2}{d_1}\frac{x}{l}\right)$$

于是

$$A(x)=\frac{\pi}{4}d^2=\frac{\pi}{4}d_1^2\left(1-\frac{d_1-d_2}{d_1}\frac{x}{l}\right)^2$$

由式（2-31）求得整个杆件的伸长为

$$\Delta l=\int_0^l \frac{4F\mathrm{d}x}{E\pi d_1^2\left(1-\frac{d_1-d_2}{d_1}\frac{x}{l}\right)^2}=\frac{4Fl}{\pi E d_1 d_2}$$

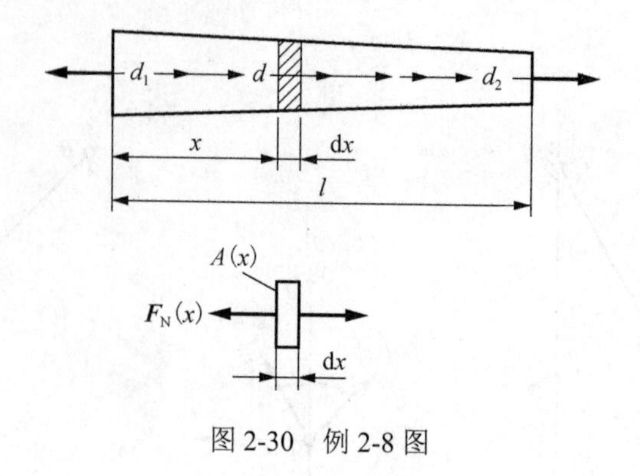

图 2-30　例 2-8 图

2.7　拉（压）杆件的超静定问题

2.7.1　超静定问题的提出及其求解方法

在前面所讨论的问题中，杆件或杆系的轴力可由静力平衡方程求出，这类问题称为静定问题。但在工程实际中，我们还会遇到另外一种情况，其杆件的内力或结构的约束反力的数目超过静力平衡方程的数目，以致单凭静力平衡方程不能求出全部未知力，这类问题称为静不定问题或超静定问题。未知力数目与独立平衡方程数目之差，称为静不定或超静定次数。如图 2-31（a）所示的杆件，上端 A 固定，下端 B 也固定，上下两端各有一个约束反力，但我们只能列出一个静力平衡方程，不能解出这两个约束反力，这是一个一次超静定问题。如图 2-31（b）所示的杆系结构，三杆铰接于 A，铅垂外力 $\boldsymbol{F}$ 作用于 A 铰。由于平面汇交力系仅有两个独立的平衡方程，显然，仅由静力平衡方程不可能求出三根杆的内力，故也为一次超静定问题。再如图 2-31（c）所示的水平刚性杆 AB，A 端铰支，还有两拉杆约束，为一次超静定问题。

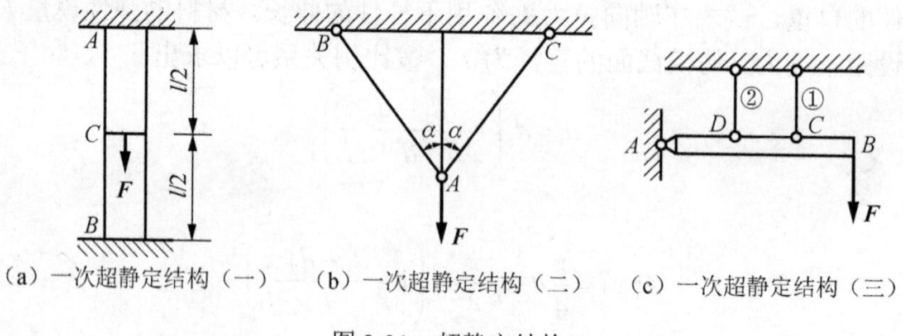

（a）一次超静定结构（一）　（b）一次超静定结构（二）　（c）一次超静定结构（三）

图 2-31　超静定结构

在求解超静定问题时，除了利用静力平衡方程以外，还必须考虑杆件的实际变形情况，列出变形的补充方程，并使补充方程的数目等于超静定次数。结构在正常工作时，其各部分的变形之间必然存在着一定的几何关系，称为变形协调条件。解超静定问题的关键在于根据变形协调条件写出几何方程，然后将联系杆件的变形与内力之间的物理关系（如胡克定律）代入变形几何方程，即得所需的补充方程。下面通过具体例题来加以说明。

例 2-9 两端固定的等直杆 AB，在 C 处承受轴向力 $\boldsymbol{F}$［图 2-32（a）］，杆的抗拉（或抗压刚度）为 EA，试求两端的支反力。

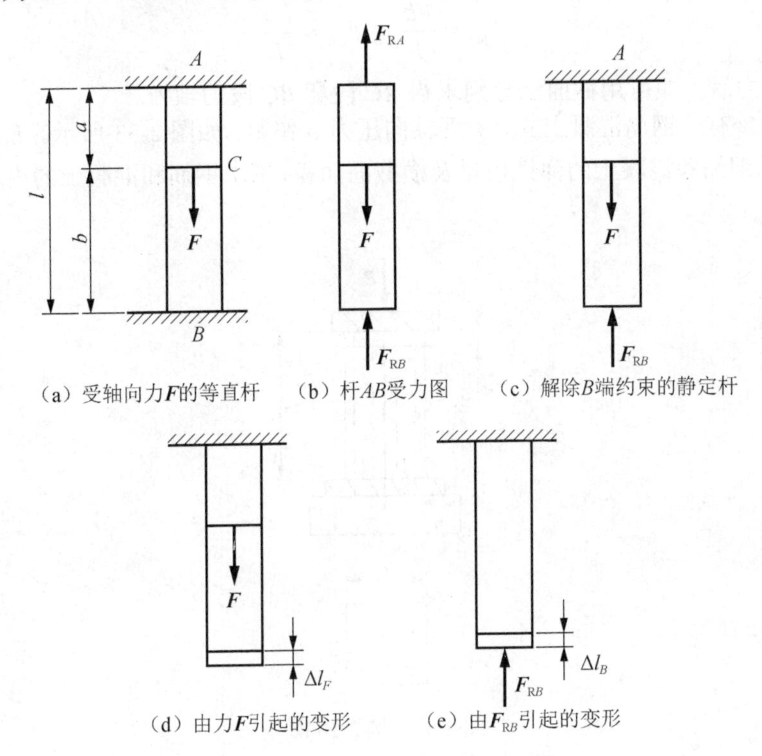

（a）受轴向力$\boldsymbol{F}$的等直杆　（b）杆AB受力图　（c）解除B端约束的静定杆

（d）由力$\boldsymbol{F}$引起的变形　（e）由$\boldsymbol{F}_{RB}$引起的变形

图 2-32　例 2-9 图

解： 根据前面的分析可知，该结构为一次超静定问题，需找一个补充方程。为此，从以下三个方面来分析。

1）静力方面。杆的受力如图 2-32（b）所示，可写出一个平衡方程，即

$$\sum F_y = 0\text{，}\quad F_{RA} + F_{RB} - F = 0 \tag{2-32}$$

2）几何方面。由于是一次超静定问题，因此有一个多余约束，取下固定端 B 为多余约束，暂时将它解除，以未知力 $\boldsymbol{F}_{RB}$ 代替此约束对杆 AB 的作用，则得一静定杆［图 2-32（c）］，受已知力 $\boldsymbol{F}$ 和未知力 $\boldsymbol{F}_{RB}$ 作用，并引起变形。设杆由力 $\boldsymbol{F}$ 引起的变形为 Δl_F［图 2-32（d）］，由 $\boldsymbol{F}_{RB}$ 引起的变形为 Δl_B［图 2-32（e）］。由于 B 端原是固定的，不能上下移动，因此应有下列几何关系

$$\Delta l_F + \Delta l_B = 0 \tag{2-33}$$

3）物理方面。由胡克定律，有

$$\Delta l_F = \frac{Fa}{EA}\text{，}\quad \Delta l_B = -\frac{F_{RB}l}{EA} \tag{2-34}$$

将式（2-34）代入式（2-33），即得补充方程

$$\frac{Fa}{EA}-\frac{F_{RB}l}{EA}=0 \tag{2-35}$$

最后，联立方程（2-32）和方程（2-35），得

$$F_{RA}=\frac{Fb}{l}，F_{RB}=\frac{Fa}{l}$$

求出反力后，即可用截面法分别求得 AC 段和 BC 段的轴力。

例 2-10　有一钢筋混凝土立柱，受轴向压力 $\boldsymbol{p}$ 作用，如图 2-33 所示。E_1、A_1 和 E_2、A_2 分别表示钢筋和混凝土的弹性模量及横截面面积，试求钢筋和混凝土的内力和应力各为多少。

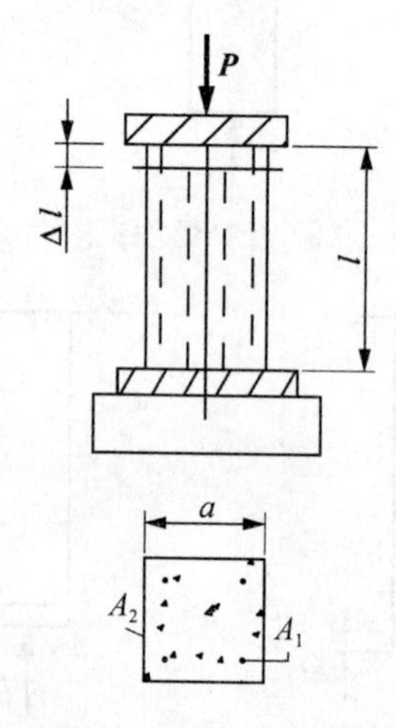

图 2-33　例 2-10 图

解：设钢筋和混凝土的内力分别为 F_{N1} 和 F_{N2}，利用截面法，根据平衡方程，有

$$\sum F_y=0，F_{N1}+F_{N2}=p \tag{2-36}$$

这是一次超静定问题，必须根据变形协调条件再列出一个补充方程。由于立柱受力后缩短 Δl，刚性顶盖向下平移，因此柱内两种材料的缩短量应相等，可得变形几何方程为

$$\Delta l_1=\Delta l_2 \tag{2-37}$$

由物理关系知

$$\Delta l_1=\frac{F_{N1}l}{E_1A_1}，\Delta l_2=\frac{F_{N2}l}{E_2A_2} \tag{2-38}$$

将式（2-38）代入式（2-37）得到补充方程，为

$$\frac{F_{N1}l}{E_1A_1}=\frac{F_{N2}l}{E_2A_2} \tag{2-39}$$

可见

$$\frac{F_{N1}}{F_{N2}}=\frac{E_1A_1}{E_2A_2}$$

即两种材料所受内力之比等于它们的抗拉（或抗压）刚度之比。

又

$$\sigma_1=\frac{F_{N1}}{A_1}=\frac{E_1}{E_1A_1+E_2A_2}P$$

$$\sigma_2=\frac{F_{N2}}{A_2}=\frac{E_2}{E_1A_1+E_2A_2}P$$

可见

$$\frac{\sigma_1}{\sigma_2}=\frac{E_1}{E_2}$$

即两种材料所受应力之比等于它们的弹性模量之比。

以上例题表明，超静定问题是综合静力方程、变形协调方程（几何方程）和物理方程三方面的关系求解的。

2.7.2 温度应力

在工程实际中，结构物或其部分杆件往往会因温度的升降而产生伸缩。在均匀温度场中，静定杆件或杆系由温度引起的变形，其伸缩自由，一般不会在杆中产生内力。但在超静定问题中，由于有了多余约束，由温度变化所引起的变形将受到限制，从而在杆内产生内力及与之相应的应力，这种应力称为温度应力或热应力。计算温度应力的关键也是根据杆件或杆系的变形协调条件及物理关系列出变形补充方程。与前面不同的是，杆的变形包括两部分，即由温度变化所引起的变形及与温度内力相应的弹性变形。

例 2-11 如图 2-34（a）所示，①、②、③杆用铰相连接，当温度升高 $\Delta t=20°C$ 时，求各杆的温度应力。已知：杆①与杆②由铜制成，$E_1=E_2=100\,\text{GPa}$，$\varphi=30°$，线膨胀系数 $\alpha_1=\alpha_2=16.5\times10^{-6}/°C$，$A_1=A_2=200\text{mm}^2$；杆③由钢制成，其长度 $l=1\text{m}$，$E_3=200\,\text{GPa}$，$A_3=100\text{mm}^2$，$\alpha_3=12.5\times10^{-6}/°C$。

解：设 F_{N1}、F_{N2}、F_{N3} 分别代表三杆因温度升高所产生的内力，假设均为拉力，考虑 A 铰接的平衡［图 2-34（b)］，则有

$$\sum F_x=0，\quad F_{N1}\sin\varphi-F_{N2}\sin\varphi=0$$

得

$$F_{N1}=F_{N2} \tag{2-40}$$

由

$$\sum F_y=0，\quad 2F_{N1}\cos\varphi+F_{N3}=0$$

得

$$F_{N1}=-\frac{F_{N3}}{2\cos\varphi} \tag{2-41}$$

变形几何关系为

$$\Delta l_1 = \Delta l_3 \cos\varphi \tag{2-42}$$

物理关系（温度变形与内力弹性变形）为

$$\Delta l_1 = \alpha_1 \Delta t \frac{l}{\cos\varphi} + \frac{F_{\mathrm{N1}} \dfrac{l}{\cos\varphi}}{E_1 A_1} \tag{2-43}$$

$$\Delta l_3 = \alpha_3 \Delta t l + \frac{F_{\mathrm{N3}} l}{E_3 A_3} \tag{2-44}$$

将式（2-43）和式（2-44）代入式（2-42），得

$$\alpha_1 \Delta t \frac{l}{\cos\varphi} + \frac{F_{\mathrm{N1}} l}{E_1 A_1 \cos\varphi} = \left(\alpha_3 \Delta t l + \frac{F_{\mathrm{N3}} l}{E_3 A_3} \right) \cos\varphi \tag{2-45}$$

联立式（2-40）、式（2-41）和式（2-45），得各杆轴力

$$F_{\mathrm{N3}} \approx 1492\mathrm{N}$$

$$F_{\mathrm{N1}} = F_{\mathrm{N2}} = -\frac{F_{\mathrm{N3}}}{2\cos\varphi} \approx -860\mathrm{N}$$

杆①与杆②承受的是压力，杆③承受的是拉力，各杆的温度应力为

$$\sigma_1 = \sigma_2 = \frac{F_{\mathrm{N1}}}{A_1} = -\frac{860}{200} = -4.3\,\mathrm{MPa}$$

$$\sigma_3 = \frac{F_{\mathrm{N3}}}{A_3} = \frac{1492}{100} = 14.92\,\mathrm{MPa}$$

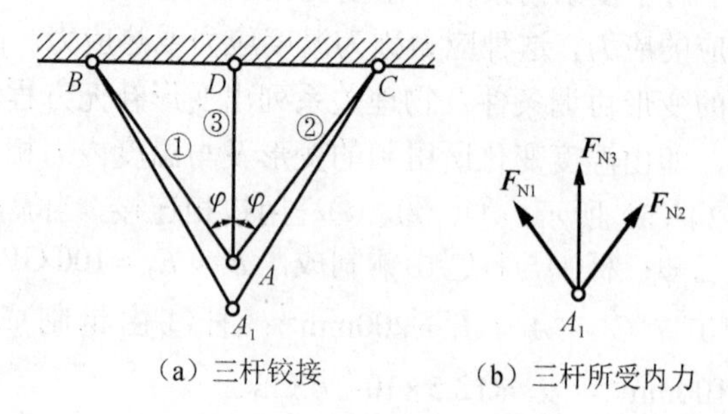

图 2-34　例 2-11 图

2.7.3　装配应力

杆件在制造过程中，其尺寸上的微小误差是在所难免的。在静定问题中，这种加工误差本身只会使结构的几何形状有轻微变化，并不会在杆中产生附加的内力。但对超静定结构，加工误差却往往能产生附加内力。这与上述温度应力的形成是非常相似的。下面通过例子来说明。如图 2-35（a）所示，两根长度相同的杆件组成一个简单构架，若由于两根杆制成后的长度［图 2-35（a）中实线］均比设计长度［图 2-35（b）中虚线］超出了 δ，则装配好以后，只是两杆原应有的交点 C 下移一个微小的距离 Δ 至点 C'，两杆的夹角略有改变，但杆内不会产生内力。但在超静定问题中，情况就不同了。如图 2-35（b）所示的超静定桁架，若由于两斜杆的长度制造得不准确，均比设计长度长，就会使三杆交不

到一起，而实际装配往往需强行完成，装配后的结构形状如图 2-35（b）所示，设三杆交于点 C''（介于 C 与 C' 之间），由于各杆长度均有变化，因此在结构尚未承受荷载作用时，各杆就已经有了应力，这种应力称为装配应力（或初应力）。计算装配应力的关键仍然是根据变形协调条件列出变形几何方程。下面通过具体例题来加以说明。

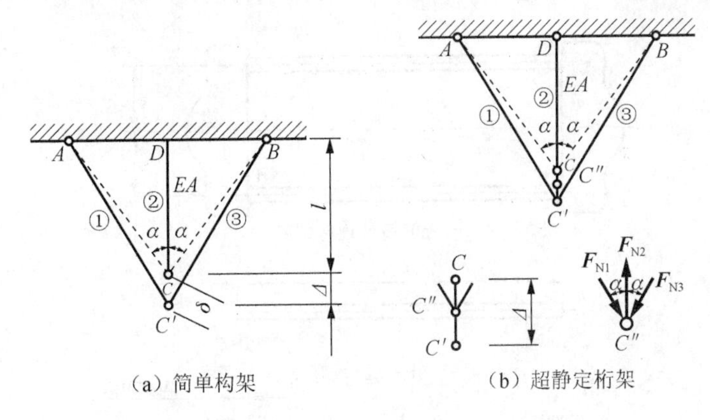

图 2-35　装配应力

例 2-12　两铸件用两钢杆 1、钢杆 2 连接，其间距为 $l = 200\text{mm}$［图 2-36（a）］。现需将制造的过长 $\Delta e = 0.11\text{mm}$ 的铜杆 3［图 2-36（b）］装入铸件之间，并保持三杆的轴线平行且有间距 a。试计算各杆内的装配应力。已知：钢杆直径 $d = 10\text{mm}$，铜杆横截面为 $20\text{mm} \times 30\text{mm}$ 的矩形，钢的弹性模量 $E = 210\text{GPa}$，铜的弹性模量 $E_3 = 100\text{GPa}$。铸铁很厚，其变形可略去不计。

解：本例题中三根杆的轴力均未知，但平面平行力系只有两个独立的平衡方程，故为一次超静定问题。

因铸铁可视为刚体，其变形协调条件是三杆变形后的端点须在同一直线上。由于结构对称于杆 3，因此其变形关系如图 2-36（c）所示。从而可得变形几何方程为

$$\Delta l_3 = \Delta e - \Delta l_1 \tag{2-46}$$

根据胡克定律（物理关系），有

$$\Delta l_1 = \frac{F_{N1} l}{EA} \tag{2-47}$$

$$\Delta l_3 = \frac{F_{N3} l}{E_3 A_3} \tag{2-48}$$

以上两式中的 A 和 A_3 分别为钢杆和铜杆的横截面面积。式（2-48）中的 l 在理论上应是杆 3 的原长 $l + \Delta e$，但由于 Δe 与 l 相比甚小，因此用 l 代替。

将式（2-47）和式（2-48）代入式（2-46），即得补充方程

$$\frac{F_{N3} l}{E_3 A_3} = \Delta e - \frac{F_{N1} l}{EA} \tag{2-49}$$

在建立平衡方程时，由于上面已判定 1、2 两杆伸长而杆 3 缩短，因此须相应地假设杆 1、杆 2 的轴力为拉力，而杆 3 的轴力为压力。于是，铸铁的受力如图 2-36（d）

所示。由对称关系可知

$$F_{N1}=F_{N2} \tag{2-50}$$

另一平衡方程为

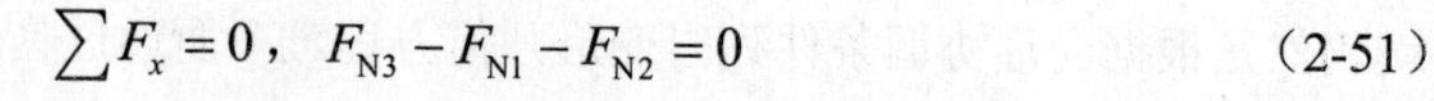

$$\sum F_x=0,\quad F_{N3}-F_{N1}-F_{N2}=0 \tag{2-51}$$

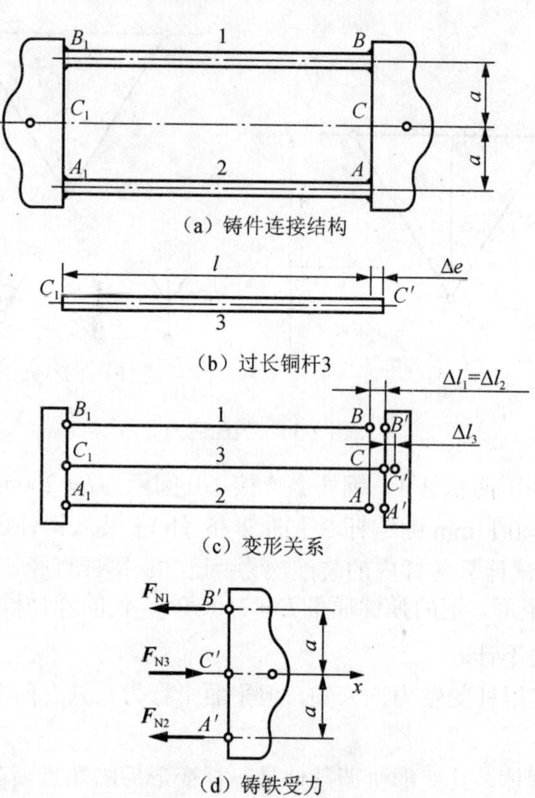

（a）铸件连接结构

（b）过长铜杆3

（c）变形关系

（d）铸铁受力

图 2-36　例 2-12 图

联解式（2-49）～式（2-51），整理后即得装配内力为

$$F_{N1}=F_{N2}=\frac{\Delta eEA}{l}\left(\frac{1}{1+2\dfrac{EA}{E_3A_3}}\right)$$

$$F_{N3}=\frac{\Delta eE_3A_3}{l}\left(\frac{1}{1+\dfrac{E_3A_3}{2EA}}\right)$$

所得结果均为正，说明原先假定杆 1、杆 2 为拉力和杆 3 为压力是正确的。

各杆的装配应力为

$$\sigma_1=\sigma_2=\frac{F_{N1}}{A}=\frac{\Delta eE}{l}\left(\frac{1}{1+2\dfrac{EA}{E_3A_3}}\right)\approx 74.53\text{MPa}$$

$$\sigma_3 = \frac{F_{N3}}{A_3} = \frac{\Delta e E_3}{l}\left(\frac{1}{1+\frac{E_3 A_3}{2EA}}\right) \approx 19.51\text{MPa}$$

从例 2-12 可以看出，在超静定问题里，杆件尺寸的微小误差会产生相当可观的装配应力。这种装配应力既可能引起不利的后果，又可能带来有利的影响。土建工程中的预应力钢筋混凝土构件，就是利用装配应力来提高构件承载能力的实例。

2.8 应 力 集 中

2.8.1 应力集中的概念

由 2.2 节知，对于等截面直杆在轴向拉伸或压缩时，除两端受力的局部区域外，横截面上的应力是均匀分布的。但在工程实际中，由于构造与使用等方面的需要，许多构件常带有切口、轴肩、沟槽（如螺纹）、孔和圆角（构件由粗到细的过渡圆角）等，以致在这些部位上横截面尺寸发生突然变化。试验结果和理论分析表明，在零件尺寸突然改变处的横截面上，应力并不是均匀分布的。在外力作用下，构件在形状或横截面尺寸有突然变化处，将出现局部的应力骤增现象。例如，如图 2-37（a）所示的含圆孔的受拉薄板，圆孔处横截面 A—A 上的应力分布如图 2-37（b）所示，在孔的附近处应力骤然增加，而离孔稍远处应力则迅速下降并趋于均匀。这种由杆件横截面突然变化而引起的局部应力急剧增大的现象，称为应力集中。

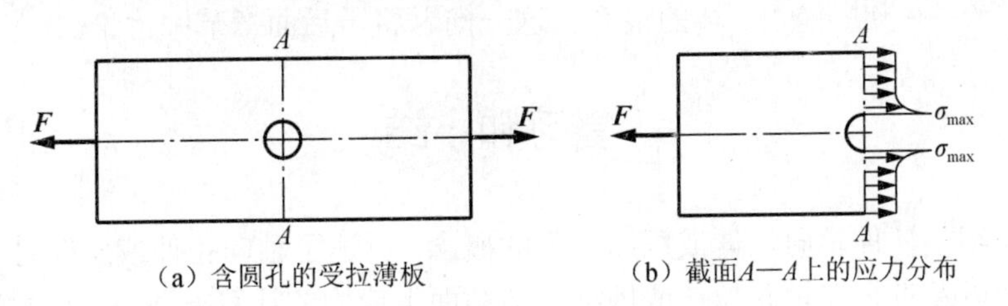

（a）含圆孔的受拉薄板　　（b）截面A—A上的应力分布

图 2-37　应力集中现象

应力集中的程度用理论应力集中系数 K 表示，其定义为

$$K = \frac{\sigma_{max}}{\sigma_{nom}}$$

式中，σ_{max} 为最大局部应力；σ_{nom} 为该横截面上的名义应力［轴向拉（压）时即为横截面上的平均应力］。

应力集中系数反映了应力集中的程度，是一个值大于 1 的系数。应力集中是一种局部的应力骤增现象，如图 2-37（b）中具有小孔的均匀受拉平板，在孔边处的最大应力约为平均应力的 3 倍，而距孔稍远处，应力即趋于均匀。而且，应力集中处不仅最大应力急剧增加，其应力状态也与无应力集中时不同。试验结果表明：横截面尺寸改变得越急剧，角越尖，孔越小，应力集中的程度就越严重。因此，零件上应尽可能地避免带尖角的孔和槽，在阶梯轴的轴肩处要用圆弧过渡，而且在结构允许的范围内，应尽量使圆弧半径大一些。

在土木工程结构中，也经常遇到应力集中问题。例如，在混凝土重力坝中，为了排水、灌浆、观测等需要，常在坝体内设置一些廊道，在廊道附近会引起应力集中。因此，在设计重力坝时，常需要用理论或试验的方法专门对廊道附近区域进行应力分析。

2.8.2 应力集中对构件强度的影响

对于由脆性材料制成的构件，当由应力集中所形成的最大局部应力达到强度极限时，构件即发生破坏。因此，在设计脆性材料构件时，应考虑应力集中的影响。但是像灰口铸铁这类材料，其内部的不均匀性和缺陷往往是产生应力集中的主要因素，而零件外形改变所引起的应力集中就可能成为次要因素，对零件的承载能力不一定造成明显的影响。

对于由塑性材料制成的构件，应力集中对其在静荷载作用下的强度几乎无影响。因为当最大应力σ_{max}达到屈服应力σ_s后，如果继续增大荷载，则所增加的荷载将由同一横截面的未屈服部分承担，以致屈服区域不断扩大（图 2-38），应力分布逐渐趋于均匀化。所以，在研究塑性材料构件的静强度问题时，通常可以不考虑应力集中的影响。

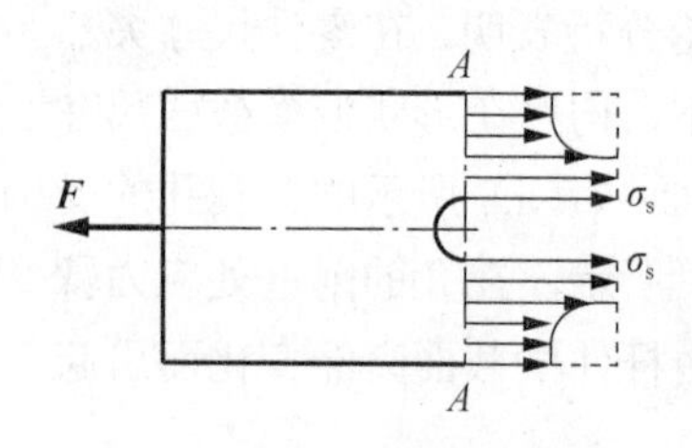

图 2-38　应力集中

当零件在动荷载作用下，如受周期性变化的应力或受冲击荷载作用时，无论是塑性材料还是脆性材料制成的杆件，应力集中对零件的强度都有严重影响，往往是零件破坏的根源。这一问题将于后面章节中讨论。

复习和小结

本章介绍了杆件轴向拉伸或压缩变形的概念，讲述了轴向拉伸或压缩时横截面上的内力和应力以及直杆在轴向拉伸或压缩时斜截面上应力的计算方法。通过材料试验，阐述了典型金属和非金属材料拉伸或压缩时的力学性能。通过强度分析，提出了拉（压）杆件的失效及强度计算方法；利用胡克定律，建立了杆件轴向拉伸或压缩时的变形计算公式；介绍了拉（压）杆件的超静定问题求解，此外，还简单介绍了应力集中的概念。

思考题

1．两根直杆，其横截面面积相同，长度相同，两端所受轴向外力也相同，而材料的弹性模量不同。分析它们的内力、应力、应变、伸长是否相同。

2．有人说："受力杆件的某一方向上有应力必有应变，有应变必有应力"。此话对吗？为什么？

3．钢的弹性模量 E=200GPa，铝的弹性模量 E=71GPa，试比较在同一应力作用下，哪种材料应变大？

4．两根材料不同、横截面面积不同的拉杆，受相同的拉力，它们横截面上的内力是否相同？

5．轴力和横截面面积相等，而横截面形状和材料不同，它们横截面上的应力是否相同？

6．对于等直且在两端作用轴向拉（压）力的杆件，为什么杆斜截面上的应力是均匀分布的？

7．低碳钢拉伸时的应力-应变图可分为几个阶段？并按顺序说出各个阶段的名称。

8．低碳钢试样拉伸至强化阶段时，在拉伸图上如何测量其弹性伸长量和塑性伸长量？当试样拉断后，又如何测量？

9．什么是材料的弹性、强度、塑性和韧性？

10．反映材料抵抗弹性变形能力、材料强度和材料塑性的指标分别是什么？

习　题

1．试求图 2-39 中各杆 1—1 和 2—2 横截面上的轴力，并作轴力图。

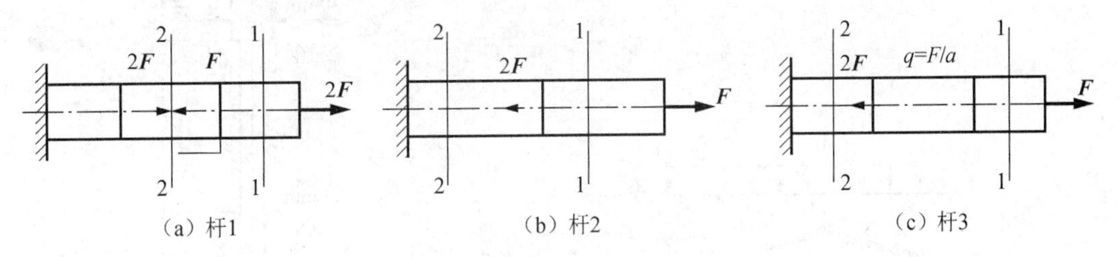

图 2-39　习题 1 图

2．试求图 2-40 所示阶梯状直杆横截面 1—1、2—2 和 3—3 上的轴力，并作轴力图。若横截面面积 $A_1 = 200\,\text{mm}^2$，$A_2 = 300\,\text{mm}^2$，$A_3 = 400\,\text{mm}^2$，求各横截面上的应力。

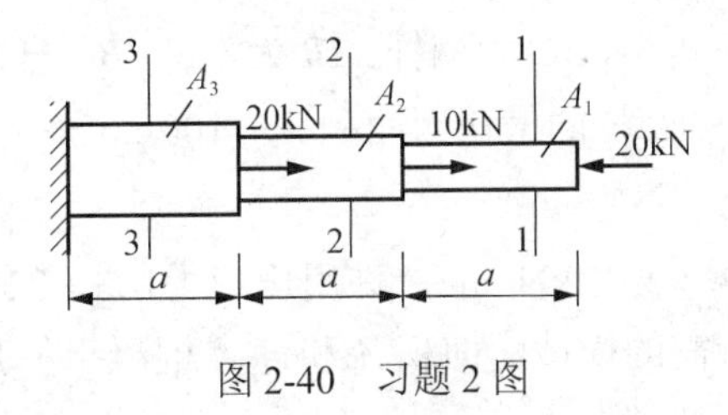

图 2-40　习题 2 图

3．一圆截面杆受力如图 2-41 所示。已知 F_1=10kN，F_2=20kN，F_3=35kN，F_4=25kN，E=200GPa，杆的横截面面积 A=100mm^2。试分别求 AB、BC、CD 段杆横截面上的应力。

4．如图 2-42 所示，用两根钢丝绳起吊一扇平板闸门。若每根钢丝绳上所受的力为

20kN，钢丝绳横截面的直径 d=20mm，试求钢丝绳横截面上的应力。

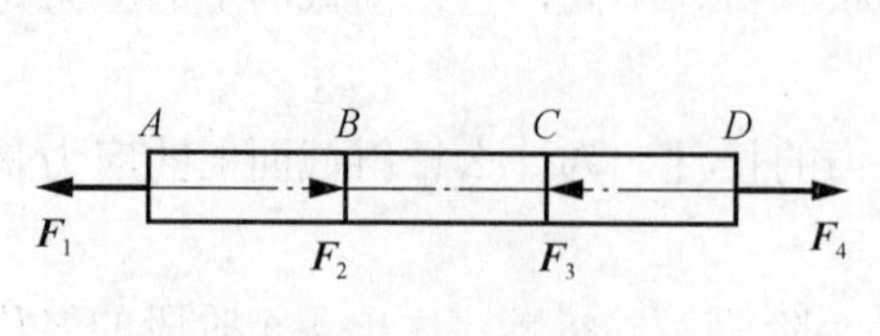

图 2-41　习题 3 图

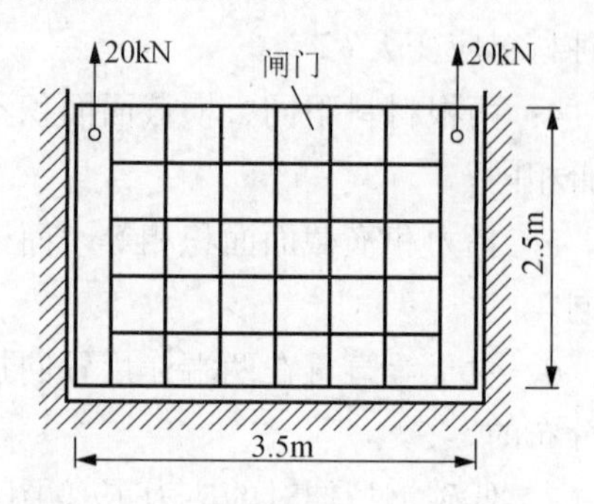

图 2-42　习题 4 图

5．图 2-43 为一混合屋架结构的计算简图。屋架的上弦杆用钢筋混凝土制成，下面的拉杆和中间竖向撑杆用角钢构成，其横截面均为两个 75mm×8mm 的等边角钢。已知屋面承受集度为 $q=20\,\text{kN/m}$ 的竖直均布荷载。试求拉杆 AE 和 EG 横截面上的应力。

6．一圆截面阶梯杆受力如图 2-44 所示，AC 段横截面直径为 40mm，CB 段横截面直径为 20mm，作用力 $P=40\text{kN}$，$[\sigma]=140\,\text{MPa}$，试校核杆的强度。

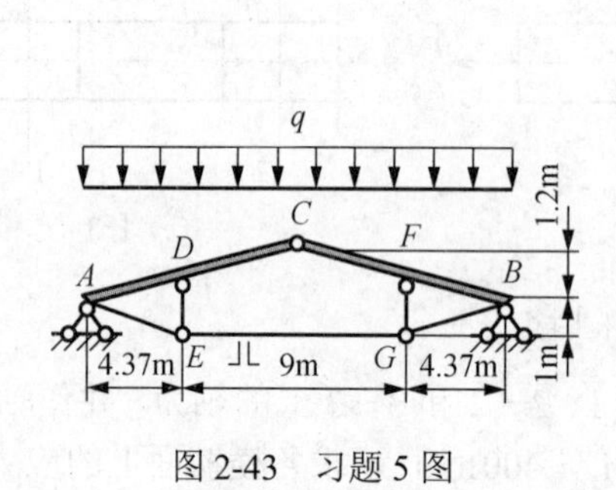

图 2-43　习题 5 图

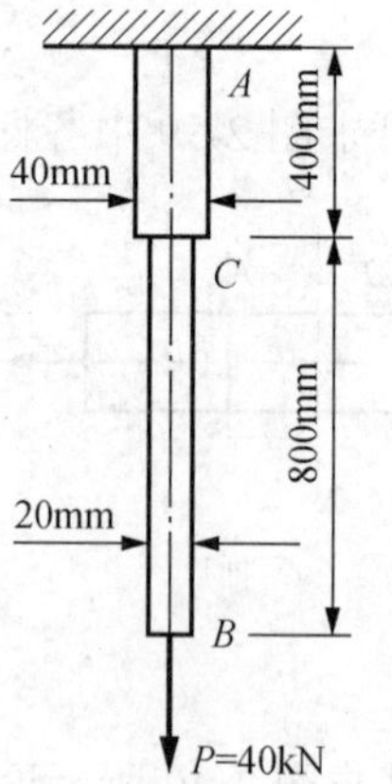

图 2-44　习题 6 图

7. 如图 2-45 所示的三角架，BC 为钢杆，AB 为木杆。BC 杆的横截面面积 $A_2=6\,\text{cm}^2$，许用应力 $[\sigma]_2=160\,\text{MPa}$；$AB$ 杆的横截面面积 $A_1=100\,\text{cm}^2$，许用应力 $[\sigma]_1=7\,\text{MPa}$。试求许可吊重 P。

8．已知混凝土的容重 $\gamma=22\,\text{kN/m}^3$，许用压应力 $[\sigma]=2\,\text{MPa}$。试按强度条件确定图 2-46 所示的混凝土柱所需的横截面面积 A_1 和 A_2，混凝土的弹性模量 E=20GPa，并求柱顶 A 的位移。

9．3m 高的正方形砖柱，边长为 0.4m，砌筑在高为 0.4m 的正方形块石底脚上，如图 2-47 所示。已知砖的容重 $\rho_1 g=16\,\text{kN/m}^3$，块石容重 $\rho_2 g=20\,\text{kN/m}^3$。砖柱顶上受集中力 $F=16\,\text{kN}$ 作用，地基容许应力 $[\sigma]=0.08\,\text{MPa}$。试设计正方形块石底脚的边长 a。

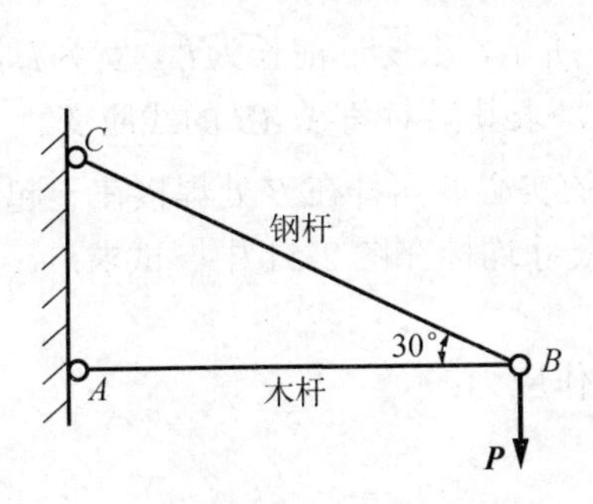

图 2-45 习题 7 图

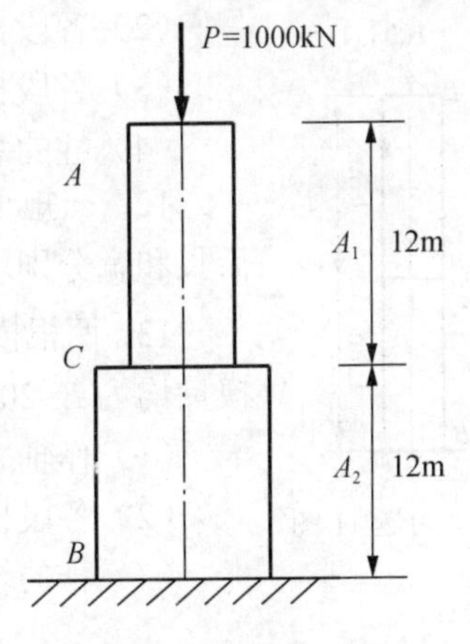

图 2-46 习题 8 图

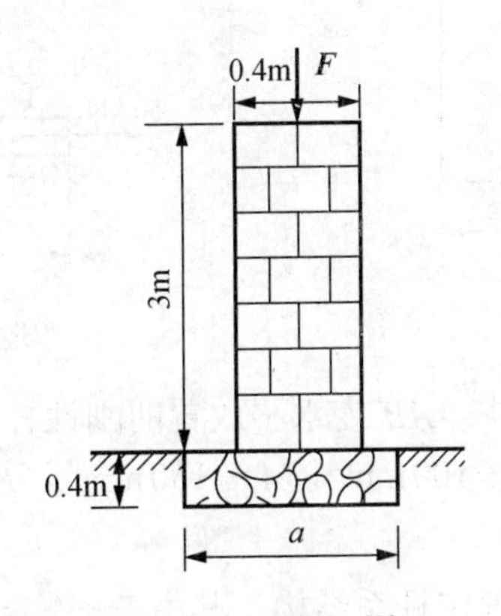

图 2-47 习题 9 图

10．一挡水墙如图 2-48 所示，其中 AB 杆支承着挡水墙，各部分尺寸均已示于图 2-48 中。若 AB 杆为圆截面，材料为松木，其容许应力 $[\sigma]=11\text{MPa}$，试求 AB 杆所需的直径。

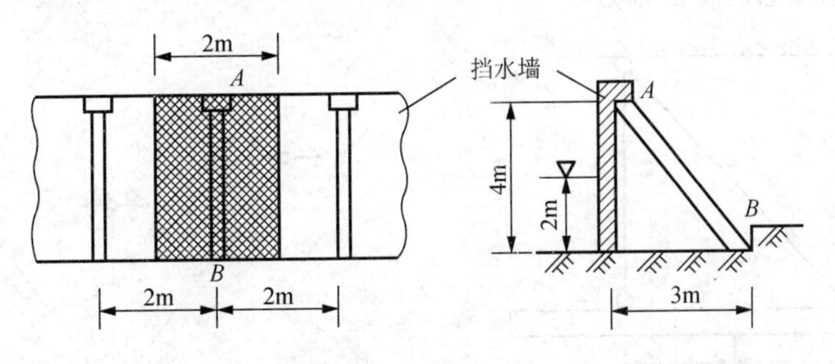

图 2-48 习题 10 图

11．一木桩柱受力如图 2-49 所示。柱的横截面为边长 200mm 的正方形，材料可认为符合胡克定律，其弹性模量 E=10GPa。如不计柱的自重，试求：

（1）作轴力图；

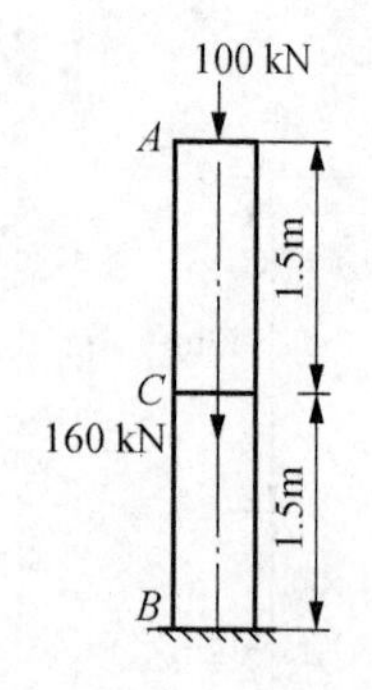

图 2-49　习题 11 图

（2）各段柱横截面上的应力；

（3）各段柱的纵向线应变；

（4）柱的总变形。

12．一矩形薄板如图 2-50 所示，未变形前长为l_1，宽为l_2，变形后长和宽分别增加了Δl_1、Δl_2，求其沿对角线 AB 的线应变。

13．两根横截面面积不同的实心截面杆在 B 处焊接在一起，弹性模量均为 E=200GPa，受力和尺寸均标在图 2-51 中。试求：

（1）作轴力图；

（2）各段杆横截面上的工作应力；

（3）杆的轴向变形总量。

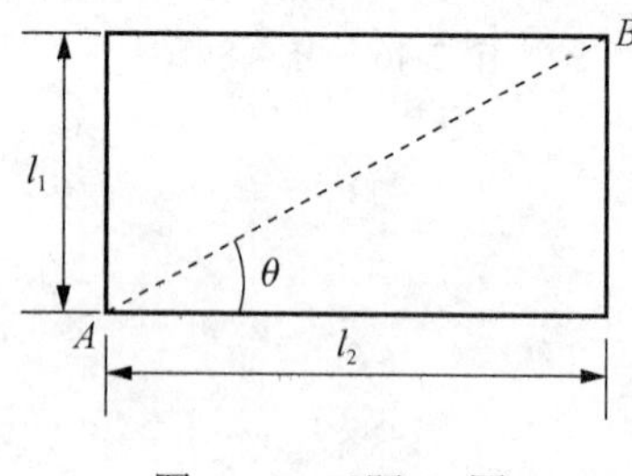

图 2-50　习题 12 图

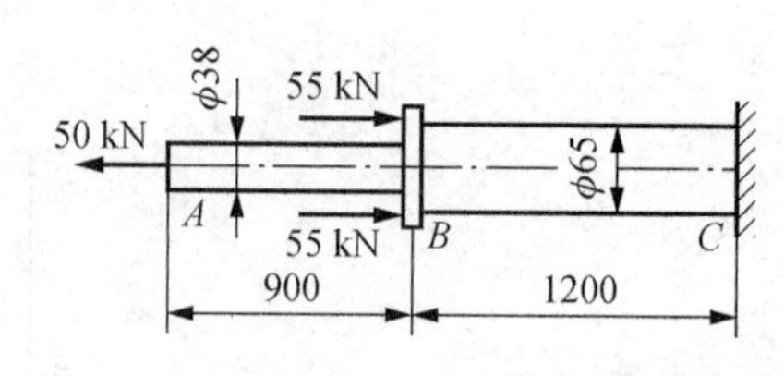

图 2-51　习题 13 图

14．在图 2-52 所示结构中，AB 为水平放置的刚性杆，1、2、3 杆材料相同，弹性模量 E=210GPa。已知 $A_1 = A_2 = 100\,\text{mm}^2$，$A_3 = 150\,\text{mm}^2$，$P = 20\,\text{kN}$。求 C 点的水平位移和铅垂位移。

15．如图 2-53 所示的超静定杆系结构，其由三根等直杆 1、2、3 在点 A 铰接所构成。已知杆 2、3 的长度、横截面面积及材料的弹性模量均相同，即 $l_2=l_3$，$A_2=A_3$，$E_2=E_3$；杆 1 的长度为 l_1，横截面面积为 A_1，材料的弹性模量为 E_1。试求在点 A 悬挂重力为 $\boldsymbol{P}$ 的重物时各杆中的轴力。

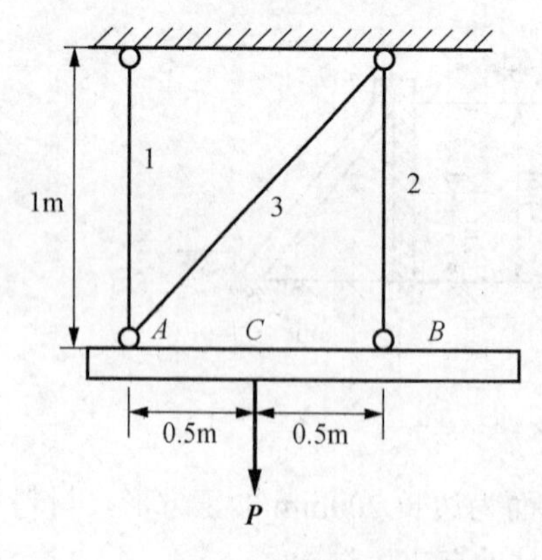

图 2-52　习题 14 图

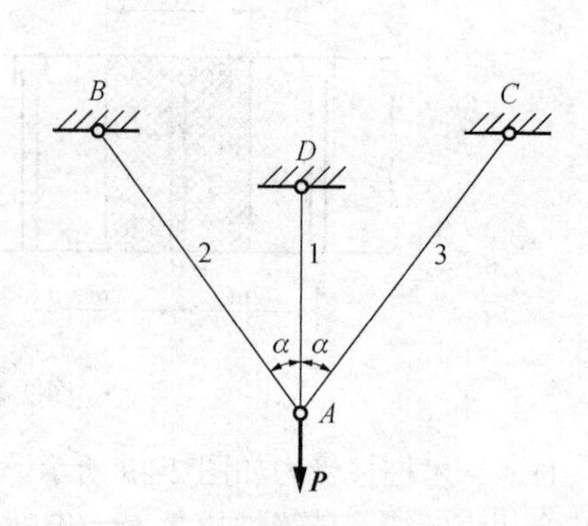

图 2-53　习题 15 图

第3章 扭 转

3.1 扭转与剪切胡克定律

3.1.1 扭转变形

扭转变形是杆件的基本变形之一。等直杆件承受垂直于杆件轴线的平面内的外力偶作用，杆将发生扭转变形，它的任意两个横截面将由于各自绕杆的轴线转速不相等而产生相对角位移，即相对扭转角。

受力特点：杆件受到作用面垂直于杆轴线的力偶作用。

变形特点：相邻横截面绕杆轴线产生相对转动，杆表面的纵向线将变成螺旋线。

在工程中，承受作用在垂直杆件轴线的平面内力偶的构件将产生扭转变形，如机械中的传动轴、房屋建筑结构中的雨篷梁，如图 3-1 所示。

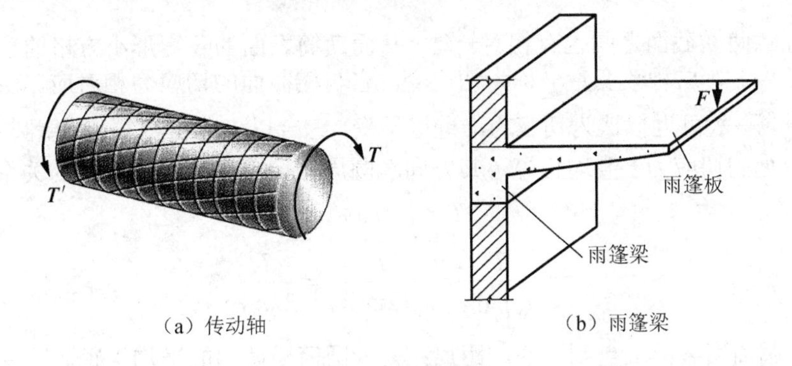

图 3-1 扭转变形

若杆件的变形以扭转为主，其他变形为可以忽略不计的次要变形，则可按扭转变形对杆件进行强度和刚度计算。扭转的受力情况如图 3-1（a）所示，在一对等值反向作用于杆件两端横截面的外力偶作用下，直杆的任意两横截面将绕轴线相对转动，杆件轴线仍保持直线，其表面的纵向线将变成螺旋线。

3.1.2 薄壁圆筒的扭转

设一薄壁圆筒，其平均半径 r 远大于壁厚 δ，两端承受外力偶矩 $\boldsymbol{M}_\mathrm{e}$，如图 3-2（a）所示。由内外力的平衡知，圆筒横截面的内力为一力偶矩，该力偶矩称为扭矩。圆筒任一横截面上的扭矩都是横截面上的应力与微面积dA乘积的合力，因此横截面上的应力只能是切应力。

为得到沿横截面圆周各点处切应力的变化规律，在筒表面画出一组等间距的纵向线和圆周线，形成一系列的矩形小方格。然后在两端施加外力偶矩 $\boldsymbol{M}_e$，圆筒发生扭转变形。这时经观察发现在小变形情况下，圆周线大小和间距都保持不变，只是绕轴线发生相对转动。纵向线仍保持直线，只是倾斜了同一微小角度γ，矩形网格变为平行四边形。因筒壁很薄，故可将圆周线的转动视为整个横截面绕轴线的转动。圆筒两端横截面之间相对转动的角度称为相对扭转角，用符号φ表示，如图 3-2（b）所示。

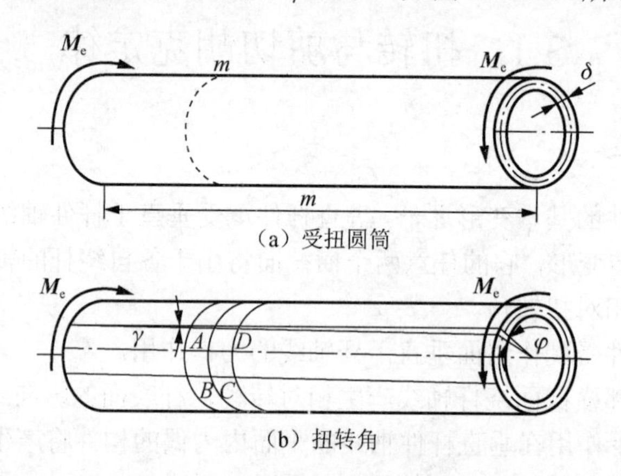

图 3-2　薄壁圆筒受扭变形

圆筒任意两横截面之间也有相对转动，从而使筒表面的各矩形小方格的直角都改变了相同的角度γ，这种改变量γ称为切应变，它与横截面的切应力相对应。由于薄壁圆筒的壁厚很薄，故可近似认为切应力沿壁厚不变。综合以上分析可知，薄壁圆筒扭转时，横截面上各处的切应力τ值均相等，其方向与圆周相切。由内力和应力的关系得

$$T=\int_A \tau r\mathrm{d}A \tag{3-1}$$

$$\tau=\frac{T}{r_0\int_A \mathrm{d}A}=\frac{T}{r_0(2\pi r_0\delta)}=\frac{T}{2\pi r_0^2\delta} \tag{3-2}$$

式中，r为圆筒横截面上点到圆心的距离；r_0为圆筒横截面的平均半径。

薄壁圆筒表面上的切应变γ和相距为l的两端面之间的相对扭转角φ之间的关系式可由图 3-2（b）所示的几何关系求得

$$\gamma=\frac{r\varphi}{l} \tag{3-3}$$

3.1.3　剪切胡克定律

通过薄壁圆筒的扭转试验可以发现，当外力偶矩在一定范围内时，相对扭转角与扭矩成正比，如图 3-3（a）所示。利用式（3-1）和式（3-2），可以得到切应变γ和切应力τ之间的线性关系［图 3-3（b）］，其表达式为

$$\tau = G\gamma \tag{3-4}$$

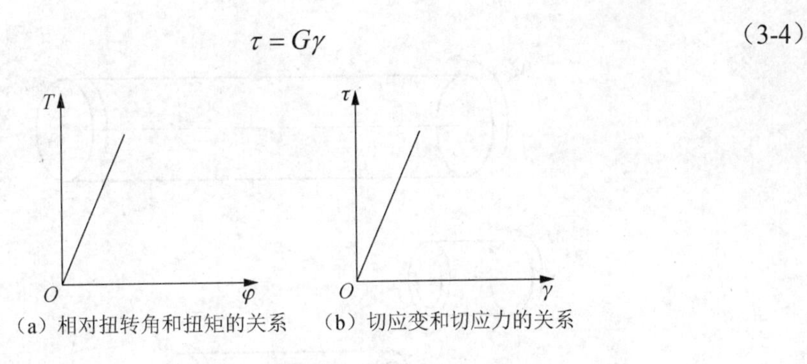

（a）相对扭转角和扭矩的关系　（b）切应变和切应力的关系

图 3-3　剪切胡克定律

式（3-4）称为材料的剪切胡克定律。式（3-4）中的比例常数G称为材料的切变模量，也称剪切弹性模量，其量纲与弹性模量E的量纲相同，单位为 Pa。应当指出，剪切胡克定律适用于切应力不超过剪切比例极限的弹性范围。

3.2　扭转圆轴外力偶矩

3.2.1　外力偶矩

工程中常用的传动轴，往往只知道其功率P和转速n，根据功率P（kW）和转速n（r/min）可求出外力偶矩。力偶的功率为力偶矩与角速度的乘积，考虑角速度与转速的关系，可得

$$P \times 10^3 = M \times \omega = M \times 2\pi n / 60 \tag{3-5}$$

进而求出作用在轴上的外力偶矩为

$$M = 9549\frac{P}{n} \tag{3-6}$$

式中，M为外力偶矩（N·m）；ω为角速度（rad/s）。

3.2.2　扭矩和扭矩图

确定杆件上的外力偶矩后，由截面法可计算任意横截面上的内力。如图 3-4 所示的传动轴，两端作用一对扭力偶，应用截面法可假设沿横截面 1—1 将轴截开，取半段为隔离体进行分析。

取轴的左半段分析，1—1 横截面的内力矩大小、转向可由左半段隔离体力矩平衡得到。如果取轴的右半段分析，则在同一横截面上求得扭矩的数值大小相等，方向相反。材料力学规定：按右手螺旋法则确定扭矩矢量，如果扭矩矢量的指向与横截面的外法向方向一致，则扭矩为正，反之为负，如图 3-5 所示。按此规定，分别以左、右两部分为研究对象得出的结果是一致的。

当杆件作用有多个力偶时，不同横截面上的扭矩有所不同，类似于轴力图，常用扭矩图表示扭矩沿轴线变化的情况。

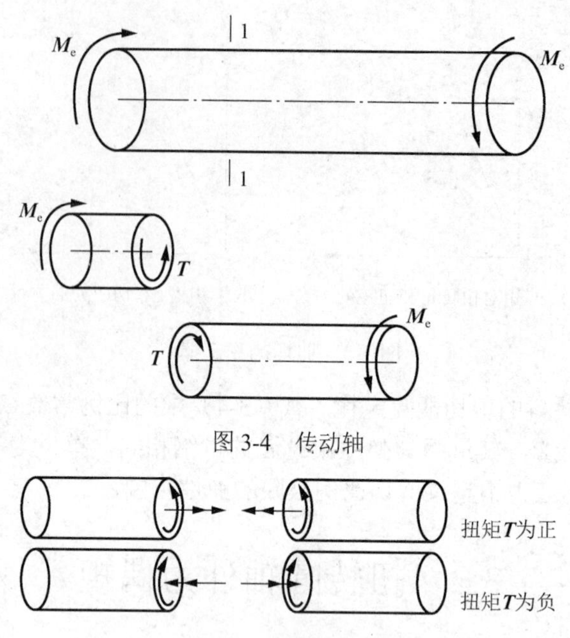

图 3-4　传动轴

图 3-5　横截面扭矩

例 3-1　一传动轴如图 3-6 所示，轴的转速 $n = 300$ r/min，主动轮输入的功率 P_1=500kW，三个从动轮输出的功率分别为 P_2=150kW，P_3=150kW，P_4=200kW。试作轴的扭矩图。

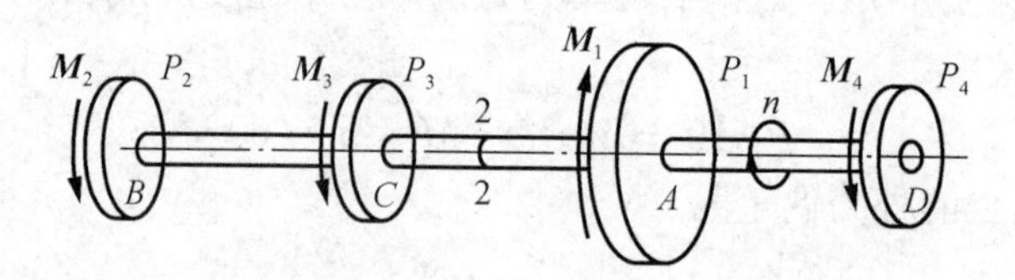

图 3-6　例 3-1 图

解： 1）计算外力偶矩，传动轴受力简图如图 3-7 所示。

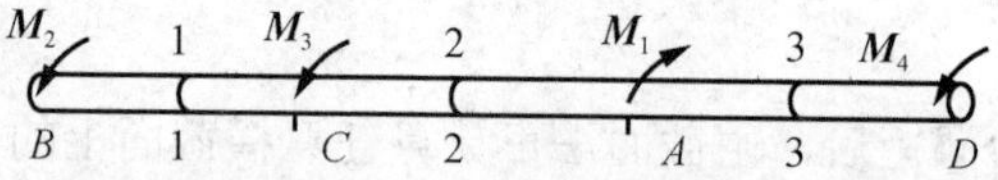

图 3-7　传动轴受力简图

$$M_1 = \left(9549 \times \frac{500}{300}\right) \mathrm{N \cdot m} \approx 15.9 \times 10^3\ \mathrm{N \cdot m} = 15.9\mathrm{kN \cdot m}$$

$$M_2 = M_3 = \left(9549 \times \frac{150}{300}\right) \mathrm{N \cdot m} \approx 4.78 \times 10^3\ \mathrm{N \cdot m} = 4.78\ \mathrm{kN \cdot m}$$

$$M_4 = \left(9549 \times \frac{200}{300}\right) \mathrm{N \cdot m} \approx 6.37 \times 10^3\ \mathrm{N \cdot m} = 6.37\ \mathrm{kN \cdot m}$$

2）计算各段扭矩。将 BC 段沿横截面 1—1 截开，取左侧进行分析，如图 3-8（a）

所示，假设横截面扭矩为正向，则有

$$\sum M_x = 0,\ T_1 + M_2 = 0$$

$$T_1 = -M_2 = -4.78\text{kN}\cdot\text{m}$$

将 CA 段沿横截面 2—2 截开，取左侧进行分析，如图 3-8（b）所示，假设横截面扭矩与外力偶矩方向相反，注意此时横截面扭矩为负向，则有

$$\sum M_x = 0,\ T_2 - M_2 - M_3 = 0$$

$$T_2 = M_2 + M_3 = 9.56\text{kN}\cdot\text{m}\ （扭矩为负值）$$

将 AD 段沿横截面 3—3 截开，取右侧进行分析，如图 3-8（c）所示，假设横截面扭矩为正向，则有

$$\sum M_x = 0,\ T_3 - M_4 = 0$$

$$T_3 = M_4 = 6.37\text{kN}\cdot\text{m}$$

根据计算结果作出扭矩图，如图 3-8（d）所示。

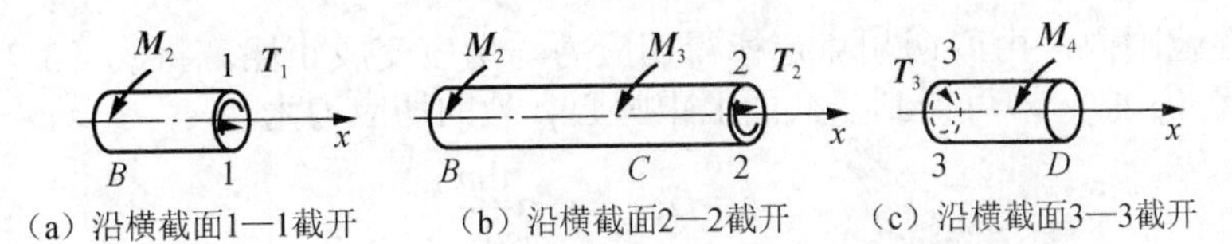

（a）沿横截面1—1截开　（b）沿横截面2—2截开　（c）沿横截面3—3截开

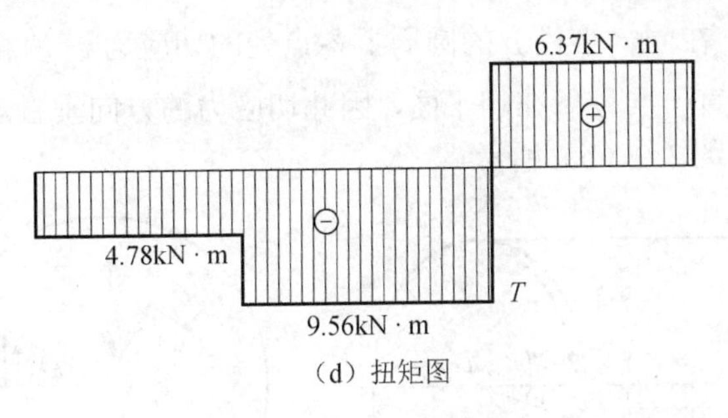

（d）扭矩图

图 3-8　扭矩求解及扭矩图

3.3　扭转圆轴的应力与强度条件

3.3.1　横截面上的应力

为计算圆杆扭转时横截面上的切应力，从以下三方面进行分析：先由几何变形关系推导切应变的分布规律，再利用物理关系推出切应力在横截面上的分布规律，最后根据静力学关系导出外力与切应力的关系。

1. 几何关系

试验表明圆杆扭转与薄壁圆筒的变形情况类似，各圆周线的形状和间距均保持不变；在小变形条件下，各纵向线近似为直线，但都倾斜了一微小的角度γ。根据试验现象，可以假设圆杆在扭转时横截面变形后仍保持平面，其形状、大小不变，且半径也仍

为直线，相邻两横截面间的距离不变，即平面假设。该假设只适用于等直圆杆。

假设以一段长为dx的杆段为研究对象。由平面假设可知，杆段变形后的情况如图3-9(a)所示：横截面n—n相对于横截面m—m转过的角度为dφ，故其上的半径O_2D也转动了同一角度dφ；同时由于横截面转动，圆杆表面上的纵向线AD倾斜了一微小角度γ，即点A处的切应变。过半径上距圆心O_2的距离为ρ的一点G的纵向线EG也倾斜了一微小角度γ_ρ，即G点处的切应变。由图中的几何关系，可得

$$\gamma_\rho=\rho\frac{\mathrm{d}\varphi}{\mathrm{d}x} \tag{3-7}$$

式中，ρ为点G到圆心O_2的距离；$\frac{\mathrm{d}\varphi}{\mathrm{d}x}$为相对扭转角$\varphi$沿轴线的变化率，在同一横截面上为常量。

可见等直圆杆横截面上各点处的切应变正比于该点到圆心的距离。

2. 物理关系

在弹性范围内，由剪切胡克定律得切应力与切应变成正比。将式（3-7）代入剪切胡克定律式（3-4），即可得到横截面上距圆心ρ处的切应力为

$$\tau_\rho=G\gamma_\rho=G\rho\frac{\mathrm{d}\varphi}{\mathrm{d}x} \tag{3-8}$$

式（3-8）表明，在同一半径ρ的圆周上各点处的切应力τ_ρ值相等，并与半径ρ成正比。由于切应变垂直于半径所在的平面，因此切应力的方向垂直于半径。切应力沿任意半径的变化规律如图3-9（b）所示。

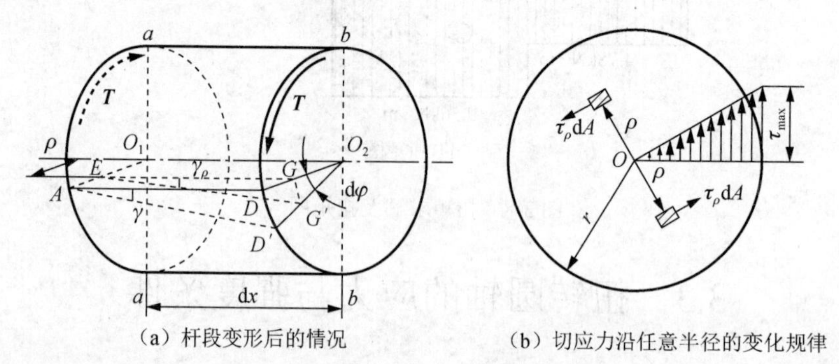

（a）杆段变形后的情况　　（b）切应力沿任意半径的变化规律

图3-9　等直圆杆扭转的切应变和切应力

3. 静力学关系

通过静力学关系推导出横截面上切应力的变化规律，最终求出切应力。在圆杆的横截面上取微面积dA，如图3-9（b）所示，其上的切向合力为τ_ρdA，整个横截面上的各点切应力对圆心的力矩合成横截面扭矩T，即

$$\int_A \rho\tau_\rho \mathrm{d}A=T \tag{3-9}$$

将物理关系代入式（3-9）可得

$$\int_A \rho\tau_\rho \mathrm{d}A = G\frac{\mathrm{d}\varphi}{\mathrm{d}x}\int_A \rho^2 \mathrm{d}A = T \tag{3-10}$$

定义 $I_\mathrm{p} = \int_A \rho^2 \mathrm{d}A$，可得

$$\frac{\mathrm{d}\varphi}{\mathrm{d}x} = \frac{T}{GI_\mathrm{p}} \tag{3-11}$$

式中，I_p 为横截面对圆心的极惯性矩，只与横截面的几何尺寸有关（m^4）。

将式（3-11）代入式（3-8），即得

$$\tau_\rho = \frac{T\rho}{I_\mathrm{p}} \tag{3-12}$$

式（3-12）即为扭转杆件横截面任意点的切应力计算公式。圆截面周边的切应力最大，其值为

$$\tau_{\max} = \frac{Tr}{I_\mathrm{p}} = \frac{T}{(I_\mathrm{p}/r)} = \frac{T}{W_\mathrm{p}} \tag{3-13}$$

式中，r 为圆截面的半径；W_p 为抗扭截面系数（m^3）。

实心圆截面（直径为 d）的极惯性矩和抗扭截面系数分别为

$$I_\mathrm{p} = \int_A \rho^2 \mathrm{d}A = \int_0^{\frac{d}{2}} 2\pi\rho^3 \mathrm{d}\rho = \frac{\pi d^4}{32} \tag{3-14}$$

$$W_\mathrm{p} = \frac{I_\mathrm{p}}{d/2} = \frac{\pi d^3}{16} \tag{3-15}$$

空心圆截面（内径为 d，外径为 D）的极惯性矩和抗扭截面系数分别为

$$I_\mathrm{p} = \int_A \rho^2 \mathrm{d}A = \int_{\frac{d}{2}}^{\frac{D}{2}} 2\pi\rho^3 \mathrm{d}\rho = \frac{\pi}{32}(D^4 - d^4) = \frac{\pi D^4}{32}(1-\alpha^4) \tag{3-16}$$

$$W_\mathrm{p} = \frac{I_\mathrm{p}}{D/2} = \frac{\pi(D^4 - d^4)}{16D} = \frac{\pi D^3}{16}(1-\alpha^4) \tag{3-17}$$

式中，$\alpha = d/D$，为空心圆截面的内径与外径之比。

切应力公式的推导注意依据平面假设，且材料符合胡克定律，因此公式只适用于在线弹性范围的等直杆和空心圆截面杆。

例 3-2 一实心圆轴和一空心圆轴，两端承受相同的扭矩作用。若两轴最大切应力相等，实心轴的直径为 d_1；空心轴的外径为 D，内径为 d_2，且 $\alpha = d_2/D = 0.8$。试求两杆的外径之比 d_1/D 及两杆的面积比。

解： 扭矩和最大切应力相等，说明实心轴和空心轴的抗扭截面系数相同，有

$$W_{\mathrm{p}1} = W_{\mathrm{p}2}$$

$$\frac{\pi d_1^3}{16} = \frac{\pi D^3}{16}(1-\alpha^4)$$

二者外径之比为

$$\frac{d_1}{D} = \sqrt[3]{(1-\alpha^4)} = \sqrt[3]{(1-0.8^4)} = 0.839 \approx 0.84$$

二者面积之比为

$$\frac{A_1}{A}=\frac{\dfrac{\pi d_1^2}{4}}{\dfrac{\pi D^2}{4}(1-\alpha^2)}=\frac{d_1^2}{D^2(1-\alpha^2)}=\frac{0.84^2}{1-0.8^2}\approx 1.96$$

由计算结果可知，在最大切应力相等的情况下，空心圆轴比实心圆轴节省材料。因此，空心圆轴在工程中应用较为广泛。

3.3.2 斜截面上的应力

以上讨论了等直圆杆受扭时横截面上的应力情况，为了深入研究杆内的应力分布，现在讨论斜截面的应力。在圆杆的表面用两个横截面、两个径向截面和两个与表面平行的面截取一微小的正六面体，称为单元体，如图 3-10（a）所示。单元体前、后两面（与圆杆表面平行的面）无应力，左、右两侧面（圆杆的横截面）上只有切应力τ。由于单元体处于平衡状态，因此由平衡方程$\sum F_y=0$可知，其左、右两侧面作用的剪力$\tau\mathrm{d}y\mathrm{d}z$大小相等、方向相反，并组成一个力偶，其矩为$(\tau\mathrm{d}y\mathrm{d}z)\mathrm{d}x$。因此，为满足另外两个平衡条件$\sum F_x=0$，$\sum M=0$，在单元体的上、下两平面（圆杆的径向截面）上必有大小相等、方向相反的一对剪力$\tau^*\mathrm{d}y\mathrm{d}z$，并组成矩为$(\tau^*\mathrm{d}x\mathrm{d}z)\mathrm{d}y$的力偶。由力矩平衡条件，有$\tau=\tau^*$。该式表明，在两个相互垂直的平面上，切应力必然成对存在，且数值相等，其方向均共同指向或背离两平面的交线，称为切应力互等定理。该定理在有正应力存在的情况下同样适用，具有普遍意义。图 3-10（a）所示的单元体在其两对相互垂直的平面上只有切应力而无正应力，这种应力状态称为纯剪切应力状态。由于这种单元体的前、后两平面上无任何应力，因此可将其改用平面图加以表示，如图 3-10（b）所示。

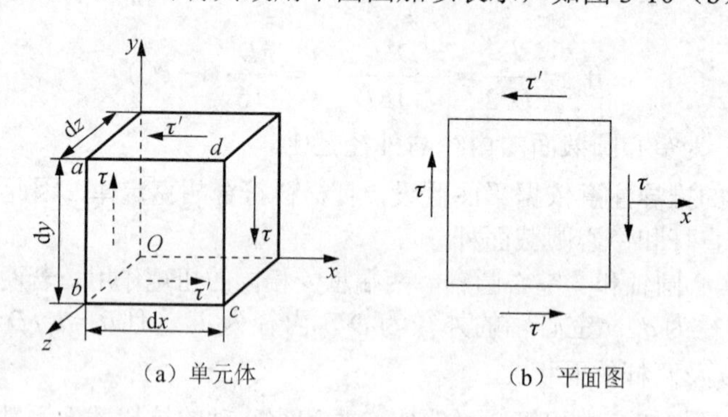

（a）单元体　　（b）平面图

图 3-10　切应力互等

现在在此单元体内任取一垂直于前后平面的斜截面e-f，其外法线n的方向与x轴的夹角为α，如图 3-11（a）所示。α的符号规定如下：从x轴方向至外法线n为逆时针方向转动时α取正值，反之取负值。应用截面法，分析左边部分ebf，如图 3-11（b）所示。在e-b、b-f面上作用有已知切应力τ和τ'，在e-f面上作用有未知的正应力σ_α和切应力τ_α。

选取参考坐标轴ξ和η，分别平行和垂直于e-f面。设斜截面e-f的面积为$\mathrm{d}A$，则e-b面和b-f面的面积分别为$\mathrm{d}A\cos\alpha$和$\mathrm{d}A\sin\alpha$。分别由平衡方程$\sum F_{\xi}=0$和$\sum F_{\eta}=0$可得

$$\tau_{\alpha}\mathrm{d}A-(\tau\mathrm{d}A\cos\alpha)\cos\alpha+(\tau^{*}\mathrm{d}A\sin\alpha)\sin\alpha=0 \tag{3-18}$$

$$\sigma_{\alpha}\mathrm{d}A+(\tau\mathrm{d}A\cos\alpha)\sin\alpha+(\tau^{*}\mathrm{d}A\sin\alpha)\cos\alpha=0 \tag{3-19}$$

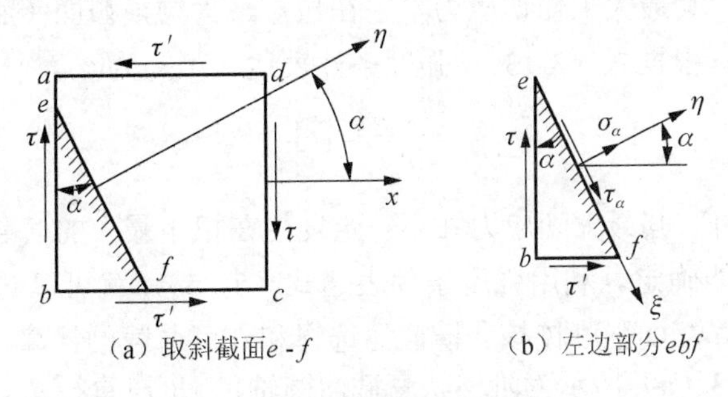

（a）取斜截面e-f　　（b）左边部分ebf

图 3-11　扭转时斜截面应力

根据切应力互等定理有$\tau=\tau^{*}$，化简以上两式可得任一斜截面上的正应力和切应力为

$$\sigma_{\alpha}=-\tau\sin 2\alpha \tag{3-20}$$

$$\tau_{\alpha}=\tau\cos 2\alpha \tag{3-21}$$

由式（3-21）可知，当$\alpha=0^{\circ}$或$\alpha=90^{\circ}$时，横截面（单元体的四个侧面）上的切应力达到极值，其大小均为τ。由式（3-20）可知，当$\alpha=\pm 45^{\circ}$时，斜截面上的正应力达到极值，有

$$\sigma_{-45^{\circ}}=\sigma_{\max}=\tau \tag{3-22}$$

$$\sigma_{+45^{\circ}}=\sigma_{\min}=-\tau \tag{3-23}$$

即该两横截面上的正应力分别为σ_{α}中的最大值和最小值，分别为拉应力和压应力，其绝对值都等于τ。应当指出，以上结论对纯剪切状态具有普遍性，并不仅仅适用于等直圆杆扭转。

不同类型的材料试件在扭转试验中的破坏现象不同：低碳钢等塑性材料的剪切强度低于抗拉强度，最大切应力导致其破坏，破坏面为横截面［图 3-12（a）］；铸铁等脆性材料的抗拉强度低于剪切强度，最大拉应力导致其破坏，破坏面为螺旋曲面［图 3-12（b）］。

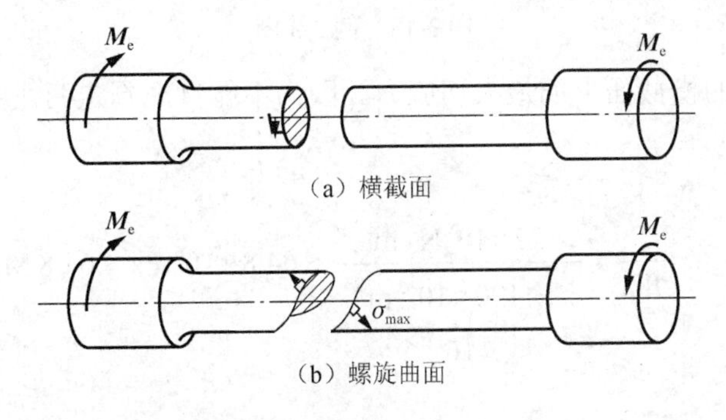

图 3-12　扭转时破坏断面形式

3.3.3 强度条件

受扭杆件的强度条件：横截面上的最大工作切应力 τ_{max} 不超过材料的许用切应力 $[\tau]$，即

$$\tau_{max} \leqslant [\tau] \tag{3-24}$$

对于等直圆杆，其最大工作切应力发生在扭矩最大的横截面（危险截面）上的边缘各点（危险点）处。根据式（3-13），强度条件表达式可写为

$$\frac{T_{max}}{W_p} \leqslant [\tau] \tag{3-25}$$

对于变截面圆杆，其最大切应力并不一定发生在扭矩最大的横截面上，需分段计算切应力进行比较才能确定。利用强度条件表达式（3-25），就可以对实心（或空心）圆截面杆进行强度计算，如强度校核、横截面选择和许可荷载的计算。

例 3-3 图 3-13（a）所示为阶梯状变截面圆轴，AB 段直径 $d_1 = 120\text{mm}$，BC 段直径 $d_2 = 100\text{mm}$。扭转力偶矩 $M_A = 22\text{kN}\cdot\text{m}$，$M_B = 36\text{kN}\cdot\text{m}$，$M_C = 14\text{kN}\cdot\text{m}$，材料的许用切应力 $[\tau] = 80\text{MPa}$。试校核该轴的强度。

解： 1）根据截面法可计算 AB 段扭矩 $T_1 = 22\text{kN}\cdot\text{m}$，$BC$ 段扭矩 $T_2 = -14\text{kN}\cdot\text{m}$，绘出杆件的扭矩图，如图 3-13（b）所示。

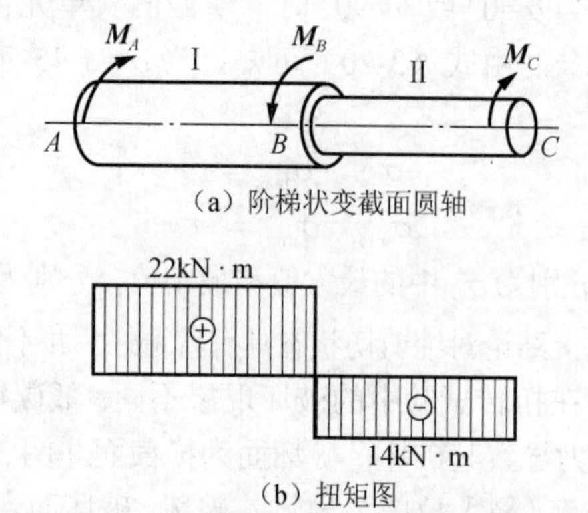

（a）阶梯状变截面圆轴

（b）扭矩图

图 3-13 例 3-3 图

2）求每段轴的横截面上的最大切应力。因为不能直观判定两段中切应力较大者，所以应分别校核。

AB 段内

$$\tau_{1,max} = \frac{T_1}{W_{p1}} = \frac{22\times10^3\,\text{N}\cdot\text{m}}{\dfrac{\pi\times\left(120\times10^{-3}\,\text{m}\right)^3}{16}} \approx 64.8\times10^6\ \text{Pa} = 64.8\ \text{MPa}$$

BC 段内

$$\tau_{2,\max}=\frac{T_2}{W_{p2}}=\frac{14\times10^3\,\text{N}\cdot\text{m}}{\dfrac{\pi\times\left(100\times10^{-3}\,\text{m}\right)^3}{16}}\approx71.3\times10^6\,\text{Pa}=71.3\,\text{MPa}$$

3）校核强度。

$\tau_{2,\max}>\tau_{1,\max}$，但有$\tau_{2,\max}<[\tau]=80\text{MPa}$，故该轴满足强度条件。

需要指出的是，阶梯状圆轴在两段的连接处仍有应力集中现象，在以上计算中对此并未考核。

试验结果表明，在静荷载作用下，同种材料的扭转许用切应力和许用拉应力之间存在一定的关系，通常可以根据材料的许用拉应力来确定其许用切应力。对于像传动轴之类的构件，计算时忽略了其他变形等因素的影响，故其许用切应力较静荷载下的要稍低。

对于铸铁等脆性材料制成的杆件，理应根据斜截面上的最大拉应力来建立强度条件，但考虑到斜截面上的最大拉应力与横截面上的最大切应力之间的固定关系，故工程上仍采用式（3-24）进行强度计算。这在形式上虽然与材料破坏的现象实质不符，但并不影响计算结果。

3.4 扭转圆轴的扭转变形与刚度条件

3.4.1 扭转变形

等直圆杆的扭转变形是通过两横截面的相对扭转角φ来度量的。由式（3-11），相距$\mathrm{d}x$的两个横截面的相对扭转角$\mathrm{d}\varphi$为

$$\mathrm{d}\varphi=\frac{T}{GI_p}\mathrm{d}x \tag{3-26}$$

长为l的圆杆的相对扭转角φ为

$$\varphi=\int_l\mathrm{d}\varphi=\int_0^l\frac{T}{GI_p}\mathrm{d}x \tag{3-27}$$

对于两端仅作用一对外力偶矩$\boldsymbol{M}_e$的等直圆杆，其任一横截面上的扭矩$\boldsymbol{T}$均等于$\boldsymbol{M}_e$。若圆杆为同一材料制成，则G和I_p也是常量。于是由式（3-27）可得相距l的两端面间的相对扭转角为

$$\varphi=\frac{Tl}{GI_p} \tag{3-28}$$

式中，φ为相对扭转角（rad）；GI_p为等直圆杆的扭转刚度。

由式（3-28）可知，相对扭转角φ反比于扭转刚度GI_p。

在很多情况下，杆件长度可能不同，有时各横截面上的扭矩也不相同。因此，在工程中通常采用单位长度扭转角来度量圆杆的扭转变形，用φ'来表示，定义为

$$\varphi' = \frac{\mathrm{d}\varphi}{\mathrm{d}x} = \frac{T}{GI_{\mathrm{p}}} \tag{3-29}$$

例 3-4 有一变截面圆轴，如图 3-14 所示，*AB* 段的直径 d_1=60mm，*BC* 段的直径 d_2=30mm，二者长度均为 1.5m，扭转力偶矩分别为 $M_A = 3\mathrm{kN \cdot m}$，$M_B = 5\mathrm{kN \cdot m}$，$M_C = 2\mathrm{kN \cdot m}$，材料切变模量 *G*=80GPa。试求横截面 *C* 相对于横截面 *A* 的转角。

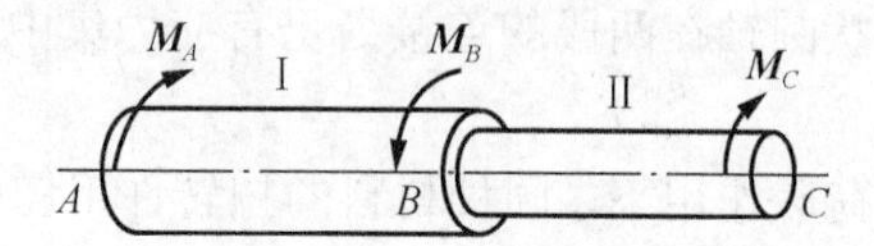

图 3-14 例 3-4 图

解：根据截面法可得 *AB* 段扭矩 $T_1 = M_A = 3\mathrm{kN \cdot m}$，*BC* 段扭矩 $T_2 = -M_C = -2\mathrm{kN \cdot m}$。因横截面受力不同，先求出 *C* 横截面相对于 *B* 横截面的转角 φ_{BC}，再求出 *B* 横截面相对于 *A* 横截面的转角 φ_{AB}，二者的代数和即为所求 φ_{AC}。

$$\varphi_{BC} = \frac{T_1 l}{GI_{\mathrm{p}}} = \frac{(3 \times 10^3 \mathrm{N \cdot m}) \times 1.5\mathrm{m}}{(80 \times 10^9 \mathrm{Pa}) \times \dfrac{\pi \times (0.06\mathrm{m})^4}{32}} = 0.044\mathrm{rad}$$

$$\varphi_{AB} = \frac{T_2 l}{GI_{\mathrm{p}}} = \frac{(-2 \times 10^3 \mathrm{N \cdot m}) \times 1.5\mathrm{m}}{(80 \times 10^9 \mathrm{Pa}) \times \dfrac{\pi \times (0.03\mathrm{m})^4}{32}} = -0.472\mathrm{rad}$$

$$\varphi_{AC} = \varphi_{BC} + \varphi_{AB} = 0.044\mathrm{rad} - 0.472\mathrm{rad} = -0.428\mathrm{rad}$$

3.4.2 刚度条件

等直圆杆扭转时，除了对强度有要求外，还有对扭转变形的限制，即要满足刚度条件。过大的扭转角会影响机械的正常使用。在工程中，刚度要求通常是规定单位长度扭转角的最大值不得超过单位长度许可扭转角，即

$$\varphi'_{\max} \leqslant [\varphi'] \tag{3-30}$$

由于按照式（3-29）求得的值的单位是 rad/m，工程中习惯采用角度为单位，因此应将其单位换算为°/m，再利用刚度条件式（3-30），即可得

$$\frac{|T_{\max}|}{GI_{\mathrm{p}}} \frac{180}{\pi} \leqslant [\varphi'] \tag{3-31}$$

例 3-5 一空心圆轴，外径为 100mm，内外径之比 α=0.8，受力如图 3-15 所示，扭转力偶矩分别为 $M_A = 15\mathrm{kN \cdot m}$，$M_B = 25\mathrm{kN \cdot m}$，$M_C = 10\mathrm{kN \cdot m}$。材料切变模量 *G*=80GPa，许用切应力 $[\tau]$=160MPa，单位长度许用扭转角 $[\varphi']$=0.4°/m，试校核该轴的强度和刚度。

解：由截面法可得 *AB* 段扭矩 $T_1 = M_A = 15\mathrm{kN \cdot m}$，*BC* 段扭矩 $T_2 = -M_C = -10\mathrm{kN \cdot m}$，轴横截面相同，校核 *AB* 段即可。

$$\tau_{\max}=\frac{T_1}{W_p}=\frac{15\times10^3\,\mathrm{N\cdot m}}{\dfrac{\pi\times(0.1\mathrm{m})^3}{16}\times(1-0.8^4)}\approx129.5\mathrm{MPa}<[\tau]=160\ \mathrm{MPa}$$

该轴强度满足要求。

$$\varphi'_{\max}=\frac{|T_{\max}|}{GI_p}\times\frac{180}{\pi}=\frac{15\times10^3\,\mathrm{N\cdot m}}{(80\times10^9\,\mathrm{Pa})\times\dfrac{\pi\times(0.1\mathrm{m})^4}{32}\times(1-0.8^4)}\times\frac{180}{\pi}$$
$$\approx1.86^\circ/\mathrm{m}>[\varphi']=0.4^\circ/\mathrm{m}$$

该轴刚度不满足要求。

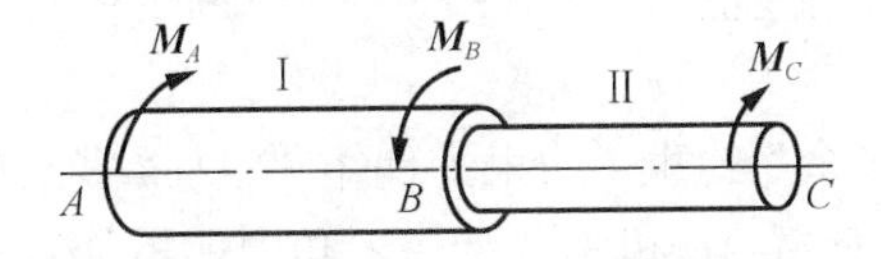

图 3-15 例 3-5 图（等直杆）

例 3-6 由 45 钢制成的某空心圆截面轴，内、外直径之比 $\alpha=0.5$。已知材料的许用切应力 $[\tau]=40\mathrm{MPa}$，切变模量 $G=80\mathrm{GPa}$。轴的横截面上扭矩的最大者为 $T_{\max}=9.56\mathrm{kN\cdot m}$，轴的许可单位长度扭转角 $[\varphi']=0.3^\circ/\mathrm{m}$。试选择轴的内直径。

解： 1）按强度条件求所需外直径 D。因 $W_p=\dfrac{\pi D^3}{16}(1-\alpha^4)=\dfrac{\pi D^3}{16}\times\dfrac{15}{16}$，由 $\tau_{\max}=\dfrac{T_{\max}}{W_p}\leqslant[\tau]$ 有

$$D\geqslant\sqrt[3]{\frac{16T_{\max}}{\pi\left(\dfrac{15}{16}\right)[\tau]}}=\sqrt[3]{\frac{16\times9.56\times10^3\ \mathrm{N\cdot m}}{\pi\times\left(\dfrac{15}{16}\right)\times40\times10^6\ \mathrm{Pa}}}\approx109\times10^{-3}\ \mathrm{m}$$

2）按刚度条件求所需外直径 D。因 $I_p=\dfrac{\pi D^4}{32}(1-\alpha^4)=\dfrac{\pi D^4}{32}\times\dfrac{15}{16}$，由 $\dfrac{|T_{\max}|}{GI_p}\times\dfrac{180}{\pi}\leqslant[\varphi']$ 有

$$D\geqslant\sqrt[4]{\frac{32T_{\max}}{G\pi\left(\dfrac{15}{16}\right)}\times\frac{180}{\pi}\times\frac{1}{[\varphi']}}$$
$$=\sqrt[4]{\frac{32\times9.56\times10^3\ \mathrm{N\cdot m}}{80\times10^9\ \mathrm{Pa}\times\pi\left(\dfrac{15}{16}\right)}\times\frac{180}{\pi}\times\frac{1}{0.3^\circ/\mathrm{m}}}\approx125.5\times10^{-3}\ \mathrm{m}$$

3）空心圆截面轴所需外直径为 $D\geqslant125.5\mathrm{mm}$（由刚度条件控制），内直径则根据 $\alpha=d/D=0.5$ 知 $d\leqslant62.75\ \mathrm{mm}$。

3.5 扭转超静定问题

扭转超静定问题的解法，同样是综合考虑几何学关系、物理学关系和静力学关系三个方面。下面通过一些例题来说明其解法。

例 3-7 两端固定的圆截面等直杆 AB，在横截面 C 处受扭转力偶矩 $\boldsymbol{M}_e$ 作用，如图 3-16（a）所示。已知杆的扭转刚度为 GI_p。试求杆两端的约束力偶矩及横截面 C 的扭转角。

解：1）有两个未知约束力偶矩 M_A、M_B，但只有一个独立的静力平衡方程

$$\sum M_x = 0，M_A - M_e + M_B = 0$$

故为一次超静定问题。

2）以固定端 B 为“多余”约束，约束力偶矩 M_B 为“多余”未知力。在解除“多余”约束后基本静定系上加上荷载 M_e 和“多余”未知力偶矩 M_B，如图 3-16（b）所示。它应满足的位移相容条件为

$$\varphi_{BM_e} = \varphi_{BM_B}$$

注意：这里指的是两个扭转角的绝对值相等。

3）根据位移相容条件，利用物理关系得补充方程

$$\frac{M_e a}{GI_p} = \frac{M_B l}{GI_p}$$

由此求得“多余”未知力，即约束力偶矩 M_B 为

$$M_B = \frac{M_e a}{l}$$

另一约束力偶矩 M_A 可由平衡方程求得，为

$$M_A = M_e - M_B = M_e - \frac{M_e a}{l} = \frac{M_e b}{l}$$

4）杆的 AC 段横截面上的扭矩为

$$T_{AC} = -M_A = -\frac{M_e b}{l}$$

从而有

$$\varphi_C = \frac{T_{AC} a}{GI_p} = \frac{-M_e ab}{lGI_p}$$

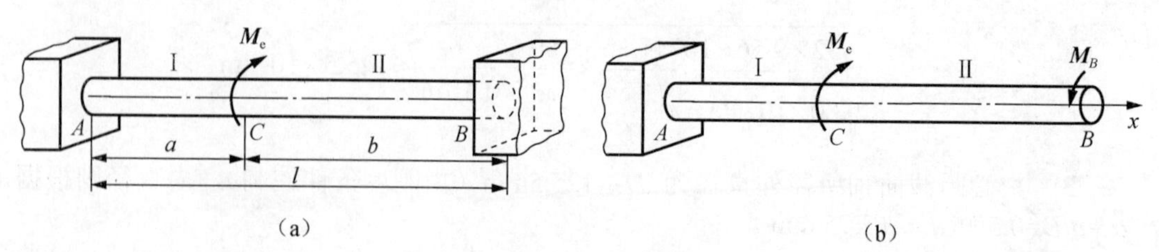

图 3-16 例 3-7 图

例 3-8 由半径为 a 的铜杆和外半径为 b 的钢管经紧配合而成的组合杆受扭转力偶矩 $\boldsymbol{M}_e$ 作用，如图 3-17 所示。试求铜杆和钢管横截面上的扭矩 $\boldsymbol{T_a}$ 和 $\boldsymbol{T_b}$，并绘出它们横截面上切应力沿半径的变化情况。

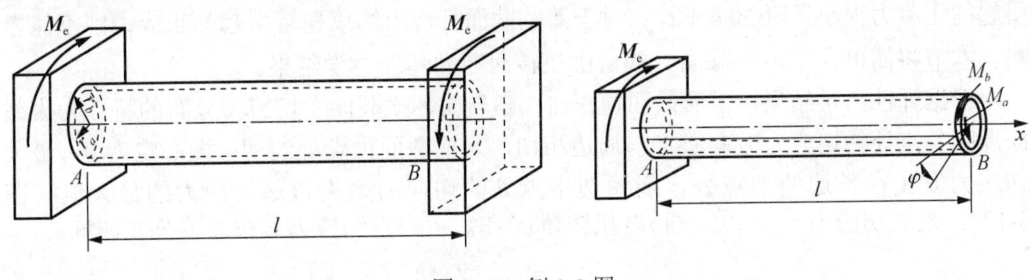

图 3-17 例 3-8 图

解： 1）铜杆和钢管的横截面上各有一个未知内力矩——扭矩 T_a 和 T_b（图 3-17），但只有一个独立的静力平衡方程 $T_a+T_b=M_e$，故为一次超静定问题。

2）位移相容条件为

$$\varphi_{Ba}=\varphi_{Bb}$$

3）利用物理关系得补充方程为

$$\frac{T_a l}{G_a I_{pa}}=\frac{T_b l}{G_b I_{pb}}$$

即

$$T_a=\frac{G_a I_{pa}}{G_b I_{pb}}T_b$$

4）联立求解补充方程和平衡方程，得

$$T_a=\frac{G_a I_{pa}}{G_a I_{pa}+G_b I_{pb}}\cdot M_e，\quad T_b=\frac{G_b I_{pb}}{G_a I_{pa}+G_b I_{pb}}\cdot M_e$$

3.6 非圆截面杆扭转

在实际工程中，有时也会遇到非圆截面等直杆的扭转问题。在分析等直圆杆的扭转问题时，是以平面假设为前提的。而非圆截面等直杆在扭转时，其横截面会产生翘曲，不再符合平截面假定，如图 3-18 所示。因此，等直圆杆扭转时的计算公式并不适用于非圆截面等直杆的扭转问题。一般采用弹性力学方法求解该类问题。

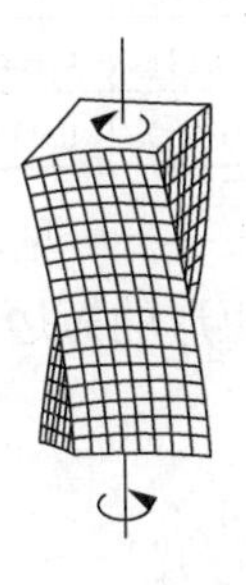

图 3-18 矩形截面等直杆的扭转

非圆截面等直杆的扭转可分为自由扭转和约束扭转。若杆件各横截面可自由翘曲，则称为自由扭转，此时任意两相邻横截面的翘曲情况将完全相同，纵向纤维的长度保持不变，因此横截面上只有切应力而无正应力；若杆件受到约束而不能自由翘曲，称为约束扭转，此时各横截面的翘曲情况各不相同，将在横截面上引起附加的正应力。对于一般实心截面杆，由约束扭转引起的正应力很小，可忽略不计；对于薄壁截面杆，由约束扭转引起的正应力则不能忽略。本节将简单介绍矩形截面杆的自由扭转问题的弹性力学结果。

根据弹性力学结果，矩形截面杆在自由扭转时，横截面上切应力分布的特点为横截面周围各点处的切应力方向必定与周边相切，且横截面顶点处的切应力必定为 0；最大切应力发生在长边的中点处，而短边中点处的切应力则为该边切应力的最大值（图 3-19）。最大切应力 $\tau_{\max}$、单位长度扭转角 φ' 和短边中点切应力 τ_1 按以下公式计算

$$\tau_{\max} = \frac{T}{\alpha h b^2} \tag{3-32}$$

$$\varphi' = \frac{T}{G\beta h b^3} \tag{3-33}$$

$$\tau_1 = \nu \tau_{\max} \tag{3-34}$$

式中，G 为材料的剪切模量；系数 α、β 和 ν 与矩形截面的边长比 h/b 有关，其值见表 3-1。

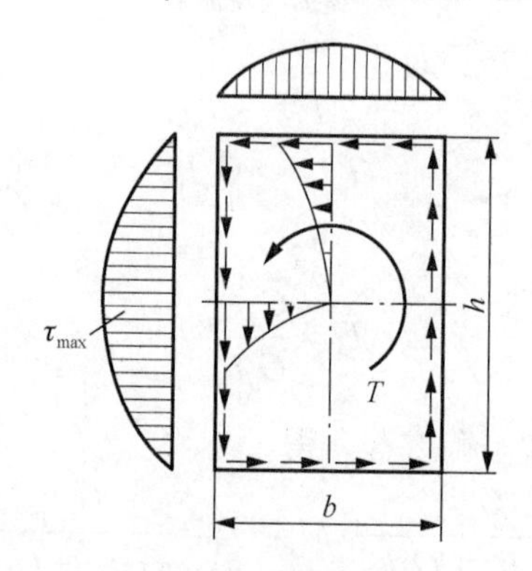

图 3.19　矩形截面杆扭转截面切应力分布

表 3-1　矩形截面杆自由扭转因数

h/b	1.0	1.2	1.5	2.0	2.5	3.0	4.0	5.0	6.0	8.0	10.0	∞
α	0.208	0.219	0.231	0.246	0.258	0.267	0.282	0.291	0.299	0.307	0.313	0.333
β	0.141	0.166	0.196	0.229	0.249	0.263	0.281	0.291	0.299	0.307	0.313	0.333
ν	1.000	0.930	0.858	0.796	0.767	0.753	0.745	0.743	0.743	0.743	0.743	0.743

由表 3-1 可见，对于 $h/b>10$ 的狭长矩形截面，有 $\alpha=\beta\approx 1/3$，$\nu\approx 0.743$。现以 δ 表示狭长矩形的短边长度，将 $\alpha=\beta\approx 1/3$ 代入式（3-32）和式（3-33），可得

$$\tau_{\max} = \frac{T}{\frac{1}{3}h\delta^2} \tag{3-35}$$

$$\varphi' = \frac{T}{G \cdot \frac{1}{3} h\delta^3} \tag{3-36}$$

狭长矩形截面上的切应力分布如图 3-20 所示，切应力在沿长边各点处的方向均与长边相切，其数值除靠近两端的部分外均相等。

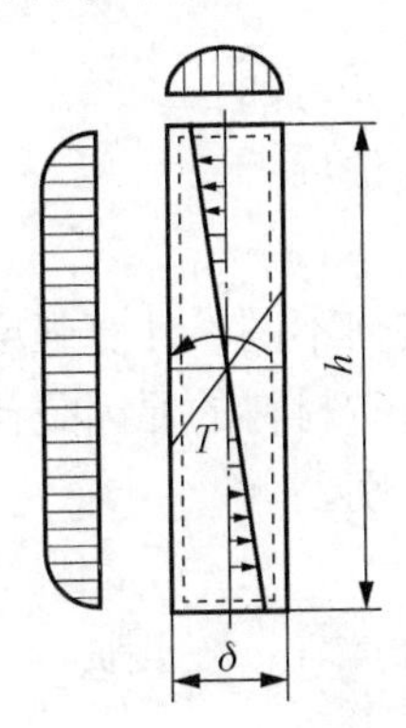

图 3-20 狭长矩形截面杆扭转截面切应力分布

复习和小结

扭转是杆件的基本变形之一。本章通过研究薄壁圆筒的扭转变形及其横截面上的应力分布，导出了剪切胡克定律；然后根据传动轴的功率和转速确定杆件所承受的外力偶矩，并通过截面法来计算扭矩；由变形条件、物理条件和平衡条件推导出等直圆杆扭转时横截面上的切应力公式，建立扭转的强度条件；同时在研究等直圆杆扭转变形的基础上，建立了扭转的刚度条件；最后简单介绍了矩形截面杆的自由扭转问题。

1）剪切胡克定律

$$\tau = G\gamma$$

2）扭转圆轴外力偶矩。工程中常用的传动轴，根据其功率 P（kW）和转速 n（r/min）可求出外力偶矩

$$M = 9549\frac{P}{n}$$

3）强度条件。扭转杆件横截面任意点的切应力计算公式为

$$\tau_\rho = \frac{T\rho}{I_\mathrm{p}}$$

受扭杆件的强度条件为

$$\tau_{\max} \leqslant [\tau]$$

4）扭转变形。等直圆杆的扭转两端面间的相对扭转角为

$$\varphi = \frac{Tl}{GI_\mathrm{p}}$$

刚度条件为

$$\varphi'_{\max} \leqslant [\varphi']$$

思考题

1．外力偶矩和扭矩分别是如何计算的？

2．简述切应力互等定理和推导依据。

3．切变模量和弹性模量有何关系？

4．铸铁和低碳钢的破坏形式有何不同？计算强度时如何考虑它们的不同特点？

5．受扭空心圆轴比实心圆轴节省材料的原因是什么？

6．自由扭转和约束扭转有何区别？

习题

1．作图 3-21 所示的杆件的扭矩图。

2．一传动轴能传递的最大扭转力偶矩 $M_x = 2\text{kN}\cdot\text{m}$，主传动轴则由外径 $D = 89\text{mm}$，壁厚 $t = 2.5\text{mm}$ 的钢管制成，且已知材料的切变模量 $G = 80\text{GPa}$。求轴的切应力和切应变。

3．直径 $D = 50\text{mm}$ 的圆轴，受到扭矩 $T = 2.15\text{kN}\cdot\text{m}$ 的作用。试求在距离轴心 10mm 处的切应力，并求轴横截面上的最大切应力。

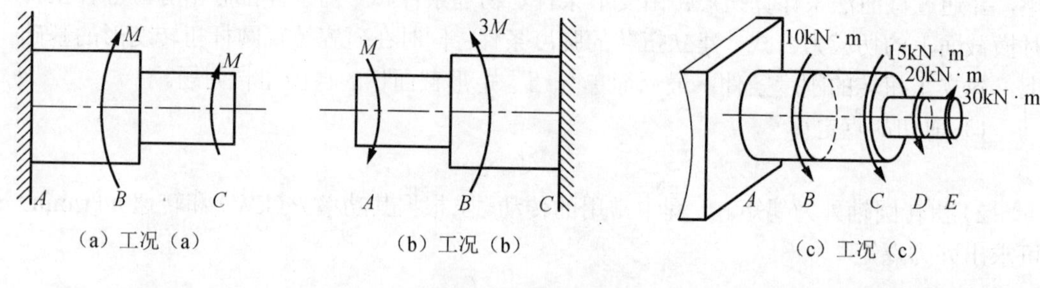

图 3-21　习题 1 图

4．一主轴的功率为 15000kW，外径 $D = 550\text{mm}$，内径 $d = 300\text{mm}$，正常转速 $n = 250\ \text{r/min}$，材料的许用切应力 $[\tau] = 50\text{MPa}$。试校核主轴的强度。

5．空心圆轴内外径之比 $\dfrac{d}{D} = \dfrac{1}{2}$，壁厚 $t = 2.5\text{mm}$，受外力偶矩 $M = 1.98\text{kN}\cdot\text{m}$，材料的许用切应力 $[\tau] = 100\text{MPa}$，单位长度许用扭转角 $[\varphi'] = 2^\circ/\text{m}$，切变模量 $G = 80\text{GPa}$。试设计轴的直径。若采用实心轴，则轴的直径应该多大？

6．已知钻头长度 $l = 300\text{mm}$，横截面直径为 20mm，在顶部 100mm 范围内受均匀的阻抗扭矩 m（$\text{N}\cdot\text{m/m}$）的作用，许用切应力 $[\tau] = 70\text{MPa}$，如图 3-22 所示。试求：

（1）求许用的 M_e；

（2）若切变模量 $G=80\text{GPa}$，求上端对下端的相对转角。

7．阶梯轴 ABC 受外力偶矩作用，已知 AB、BC 段直径分别为 $d_1=75\text{mm}$ 和 $d_2=60\text{mm}$，材料的许用切应力 $[\tau]=60\text{MPa}$，单位长度许用扭转角 $[\varphi']=0.6^\circ/\text{m}$，切变模量 $G=80\text{GPa}$，如图3-23所示。试求：

（1）校核轴的强度；

（2）求横截面 C 相对横截面 A 的扭转角，并进行轴的刚度校核。

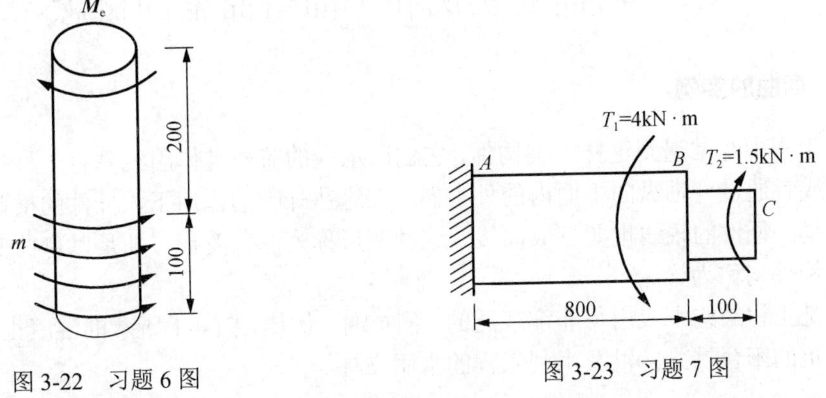

图3-22　习题6图　　　　图3-23　习题7图

8．空心圆截面轴受 $M_e=3\text{kN}\cdot\text{m}$ 的扭矩作用，其外径为 D，内径为 $0.75D$，材料的切变模量 $G=80\text{GPa}$，材料的许用切应力 $[\tau]=60\text{MPa}$，单位长度许用扭转角 $[\varphi']=2.0^\circ/\text{m}$，试确定外径 D。

9．如图3-24所示，圆杆作用有 $m_1=3\text{kN}\cdot\text{m}$，$m_2=1.2\text{kN}\cdot\text{m}$ 的力偶，材料的切变模量 $G=82\text{GPa}$。试求：

（1）最大切应力；

（2）最大单位长度相对转角；

（3）横截面 C 相对横截面 A 的扭转角 φ_{CA}。

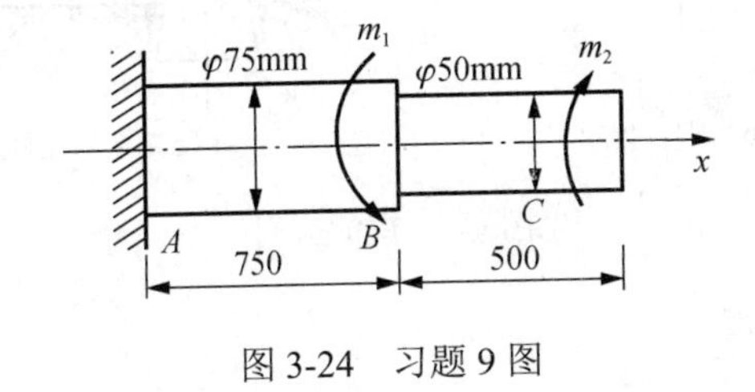

图3-24　习题9图

第4章　弯曲内力和弯曲应力

4.1　弯曲的实例和平面弯曲梁的概念

4.1.1　弯曲的实例

在工程中经常遇到这样一类构件，它们所承受的荷载是作用线垂直于杆件轴线的横向力，或者通过杆轴纵向平面内的外力偶。在这些外力的作用下，杆件的横截面要发生相对转动，杆件的轴线也要弯成曲线，这种变形称为弯曲变形。凡是以弯曲变形为主要变形的构件均称为梁。

梁是工程结构中应用得非常广泛的一种构件。例如，图4-1所示的混凝土公路桥梁、房屋建筑的阳台挑梁，以及水利工程的水闸立柱等。

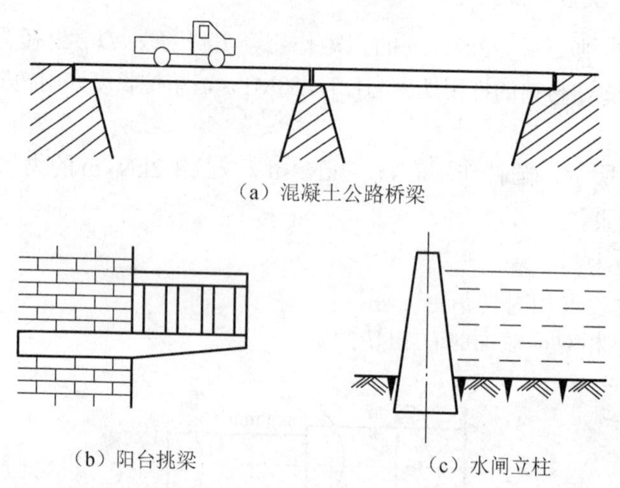

（a）混凝土公路桥梁

（b）阳台挑梁

（c）水闸立柱

图4-1　梁的应用

4.1.2　平面弯曲梁的概念

梁的轴线方向称为纵向，垂直于轴线的方向称为横向。梁的横截面是指梁的垂直于轴线的横截面，一般都存在着对称轴，常见的有圆形、矩形、工字形和T形等。梁的纵向平面是指过梁的轴线的平面，有无穷多个，但通常所说的纵向平面是指梁横截面的纵向对称轴与梁的轴线所构成的平面，称为梁的纵向对称面。如果梁的外力和外力偶都作用在梁的纵向对称面内，那么梁的轴线将在此对称面内弯成一条平面曲线，这样的弯曲变形称为平面弯曲，如图 4-2 所示。产生平面弯曲变形的梁，称为平面弯曲梁。

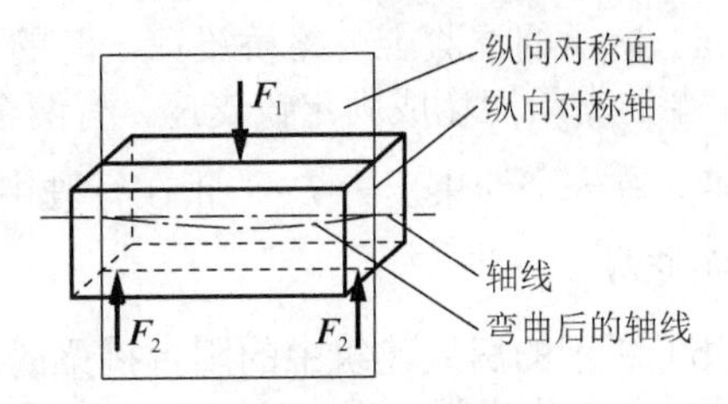

图 4-2　平面弯曲

平面弯曲梁是工程中最常见的构件，平面弯曲是最基本的弯曲问题，掌握它的计算对于工程应用及进一步研究复杂的弯曲问题都有十分重要的意义。本书主要研究平面弯曲问题。

作用线垂直于梁的轴线的集中力，称为横向外力。平面弯曲梁在横向外力作用下发生的弯曲变形称为横力弯曲，如图 4-3（a）所示；平面弯曲梁在平面外力偶的作用下发生的弯曲变形称为纯弯曲，如图 4-3（b）所示。

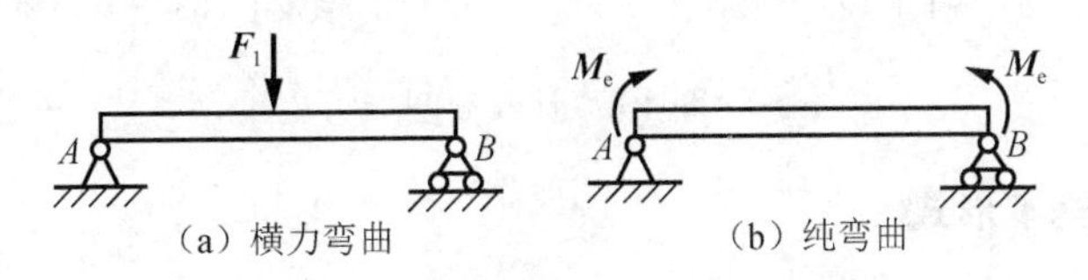

（a）横力弯曲　　（b）纯弯曲

图 4-3　弯曲类型

4.2　梁的内力、剪力和弯矩

4.2.1　梁的计算简图

在进行梁的工程分析和计算时，不必把梁的复杂工程图原原本本地画出来，而是以能够代表梁的结构、荷载情况的，按照一定的规律简化出来的图形代替，这种简化后的图形称为梁的计算简图。一般应对梁做以下三方面的简化。

1. 梁本身的简化

梁本身可用其轴线来代表，但要在图上注明梁的结构尺寸数据，必要时也要把梁的横截面尺寸用简单的图形表示出来。

2. 荷载的简化

梁上的荷载一般简化为集中力、集中力偶和均布荷载，分别用 $\boldsymbol{F}$、$\boldsymbol{M}_e$、q 表示。集中力和均布荷载的作用点简化在轴线上，集中力偶的作用面简化在纵向对称面内。

3. 支座的简化

梁的支承情况很复杂，但为了计算方便，可以简化为活动铰支座、固定铰支座和固定端支座三种情况。

图 4-4（a）是图 4-1（a）所示的混凝土公路桥梁第一跨的计算简图。其中，公路桥梁本身用直线 AB 代表，左端的支承简化成固定铰支座，有两个约束反力 $\boldsymbol{F}_{Ax}$ 和 $\boldsymbol{F}_{Ay}$；右端的支承简化成活动铰支座，有一个约束反力 $\boldsymbol{F}_{By}$；正在行驶中的汽车简化成集中力 $\boldsymbol{F}$；桥梁本身的自重简化成均布荷载 q。

图 4-4（b）是图 4-1（b）所示的房屋建筑中的阳台挑梁的计算简图。其中，挑梁本身用直线 AB 代表，左端的支承简化成固定端支座，有约束反力 $\boldsymbol{F}_{Ax}$、$\boldsymbol{F}_{Ay}$ 和力矩 $\boldsymbol{M}_A$；右端是一个自由端，无约束反力；其上的荷载简化成均布荷载 q。

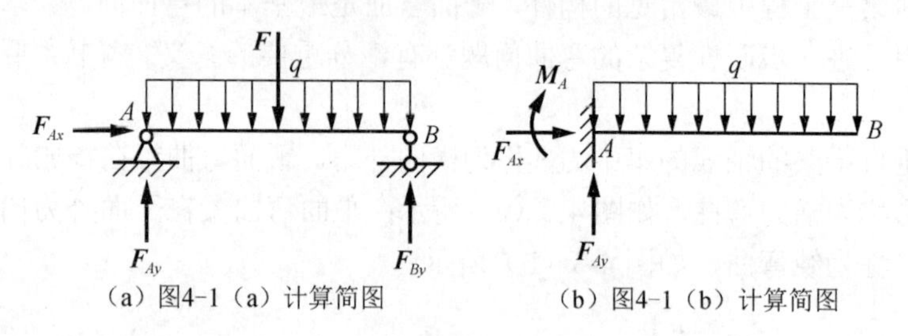

（a）图4-1（a）计算简图　　（b）图4-1（b）计算简图

图 4-4　计算简图

4.2.2　静定梁的基本形式

1. 静定梁与超静定梁的概念

梁可以分为静定梁和超静定梁。如果梁的支座反力的数目等于梁的静力平衡方程的数目，就可以由静力平衡方程来完全确定支座反力，这样的梁称为静定梁，如图 4-5（a）所示；反之，如果梁的支座反力的数目多于梁的静力平衡方程的数目，就不能由静力平衡方程来完全确定支座反力，这样的梁称为超静定梁，如图 4-5（b）所示。

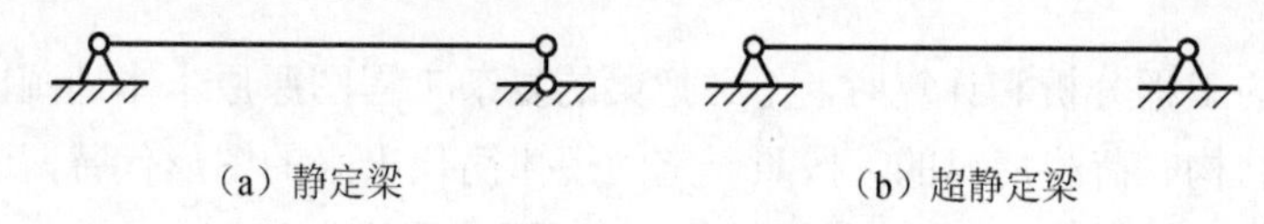
（a）静定梁　　（b）超静定梁

图 4-5　静定梁与超静定梁

2. 静定梁的三种基本形式

静定梁有三种基本形式，即简支梁、悬臂梁和外伸梁，其计算简图如图 4-6 所示。

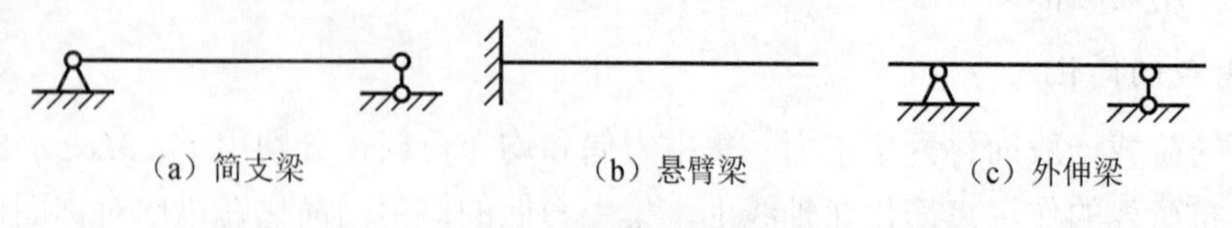
（a）简支梁　　（b）悬臂梁　　（c）外伸梁

图 4-6　静定梁基本形式

4.2.3　剪力和弯矩的概念

梁的任一横截面上的内力，在作用于梁上的外力确定后，均可由截面法求得。图 4-7（a）是一个受集中力 $\boldsymbol{F}$ 作用的简支梁，现在求其任意横截面 m—m 上的内力。

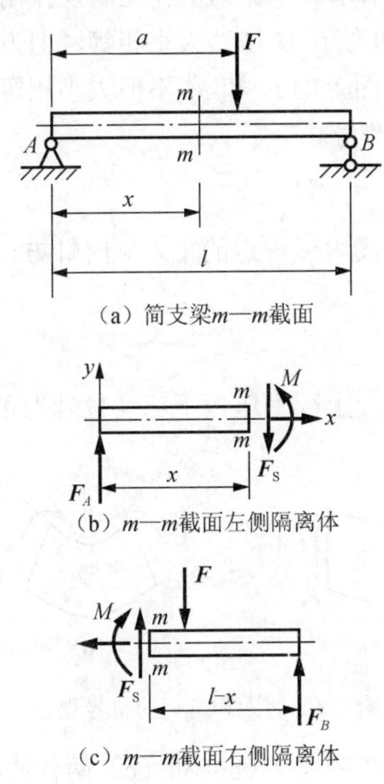

（a）简支梁 m—m 截面

（b）m—m 截面左侧隔离体

（c）m—m 截面右侧隔离体

图 4-7　简支梁横截面上内力

首先，沿横截面 m—m 假想地把梁 AB 截成左、右两段，然后取其中的一段作为研究对象。例如，取梁的左段为研究对象，梁的右段对左段的作用则以横截面上的内力来代替，如图 4-7（b）所示。根据静力平衡条件，在横截面 m—m 上必然存在着一个沿横截面方向的内力 F_S。由平衡方程

$$\sum Y = 0,\ F_A - F_S = 0$$

得

$$F_S = F_A$$

式中，F_S 为剪力，它是横截面上分布内力系在横截面方向的合力。

由图 4-7（b）中可以看出，剪力 $\boldsymbol{F}_S$ 和支座反力 $\boldsymbol{F}_A$ 组成了一个力偶，因而，在横截面 m—m 上还必然存在一个内力偶 M 与之平衡，由平衡方程

$$\sum M_O = 0,\ M - F_A x = 0$$

得

$$M = F_A x$$

式中，M 为弯矩，它是横截面上分布内力系的合力偶矩。

4.2.4 剪力和弯矩的符号规定

在上面的讨论中，如果取右段梁为研究对象，同样也可求得横截面 $m—m$ 上的剪力 $\boldsymbol{F}_S$ 和弯矩 $\boldsymbol{M}$，如图 4-7（c）所示。根据力的作用与反作用定律，取左段梁与取右段梁作为研究对象求得的剪力 $\boldsymbol{F}_S$ 和弯矩 $\boldsymbol{M}$ 虽然大小相等，但方向相反。为了使无论取左段梁还是右段梁得到的同一横截面上的 $\boldsymbol{F}_S$ 和 $\boldsymbol{M}$ 不但大小相等，而且正负号一致，需要根据梁的变形来规定 $\boldsymbol{F}_S$ 和 $\boldsymbol{M}$ 的符号。

1. 剪力的符号规定

梁截面上的剪力对所取梁段内任一点的矩以顺时针方向转动时为正，反之为负，如图 4.8（a）所示。

2. 弯矩的符号规定

梁截面上的弯矩使所取梁段上部受压、下部受拉时为正，反之为负，如图 4-8（b）所示。

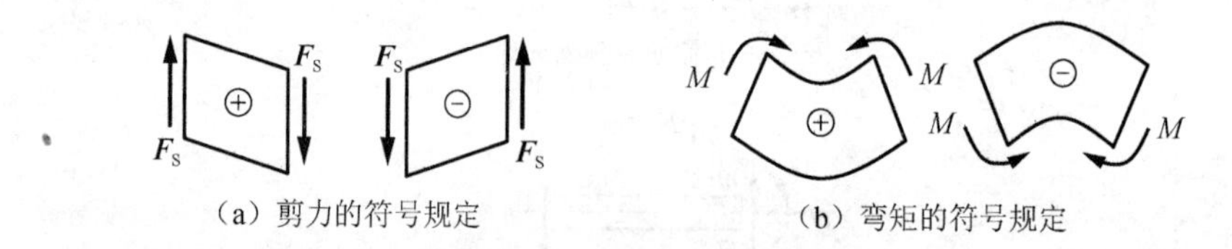

（a）剪力的符号规定　　（b）弯矩的符号规定

图 4-8　剪力和弯矩的符号规定

根据上述正负号的规定，在图 4-7（b）和（c）两种情况中，横截面 $m—m$ 上的剪力 $\boldsymbol{F}_S$ 和弯矩 M 均为正。土木工程专业 M 图一般画在受拉一侧。

例 4-1　简支梁如图 4-9（a）所示，求横截面 1—1、2—2、3—3 上的剪力和弯矩。

解： 1）求支座反力。由梁的平衡方程求得支座 A、B 处的反力为

$$F_A = F_B = 10\text{kN}$$

2）求横截面 1—1 上的剪力和弯矩。沿横截面 1—1 假想地把梁截成两段，取受力较简单的左段为研究对象，设截面上的剪力 $\boldsymbol{F}_{S1}$ 和弯矩 M_1 均为正，如图 4-9（b）所示。列出平衡方程

$$\sum Y = 0,\ F_A - F_{S1} = 0$$
$$\sum M_O = 0,\ M_1 - F_A \times 1\text{m} = 0$$

得

$$F_{S1} = F_A = 10\text{kN}$$
$$M_1 = F_A \times 1\text{m} = 10\text{kN} \cdot \text{m}$$

$\boldsymbol{F}_{S1}$ 和 M_1 为正，表明二者的实际方向与假设的相同，即 $\boldsymbol{F}_{S1}$ 为正剪力，M_1 为正弯矩。

3）求横截面 2—2 上的剪力和弯矩。沿横截面 2—2 假想地把梁分成两段，取左段为研究对象，设横截面上的剪力 $\boldsymbol{F}_{S2}$ 和弯矩 M_2 均为正，如图 4-9（c）所示。列出平衡方程

$$\sum Y = 0,\ F_A - F_1 - F_{S2} = 0$$
$$\sum M_O = 0,\ M_2 - F_A \times 4\text{m} + F_1 \times 2\text{m} = 0$$

得

$$F_{S2} = F_A - F_1 = 0$$
$$M_2 = F_A \times 4\text{m} + F_1 \times 2\text{m} = 20\text{kN} \cdot \text{m}$$

由计算结果可知，M_2 为正弯矩。

4）求横截面 3—3 上的剪力和弯矩。沿横截面 3—3 假想地把梁分成两段，取右段为研究对象，设横截面上的剪力 $\boldsymbol{F}_{S3}$ 和弯矩 M_3 均为正，如图 4-9（d）所示。列出平衡方程

$$\sum Y = 0,\ F_B - F_{S3} = 0$$
$$\sum M_O = 0,\ F_B \times 1\text{m} - M_3 = 0$$

得

$$F_{S3} = -F_B = -10\text{kN}$$
$$M_3 = F_B \times 1\text{m} = 10\text{kN} \cdot \text{m}$$

计算结果表明，$\boldsymbol{F}_{S3}$ 的实际方向与假设的相反，为负剪力；M_3 为正弯矩。

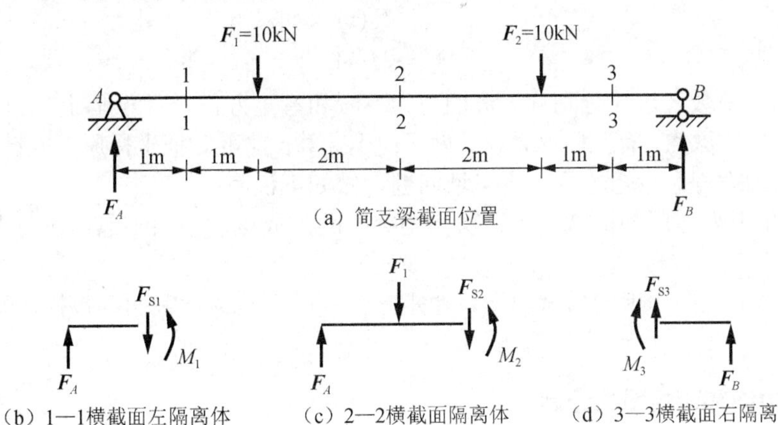

（a）简支梁截面位置

（b）1—1横截面左隔离体　（c）2—2横截面隔离体　（d）3—3横截面右隔离体

图 4-9　例 4-1 图

从上述例题的计算过程中可以总结出如下规律：

1）梁的任一横截面上的剪力，在数值上等于该横截面左边（或右边）梁上所有外力在横截面方向投影的代数和。横截面左边梁上向上的外力或右边梁上向下的外力在该横截面方向上的投影为正，反之为负。

$$F = \sum F_i \ \text{（左上右下剪力为正，反之为负）}$$

2）梁的任一横截面上的弯矩，在数值上等于该横截面左边（或右边）梁上所有外力对该横截面形心的矩的代数和。横截面的左边梁上的外力对该横截面形心的矩为顺时针转向，或右边梁上的外力对该横截面形心的矩为逆时针转向为正，反之为负。

$$M = \sum M_i(F) \ \text{（左顺右逆弯矩为正，反之为负）}$$

利用上述规律，可以直接根据横截面左边或右边梁上的外力来求该横截面上的剪力或弯矩，而不必列出平衡方程。

4.3 剪力方程和弯矩方程及剪力图和弯矩图

梁横截面上的内力有剪力和弯矩，因此梁的内力图也分为剪力图和弯矩图。剪力图表示梁横截面上的剪力沿梁轴线的变化规律；弯矩图表示梁横截面上的弯矩沿梁轴线的变化规律。由内力图可以确定梁的最大内力的数值及其所在的位置，为梁的强度和刚度计算提供必要的依据。

梁的剪力图和弯矩图绘制的方法主要有内力方程法、微分关系法和区段叠加法。

4.3.1 剪力方程和弯矩方程

梁横截面上的剪力和弯矩是随着横截面位置变化而变化的，沿梁的轴线建立 x 坐标轴，以坐标 x 表示梁横截面的位置，则梁横截面上的剪力和弯矩都可以表示为坐标 x 的函数，即

$$F_S = F_S(x) \tag{4-1}$$

$$M = M(x) \tag{4-2}$$

以上两个函数表达式分别称为梁的剪力方程和弯矩方程。写方程时，一般是以梁的左端为 x 坐标的原点，有些特殊情况，为了便于计算，也可以把坐标原点取在梁的右端。

关于剪力方程和弯矩方程的定义域问题，做如下说明：

1）在集中力作用的横截面上，剪力是突变的，故该横截面不包括在剪力方程的定义域中。

2）在集中力偶作用的横截面上，弯矩是突变的，故该横截面不包括在弯矩方程的定义域中。

4.3.2 剪力图和弯矩图的绘制

与轴力图和扭矩图一样，剪力图和弯矩图是用来表示梁各横截面上的剪力与弯矩随横截面位置 x 的变化规律的。绘制时以平行于梁轴线的 x 轴为横坐标，表示横截面的位置，以横截面上的剪力值和弯矩值为纵坐标，按适当的比例分别绘出剪力方程和弯矩方程的图线，称为剪力图和弯矩图。这种利用内力方程绘制内力图的方法称为内力方程法，这是绘制内力图的基本方法。

在绘制剪力图时，正的剪力绘制在 x 轴线的上方，负的剪力绘制在 x 轴线的下方，并标注大小和正负号。土木工程专业中，弯矩图的绘制有其特殊的规定，即弯矩图绘制在梁的受拉侧，只标注大小，不标注正负号。

例 4-2 绘制图 4-10（a）所示简支梁的剪力图和弯矩图。

解： 1）求支座反力。取梁整体为研究对象，由平衡方程 $\Sigma M_A = 0$ 、 $\Sigma M_B = 0$ ，得

$$F_A = F_B = \frac{1}{2}ql$$

2）列剪力方程和弯矩方程。取图中的 A 点为坐标原点，建立 x 坐标轴，由坐标为 x 的横截面左边梁上的外力列出剪力方程和弯矩方程：

$$F_S(x)=F_A-qx=\frac{ql}{2}-qx \quad (0<x<l)$$

$$M(x)=F_Ax-q\frac{x^2}{2}=\frac{ql}{2}x-\frac{q}{2}x^2 \quad (0\leqslant x\leqslant l)$$

在支座 A、B 两处有集中力作用，剪力在此两横截面处有突变，因而剪力方程的适用范围为（0，l）；支座 A、B 两处虽有集中力作用，但弯矩在该两横截面处没有突变，因而弯矩方程的适用范围为[0，l]。

3）绘制剪力图和弯矩图。由剪力方程可以看出，该梁的剪力图是一条直线，只要算出两个点的剪力值就可以绘出：

$$x=0,\ F_{SAB}=\frac{q}{2}l$$

$$x=l,\ F_{SBA}=-\frac{q}{2}l$$

弯矩图是一条二次抛物线，至少要算出三个点的弯矩值才能大致绘出；

$$x=0,\ M_A=0$$

$$x=l,\ M_B=0$$

$$x=\frac{1}{2}l,\ M_C=\frac{ql^2}{8}$$

根据求出的各值，绘出梁的剪力图和弯矩图，分别如图 4-10（b）和（c）所示。由图可见，最大剪力发生在 A、B 两支座的内侧横截面上，其值为 $|F_S|_{\max}=\frac{1}{2}ql$，而此两处的弯矩值为 0；最大弯矩发生在梁的中点横截面上，其值为 $M_{\max}=\frac{1}{8}ql^2$，而该横截面的剪力为 0。

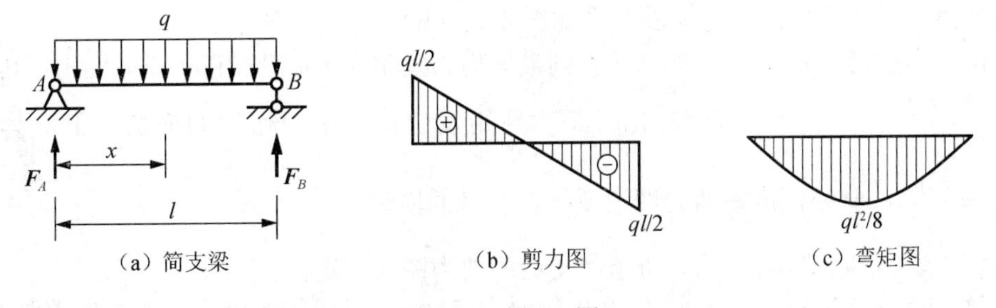

（a）简支梁　（b）剪力图　（c）弯矩图

图 4-10　例 4-2 图

例 4-3　绘制图 4-11（a）所示简支梁的剪力图和弯矩图。

解：1）求支座反力。取梁整体为研究对象，由平衡方程 $\Sigma M_A=0$、$\Sigma M_B=0$，得

$$F_A=\frac{Fa}{l},\ F_B=\frac{Fb}{l}$$

2）列剪力方程和弯矩方程。取图中的 A 点为坐标原点，建立 x 坐标轴。因为 AC、CB 段的内力方程不同，所以必须分别列出。两段的内力方程分别为

AC 段：

$$F_S(x) = F_A = \frac{Fb}{l} \qquad (0 < x < a)$$

$$M(x) = F_A x = \frac{Fb}{l}x \qquad (0 \leqslant x \leqslant a)$$

CB 段：

$$F_S(x) = F_A - F = -\frac{Fa}{l} \qquad (a < x < l)$$

$$M(x) = F_B(l - x) = \frac{Fa}{l}(l - x) \qquad (a \leqslant x \leqslant l)$$

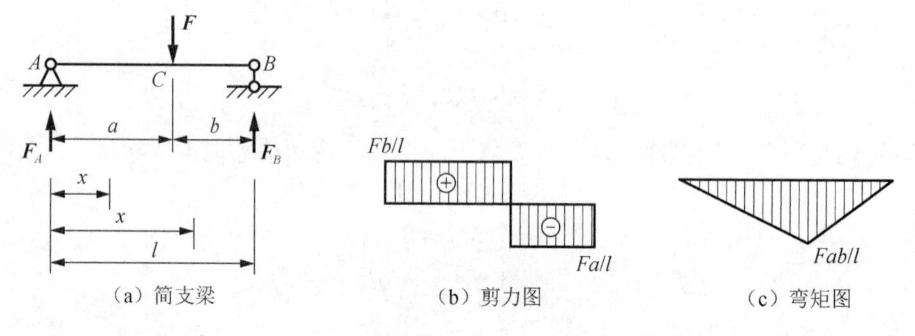

（a）简支梁　　（b）剪力图　　（c）弯矩图

图 4-11　例 4-3 图

支座 A、B 和集中力作用点 C 处均有剪力突变，因而，两段剪力方程的适用范围分别为（0，a）和（a，l）。

3）绘制剪力图和弯矩图。由剪力方程可以看出，梁的剪力图为两条水平线，在向下的集中力 $\boldsymbol{F}$ 作用点 C 处剪力图产生突变，突变值等于集中力的大小；由弯矩方程可以看出，梁的弯矩图为两条斜率不同的斜直线，在集中力的作用点 C 处相交，形成向下凸的尖角。梁的剪力图和弯矩图分别如图 4-11（b）和（c）所示。

由剪力图可以看出，如果 $a > b$，则最大剪力发生在 CB 段梁任一横截面上，其值为 $|F_S|_{\max} = \frac{Fa}{l}$；由弯矩图可以看出，最大弯矩发生在集中力作用的横截面上，其值为 $M_{\max} = \frac{Fab}{l}$，此处也恰是剪力图改变正、负号的横截面。

例 4-4　绘制图 4-12（a）所示简支梁的剪力图和弯矩图。

解： 1）求支座反力。支座 A、B 处的反力 F_A 和 F_B 组成的一个反力偶与外力偶 $\boldsymbol{M}_e$ 相平衡，于是

$$F_A = F_B = \frac{M_e}{l}$$

2）列剪力方程和弯矩方程。取图中的 A 点为坐标原点，建立 x 坐标轴，AC、CB 两段的内力方程分别为

AC 段：

$$F_S(x)=-F_A=-\frac{M_e}{l}\qquad(0<x\leqslant a)$$

$$M(x)=-F_Ax=-\frac{M_e}{l}x\qquad(0\leqslant x<a)$$

CB 段：

$$F_S(x)=-F_B=-\frac{M_e}{l}\qquad(a\leqslant x<l)$$

$$M(x)=F_B(l-x)=\frac{M_e}{l}(l-x)\qquad(a<x\leqslant l)$$

在集中力偶作用的 C 横截面处，弯矩有突变，因而，两段梁的弯矩方程的适用范围分别为 $[0,a)$ 和 $(a,l]$。

3）绘制剪力图和弯矩图。由剪力方程可以看出，梁的剪力图是一条与梁轴线平行的直线；由弯矩方程可以看出，弯矩图是两条互相平行的斜直线，在集中力偶作用的 C 横截面处，弯矩出现突变，突变值等于集中力偶矩的大小。梁的剪力图和弯矩图分别如图 4-12（b）和（c）所示。

由剪力图可以看出，无论集中力偶作用在梁的哪一个位置，剪力的大小和正负都不会改变，可见集中力偶的作用位置不影响剪力图；由弯矩图可以看出，如果 $a>b$，则最大弯矩发生在集中力偶作用点 C 的左侧横截面上，其值为

$$M_{\max}=\frac{M_e a}{l}$$

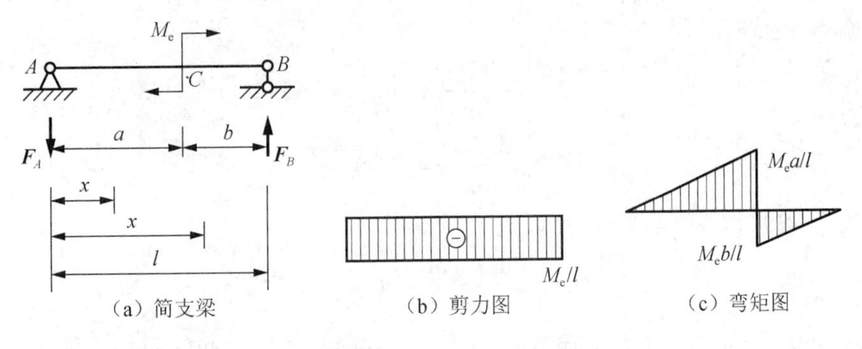

（a）简支梁　（b）剪力图　（c）弯矩图

图 4-12　例 4-4 图

例 4-5　绘制图 4-13（a）所示悬臂梁的剪力图和弯矩图。

解： 1）列剪力方程和弯矩方程。悬臂梁由于有自由端的存在，求解有一定的特殊性。可以不求支座反力，而从自由端直接计算。因此，取图 4-13（a）所示的 B 点为坐标原点，列出剪力方程和弯矩方程：

$$F_S(x)=qx\qquad(0\leqslant x<l)$$

$$M(x)=-\frac{1}{2}qx^2\qquad(0\leqslant x<l)$$

2）绘制剪力图和弯矩图。由剪力方程可以看出，剪力图是一条斜直线；由弯矩方程可以看出，弯矩图是一条二次抛物线。绘出的剪力图和弯矩图分别如图 4-13（b）和（c）所示。

由图 4-13 可见，最大剪力和最大弯矩都发生在 A 端的右侧横截面上，其值分别为 $F_{\mathrm{Smax}}=ql$ 和 $|M|_{\max}=\dfrac{ql^2}{2}$。

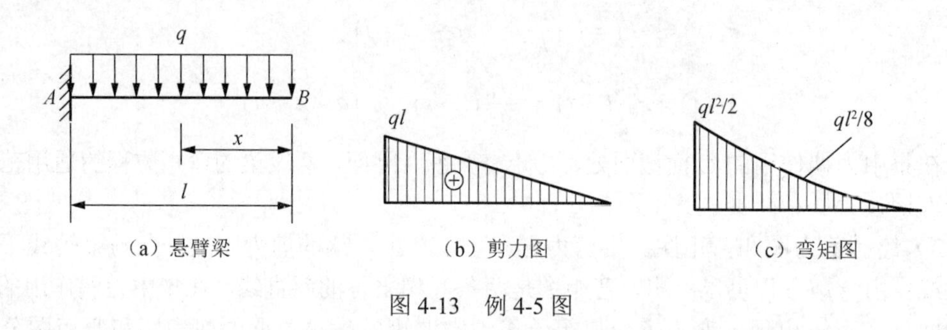

（a）悬臂梁　（b）剪力图　（c）弯矩图

图 4-13　例 4-5 图

4.4　弯矩、剪力、分布荷载集度之间的关系

4.4.1　弯矩、剪力、分布荷载集度之间的微分关系

在例 4-2 中，如果规定向下的分布荷载集度 q 为负，则将弯矩 $M(x)$ 对 x 求导数，就得到剪力 $F(x)$；再将 $F(x)$ 对 x 求导数，就得到分布荷载集度 $q(x)$。可以证明，在直梁中普遍存在如下关系

$$\frac{\mathrm{d}F_{\mathrm{S}}(x)}{\mathrm{d}x}=q(x) \tag{4-3}$$

$$\frac{\mathrm{d}M(x)}{\mathrm{d}x}=F_{\mathrm{S}}(x) \tag{4-4}$$

由式（4-3）和式（4-4）还可以进一步得到

$$\frac{\mathrm{d}M^2(x)}{\mathrm{d}x^2}=q(x) \tag{4-5}$$

式（4-3）～式（4-5）就是弯矩、剪力与分布荷载集度之间的微分关系。

根据式（4-3）～式（4-5），可得出剪力图和弯矩图的如下规律：

1）在无荷载作用的梁段上，$q(x)$=0。由 $\dfrac{\mathrm{d}F_{\mathrm{S}}(x)}{\mathrm{d}x}=q(x)=0$ 可知，该梁段内各横截面上的剪力 $F(x)$ 为常数，表明剪力图必为平行于 x 轴的直线。同时，根据 $\dfrac{\mathrm{d}M(x)}{\mathrm{d}x}=F_{\mathrm{S}}(x)=$ 常数可知，弯矩 $M(x)$ 是 x 的一次函数，表明弯矩图必为斜直线，其倾斜方向由剪力符号决定：

当 $F_{\mathrm{S}}(x)>0$ 时，弯矩图为向右下倾斜的直线；

当 $F_S(x)<0$ 时，弯矩图为向右上倾斜的直线；

当 $F_S(x)=0$ 时，弯矩图为水平直线。

以上这些规律可以从例 4-3 和例 4-4 的剪力图和弯矩图中得到验证。

2）在均布荷载作用的梁段上，$q(x)=$ 常数 $\neq 0$。由 $\dfrac{\mathrm{d}M^2(x)}{\mathrm{d}x^2}=\dfrac{\mathrm{d}F_S(x)}{\mathrm{d}x}=q(x)=$ 常数可知，该梁段内各横截面上的剪力 $F_S(x)$ 为 x 的一次函数，表明剪力图必为斜直线；弯矩 $M(x)$ 为 x 的二次函数，表明弯矩图必为二次抛物线。剪力图的倾斜方向和弯矩图的凹凸情况由 $q(x)$ 的符号决定：

当 $q(x)>0$ 时，剪力图为向右上倾斜的直线，弯矩图为向上凸的抛物线；

当 $q(x)<0$ 时，剪力图为向右下倾斜的直线，弯矩图为向下凸的抛物线。

以上这些规律可以从例 4-2 和例 4-5 的剪力图和弯矩图中得到验证。

3）若梁的某横截面上的剪力为零，即 $F_S(x)=0$，则由 $\dfrac{\mathrm{d}M(x)}{\mathrm{d}x}=F_S(x)=0$ 可知，该横截面的弯矩 $M(x)$ 必为极值，表明梁的最大弯矩有可能发生在剪力为零的横截面上。这个规律可以从例 4-2 的剪力图和弯矩图中得到验证。

4）集中力的作用处，剪力图有突变，其差值等于该集中力的大小。由于剪力值的突变，弯矩图在此处形成尖角。这个规律可以从例 4-3 的剪力图和弯矩图中得到验证。

5）集中力偶的作用处，剪力图没有变化，弯矩图有突变，其差值等于该集中力偶矩的大小。同时，由于该处的剪力图是连续的，该处两侧的弯矩图的切线应相互平行。这个规律可以从例 4-4 的剪力图和弯矩图中得到验证。

6）根据弯矩、剪力与分布荷载集度之间的微分关系，还可以进一步得出：若梁段上作用有按线性规律分布的荷载，即 $q(x)$ 为 x 的一次函数，则剪力图为一条二次抛物线，弯矩图为一条三次抛物线。

4.4.2　弯矩、剪力、分布荷载集度之间的积分关系

由式（4-3）可以得出，在 $x=a$ 和 $x=b$ 处的两个横截面间的积分为

$$\int_a^b \mathrm{d}F_S(x)=\int_a^b \mathrm{d}q(x)$$

它可写为

$$F_{SB}-F_{SA}=\int_a^b \mathrm{d}q(x) \tag{4-6}$$

式中，F_{SA} 和 F_{SB} 分别为 $x=a$ 和 $x=b$ 两个横截面上的剪力。

式（4-6）表明：任何两个横截面上的剪力之差，等于这两个横截面间梁段上的荷载图的面积。

同理，由式（4-4）可以得出

$$M_B-M_A=\int_a^b \mathrm{d}F(x) \tag{4-7}$$

式中，M_A 和 M_B 分别为 $x=a$ 和 $x=b$ 两个横截面上的弯矩。

式（4-7）表明：任何两个横截面上的弯矩之差，等于这两个横截面间梁段上的剪力图的面积。

式（4-6）和式（4-7）即为弯矩、剪力、分布荷载集度之间的积分关系，它可以用于梁的剪力图和弯矩图的绘制之中，但在应用时要注意式中的各量都是代数量。

4.5 用微分关系法绘制梁的剪力图和弯矩图

利用弯矩、剪力、分布荷载集度之间的微分关系和积分关系，可以简捷地绘制梁的剪力图和弯矩图，步骤如下：

1）根据梁的受力情况，将梁分成若干段，并判断各段梁的剪力图和弯矩图的形状；

2）计算控制横截面上的剪力值和弯矩值；

3）根据剪力图、弯矩图的形状和特殊横截面上的剪力值和弯矩值，逐段绘出剪力图和弯矩图。

例 4-6 绘制图 4-14（a）所示简支梁的剪力图和弯矩图。

解： 1）求支座反力。由梁的平衡方程 $\sum M_A = 0$、$\sum M_B = 0$，得

$$F_A = 16\text{kN}，F_B = 24\text{kN}$$

2）绘制剪力图。根据梁的外力情况，将梁分为 AC、CD、DE 和 EB 四段，逐段绘制剪力图。

AC 段的剪力图是一条向右下倾斜的直线，只要知道 F_A 和 F_{SC} 的大小，就可以方便地绘出。在支座 A 上作用支座反力 $F_A = 16\text{kN}$，A 的右侧横截面的剪力值向上突变，突变值等于 F_A 的大小，即

$$F_A = 16\text{kN}$$

由式（4-6）知，C 横截面上的剪力为

$$F_{SC} = F_A - 10\text{kN} / \text{m} \times 2\text{m} = -4\text{kN}$$

由 $F_A - 10x = 16 - 10x = 0$，得到剪力为零的横截面 G 的位置为

$$x_G = 1.6\text{m}$$

从 C 横截面到 E 的左侧横截面梁段，除在 D 处作用集中力偶外，无其他荷载作用，剪力图是水平直线，其值等于 C 横截面上的剪力值-4kN。E 横截面受向下的集中力作用，剪力图向下突变，突变值为集中力的大小 20kN。EB 段上无荷载作用，剪力图也为水平线，剪力值均为-24kN。支座 B 处作用支座反力 $F_B = 24\text{kN}$，剪力值向上突变，突变值等于支座反力的大小，恰使 B 的右侧横截面上的剪力为零，这从一个侧面验证了剪力图绘制的正确性。全梁的剪力图如图 4-14（b）所示。

3）绘制弯矩图。AC 段上受向下的均布荷载作用，弯矩图为向下凸的抛物线。横截面 A 上的弯矩 $M_A = 0$，由式（4-7），横截面 G 上的弯矩为

$$M_G = M_A + \frac{1}{2} \times 16\text{kN} \times 1.6\text{m} = 12.8\text{kN} \cdot \text{m}$$

横截面 C 上的弯矩为

$$M_C = M_G - \frac{1}{2} \times 4\text{kN} \times 2 - 1.6\text{m} = 12\text{kN} \cdot \text{m}$$

CD 段无荷载作用，且剪力为负，故弯矩图为向上倾斜的直线。由式（4-7），D的左侧横截面上的弯矩为

$$M_D^{\text{L}} = M_C - 4\text{kN} \times 1\text{m} = 8\text{kN} \cdot \text{m}$$

横截面 D 受集中力偶作用，力偶矩为顺时针转向，故弯矩图向下突变，突变值为集中力偶矩的大小，D 的右侧横截面上的弯矩为

$$M_D^{\text{R}} = M_D^{\text{L}} + 20\text{kN} \cdot \text{m} = 28\text{kN} \cdot \text{m}$$

DE 段无荷载作用，且剪力为负，故弯矩图为向上倾斜的直线。由式（4-7），横截面 E 上的弯矩为

$$M_E = M_D^{\text{R}} - 4\text{kN} \times 1\text{m} = 24\text{kN} \cdot \text{m}$$

EB 段无荷载作用，且剪力为负，故弯矩图为向上倾斜的直线。横截面 B 上的弯矩 $M_B = 0$。全梁的弯矩图如图 4-14（c）所示。全梁的最大弯矩发生在 D 的右侧横截面上，其值为 $M_{\max} = 28\text{kN} \cdot \text{m}$。

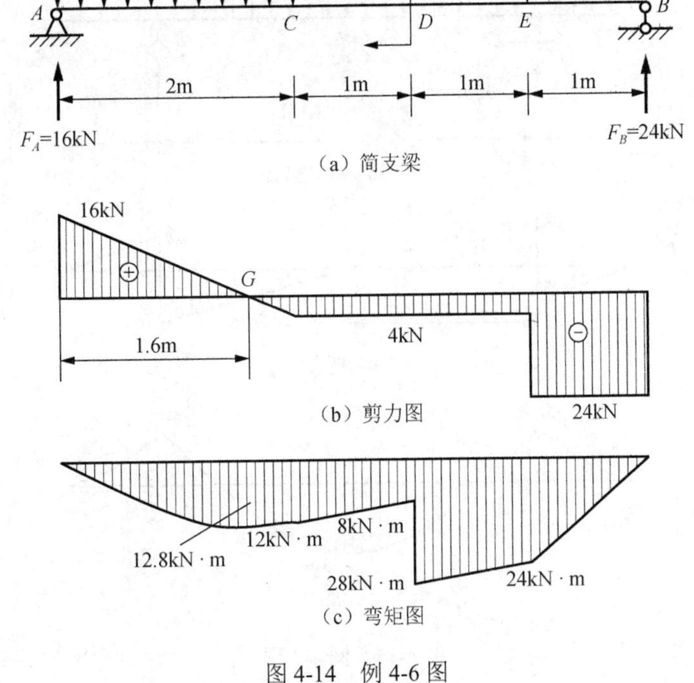

（a）简支梁

（b）剪力图

（c）弯矩图

图 4-14　例 4-6 图

例 4-7　绘制图 4-15（a）所示外伸梁的剪力图和弯矩图。

解： 1）求支座反力。利用对称性，支座反力为

$$F_A = F_B = 3qa$$

2）绘制剪力图。将梁分成 CA、AB、BD 三段。全梁受向下的均布荷载 q 作用，三段梁的剪力图都应是向右下倾斜的直线。A、B 两支座处分别受向上的集中反力的作用，剪力图在 A 横截面和 B 横截面处产生向上突变，突变值分别等于 F_A 和 F_B 的大小。由式（4-6），计算有关横截面上的剪力为

$$F_{SC}=0$$

$$F_{SA}^{L}=F_{SC}-q\times a=-qa$$

$$F_{SA}^{R}=F_{SA}^{L}+F_{A}=-qa+3qa=2qa$$

$$F_{SB}^{L}=F_{SA}^{R}-q\times 4a=2qa-4qa=-2qa$$

$$F_{SB}^{R}=F_{SA}^{L}+F_{B}=-2qa+3qa=qa$$

$$F_{SD}=0$$

并由

$$F_{SA}^{R}-qx=2qa-qx=0$$

得剪力为零的横截面位置为

$$x_E=2a$$

根据以上分析和计算结果，绘出全梁的剪力图，如图 4-15（b）所示。

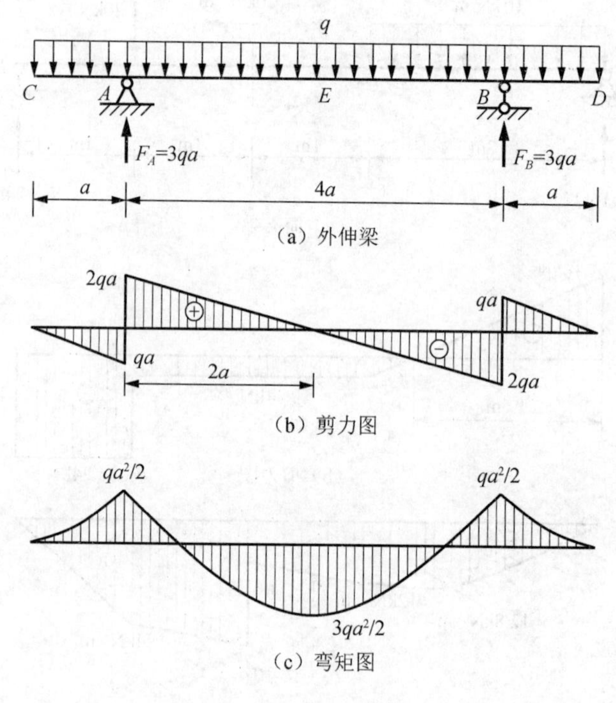

图 4-15　例 4-7 图

3）绘制弯矩图。根据全梁受向下均布荷载 q 的作用，CA、AB 和 BD 三段梁的弯矩图都是下凸的抛物线。由式（4-7），计算有关横截面上的弯矩为

$$M_C = 0$$

$$M_A = M_C - \frac{1}{2} \times qa \times a = -\frac{1}{2}qa^2$$

$$M_E = M_A - \frac{1}{2} \times 2qa \times 2a = \frac{3}{2}qa^2$$

$$M_D = 0$$

根据以上分析和计算的结果，绘出全梁的弯矩图，如图 4-15（c）所示。

由剪力图和弯矩图可以分别看出：全梁的最大剪力发生在 A 的右侧横截面和 B 的左侧横截面，其值为 $|F_S|_{\max} = 2qa$；全梁的最大弯矩发生在跨中横截面 E 上，其值为 $M_{\max} = \frac{3}{2}qa^2$。

4.6 用区段叠加法绘制弯矩图

4.6.1 叠加原理

在小变形假设和线弹性假设的基础上，计算构件在多个荷载共同作用下的某一个参数时，可以先分别计算出每个荷载单独作用时所引起的该参数值，然后求出所有荷载引起的参数值的总和。这种方法可归纳为一个带有普遍性意义的原理，即叠加原理，其内容可以表述为由几个外力所引起的某一参数（包括内力、应力、位移等），其值等于各个外力单独作用时所引起的该参数值的总和。

梁的弯矩图可以利用叠加原理来绘制，即先分别作出梁在各项荷载单独作用下的弯矩图，然后将其相对应的纵坐标叠加，就可得出梁在所有荷载共同作用下的弯矩图。

4.6.2 区段叠加法

对梁的整体利用叠加原理来绘制弯矩图，事实上是比较烦琐的，并不实用。如果先对梁进行分段处理，再在每一个区段上运用叠加原理进行弯矩图的叠加，就方便和实用得多，这种方法通常称为区段叠加法。

首先，讨论图 4-16（a）所示简支梁的弯矩图的绘制。

图 4-16（a）所示简支梁上作用的荷载分两部分，即跨间均布荷载 q 和端部集中力偶 $\boldsymbol{M_A}$ 和 $\boldsymbol{M_B}$；当端部集中力偶荷载 $\boldsymbol{M_A}$ 和 $\boldsymbol{M_B}$ 单独作用时，梁的弯矩图为一条直线，如图 4-16（b）所示；当跨间均布荷载 q 单独作用时，梁的弯矩图为一条二次抛物线，如图 4-16（c）所示；当跨间均布荷载 q 和端部集中力偶 $\boldsymbol{M_A}$ 和 $\boldsymbol{M_B}$ 共同作用时，梁的弯矩图如图 4-16（d）所示，它是图 4-16（b）和图 4-16（c）两个图形的叠加。

值得注意的是，弯矩图的叠加，是指纵坐标的叠加，即在图 4-16（d）中，纵坐标 M_q 与 M_F 一样垂直于杆轴线 AB，而不垂直图 4-16（d）中的虚线。

其次，讨论图 4-17（a）所示梁中任意直线段 AB 的弯矩图的绘制。

取梁中 AB 段为研究对象，其上作用的力除均布荷载 q 外，还有 A、B 两个端面上的内力，如图 4-17（b）所示。比较 *AB* 段梁和图 4-16（a）所示简支梁（也可称为 *AB* 段梁的相应简支梁），发现二者的受力是完全相同的，因而二者的弯矩图也应相同。于是，绘制梁的任意直杆段弯矩图的问题就归结成作相应简支梁弯矩图的问题。而如前所述，相应简支梁的弯矩图可利用叠加原理绘制。这就是利用叠加原理绘制结构直杆段弯矩图的区段叠加法。图 4-17（d）就是采用区段叠加法绘出的直梁 *AB* 段的弯矩图。

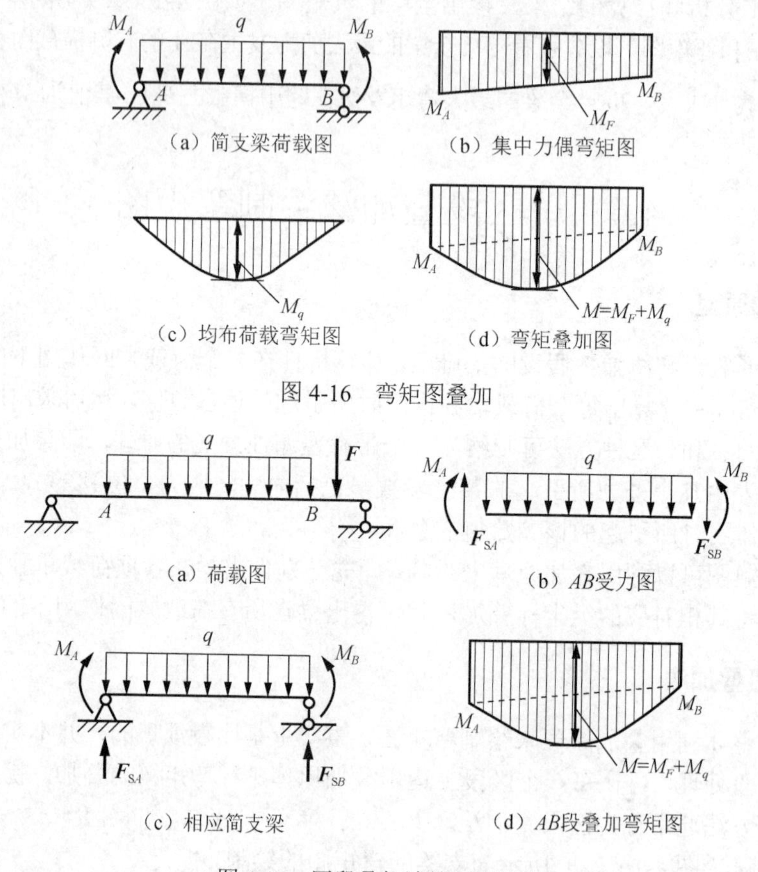

（a）简支梁荷载图　（b）集中力偶弯矩图

（c）均布荷载弯矩图　（d）弯矩叠加图

图 4-16　弯矩图叠加

（a）荷载图　（b）*AB*受力图

（c）相应简支梁　（d）*AB*段叠加弯矩图

图 4-17　区段叠加法绘制弯矩图

4.6.3　用区段叠加法绘制梁的弯矩图

采用区段叠加法绘制梁的弯矩图，可归结为如下两个主要步骤：

1）在梁上选取外力的不连续点（如集中力、集中力偶作用点、均布荷载作用的起点和终点等）作为控制截面，并求出控制截面上的弯矩值。

2）用区段叠加法分段绘出梁的弯矩图。如控制截面间无荷载作用时，用直线连接两控制截面上的弯矩值就绘出该段的弯矩图；如控制截面间有均布荷载作用时，先用虚直线连接两控制截面上的弯矩值，然后以此虚直线为基线，叠加上该段在均布荷载单独作用下的相应的简支梁的弯矩图，从而绘制出该段的弯矩图。

例 4-8　绘制例 4-7 中外伸梁的弯矩图。

解：1）求支座反力。前面已求出，支座反力为

$$F_A = F_B = 3qa$$

2）计算控制截面上的弯矩值。选取 C、A、B、D 为控制截面，如图 4-18（a）所示。前面已计算出各控制截面上的弯矩值分别为

$$M_C = M_D = 0$$

$$M_A = M_B = -\frac{1}{2}qa^2$$

3）绘制弯矩图。根据弯矩 M_C、M_A、M_B 和 M_D 的值，在 M 图上定出各点，并以虚线相连。计算相应的简支梁中点横截面上的弯矩值，分别为

$$M_{qCA} = M_{qBD} = \frac{1}{8}qa^2$$

$$M_{qAB} = \frac{1}{8}q \times (4a)^2 = 2qa^2$$

以三条虚线为基线，分别叠加相应简支梁在均布荷载作用下的弯矩图，E 横截面上的弯矩值为

$$M_E = \frac{-\frac{1}{2}qa^2 - \frac{1}{2}qa^2}{2} + 2qa^2 = \frac{3}{2}qa^2$$

整个梁的弯矩图如图 4-18（b）所示。由图可以看出，全梁的最大弯矩发生在横截面 E 上，其值为

$$M_{\max} = \frac{3}{2}qa^2$$

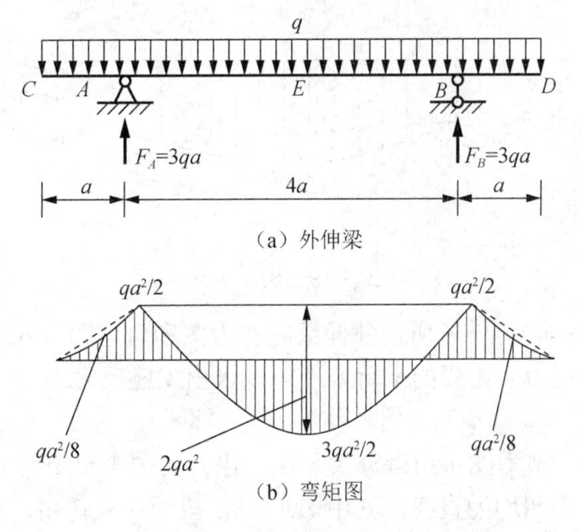

（a）外伸梁

（b）弯矩图

图 4-18　例 4-8 图

例 4-9　绘制图 4-19（a）所示简支梁的弯矩图。

解：1）求支座反力。由梁的平衡方程求出支座反力为

$$F_A = 17\text{kN}，F_G = 7\text{kN}$$

2）计算控制截面上的弯矩值。选择 A、B、C、D、E、F、G 为控制截面，求出各控制截面上的弯矩值如下

$$M_A = M_G = 0$$
$$M_B = F_A \times 1\text{m} = 17\text{kN}\cdot\text{m}$$
$$M_C = F_A \times 2\text{m} - 8\text{kN} \times 1\text{m} = 26\text{kN}\cdot\text{m}$$
$$M_E = F_G \times 2\text{m} + 16\text{kN}\cdot\text{m} = 30\text{kN}\cdot\text{m}$$
$$M_F^{\text{L}} = F_G \times 1\text{m} + 16\text{kN}\cdot\text{m} = 23\text{kN}\cdot\text{m}$$
$$M_F^{\text{R}} = F_G \times 1\text{m} = 7\text{kN}\cdot\text{m}$$

3）绘制弯矩图。依次在弯矩图上定出各点。在 AB、BC、EF 和 FG 各无荷载作用段，连接两点的直线即为弯矩图。而在有均布荷载作用的 CE 段，先连虚线，再叠加上相应简支梁在均布荷载作用下的弯矩图，就可以绘出 CE 段的弯矩图。整个梁的弯矩图如图 4-19（b）所示。D 横截面上的弯矩值为

$$M_D = \frac{26\text{kN}\cdot\text{m} + 30\text{kN}\cdot\text{m}}{2} + \frac{1}{8} \times 4\text{kN}\cdot\text{m} \times (4\text{m})^2 = 36\text{kN}\cdot\text{m}$$

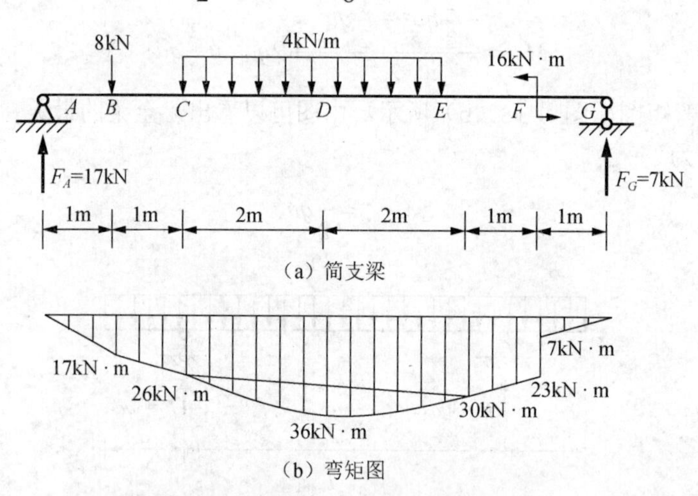

（a）简支梁

（b）弯矩图

图 4-19　例 4-9 图

例 4-10　绘制图 4-20（a）所示外伸梁的剪力图和弯矩图，并求出梁的最大弯矩。

解：1）求支座反力。由梁的平衡方程可以求出支座反力为

$$F_A = 7\text{kN}，F_B = 5\text{kN}$$

2）绘制剪力图。剪力图可用微分关系法绘出。首先把整个梁分成 AC、CD、DB、BE 四段。各段的剪力图均为直线，其中 DB、BE 段无荷载作用，剪力图为水平直线，AC、CD 段有均布荷载作用，剪力图为斜直线。计算各控制截面上的剪力值如下：

$$F_{SA} = 7\text{kN}$$
$$F_{SC}^{L} = 7\text{kN} - 4\text{m} \times 1\text{kN/m} = 3\text{kN}$$
$$F_{SC}^{R} = 3\text{kN} - 2\text{kN} = 1\text{kN}$$
$$F_{SD} = 1\text{kN} - 4\text{m} \times 1\text{kN/m} = -3\text{kN}$$
$$F_{SB}^{R} = 2\text{kN}$$

整个梁的剪力图如图 4-20（b）所示。

3）绘制弯矩图。弯矩图可用区段叠加法绘出。选取 A、C、D、B 和 E 作为控制截面，求出各控制截面上的弯矩值如下：

$$M_A = M_E = 0$$
$$M_C = 7\text{kN} \times 4\text{m} - 1\text{kN/m} \times 4\text{m} \times 2\text{m} = 20\text{kN} \cdot \text{m}$$
$$M_D^{L} = 7\text{kN} \times 8\text{m} - 1\text{kN/m} \times 8\text{m} \times 4\text{m} - 2\text{kN} \times 4\text{m} = 16\text{kN} \cdot \text{m}$$
$$M_D^{R} = 16\text{kN} \cdot \text{m} - 10\text{kN} \cdot \text{m} = 6\text{kN} \cdot \text{m}$$
$$M_B = -2\text{kN} \times 3\text{m} = -6\text{kN} \cdot \text{m}$$

依次在弯矩图上定出各点。在 DB 和 BE 两段无荷载作用，连接两点的直线即为弯矩图。而在有均布荷载作用的 AC、CD 段，先连虚线，再叠加上相应简支梁在均布荷载作用下的弯矩图。

整个梁的弯矩图如图 4-20（c）所示。

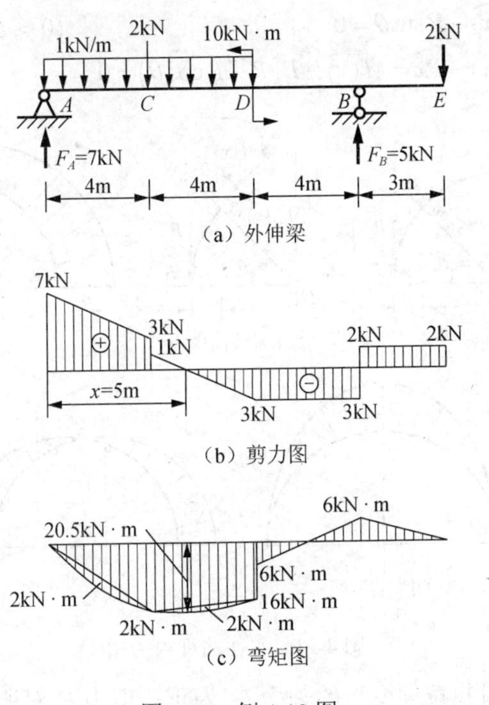

图 4-20 例 4-10 图

4）求最大弯矩。梁的最大弯矩发生在 CD 段内剪力为零的横截面上，该段的剪力

方程为

$$F_S(x)=7-2-x$$

令 $F_S(x)=0$，得

$$x=5\text{m}$$

该横截面上的弯矩为

$$M_{max}=20.5\text{kN}\cdot\text{m}$$

4.7 平面曲杆和平面刚架的内力及内力图

4.7.1 平面曲杆的内力及内力图

某些构件，如活塞环、链环、拱等，一般都有一纵向对称面，其轴线是一平面曲线，称为平面曲杆或平面曲梁。当荷载作用于纵向对称面内时，曲杆横截面上一般有弯矩 M、剪力 F_S 和轴力 F_N。现以图 4-21（a）所示的平面曲杆为例，说明内力的计算，仍然采用截面法。以圆心角为 θ 的横截面 $m—m$ 将平面曲杆切开，取右部分为研究对象，如图 4-21（b）所示。分别沿 $m—m$ 横截面的轴线处的切线和法线方向列平衡方程，并对 $m—m$ 横截面的形心列力矩方程，求得

$$\begin{aligned}&F_N(x)-P\cos\theta=0\\&F_S(x)-P\sin\theta=0\qquad\qquad(0\leqslant\theta\leqslant\pi)\\&M(x)-Px=M(x)-P\left(R-R\cos\theta\right)=0\end{aligned}$$

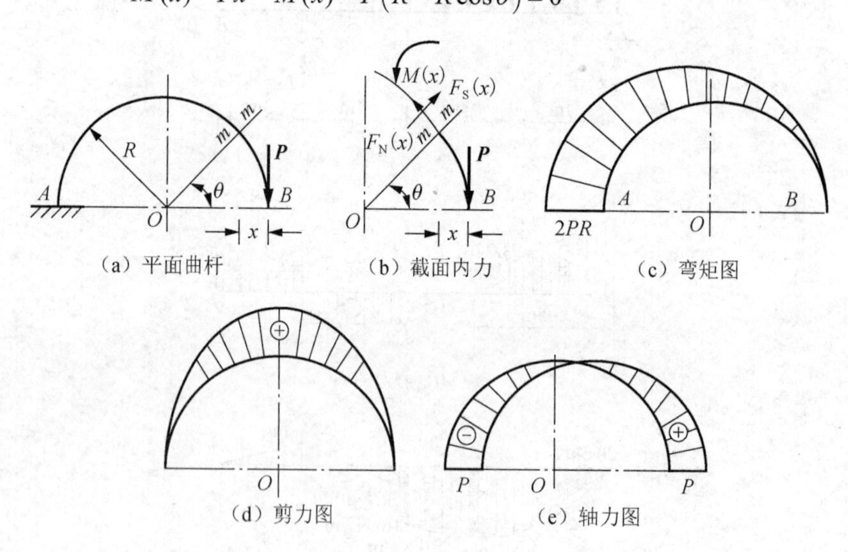

（a）平面曲杆　（b）截面内力　（c）弯矩图

（d）剪力图　（e）轴力图

图 4-21　平面曲杆内力图

内力符号规定：引起拉伸变形的轴力 F_N 为正；剪力 F_S 对所考虑的一段曲杆内任一点取矩，若力矩为顺时针转向，则剪力 F_S 为正；弯矩 M 没规定正负号，作弯矩图时，将 M 值画在轴线的法线方向，并画在杆件受拉的一侧，不注明正负号，如图 4-21（c）

所示。按照这一符号规定，在图 4-21（b）中，假设 F_N、F_S 均取符号为正，假设 M 使杆件内侧受压。

作平面曲杆的轴力图和剪力图时，将 F_N 和 F_S 画在轴线的法线方向，并画在杆件轴线的任一侧，但应注明正负号，如图 4-21（d）和（e）所示。

4.7.2　平面刚架的内力及内力图

某些机器的机身或机架的轴线，是由几段直线组成的折线，如液压机机身、刚架船坞、轧钢机机架等，如图 4-22 所示。机架的每两个组成部分发生变形后其连接处夹角不变，这种连接称为刚结点。图 4-23 中的结点 B 即为刚结点。由刚结点把杆件与杆件连接成的几何不变的框架结构称为刚架。如果构成刚架的各个杆件轴线及所受荷载均在同一平面内，则称为平面刚架，否则称为空间刚架。本节主要讨论静定平面刚架内力的计算及其内力图的画法，超静定刚架将在结构力学中讨论。

（a）压装液压机　（b）刚架船坞　（c）轧钢机

图 4-22　平面刚架应用实例

在工程实际中常见的静定平面刚架有三种形式，即悬臂刚架［图 4-23（a）］、三铰刚架（图 4-24）和简支刚架［图 4-25（a）］。

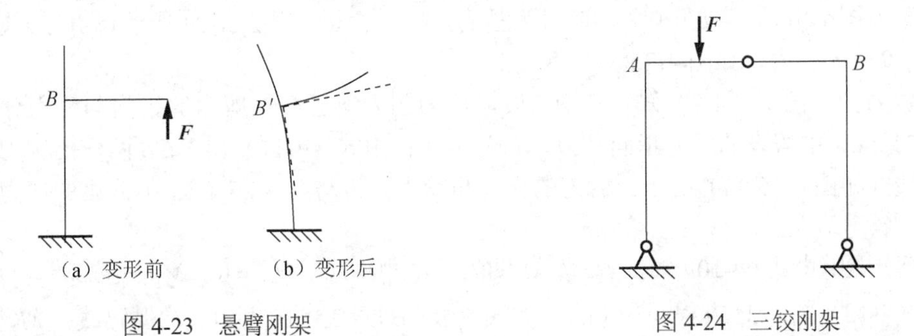

（a）变形前　（b）变形后

图 4-23　悬臂刚架

图 4-24　三铰刚架

计算刚架的支座反力和内力，可不考虑它的微小变形，按原始尺寸计算。另外，求刚架的内力时仍需用截面法。一般情况下，在刚架的横截面上，存在轴力、剪力和弯矩（对于空间刚架，还有扭矩）等内力。

内力符号规定：引起拉伸变形的轴力 F_N 为正；剪力 F_S 对所考虑的一段曲杆内任一点取矩，若力矩为顺时针转向，则剪力 F_S 为正；弯矩 M 没规定正负号，作弯矩图时，将 M 值画在杆轴线的法线方向，并画在杆件受拉的一侧，不注明正负号。

轴力图和剪力图可画在杆轴线的任意一侧，但必须注明正负号。作图时对杆件应分段绘制内力图。下面举例说明刚架内力图的画法。

例 4-11 如图 4-25（a）所示的刚架 ACB，AC、CB 段作用有均布荷载。试画此刚架的轴力图、剪力图和弯矩图。

解： 1）求支座反力。受力分析如图 4-25（a）所示，由平衡方程式得

$$\sum M_A = 0 \quad -2qaa - qa\frac{a}{2} + aF_B = 0,\ F_B = \frac{5qa}{2}$$

$$\sum F_{ix} = 0,\ 2qa + F_{Ax} = 0,\ F_{Ax} = -2qa$$

$$\sum F_{iy} = 0,\ -qa + F_{Ay} + F_B = 0,\ F_{Ay} = -\frac{3qa}{2}$$

2）列内力方程。

AC 段：

$$F_N(x_1) = -F_{Ay} = \frac{3}{2}qa \quad (0 \leqslant x_1 \leqslant 2a) \tag{4-8}$$

$$F_S(x_1) = -qx_1 + 2qa \quad (0 \leqslant x_1 \leqslant 2a) \tag{4-9}$$

$$M(x_1) = \frac{1}{2}qx_1^2 - 2qax_1\ （左侧受压）\quad (0 \leqslant x_1 \leqslant 2a) \tag{4-10}$$

CB 段：

$$F_Q(x_2) = qx_2 - \frac{5qa}{2} \quad (0 \leqslant x_2 \leqslant a) \tag{4-11}$$

$$M(x_2) = \frac{q}{2}{x_2}^2 - \frac{5qa}{2}x_2\ （上侧受压）\quad (0 \leqslant x_2 \leqslant a) \tag{4-12}$$

3）绘内力图。

轴力图：由式（4-8）知，AC 段为拉力，符号为正，轴力图为平行于 AC 轴线的直线；CB 段无轴力，如图 4-25（e）所示。

剪力图：由式（4-9）知，在 AC 段，剪力图为斜直线，剪力的指向与受力分析与图 4-25（c）中假设的剪力指向一致，符号为正；由式（4-11）知，CB 两段的轴力图为斜直线，如图 4-25（f）所示。剪力的指向与受力分析与图 4-25（d）中假设的剪力指向相反，符号为负。

弯矩图：由式（4-10）知，AC 段 M 图为二次抛物线，$M_A = 0$，$M_C^{\mathrm{L}} = -2qa^2 = M_{极值}$；由式（4-12）知，$M$ 方程均为 x 的二次式，故 CB 段的 M 图也为二次抛物线，$M_B = 0$，$M_C^{\mathrm{R}} = -2qa^2$，如图 4-25（g）所示。

4）对刚结点 C 的平衡进行校核。作出内力图后，还可以用刚结点的平衡条件进行校核。按所得内力图画出刚结点 C 的受力分析图，如图 4-26 所示。由图可见，对于平

衡方程$\sum X=0$、$\sum Y=0$、$\sum M=0$均能满足要求。

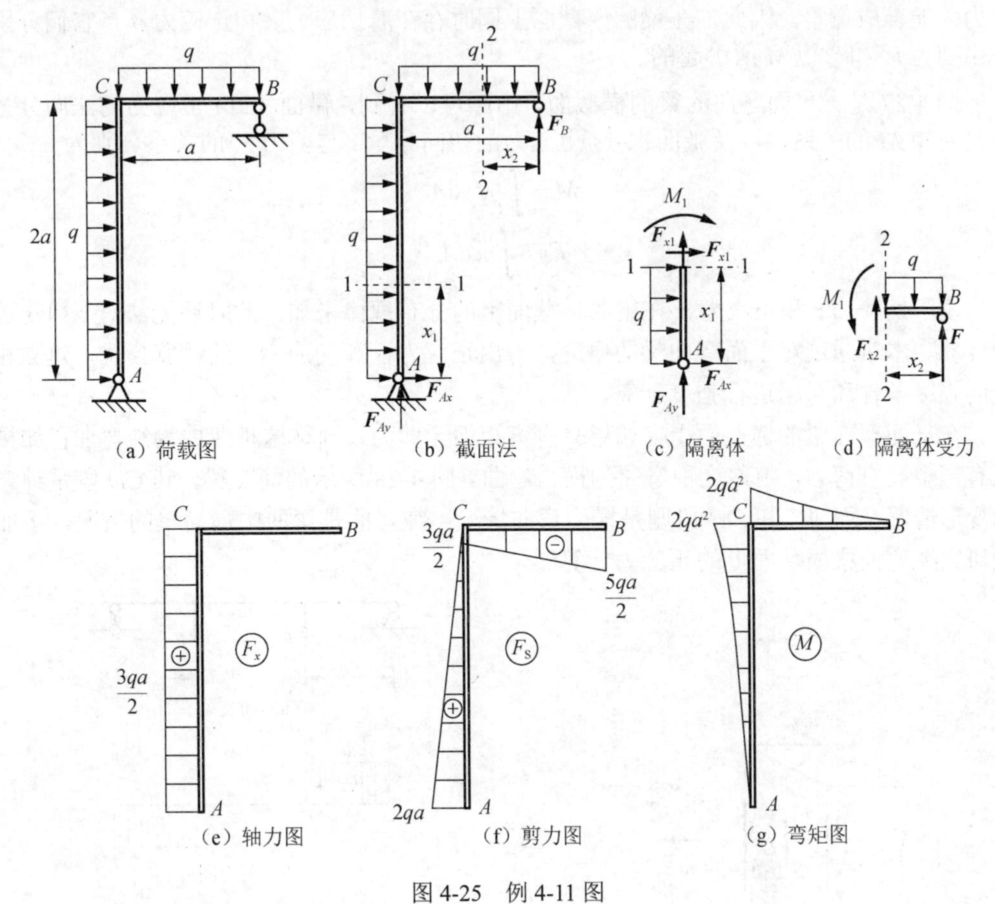

图4-25　例4-11图

综上所述，刚结点具有以下特征：

1）几何特征——一个简单刚结点相当于三个约束，能减少体系三个自由度。

2）变形特征——在刚结点处，各杆端截面有相同的线位移及角位移。

3）静力特征——刚结点能传递弯矩、剪力和轴力。两构件交汇的刚结点，若刚结点上无外力偶作用，则两构件在刚结点处的弯矩必大小相等且同侧受拉或压（外侧或内侧）；若有外力偶作用，则两构件在刚结点处弯矩的代数和等于此外力偶数值，且转向相反。

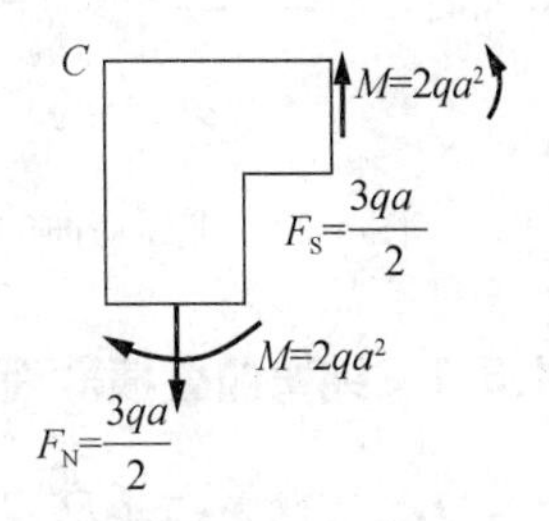

图4-26　刚节点C受力分析

4.8　弯曲梁横截面上的正应力

由前面的知识可知，在平面弯曲的梁的横截面上，存在着两种内力——剪力和弯矩，它们是横截面上分布内力的合力，只有切向分布的内力才能合成剪力，只有法向分布的内力才能合成弯矩。因此，在梁的横截面上同时存在着切应力τ和正应力σ，它们分别是由剪力F_S和弯矩M所引起的。

图4-27是一平面弯曲的梁的横截面，由图可以看到，微面积dA上应力的法向分量σ与弯矩M的关系，以及微面积dA上应力的切向分量τ与剪力F_S的关系分别为

$$M = \int_A \sigma y \mathrm{d}A$$

$$F_S = \int_A \tau \mathrm{d}A$$

由于切应力τ和正应力σ在梁的横截面上的分布规律未知，此时还无法对τ和σ进行计算。本章通过对平面弯曲梁的研究，得出正应力σ和切应力τ的计算公式，建立相应的强度条件和对梁进行强度计算。

在平面弯曲梁的横截面上，如果只有弯矩而无剪力，则称这种弯曲为纯弯曲；如果既有弯矩又有剪力，则称这种弯曲为横力弯曲。图4-28所示的简支梁，其CD段是纯弯曲变形情况，而AC和DB段则是横力弯曲情况。纯弯曲是弯曲中最简单的情况，下面先研究纯弯曲梁横截面上的正应力计算。

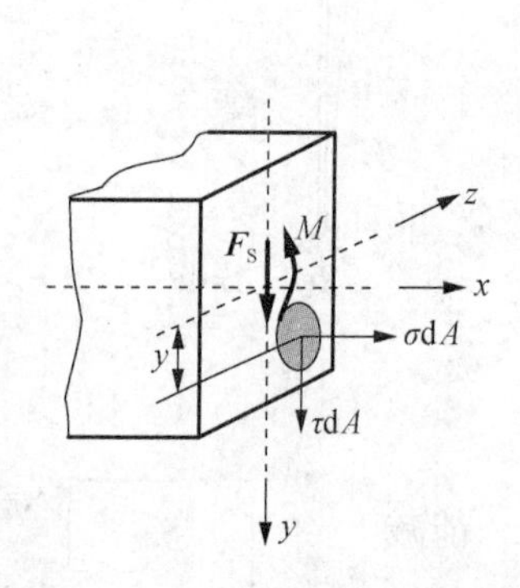

图4-27 平面弯曲的梁的横截面

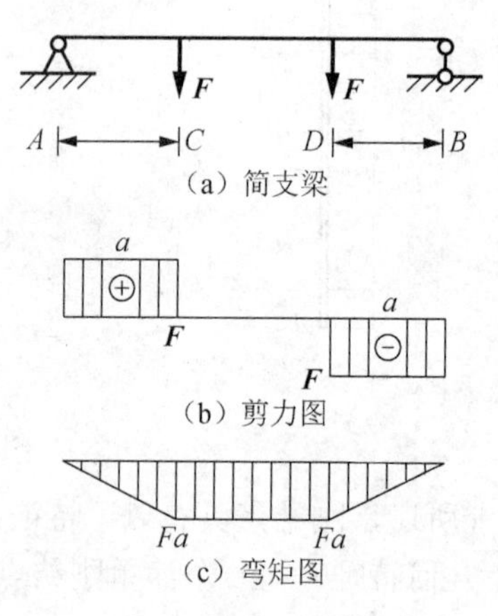

图4-28 简支梁内力图

4.8.1 纯弯曲梁横截面上的正应力

1. 横截面上正应力的计算公式

考虑图4-28所示简支梁的CD段，采用与扭转时横截面上切应力研究相似的方法，从变形的几何关系、应力与应变的物理关系、静力平衡关系三个方面进行分析。

（1）变形的几何关系

假设梁的横截面为矩形，受力前在梁侧面画上与轴线平行的纵向直线和与轴线垂直的横向直线，如图4-29（b）所示。受力后，CD段梁发生了纯弯曲变形，画有纵、横直线的侧面变形后的情形如图4-29（c）所示。变形现象如下：

1）纵向直线变形后成为相互平行的曲线，靠近凹面的缩短，靠近凸面的伸长。

2）横向直线变形后仍然为直线，只是相对地转动一个角度。

3）纵向直线与横向直线变形后仍然保持正交关系。

根据观察到的表面现象，对梁的内部变形情况进行推断，做出如下假设：

1）梁的横截面在变形后仍然为一平面，并且与变形后梁的轴线正交，只是绕横截面内某一轴旋转了一个角度，该假设称为梁弯曲变形的平面假设。

2）把梁看成由许多纵向纤维组成。变形后，由于纵向直线与横向直线保持正交，即直角没有改变，可以认为纵向纤维没有受到横向剪切和挤压，只受到单方向的拉伸或压缩，即靠近凹面纤维受压缩，靠近凸面纤维受拉伸。

根据以上假设，靠近凹面纤维受压缩，靠近凸面纤维受拉伸。由于变形的连续性，纵向纤维从受压缩到受拉伸的变化之间，必然存在一层既不受压缩、又不受拉伸的纤维，这一层纤维称为中性层。中性层与横截面的交线称为中性轴，如图 4-30 所示。因此，梁纯弯曲变形可以看成各横截面绕各自中性轴转过一角度。

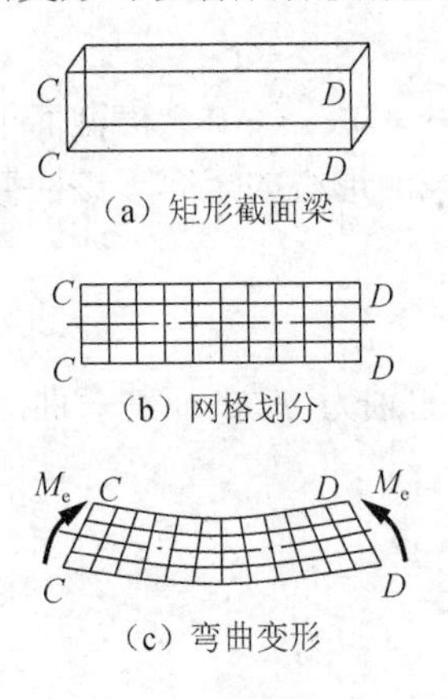

图 4-29　纯弯曲梁变形图

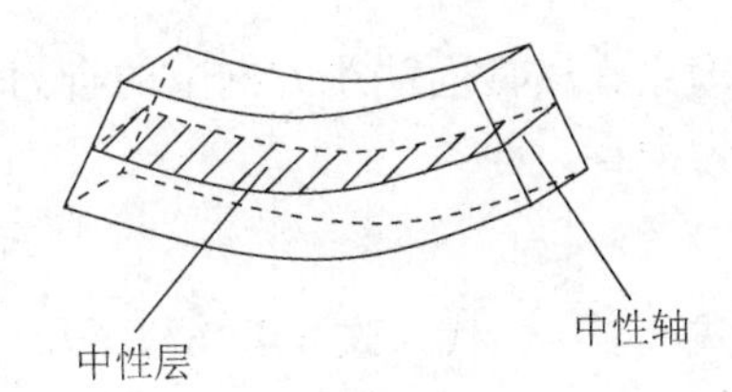

图 4-30　中性层和中性轴

从纯弯曲梁段中取一微段 dx，如图 4-31（a）所示，其变形后的情形如图 4-31（b）所示。其中 ρ 为变形后中性层的曲率半径，$\mathrm{d}\theta$ 为变形后 $a'c'$ 和 $b'd'$ 两横截面之间的夹角，O_1O_2 为长度不变的中性层，且 $O_1O_2 = \mathrm{d}x$，则距离中性层为 y 的一层纤维 ef 的线应变为

$$\varepsilon = \frac{e'f' - ef}{ef} = \frac{e'f' - \mathrm{d}x}{\mathrm{d}x} = \frac{(\rho + y)\mathrm{d}\theta - \rho\mathrm{d}\theta}{\rho\mathrm{d}\theta} = \frac{y}{\rho} \tag{4-13}$$

式（4-13）是变形的几何关系式，也称变形协调条件或变形协调方程。它表明梁横截面上任意一点处的纵向线应变与该点到中性轴的距离成正比。

（2）物理关系

根据纵向纤维单向受力假设，当材料在线弹性范围内工作时，利用胡克定律：

$$\varepsilon = \frac{\sigma}{E}$$

将上式代入式（4-13）得

$$\sigma = E\frac{y}{\rho} \tag{4-14}$$

式（4-14）尚不能用来计算正应力。因为式中 ρ 为变形后中性层的曲率半径，仍为未知量，且因为中性轴的位置也没有确定，y 虽为所求的纵向纤维层到中性层的距离，但无法度量和求出。因此还需要应用静力平衡关系来进一步解决。

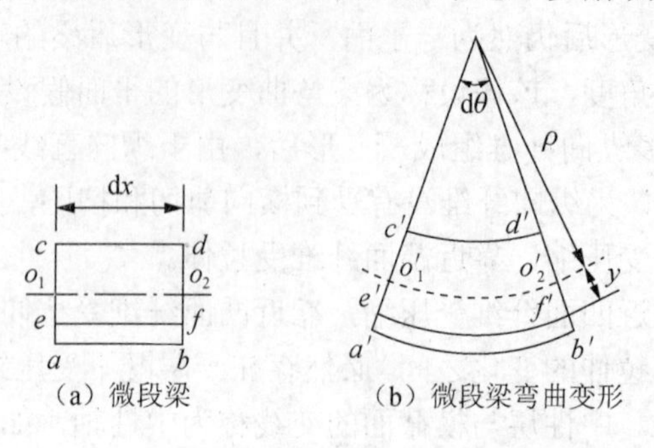

图 4-31　弯曲变形几何关系示意图

（3）静力平衡关系

纯弯曲梁的横截面上只有正应力，而无切应力，即 $\sigma \neq 0$，$\tau = 0$。横截面上的法向分布内力 $\sigma \mathrm{d}A$ 组成了一个空间的平行力系。该力系对横截面形心的矩等于该横截面上的弯矩 M，即

$$M = \int_A \sigma y \mathrm{d}A \tag{4-15}$$

该力系在横截面法线方向上的合力等于该横截面上的轴力 F_{N}，而纯弯曲时梁横截面上轴力为零，即

$$F_{\mathrm{N}} = \int_A \sigma \mathrm{d}A \tag{4-16}$$

将式（4-14）代入式（4-16），得

$$\int_A \sigma \mathrm{d}A = \int_A E\frac{y}{\rho}\mathrm{d}A = 0$$

由于材料的弹性模量 E 为常数，弯曲后中性层的曲率半径 ρ 也为常数，因此 $E/\rho \neq 0$。则有

$$\int_A y \mathrm{d}A = 0$$

上式等号左边的积分是横截面对 z 轴的静矩 S_z，因而有

$$\int_A y \mathrm{d}A = S_z = 0$$

由理论力学的知识可知，中性轴 z 必定通过横截面的形心。另外，根据前面对弯曲变形现象的分析可知，中性轴与横截面的竖向对称轴正交。

将式（4-14）代入式（4-15），得

$$\int_A \sigma y \mathrm{d}A = \int_A E\frac{y}{\rho} y \mathrm{d}A = \frac{E}{\rho}\int_A y^2 \mathrm{d}A = M$$

令

$$\int_A y^2 \mathrm{d}A = I_z \tag{4-17}$$

则有

$$\frac{E}{\rho}I_z = M$$

于是得到梁弯曲时中性层的曲率表达式，即

$$\frac{1}{\rho} = \frac{M}{EI_z} \tag{4-18}$$

式中，I_z为横截面对中性轴 z 的惯性矩。

式（4-18）是研究梁弯曲变形的基本公式。由该式可知，当弯矩 M 一定时，EI_z 越大，曲率半径 ρ 越大，梁弯曲变形越小。因此，EI_z 表示梁抵抗弯曲变形的能力，称为梁的弯曲刚度。

将式（4-18）代入式（4-14），得

$$\sigma = \frac{My}{I_z} \tag{4-19}$$

式中，M 为横截面上的弯矩；y 为横截面上待求应力点至中性轴的距离；I_z 为横截面对中性轴的惯性矩。

式（4-19）就是纯弯曲时梁横截面上正应力的计算公式。

关于式（4-19）的几点说明：

1）推导过程中应用了胡克定律，所以正应力的计算公式的适用范围为线弹性范围。

2）在使用公式计算正应力时，通常以 M、y 的绝对值代入，求得 σ 的大小，再根据弯曲变形判断应力的正（拉）或负（压），即以中性层为界，梁的凸出边的应力为拉应力，梁的凹入边的应力为压应力。

3）在应力计算公式中没有弹性模量 E，说明正应力的大小与材料无关。

2. 横截面上正应力的分布规律和最大正应力

从式（4-19）可以看出，梁横截面上某点处的正应力σ与该横截面上弯矩 M 和该点到中性轴的距离 y 成正比，与该横截面对中性轴的惯性矩成反比。在同一横截面上，弯矩 M 和惯性矩 I_z 为定值，正应力与 y 成正比。当 y=0 时，σ=0，中性轴各点正应力为零。中性轴两侧，一侧受拉，另一侧受压，离中性轴越远，正应力越大。在上、下边缘 $y = y_{\max}$ 处正应力最大，一边为最大拉应力 $\sigma_{\mathrm{t\max}}$，另一边为最大压应力 $\sigma_{\mathrm{c\max}}$。图 4-32 是根据式（4-19）绘出的表示横截面上正应力分布规律的图形，由图可以看出，横截面上 y 坐标相同，各点的正应力相同。

横截面上的最大应力值为

$$\sigma_{\max} = \frac{My_{\max}}{I_z} \tag{4-20}$$

令

$$W_Z = \frac{I_z}{y_{\max}} \tag{4-21}$$

则最大正应力可以表示为

$$\sigma_{\max}=\frac{M}{W_z} \tag{4-22}$$

式中，W_z为横截面对中性轴的弯曲截面系数，它只与横截面的形状尺寸有关，是衡量横截面抗弯能力的一个几何量，其常用单位是mm^3或m^3。

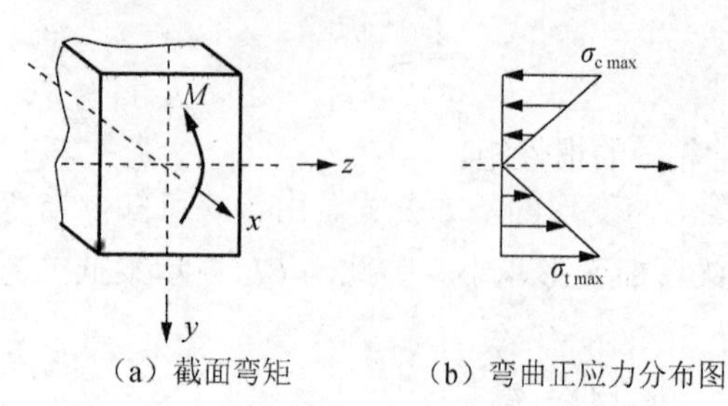

（a）截面弯矩　　（b）弯曲正应力分布图

图 4-32　正应力分布规律

利用式（4-17）和式（4-21）可以计算横截面对中性轴的惯性矩 I_z 和弯曲截面系数W_z，几种常用横截面的I_z和W_z如下。

矩形截面如图 4-33（a）所示：

$$I_z=\frac{bh^3}{12}，\ W_z=\frac{bh^2}{6} \tag{4-23}$$

圆截面如图 4-33（b）所示：

$$I_z=\frac{\pi D^4}{64}，\ W_z=\frac{\pi D^3}{32} \tag{4-24}$$

空心圆截面如图 4-33（c）所示：

$$I_z=\frac{\pi D^4}{64}(1-\alpha^4)，\ W_z=\frac{\pi D^3}{32}(1-\alpha^4) \quad (\alpha=\frac{d}{D}) \tag{4-25}$$

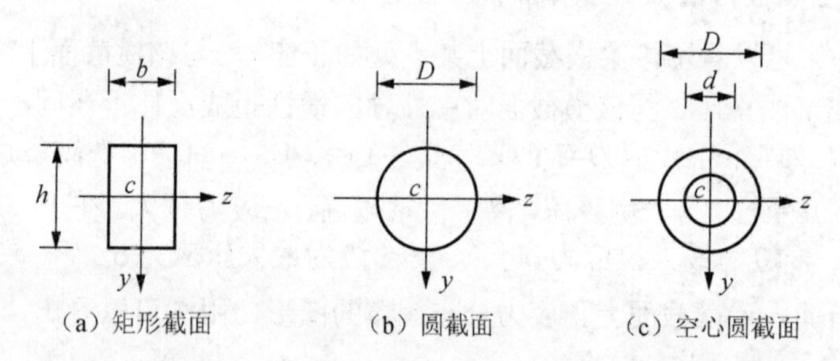

（a）矩形截面　　（b）圆截面　　（c）空心圆截面

图 4-33　常用横截面

各种常用型钢的惯性矩和弯曲截面系数可从型钢规格表（见附录）中查取。

必须指出，当横截面不对称于中性轴时，横截面上的最大拉应力和最大压应力不相等，须利用式（4-20）分别进行计算。

4.8.2　横力弯曲时梁横截面上的正应力

由于横力弯曲时梁横截面上不仅有正应力，还有切应力，因此梁变形后横截面不再保持为平面。按平面假设推导出的纯弯曲时梁横截面上正应力的计算公式，用于计算横力弯曲时梁横截面上的正应力是有一些误差的。但是当梁的跨度和梁高之比 l/h 大于 5 时，其误差很小。因此，式（4-9）也适用于计算横力弯曲时梁横截面上的正应力。但要注意，纯弯曲梁段 M 为常量，而横力弯曲梁段 $M(x)$ 是变量，用式（4-19）计算时，应做修改，即

$$\sigma=\frac{M(x)\cdot y}{I_z} \tag{4-26}$$

例 4-12 求图 4-34（a）所示矩形截面梁 A 的右侧截面上 a、b、c、d 四点的正应力，如图 4-34（b）所示。

解： 1）求 A 右侧横截面上的弯矩。梁的弯矩图如图 4-34（a）所示，A 的右侧横截面上的弯矩值为

$$M=20\text{kN}\cdot\text{m}$$

2）计算横截面的几何参数：

$$I_z=\frac{bh^3}{12}=\frac{0.15\text{m}\times0.3^3\text{m}^3}{12}=3.375\times10^{-4}\text{m}^4$$

$$W_z=\frac{bh^2}{6}=\frac{0.15\text{m}\times0.3^2\text{m}^2}{6}=2.25\times10^{-3}\text{m}^3$$

3）计算各点处的正应力。利用式（4-20）和式（4-23），计算出 A 的右侧横截面上各点处的正应力，分别为

$$\sigma_a=\frac{M}{W_z}=\frac{20\times10^3\text{N}\cdot\text{m}}{2.25\times10^{-3}\text{m}^3}\approx8.89\times10^6\text{Pa}=8.89\text{MPa}\text{（拉应力）}$$

$$\sigma_b=\frac{My}{I_z}=\frac{20\times10^3\text{N}\cdot\text{m}\times0.075\text{m}}{3.375\times10^{-4}\text{m}^4}\approx4.44\times10^6\text{Pa}=4.44\text{MPa}\text{（拉应力）}$$

$$\sigma_c=0$$

$$\sigma_d=\sigma_a=8.89\text{MPa}\text{（压应力）}$$

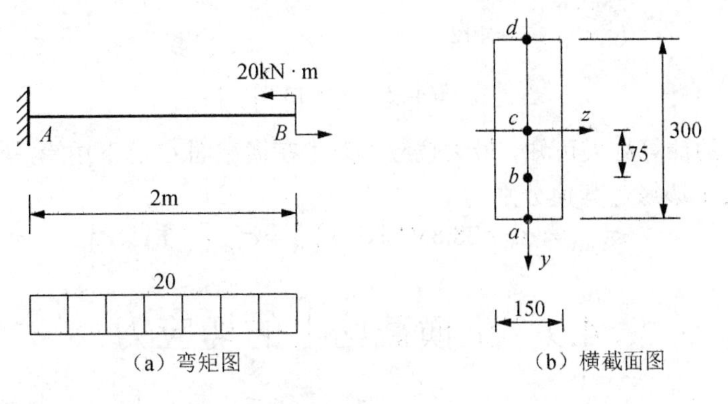

（a）弯矩图　　（b）横截面图

图 4-34　例 4-12 图

例 4-13 求图 4-35（a）和（b）所示 T 字形截面梁的最大拉应力和最大压应力。已

知 $I_z = 7.64\times10^6\text{mm}^4$，$y_1 = 52\text{mm}$。

解：1）确定最大弯矩及其所在横截面。绘制梁的弯矩图，如图 4-35（c）所示。由图可知，梁的最大正弯矩发生在横截面 C 上，最大负弯矩发生在横截面 B 上，最大正、负弯矩的值分别为

$$M_C = 2.5\text{kN}\cdot\text{m}，M_B = 4\text{kN}\cdot\text{m}$$

2）计算横截面 C 上的最大拉应力和最大压应力：

$$\sigma_{tC} = \frac{M_C y_2}{I_z} = \frac{2.5\times10^3\text{N}\cdot\text{m}\times8.8\times10^{-2}\text{m}}{7.64\times10^{-6}\text{m}^4} \approx 28.8\times10^6\text{Pa} = 28.8\text{MPa}$$

$$\sigma_{cC} = \frac{M_C y_1}{I_z} = \frac{2.5\times10^3\text{N}\cdot\text{m}\times5.2\times10^{-2}\text{m}}{7.64\times10^{-6}\text{m}^4} \approx 17.0\times10^6\text{Pa} = 17.0\text{MPa}$$

3）计算横截面 B 上的最大拉应力和最大压应力：

$$\sigma_{tB} = \frac{M_B y_1}{I_z} = \frac{4\times10^3\text{N}\cdot\text{m}\times5.2\times10^{-2}\text{m}}{7.64\times10^{-6}\text{m}^4} \approx 27.2\times10^6\text{Pa} = 27.2\text{MPa}$$

$$\sigma_{cB} = \frac{M_B y_2}{I_z} = \frac{4\times10^3\text{N}\cdot\text{m}\times8.8\times10^{-2}\text{m}}{7.64\times10^{-6}\text{m}^4} \approx 46.1\times10^6\text{Pa} = 46.1\text{MPa}$$

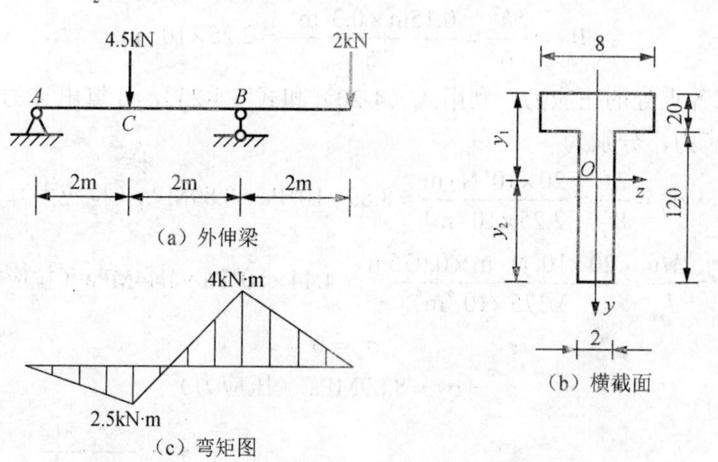

图 4-35　例 4-13 图

根据以上的计算结果可知，最大拉应力发生在横截面 C 的下边缘，最大压应力发生在横截面 B 的下边缘，其值分别为

$$\sigma_{t\max} = \sigma_{tC} = 28.8\text{MPa}，\sigma_{c\max} = \sigma_{cB} = 46.1\text{MPa}$$

4.9　梁横截面上的切应力

在横力弯曲时，梁的横截面上有剪力 F_S，相应地在横截面上存在切应力 τ。本节以矩形截面梁为例，首先对切应力分布规律做出适当假设，利用静力平衡条件，对切应力公式进行推导，并对其他几种常用截面梁的切应力做简要介绍。

4.9.1　矩形截面梁横截面上的切应力

1. 切应力公式推导

图 4-36（a）所示的简支梁是一个横力弯曲梁，用相距 dx 的两个横截面 $m-m$ 和 $n-n$ 从梁中切出一个微段，如图 4-36（b）所示，由于横向外力的作用，在梁的横截面上存在着沿横截面的对称轴 y 方向的剪力 F_S，并由此引起横截面上的切应力 τ。因为梁的侧面没有切应力，根据切应力互等定理，在横截面上靠近两侧面边缘的切应力方向一定平行于横截面的侧边，即平行于 y 轴的方向。设矩形截面梁的宽度相对于高度较小，可以认为沿横截面宽度方向切应力的大小和方向都不会有明显的变化。所以对横截面上切应力分布做如下假设：横截面上各点处的切应力都平行于横截面的侧边，并沿横截面宽度均匀分布。

为研究方便，假设 dx 微段上无横向外力（集中荷载或均布荷载）作用，则根据弯矩、剪力和均布荷载集度三者之间的微分关系可以推断出：

1）横截面 $m-m$ 和 $n-n$ 上剪力相等，均为 F_S；

2）横截面 $m-m$ 和 $n-n$ 上弯矩不同，分别为 M 和 $M+F_S\cdot \mathrm{d}x$，如图 4-36（c）所示。

根据切应力分布规律假设，横截面上距中性轴 z 为 y 处的切应力应互相平行且相等，均为 τ，如图 4-36（d）所示。为计算 τ，在 y 处用一个假想的水平面 $p-p$ 将 dx 微段梁切开，切开后下面部分左右两侧的横截面分别为 $m-m-p-p$ 和 $n-n-p-p$，如图 4-36（e）所示。设 $m-m-p-p$ 和 $n-n-p-p$ 横截面的面积均为 A^*，横截面上由弯曲正应力构成的轴向力分别为 F_1 和 F_2。由于两侧横截面上的弯矩不等，因此 $F_1 \neq F_2$。根据切应力互等定理，在切开后下面部分的顶面 $p-p-p-p$ 上存在着数值上等于 τ 的切应力 τ'，由 τ' 构成了该顶面上的剪力 F_3，如图 4-36（e）所示。

由平衡方程 $\sum X=0$，得

$$F_2=F_1+F_3 \tag{4-27}$$

式中，

$$F_1=\int_{A^*}\sigma_1\mathrm{d}A=\int_{A^*}\frac{My^*}{I_z}\mathrm{d}A=\frac{M}{I_z}\int_{A^*}y^*\mathrm{d}A=\frac{MS_z^*}{I_z} \tag{4-28}$$

$$F_2=\int_{A^*}\sigma_2\mathrm{d}A=\int_{A^*}\frac{M+F_S\mathrm{d}x}{I_z}y^*\mathrm{d}A$$

$$=\frac{M+F_S\mathrm{d}x}{I_z}\int_{A^*}y^*\mathrm{d}A=\frac{M+F_S\mathrm{d}x}{I_z}S_z^* \tag{4-29}$$

$$F_3=\tau' b\mathrm{d}x=\tau b\mathrm{d}x \tag{4-30}$$

将式（4-28）～式（4-30）代入式（4-27），得

$$\frac{M+F_S\mathrm{d}x}{I_z}S_z^*-\frac{M}{I_z}S_z^*=\tau b\mathrm{d}x$$

经整理得

$$\tau = \frac{F_S S_z^*}{I_z b} \tag{4-31}$$

式中，$S_z^* = \int_{A^*} y^* \mathrm{d}A$，为横截面上横线 p—p 以外部分面积 A^*对中性轴 z 的静矩。

式（4-31）即为横截面上切应力的计算公式。

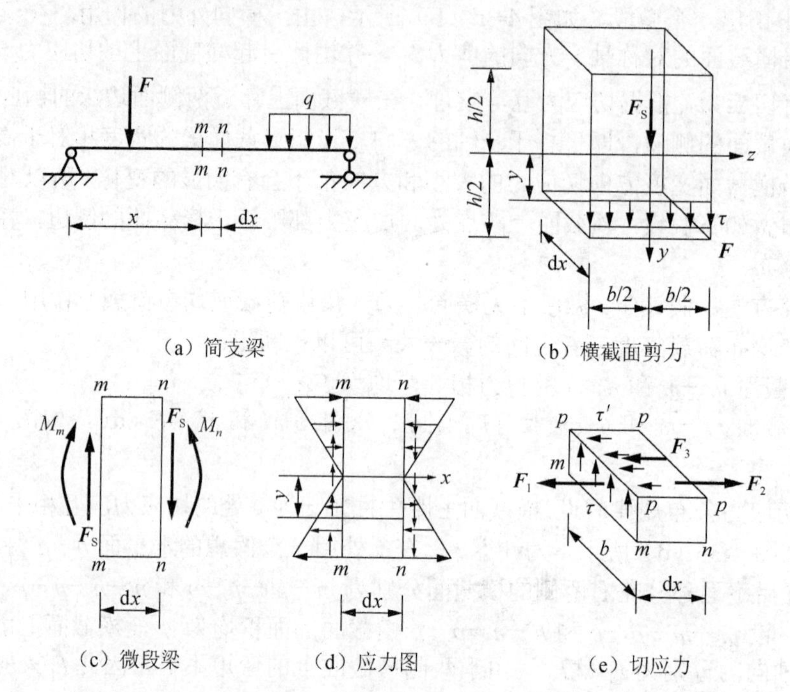

（a）简支梁　　（b）横截面剪力

（c）微段梁　　（d）应力图　　（e）切应力

图 4-36　弯曲切应力推导关系图

2. 切应力分布规律及最大应力

对于图 4-37（a）所示的高度为 h、宽度为 b 的矩形截面，有

$$I_z = \frac{bh^3}{12}$$

$$S_z^* = A^* \times \overline{y}\left(\frac{h}{2} - y\right) b \times \left[y + \frac{1}{2}\left(\frac{h}{2} - y\right)\right] = \frac{b}{2}\left[\left(\frac{h}{2}\right)^2 - y^2\right]$$

代入式（4-31），得

$$\tau = \frac{3}{2}\frac{F_S}{bh}\left(1 - \frac{4y^2}{h^2}\right)$$

由上式可以看出，矩形截面梁横截面上切应力的大小沿横截面高度按抛物线规律变化，如图 4-37（b）所示。

在上、下边缘 $y = \pm\dfrac{h}{2}$ 处：

$$\tau = 0$$

在中性轴 $y=0$ 处：

$$\tau_{\max}=\frac{3}{2}\frac{F_S}{bh} \tag{4-32}$$

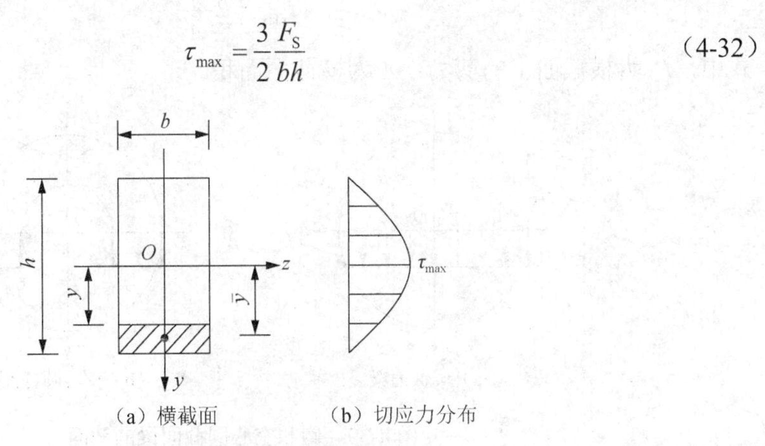

（a）横截面　　　（b）切应力分布

图 4-37　矩形截面弯曲切应力分布图

4.9.2　其他形状截面梁横截面上的弯曲切应力

1. 工字形截面梁

工字形截面梁其腹板是矩形截面，如图 4-38（a）所示，其切应力可按式（4-31）进行计算，切应力的分布规律如图 4-38（b）所示。由图 4-38 可以看出，最大切应力仍然发生在中性轴上各点处，在腹板与翼缘交接处，翼缘面积对中性轴的静矩仍然有一定值，因此切应力较大，使得整个腹板上的切应力接近于均匀分布。翼缘上切应力的数值要比腹板上的小得多，一般可以忽略不计。

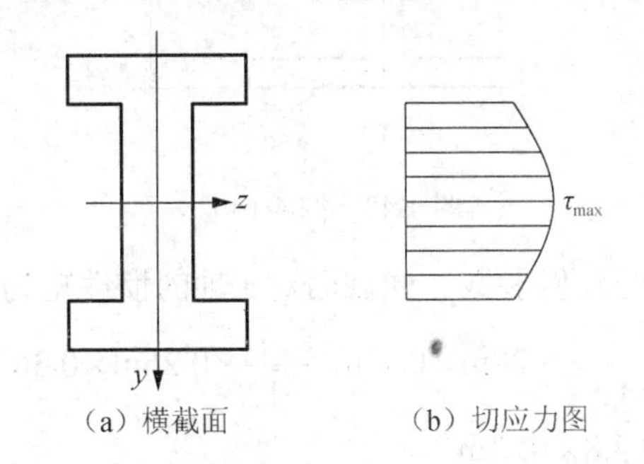

（a）横截面　　　（b）切应力图

图 4-38　工字形截面梁的横截面及切应力分布图

2. 圆截面梁和空心圆截面梁

圆截面梁和空心圆截面梁的横截面如图 4-39 所示，可以证明，梁横截面上的最大切应力均发生在中性轴上各点处，且沿中性轴均匀分布，计算公式分别如下。

圆截面：

$$\tau_{\max}=\frac{4}{3}\frac{F_S}{A} \tag{4-33}$$

空心圆截面：

$$\tau_{\max} = 2\frac{F_S}{A} \tag{4-34}$$

式中，F_S为横截面上的剪力；A为横截面面积。

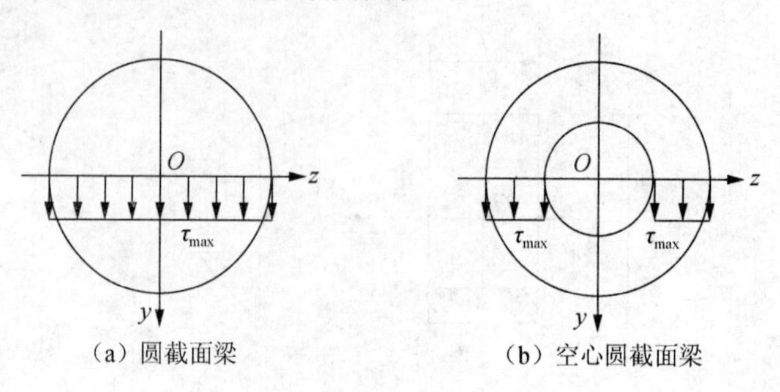

（a）圆截面梁　（b）空心圆截面梁

图 4-39　圆和空心圆截面梁的截面

例 4-14　梁横截面上剪力 F_S=50kN。试计算图 4-40 所示工字形横截面上 a、b 两点处的切应力。

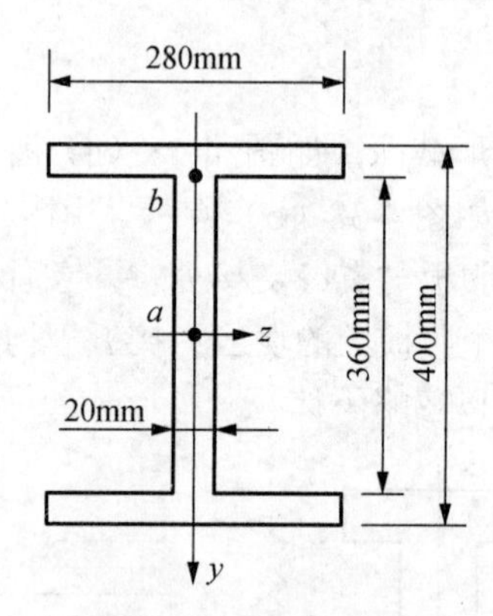

图 4-40　例 4-14 图

解： 1）计算横截面的几何参数。横截面对 z 轴的惯性矩为

$$\begin{aligned} I_z &= \frac{1}{12}\times 0.28\text{m}\times 0.4^3\,\text{m}^3 - \frac{1}{12}\times 0.26\text{m}\times 0.36^3\text{m}^3 \\ &\approx 4.8\times 10^{-4}\,\text{m}^4 \end{aligned}$$

a 点所在横线以外部分面积（半个横截面）对 z 轴的静矩为

$$\begin{aligned} S_{za}^* &= 0.28\text{m}\times 0.02\text{m}\times 0.19\text{m} + 0.02\text{m}\times 0.18\text{m}\times 0.09\text{m} \\ &\approx 1.388\times 10^{-3}\,\text{m}^3 \end{aligned}$$

b 点所在横线以外部分面积（翼缘面积）对 z 轴的静矩为

$$S_{zb}^* = 0.28\text{m}\times 0.02\text{m}\times 0.19\text{m} \approx 1.06\times 10^{-3}\,\text{m}^3$$

2）计算切应力。根据式（4-31）计算 a、b 两点处的切应力，分别为

$$\tau_a = \frac{F_S S_{za}^*}{I_z b} = \frac{50\times 10^3\,\text{N}\times 1.388\times 10^{-3}\,\text{m}^3}{4.8\times 10^{-4}\,\text{m}^4\times 0.02\text{m}} \approx 7.2\text{MPa}$$

$$\tau_b = \frac{F_S S_{zb}^*}{I_z b} = \frac{50\times10^3\,\text{N}\times1.06\times10^{-3}\,\text{m}^3}{4.8\times10^{-4}\,\text{m}^4\times0.02\,\text{m}} \approx 5.5\text{MPa}$$

例 4-15 图 4-41（a）所示的矩形截面简支梁受均布荷载 q 作用。求梁的最大正应力和最大切应力，并进行比较。

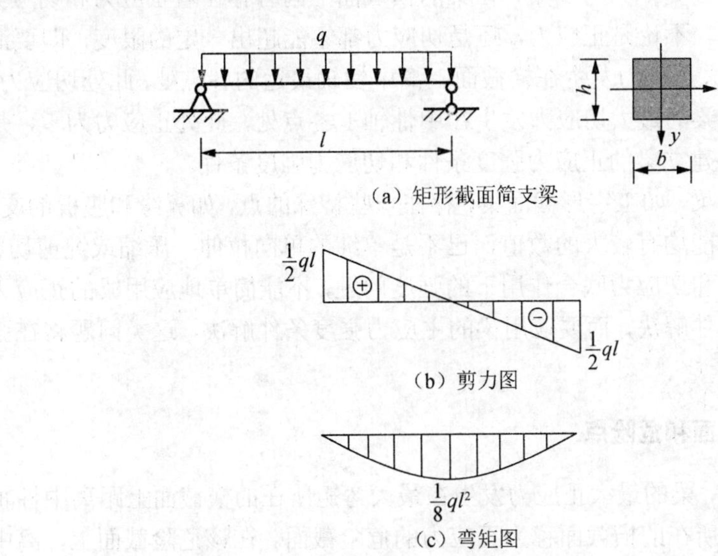

图 4-41 例 4-15 图

解： 1）绘制剪力图和弯矩图，如图 4-41（b）和（c）所示。由图可知，最大剪力和最大弯矩分别为

$$F_{S\max} = \frac{1}{2}ql,\ M_{\max} = \frac{1}{8}ql^2$$

2）计算最大正应力和最大切应力。由式（4-26）和（4-32），得

$$\sigma_{\max} = \frac{M_{\max}}{W_z} = \frac{\frac{1}{8}ql^2}{\frac{bh^2}{6}} = \frac{3ql^2}{4bh^2}$$

$$\tau_{\max} = \frac{3}{2}\frac{F_{S\max}}{A} = \frac{3}{2}\frac{\frac{1}{2}ql}{bh} = \frac{3}{4}\frac{ql}{bh}$$

3）比较最大正应力和最大切应力：

$$\frac{\sigma_{\max}}{\tau_{\max}} = \frac{\frac{3}{4}\frac{ql^2}{bh^2}}{\frac{3}{4}\frac{ql}{bh}} = \frac{l}{h}$$

由本例可以看出，梁的最大正应力与最大切应力之比约等于梁的跨度 l 与梁的高度 h 之比。因为在一般情况下梁的跨度远大于其高度，所以梁的主要应力是正应力。

4.10 梁的强度计算

工程中所用的梁多为横力弯曲梁，在梁的横截面上同时存在着正应力和切应力。为了保证梁的安全工作，不论是正应力，还是切应力都不能超出一定的限度，即要满足梁的强度条件。梁的最大正应力发生在横截面上离中性轴最远的各点处，此处切应力为零，是单向拉伸或压缩；梁的最大切应力发生在中性轴上各点处，此处正应力为零，是纯剪切。因此，可以分别建立梁的正应力强度条件和切应力强度条件。

有些类型截面的梁，如工字形截面梁，存在一些特殊的点，如翼缘和腹板的交接处，正应力和切应力有可能均有较大的数值，已不是单纯的单向拉伸、压缩或纯剪切状态。这类问题属于正应力和切应力联合作用下的强度问题，不能简单地应用梁的正应力强度条件或切应力强度条件解决，而要应用梁的主应力强度条件解决，这类问题将在强度理论中加以研究。

4.10.1 梁的危险截面和危险点

对于等截面直梁，梁的最大正应力发生在最大弯矩所在的横截面上距离中性轴最远的各点处。最大弯矩所在的横截面称为正应力的危险截面。在该危险截面上，离中性轴最远的各点处的正应力值最大，称为正应力的危险点。

同理，等截面直梁的最大切应力发生在最大剪力所在的横截面上的中性轴上的各点处。最大剪力所在横截面称为切应力的危险截面。该危险截面上的中性轴上各点称为切应力的危险点。

4.10.2 梁的正应力强度条件和强度计算

梁的正应力危险点处有梁的最大正应力$\sigma_{\max}$，若梁的许用正应力为$[\sigma]$，则梁的正应力强度条件为

$$\sigma_{\max} \leqslant [\sigma] \tag{4-35}$$

对于等截面直梁，利用式（4-22），式（4-35）改写为

$$\sigma_{\max} = \frac{M_{\max}}{W_z} \leqslant [\sigma] \tag{4-36}$$

利用正应力强度条件，可以对梁进行正应力强度校核、设计横截面尺寸和确定许用荷载三方面的强度计算。

1）当梁的材料、横截面和荷载已经确定，即$[\sigma]$、W_z和$M_{\max}$确定时，可以根据式（4-36）是否成立判断梁的安全状况，即进行强度校核。

2）当梁的材料和荷载已经确定，即$[\sigma]$和$M_{\max}$确定时，可以根据式（4-36）确定W_z的取值，从而设计横截面的尺寸。

3）当梁的材料和横截面已经确定，即$[\sigma]$和W_z确定时，可以根据式（4-36）确定梁

的许用最大弯矩 M_{max}，再根据弯矩与荷载的关系，确定梁的许用荷载。

对于抗拉和抗压强度不同的脆性材料，由于 $[\sigma_t] \neq [\sigma_c]$，要求梁的最大拉应力 $\sigma_{t\max}$ 不超过材料的许用拉应力 $[\sigma_t]$，最大压应力 $\sigma_{c\max}$ 不超过材料的许用压应力 $[\sigma_c]$，因而，其正应力强度条件分别为

$$\sigma_{t\max} \leqslant [\sigma_t] \tag{4-37a}$$

$$\sigma_{c\max} \leqslant [\sigma_c] \tag{4-37b}$$

例 4-16 在例 4-13 中，如果材料的许用拉应力 $[\sigma_t] = 30\text{MPa}$，许用压应力 $[\sigma_c] = 90\text{MPa}$，试校核该梁的正应力强度。

解： 利用例 4-13 的计算结果。在横截面 C 的下边缘各点处的应力为

$$\sigma_{t\max} = 28.8\text{MPa} \leqslant [\sigma_t] = 30\text{MPa}$$

在横截面 B 的下边缘各点处的应力为

$$\sigma_{c\max} = 46.1\text{MPa} \leqslant [\sigma_c] = 90\text{MPa}$$

所以，该梁满足正应力强度条件。

由本例可以看出，当材料的 $[\sigma_t] \neq [\sigma_c]$、横截面不对称于中性轴，且弯矩图有正和负时，梁的危险截面将分别是最大正弯矩和最大负弯矩所在的横截面，梁的正应力强度计算应对这两个横截面分别进行。

4.10.3 梁的切应力强度条件和强度计算

梁的切应力危险点处有梁的最大切应力 τ_{max}，若梁的许用切应力为 $[\tau]$，则梁的切应力强度条件为

$$\tau_{max} \leqslant [\tau] \tag{4-38}$$

对于等截面直梁，上式可以改写为

$$\tau_{max} = \frac{F_{S\max} S_{z\max}}{I_z b} \leqslant [\tau] \tag{4-39}$$

与梁的正应力强度条件的应用相似，利用切应力强度条件，可以对梁进行切应力强度校核、设计横截面尺寸和确定许用荷载三方面的强度计算。

在进行梁的强度计算时，必须同时满足正应力和切应力两种强度条件。对于一般的跨度与横截面高度的比值较大的梁，其主要应力是正应力，通常只按正应力强度条件进行强度计算。但在以下几种特殊情况下还必须进行梁的切应力强度计算：

1）梁的最大弯矩较小，而最大剪力却很大。例如，支座附近受集中荷载作用或跨度与横截面高度比值较小的短粗梁。

2）自行焊接的薄壁截面梁，当其腹板部分的厚度与高度之比小于型钢横截面的相应比值时。

3）木梁。由于梁的最大切应力发生在中性轴上的各点处，根据切应力互等定理，在梁的中性层上要产生 τ_{max}，而木材沿纵向纤维方向的抗剪切能力较低，易发生中性层剪切破坏，因此，对木梁还应该进行切应力强度计算。

例 4-17 在例 4-15 中，h=200mm，b=150mm，q=3.6kN/m，l=5m，如果材料为木

材，许用正应力$[\sigma]=12\text{MPa}$，许用切应力$[\tau]=1.2\text{MPa}$，试校核该梁的强度。

解： 1）计算最大剪力和最大弯矩。根据前面的计算结果可知

$$F_{\text{Smax}}=\frac{1}{2}ql=9\text{kN}，M_{\max}=\frac{1}{8}ql^2=11.25\text{kN}\cdot\text{m}$$

2）正应力强度校核。由式（4-26），梁的最大正应力为

$$\sigma_{\max}=\frac{M_{\max}}{W_z}=\frac{11.25\text{kN}\cdot\text{m}}{\dfrac{0.15\text{m}\times0.20^2\text{m}^2}{6}}=11.25\text{MPa}<[\sigma_{\text{t}}]=12\text{MPa}$$

可见梁满足正应力强度条件。

3）切应力强度校核。由式（4-32），梁的最大切应力为

$$\tau_{\max}=\frac{3}{2}\frac{F_{\text{Smax}}}{A}=\frac{3}{2}\times\frac{9\text{kN}\cdot\text{m}}{0.15\text{m}\times0.20\text{m}}=0.45\text{MPa}<[\tau]=1.2\text{MPa}$$

可见梁的切应力强度条件也满足。

例 4-18 如图 4-42(a)所示工字形截面外伸梁，已知材料的许用应力$[\sigma]=160\text{MPa}$，$[\tau]=100\text{MPa}$，试选择工字钢型号。

解： 1）绘制剪力图和弯矩图。剪力图和弯矩图分别如图 4-42（b）和（c）所示，由图可知，最大剪力和最大弯矩分别为

$$F_{\text{Smax}}=23\text{kN}，M_{\max}=51\text{kN}\cdot\text{m}$$

2）按正应力强度条件选择工字钢型号。由式（4-36），得

$$W_z\geqslant\frac{M_{\max}}{[\sigma]}=\frac{51\times10^3\,\text{N}\cdot\text{m}}{160\times10^6\,\text{Pa}}=3.1875\times10^{-4}\,\text{m}^3=318.75\text{cm}^3$$

查型钢规格表，选用 22b 工字钢，其 $W_z=325\text{cm}^3$，可满足要求。

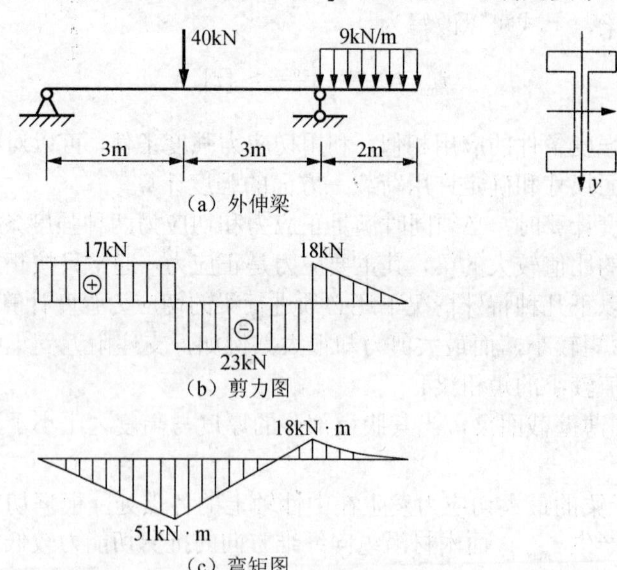

图 4-42 例 4-18 图

3）校核切应力强度。查型钢规格表可得 22b 工字钢的如下数据：

$$I_z : S_z = 8.78\text{cm}，b = 9.5\text{mm}$$

于是

$$\begin{aligned}\tau_{\max} &= \frac{F_{\text{S}\max}S_z}{I_z b} = \frac{23\times10^3\,\text{N}}{8.78\times10^{-2}\,\text{m}\times9.5\times10^{-3}\,\text{m}} \\ &\approx 27.7\times10^6\,\text{Pa} \\ &= 27.7\text{MPa} < [\tau] = 100\text{MPa}\end{aligned}$$

可见满足切应力强度条件，因此选用 22b 工字钢。

4.11　提高弯曲强度的措施

弯曲正应力是控制抗弯强度的主要因素。因此，讨论提高梁抗弯强度的措施，应以弯曲正应力强度条件为主要依据。由 $\sigma_{\max} = \dfrac{M_{\max}}{W_z} \leqslant [\sigma]$ 可以看出，为提高梁的强度，可以从以下三方面考虑。

4.11.1　合理安排梁的支座和荷载

从正应力强度条件可以看出，在抗弯截面模量 W_z 不变的情况下，$M_{\max}$ 越小，梁的承载能力越高。因此，应合理地安排梁的支承及加载方式，以降低最大弯矩值。例如，图 4-43（a）所示的简支梁，受均布荷载 q 作用，梁的最大弯矩为 $M_{\max} = \dfrac{1}{8}ql^2$。

如果将梁两端的铰支座各向内移动 $0.2l$，如图 4-43（b）所示，则最大弯矩变为 $M_{\max} = \dfrac{1}{40}ql^2$，仅为前者的 1/5。

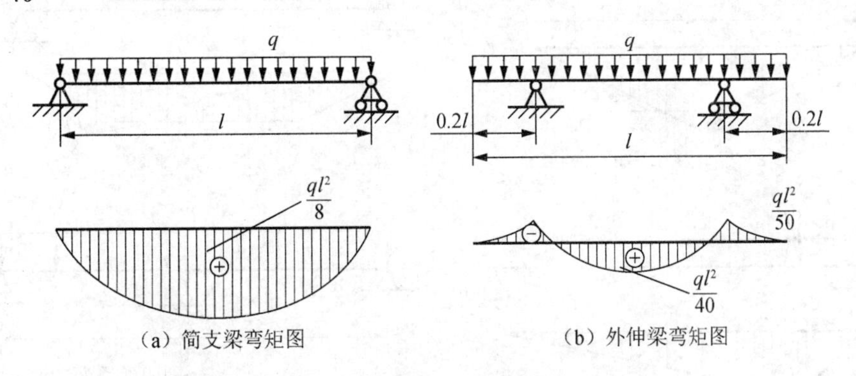

（a）简支梁弯矩图　　（b）外伸梁弯矩图

图 4-43　合理支座位置弯矩图

由此可见，在可能的条件下，适当调整梁的支座位置，可以降低最大弯矩值，提高梁的承载能力。例如，体育器材中的双杠［图 4-44（a）］、罐车筒体［图 4-44（b）］等，就是采用上述措施，以达到提高强度、节省材料的目的。

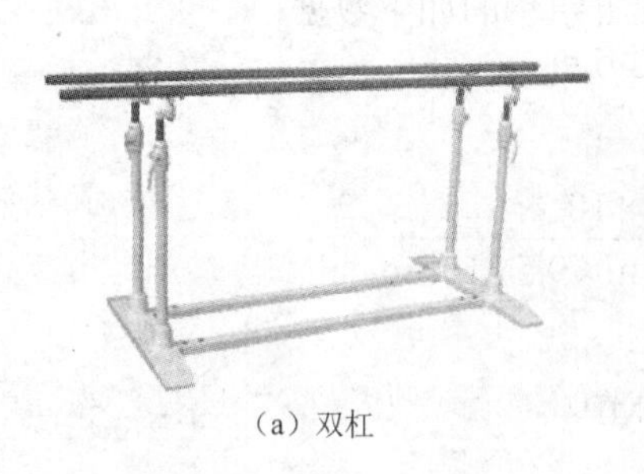

（a）双杠

（b）罐车筒体

图 4-44　合理安排支座位置实例

再如，图 4-45（a）所示的简支梁 AB，在集中力 $\boldsymbol{F}$ 作用下梁的最大弯矩为

$$M_{\max}=\frac{1}{4}Fl$$

如果在梁的中部安置一长为 $l/2$ 的辅助梁 CD［图 4-45（b）］，使集中荷载 $\boldsymbol{F}$ 分解成 C 点、D 点两个 $\boldsymbol{F}/2$ 的集中荷载作用在 AB 梁上，此时梁 AB 内的最大弯矩为

$$M_{\max}=\frac{1}{8}Fl$$

如果将集中荷载 $\boldsymbol{F}$ 靠近支座，如图 4-45（c）所示，则梁 AB 上的最大弯矩为

$$M_{\max}=\frac{5}{36}Fl$$

如果将集中荷载 $\boldsymbol{F}$ 分散成均布力 $q=F/l$ 作用在 AB 梁上，如图 4-45（d）所示，则梁 AB 上的最大弯矩为

$$M_{\max}=0.03125Fl$$

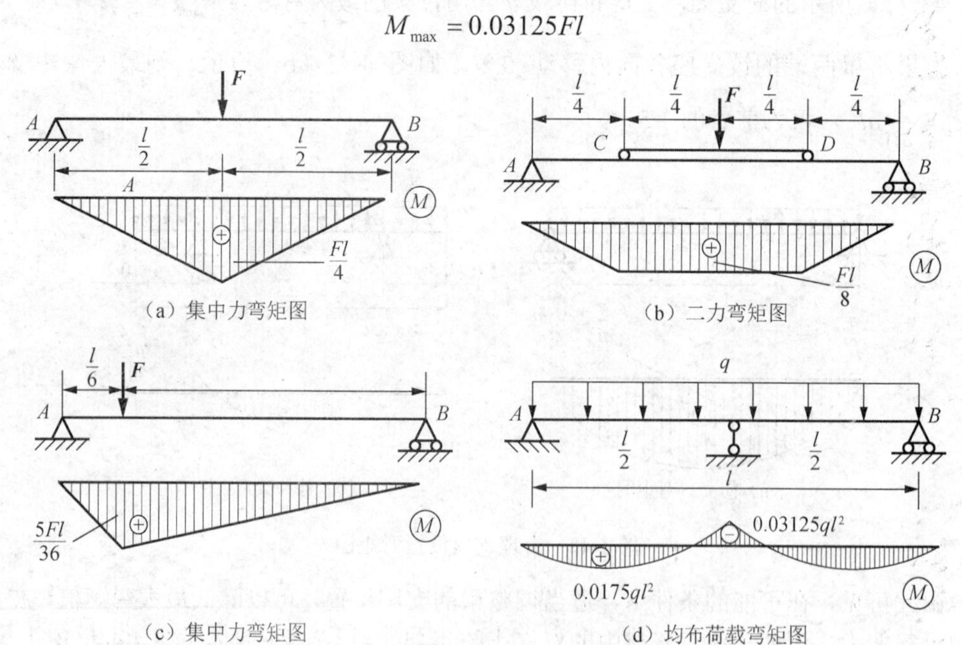

图 4-45　合理荷载分布图及弯矩图对比

由上例可见，使集中荷载适当分散、集中荷载尽可能靠近支座和适当增加梁的支座均能达到降低最大弯矩的目的。

4.11.2 采用合理的截面形状

由正应力强度条件可知，梁的抗弯能力还取决于抗弯截面系数 W_z。为提高梁的抗弯强度，应找到一个合理的横截面以达到既提高强度，又节省材料的目的。$\frac{W_z}{A}$可作为衡量横截面是否合理的尺度，$\frac{W_z}{A}$值越大，横截面越趋于合理。例如，图 4-46 中所示的尺寸及材料完全相同的两个矩形截面悬臂梁，由于安放位置不同，抗弯能力也不同。

竖放时：

$$\frac{W_z}{A}=\frac{\frac{bh^2}{6}}{bh}=\frac{h}{6}$$

平放时：

$$\frac{W_z}{A}=\frac{\frac{b^2h}{6}}{bh}=\frac{b}{6}$$

当 $h>b$ 时，竖放时的$\frac{W_z}{A}$大于平放时的$\frac{W_z}{A}$，因此，矩形截面梁竖放比平放更为合理。在房屋建筑中，矩形截面梁绝大部分是竖放的，道理就在于此。

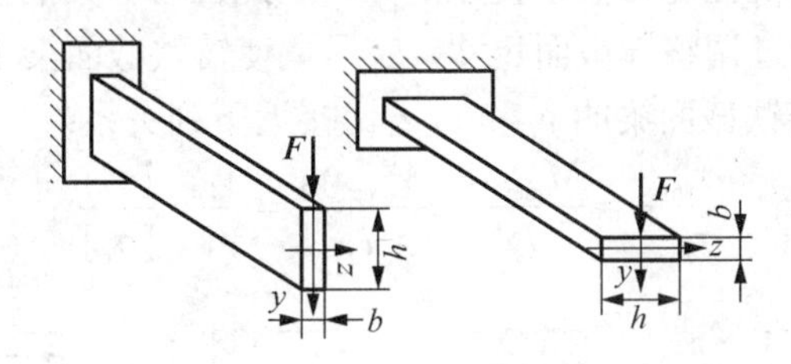

图 4-46 矩形截面梁

表 4-1 列出了几种常用横截面的$\frac{W_z}{A}$值，由此看出，工字形截面和槽形截面较为合理，而圆截面是其中最差的一种，从弯曲正应力的分布规律来看，也容易理解这一事实。

以图 4-47 所示截面面积及高度均相等的矩形截面及工字形截面为例说明如下：梁横截面上的正应力是按线性规律分布的，离中性轴越远，正应力越大。工字形截面有较多面积分布在距中性轴较远处，作用着较大的应力；而矩形截面有较多面积分布在中性轴附近，作用着较小的应力。因此，当两种横截面上的最大应力相同时，工字形截面上的应力所形成的弯矩将大于矩形截面上的弯矩，即在许用应力相同的条件下，工字形截面抗弯能力较大。同理，圆截面由于大部分面积分布在中性轴附近，其抗弯能力就更差了。

表 4-1　几种常用横截面的 W_z/A 值

横截面形状	矩形	圆	槽钢	工字钢
W_z/A	$0.167h$	$0.125d$	$(0.27\sim0.31)\ h$	$(0.27\sim0.31)\ h$

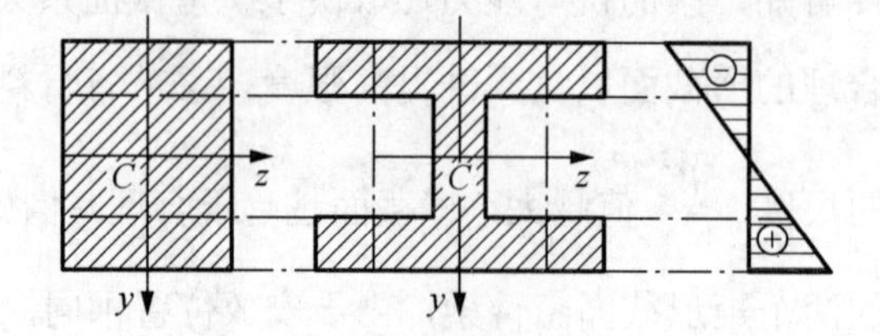

图 4-47　常用横截面弯曲正应力图

以上是从抗弯强度的角度讨论问题。工程实际中选用梁的合理横截面，还必须综合考虑弯曲切应力强度条件、刚度、稳定性及结构、工艺等方面的要求，才能最后确定。例如，在设计工字形、箱形、T 字形与槽形等薄壁截面梁时，也应注意使腹板具有一定的厚度。

在讨论横截面的合理形状时，还应考虑材料的特性。对于抗拉和抗压强度相等的材料，如各种钢材，宜采用对称于中性轴的横截面，如圆形、矩形和工字形等。这种横截面上、下边缘最大拉应力和最大压应力数值相同，可同时达到许用应力值。对抗拉和抗压强度不相等的材料，如铸铁，则宜采用非对称于中性轴的横截面，如图 4-48 所示。由于铸铁等脆性材料，抗拉能力低于抗压能力，因此在设计梁的横截面时，应使中性轴偏于受拉应力一侧，通过调整横截面尺寸，应尽量使铸铁截面梁工作的拉应力小于工作的压应力。例如，使铸铁截面梁的 y_1 和 y_2 之比接近下列关系：

$$\frac{\sigma_{\mathrm{t\,max}}}{\sigma_{\mathrm{c\,max}}}=\frac{M_{\max}y_1}{I_z}\bigg/\frac{M_{\max}y_2}{I_z}=\frac{y_1}{y_2}=\frac{[\sigma_{\mathrm{t}}]}{[\sigma_{\mathrm{c}}]}$$

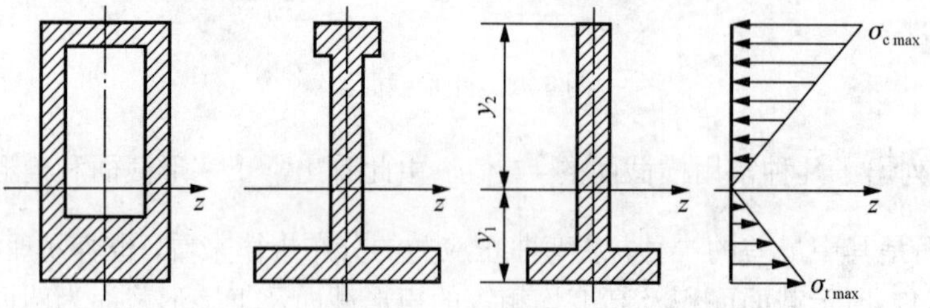

图 4-48　正应力分布图

则最大拉应力和最大压应力可同时接近许用应力，因此充分发挥了材料的强度，式中 $[\sigma_{\mathrm{t}}]$ 和 $[\sigma_{\mathrm{c}}]$ 分别表示拉伸和压缩许用应力。

4.11.3　采用变截面梁和等强度梁

横力弯曲时，梁的弯矩是随横截面位置而变化的，若设计成等截面的梁，则除最大弯矩所在横截面外，其他各横截面上的正应力均未达到许用应力值，材料强度得不到充分发挥。为了减少材料消耗、减小质量，可把梁制成横截面随横截面位置变化的变截面梁。在弯矩较大的部位采用较大的横截面，在弯矩较小的部位采用较小的横截面，就能更合理地利用材料。这种横截面尺寸沿轴线方向变化的梁称为变截面梁。在工程实际中不少构件都采用了变截面梁的形式，如飞机的机翼、机械中的阶梯轴、摇臂钻床的摇臂等，如图 4-49 所示。

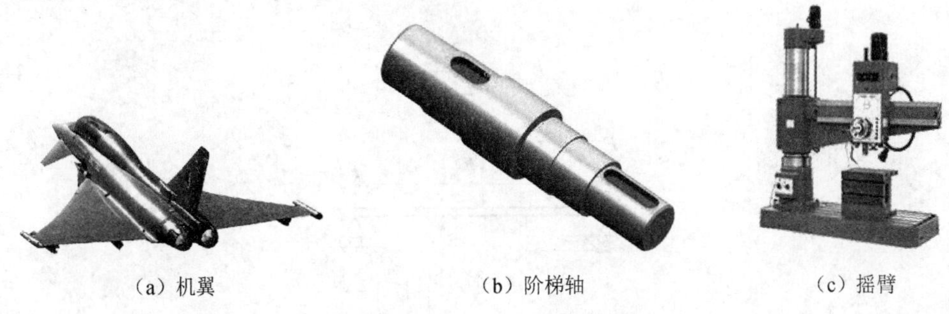

（a）机翼　　（b）阶梯轴　　（c）摇臂

图 4-49　变截面梁工程实例

若横截面变化比较平缓，前述弯曲应力计算公式仍可近似使用。当变截面梁各横截面上的最大弯曲正应力相同，并与许用应力相等时，即

$$\sigma_{\max}=\frac{M(x)}{W(x)}=[\sigma]$$

时，称为等强度梁。等强度梁的抗弯截面模量随横截面位置的变化规律为

$$W_z(x)=\frac{M(x)}{[\sigma]} \tag{4-40}$$

由式（4-40）可见，确定了弯矩随横截面位置的变化规律，即可求得等强度梁横截面的变化规律，下面举例说明。

按宽度变化设计。设图 4-50（a）所示受集中力 $\boldsymbol{F}$ 作用的简支梁为矩形截面的等强度梁，若横截面高度 h=常量，则宽度 b 为横截面位置 x 的函数，即 $b=b(x)$，矩形截面的抗弯截面模量为

$$W_z(x)=\frac{b(x)h^2}{6}$$

弯矩方程为

$$M(x)=\frac{F}{2}x \quad \left(0\leqslant x\leqslant\frac{l}{2}\right)$$

将以上两式代入式（4-40），化简后得

$$b(x)=\frac{3F}{h^2[\sigma]}x \tag{4-41}$$

的等强度梁。

可见，横截面宽度 $b(x)$为 x 的线性函数。由于约束与荷载均对称于跨度中点，因此

横截面形状也对跨度中点对称［图 4-50（b）］。在左、右两个端点处横截面宽度 $b(x)=0$，这显然不能满足抗剪强度要求。为了能够承受切应力，梁两端的横截面应不小于某一最小宽度 $b_{\min}$，如图 4-50（c）所示。由弯曲切应力强度条件

$$\tau_{\max}=\frac{3}{2}\frac{F_{Q\max}}{A}=\frac{3}{2}\frac{\frac{F}{2}}{b_{\min}h}\leqslant[\tau]$$

得

$$b_{\min}=\frac{3F}{4h[\tau]} \tag{4-42}$$

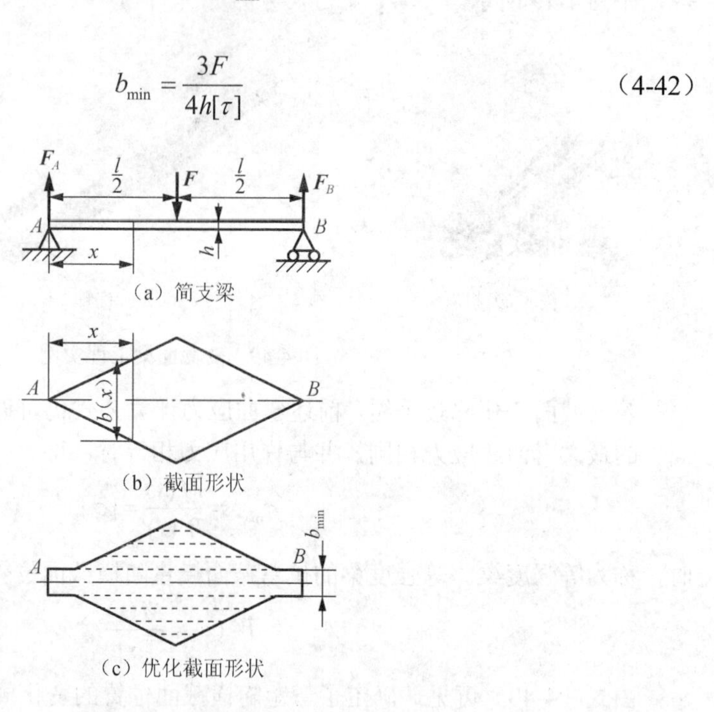

图 4-50　变截面梁

若设想把这一等强度梁分成若干狭条，然后叠置起来，并使其略微弯曲，这就是汽车及其他车辆上经常使用的叠板弹簧，如图 4-51 所示。

图 4-51　叠板弹簧

若上述矩形截面等强度梁的横截面宽度 b 为常数，而高度 h 为 x 的函数，即 $h=h(x)$，

用完全相同的方法可以求得

$$h(x)=\sqrt{\frac{3Fx}{b[\sigma]}} \tag{4-43}$$

$$h_{\min}=\frac{3F}{4b[\tau]} \tag{4-44}$$

按式（4-43）和式（4-44）确定的梁形状如图 4-52（a）所示。如把梁做成图 4-52（b）所示的形式，就是工程建筑中广泛使用的“鱼腹梁”。

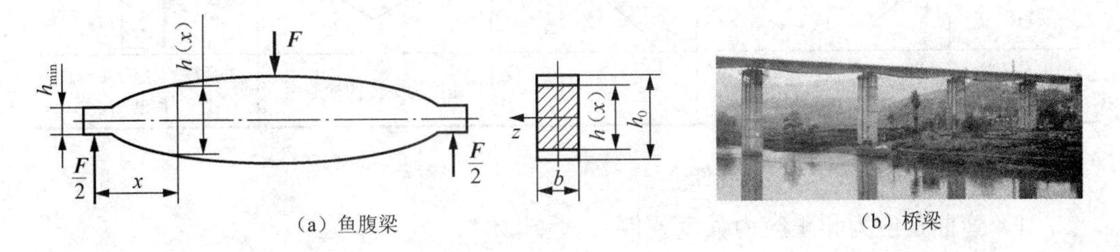

（a）鱼腹梁　　（b）桥梁

图 4-52　鱼腹梁实例图

使用式（4-27），也可求得圆截面等强度梁的横截面直径沿轴线的变化规律。但考虑到加工的方便及结构上的要求，常用阶梯形状的变截面梁（阶梯轴）来代替理论上的等强度梁。

复习和小结

本章介绍了平面弯曲条件下梁的内力、应力及其强度条件，并介绍了梁提高抗弯强度的措施。

1. 产生平面弯曲的条件

荷载作用面（外力偶作用面或横向力与梁轴线组成的平面）与弯曲平面（梁轴线弯曲后所在平面）相平行或重合。

2. 梁横截面上的内力分量——剪力与弯矩

用截面法计算梁横截面上的内力，也可以利用总结的结论列写出按设符号为正的内力的方法，列写出梁段的内力方程，可求出某指定横截面的内力。为了将取不同研究对象得出的同一横截面的内力结果统一起来，将内力按变形规定了正负号，并可按梁段上内力的方程和其规定的正负号图示出梁的内力分布情况，也可按梁段的剪力方程、弯矩方程和其上的分布荷载集度之间的微分关系和积分关系及集中力和集中力偶对剪力图和弯矩图的突变关系快速绘制出梁的剪力图和弯矩图。

现将有关弯矩、剪力与荷载集度间的关系及剪力图和弯矩图的一些特征汇总整理，以供参考，见表 4-2。

表 4-2 几种荷载下剪力图与弯矩图的特征

一段梁上受外力的情况	向下的均布荷载 q 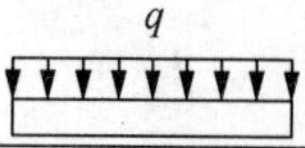	无荷载 	集中力 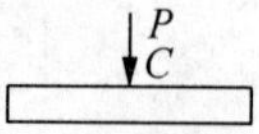 P C	集中力偶 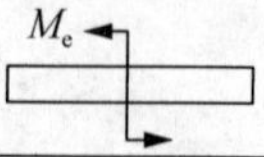 M_e
剪力图上的特征	向下方倾斜的直线 ⊕\ 或 \⊖	水平直线，一般为 ⊕ 或 ⊖	在 C 处有突变 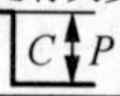	在 C 处无变化 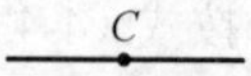
弯矩图上的特征	下凸的二次抛物线 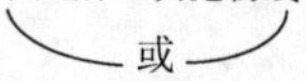	一般为斜直线 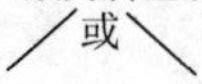	在 C 处有尖角 	在 C 处有突变 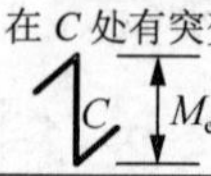
最大弯矩所在横截面	在 $F_S=0$ 的横截面		在剪力突变的横截面	在紧靠 C 点的某一侧的横截面

3. 梁的弯曲应力及强度条件

（1）弯曲正应力和正应力强度条件

1）由于一般情况下梁的横截面同时存在剪力和弯矩，因此梁的弯曲应力既有正应力又有切应力。一般工程实际中梁为细长梁，无论是纯弯曲还是横力弯曲，在线弹性的条件下，梁横截面上某点的正应力计算公式如下：

$$\sigma=\frac{M}{I_z}y$$

2）等截面梁的强度条件：

$$\sigma_{\max}=\frac{M_{\max}}{W_z}\leqslant[\sigma]$$

（2）矩形截面梁的弯曲切应力和切应力强度条件

1）矩形截面梁任一点切应力的计算公式：

$$\tau=\frac{F_Q S_z^*}{bI_z}$$

本章同时也简要介绍了工程实际中其他常用截面梁的最大剪应力，而无论哪种截面梁的最大切应力均发生在中性轴上。

2）等截面梁的切应力强度条件：

$$\tau=\frac{F_{Q\max}S_{z\max}^*}{I_z b}\leqslant[\tau]$$

4. 提高梁强度的措施

提高梁强度的措施如下：

1）合理安排梁的支座和荷载；

2）采用合理的横截面形状；

3）采用变截面梁和等强度梁。

思 考 题

1．什么是弯曲变形？

2．什么是梁的纵向对称面，它对理解梁的平面弯曲有什么意义？

3．什么是梁的纯弯曲和横力弯曲？其在荷载、变形和内力方面的主要区别是什么？

4．弯曲内力有哪些？如何计算？

5．绘制梁的内力图的方法有哪些？其适用情况如何？各具有什么特点？

6．说明弯矩、剪力和分布荷载集度三者之间的微分和积分关系，及其在绘制梁的内力图中的作用。

7．什么是叠加原理？叠加原理成立的条件是什么？叠加原理对绘制梁的内力图有什么作用？

8．什么是区段叠加法？用区段叠加法绘制梁的弯矩图的步骤是什么？

习 题

1．求图 4-53 所示各梁中 m—m 横截面上的剪力和弯矩。

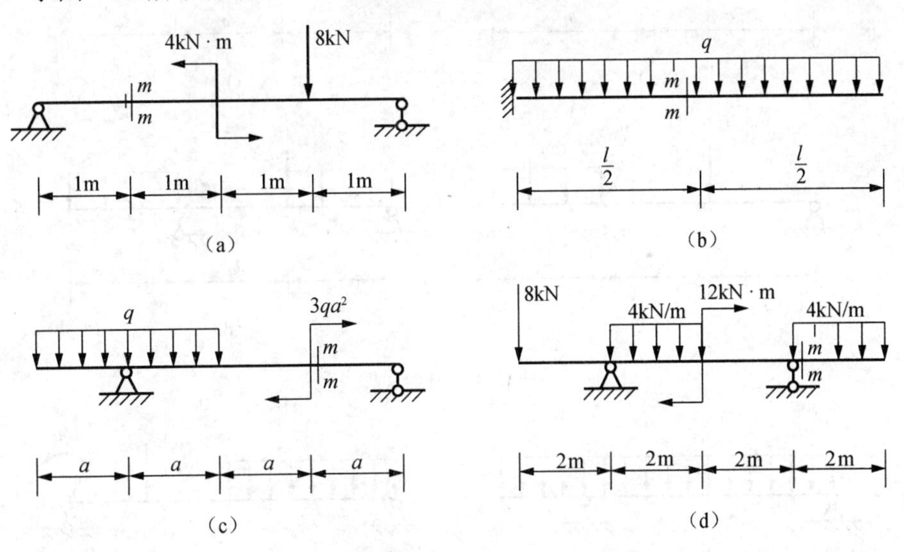

图 4-53 习题 1 图

2．用内力方程法绘制图 4-54 所示各梁的剪力图和弯矩图。

3．用微分关系法绘制图 4-55 所示各梁的剪力图和弯矩图。

4．用区段叠加法绘制图 4-56 所示各梁的剪力图和弯矩图。

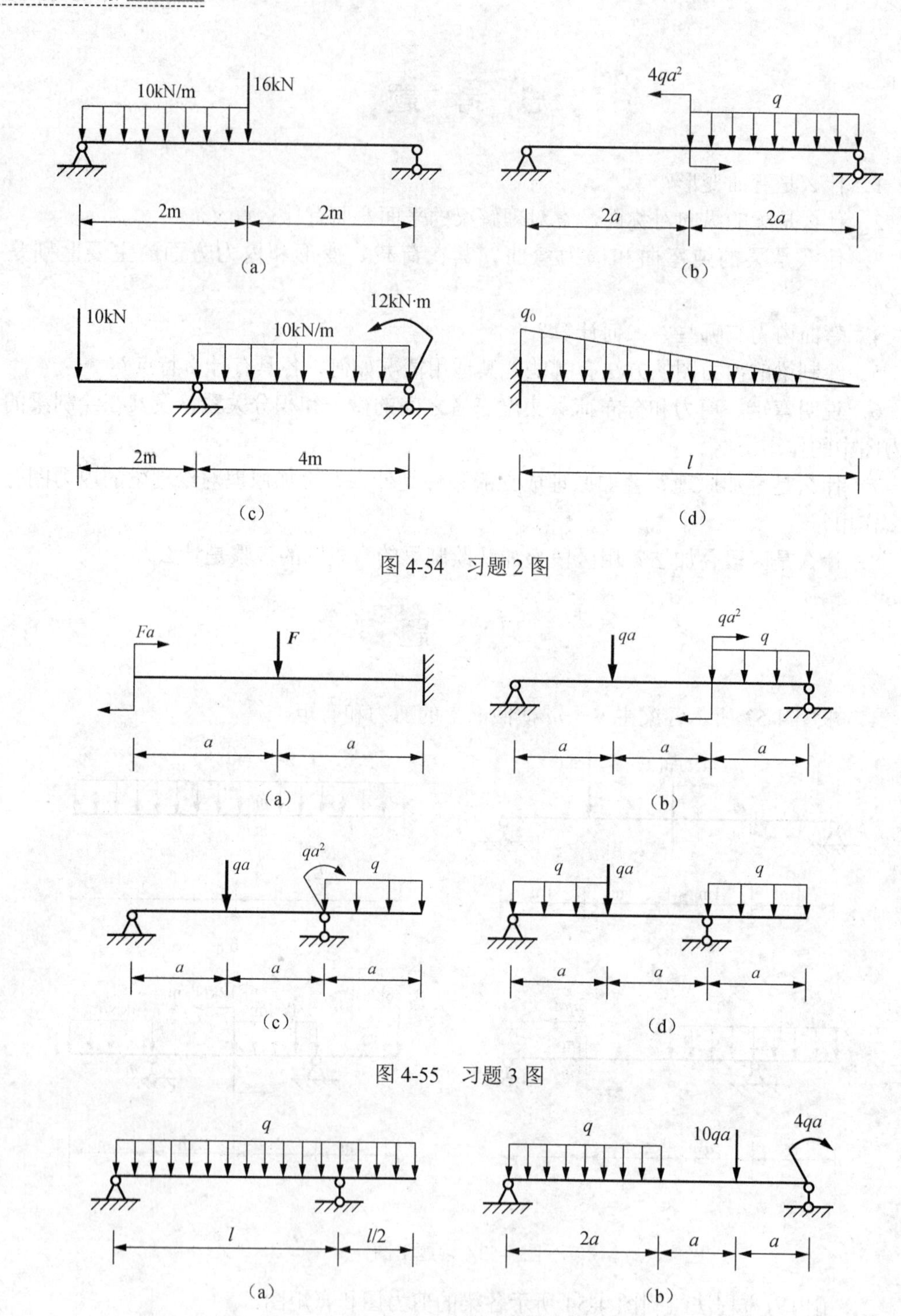
10kN/m
16kN
2m
2m
(a)
$4qa^2$
q
2a
2a
(b)
10kN
10kN/m
12kN·m
2m
4m
(c)
q_0
l
(d)
图 4-54 习题 2 图
Fa
F
a
a
(a)
qa
qa^2
q
a
a
a
(b)
qa
qa^2
q
a
a
a
(c)
q
qa
q
a
a
a
(d)
图 4-55 习题 3 图

q
l
l/2
(a)
q
10qa
4qa
2a
a
a
(b)

图 4-56 习题 4 图

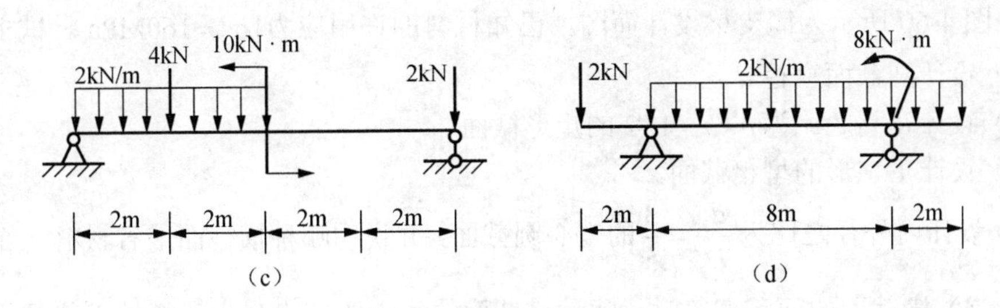

图 4-56（续）

5．梁的横截面如图 4-57 所示，在平面弯曲的情况下，试作：

（1）如图 4-57（a）横截面的弯矩符号为正，绘出沿直线 1—1 和 2—2 上的弯曲正应力分布图；

（2）如图 4-57（b）横截面的弯矩符号为负，绘出沿直线 1—1 和 2—2 上的弯曲正应力分布图。

6．试计算图 4-58 所示矩形截面简支梁的 1—1 横截面上 a 点、b 点和 c 点的正应力和切应力。

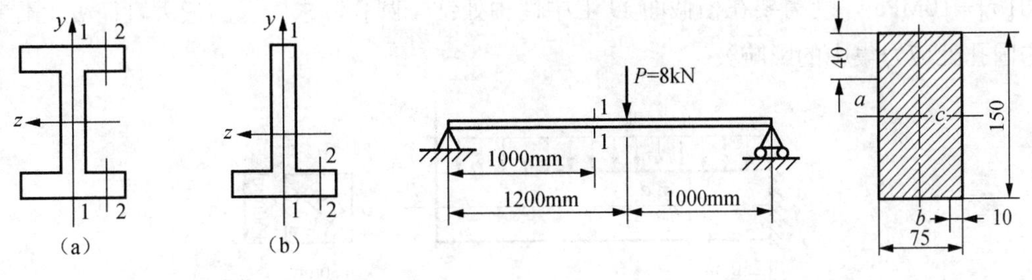

图 4-57　习题 5 图

图 4-58　习题 6 图

7．一 T 形截面外伸铸铁梁的荷载及尺寸如图 4-59 所示。已知梁的许用应力 $[\sigma^+]=40\text{MPa}$，$[\sigma^-]=160\text{MPa}$。试求：

（1）梁的最大拉应力和最大压应力，并指出所在的位置；

（2）$E=80\text{GPa}$，求梁下边缘的总伸长量 Δl；

（3）试按正应力强度条件校核梁的强度；

（4）若荷载不变，但将 T 形截面倒置，即翼缘在下称为⊥形，是否合理，为什么？

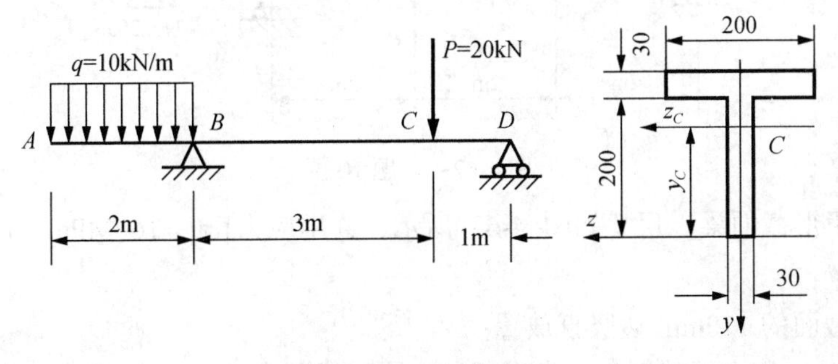

图 4-59　习题 7 图

8．图 4-60 所示为简支梁设计简图。已知材料的许用应力$[\sigma]=160\text{MPa}$。试求：

（1）设计圆截面直径 d。

（2）设计宽高之比为$b/h=1/2$的矩形截面。

（3）设计工字形的型钢截面。

（4）设计内外径之比为$\dfrac{d_2}{D_2}=\dfrac{3}{5}$的空心圆截面，并说明哪种横截面最省材料；当（1）、（2）和（4）横截面的面积相等时，哪种横截面的最大正应力最大？哪种横截面的最大正应力最小？并计算后者比前者减小了多少。

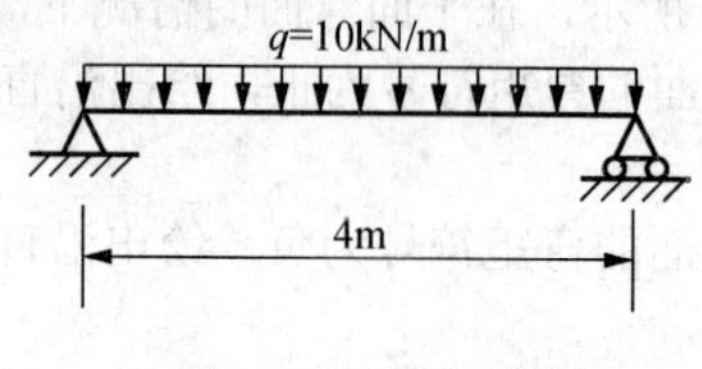

图 4-60　习题 8 图

9．一边长为 160mm 的正方形截面悬臂木梁，如图 4-61 所示。已知木材的许用应力$[\sigma]=10\text{MPa}$，现需要在横截面 C 上中性轴处钻一圆孔，求圆孔的最大直径 d（不考虑圆孔处应力集中的影响）。

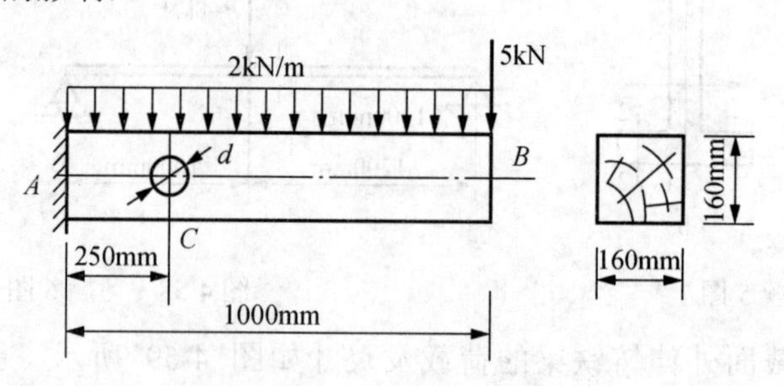

图 4-61　习题 9 图

10．20a 工字钢梁支承及受力如图 4-62 所示，若$[\sigma]=160\text{MPa}$，试确定许可荷载 $\boldsymbol{P}$。

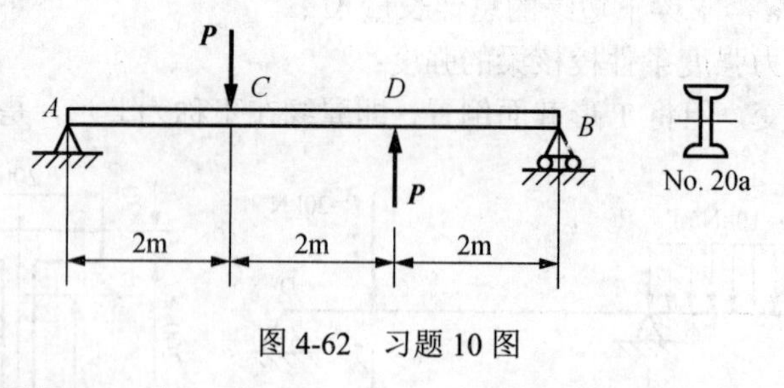

图 4-62　习题 10 图

11．一矩形截面梁，尺寸如图 4-63 所示，许用应力$[\sigma]=160\text{MPa}$。试按下列两种情况校核此梁：

（1）梁截面的 120mm 边竖直放置；

（2）120mm 边水平放置，并指出哪种放置方式更合理。

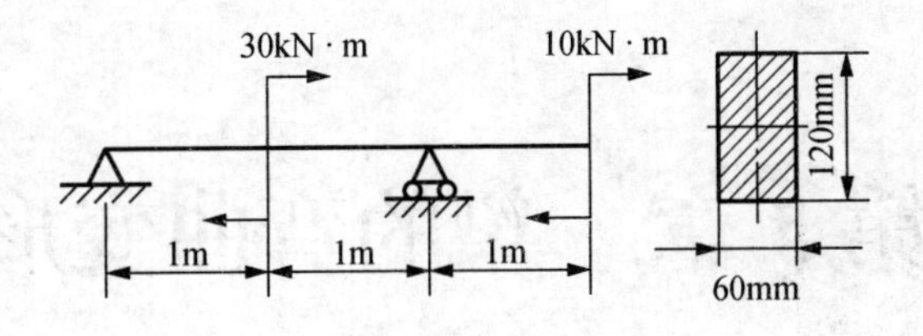

图 4-63　习题 11 图

12. 铸铁圆管的一端伸出固定支座以外 0.3m，在管外伸自由端受铅垂向下的集中荷载 10kN，管的外径为 100mm，壁厚 10mm。若材料的许用应力$[\sigma]=60\text{MPa}$，$[\tau]=30\text{MPa}$，试校核管外伸部分的强度。

13. 一简支工字钢梁，梁上荷载如图 4-64 所示。已知$l=6\text{m}$，$q=6\text{kN/m}$，$P=20\text{kN}$，钢材的许用应力$[\sigma]=170\text{MPa}$，$[\tau]=100\text{MPa}$，试选择工字钢的型号。

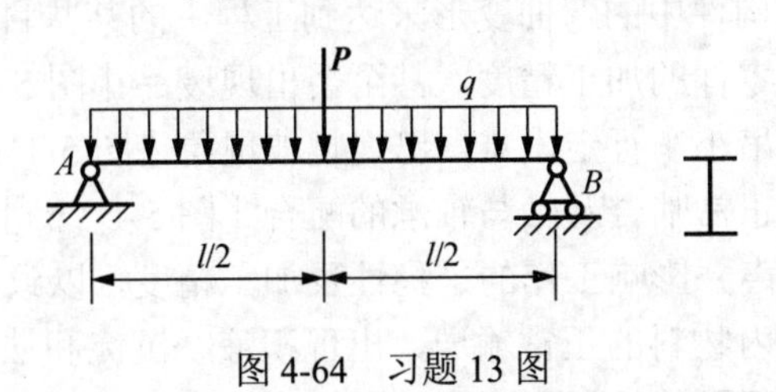

图 4-64　习题 13 图

14. 14 号工字钢梁 AB，在 A 端铰支，B 处由钢杆 BC 悬吊于 C，如图 4-65 所示。已知钢杆直径 d=25mm，梁和杆均用 Q235 普通碳素结构钢制成，$[\sigma]=170\text{MPa}$，试求许可均布荷载 q。

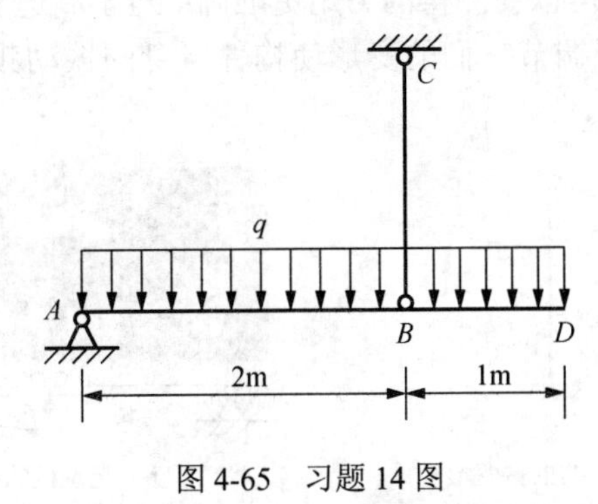

图 4-65　习题 14 图

15. 在均布荷载作用下的等强度悬臂梁，其横截面为矩形，且宽度 b=常量，跨长为 l，许用应力为$[\tau]$、$[\sigma]$。试求横截面高度沿梁轴线的变化规律。

第5章　梁的弯曲变形

5.1　引　　言

在工程实际中，对某些受弯杆件，除了强度要求外，往往还有刚度要求，即要求它的变形不能过大或利用构件中的弯曲变形来达到工程中的某些目的。例如，摇臂钻床的摇臂变形过大，会影响零件的加工精度，甚至会出现废品［图5-1（a）］；桥式起重机的横梁变形过大，会使起吊小车行走困难，出现爬坡现象［图5-1（b）］；机床主轴变形过大时，会影响齿轮间的正常啮合及轴与轴承的配合［图5-1（c）］，从而加速齿轮和轴承的磨损，使机床产生噪声并影响工作的平稳性及加工精度，以致影响其使用寿命；管道变形过大，将影响管道内物料的正常输送，出现积液、沉淀和法兰连接不紧密等现象；楼板梁变形过大，会使下面的抹灰层开裂、脱落。与此相反，在另一些情况下，却要利用构件的弯曲变形来达到工程中的某些目的。例如，车辆上用的叠板弹簧［图5-1（d）］，正是利用其变形较大的特点，以减小车身的颠簸，达到减振目的；扭力扳手［图5-1（e）］应有较大的弯曲变形，才可以使测得的力矩更准确；对于高速工作的内燃机、离心机和压气机的主要构件，需要调节它们的变形使构件自身的振动频率避开外界周期力的频率，以免引起强烈的共振。

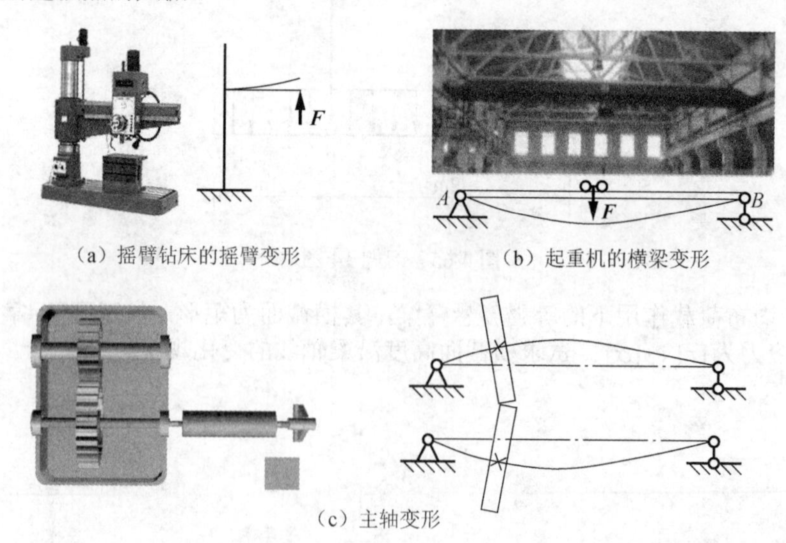

（a）摇臂钻床的摇臂变形　　（b）起重机的横梁变形

（c）主轴变形

（d）车辆的叠板弹簧

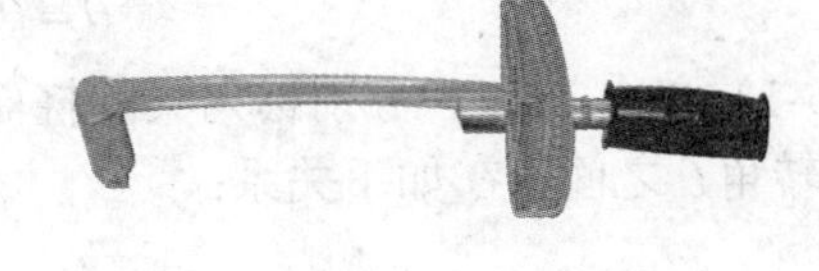

（e）扭力扳手

图 5-1　工程中构件的弯曲变形

为了限制或利用杆件的弯曲变形，就需要掌握弯曲变形的计算方法。此外，研究弯曲变形，还有助于求解超静定梁及分析梁的振动应力和冲击应力等问题。本节主要研究梁在平面弯曲时由弯矩引起的变形，而剪力对梁的变形影响在细长梁中可忽略不计。

5.2　挠度和转角

梁在外力作用下要发生变形，在第 4 章中已介绍过，平面弯曲梁的轴线在变形后是纵向对称面内的一条曲线，称为梁的挠曲线。取梁的轴线为 x 轴，与轴线垂直且向下的轴为 w 轴（图 5-2），梁的变形可以用挠度和转角两个位移量来表示。

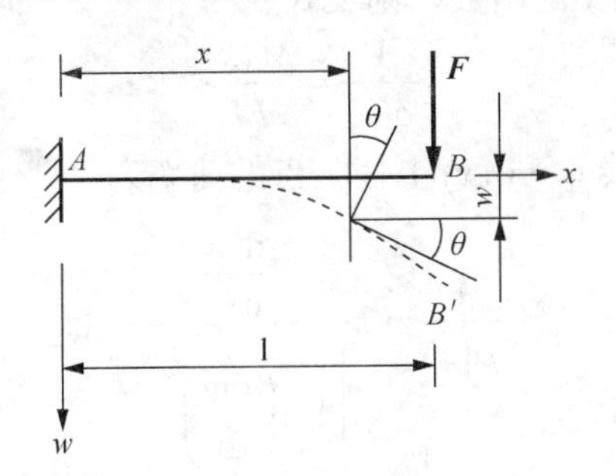

图 5-2　挠度与转角示意图

1. 挠度

横截面形心的线位移可以分解成沿梁轴线的线位移和垂直于梁轴线的线位移。由于材料力学研究的是小变形，因此沿梁轴线的位移可以忽略不计，而直接用垂直于梁轴线的线位移代表横截面形心的线位移，称为该横截面的挠度，用符号 w 表示。规定沿 w 轴正向（向下）的挠度为正，反之为负。

2. 转角

梁的横截面除了在形心处产生线位移外，还要绕本身的中性轴转过一个角度，称为该横截面的转角，用符号 θ 表示。规定转角顺时针转向时为正，反之为负。根据平面假设，梁变形后的横截面仍保持为平面并与挠曲线正交，因而横截面的转角 θ 也等于挠曲线在该横截面处的切线与 x 轴的夹角。

梁横截面的挠度 w 和转角 θ 都随着横截面的位置 x 而变化，是 x 的连续函数，即

$$w = w(x) \tag{5-1}$$

$$\theta = \theta(x) \tag{5-2}$$

式（5-1）和式（5-2）分别称为梁的挠曲线方程和转角方程。在小变形的条件下，挠度 w 和转角 θ 之间存在如下关系：

$$\theta = \tan\theta = \frac{\mathrm{d}w}{\mathrm{d}x} \tag{5-3}$$

式（5-3）即表示挠曲线上任一点处切线的斜率等于该处横截面的转角。因此，只要知道梁的挠曲线方程 $w = w(x)$，就可以求得梁的任一横截面的挠度 w 和转角 θ。

5.3 梁的挠曲线近似微分方程

在前面研究纯弯曲梁的正应力时，曾推导出梁的中性层曲率半径ρ与梁的弯矩 M 和刚度 EI 的关系，即

$$\frac{1}{\rho} = \frac{M}{EI}$$

如果忽略剪力对变形的影响，则上式也可以用于梁的横力弯曲的情形。此时，弯矩 M 和相应的曲率半径ρ均为 x 的函数，则上式变为

$$\frac{1}{\rho(x)} = \frac{M(x)}{EI} \tag{5-4}$$

由高等数学可知，曲线 $w = w(x)$ 上任一点的曲率为

$$\frac{1}{\rho(x)} = \pm\frac{\dfrac{\mathrm{d}^2w}{\mathrm{d}x^2}}{\left[1+\left(\dfrac{\mathrm{d}w}{\mathrm{d}x}\right)^2\right]^{\frac{3}{2}}} \tag{5-5}$$

将式（5-5）代入式（5-4），得

$$\pm\frac{\dfrac{\mathrm{d}^2w}{\mathrm{d}x^2}}{\left[1+\left(\dfrac{\mathrm{d}w}{\mathrm{d}x}\right)^2\right]^{\frac{3}{2}}} = \frac{M(x)}{EI}$$

略去二次方微量，得

$$\pm\frac{\mathrm{d}^2w}{\mathrm{d}x^2} = \frac{M(x)}{EI} \tag{5-6}$$

在式（5-6）中，如果弯矩 M 的正负号仍按以前的规定，并选择 w 轴向下为正，则弯矩 M 与 $\dfrac{\mathrm{d}^2w}{\mathrm{d}x^2}$ 恒为异号，因而式（5-6）左端应取负号，即

$$\frac{\mathrm{d}^2w}{\mathrm{d}x^2} = -\frac{M(x)}{EI} \tag{5-7}$$

式（5-7）称为梁的挠曲线近似微分方程。对该方程进行积分，便可得到转角方程和挠曲线方程，进而得到梁任一横截面的挠度 w 和转角 θ 。

5.4　用积分法计算弯曲变形

如果是等直梁，弯曲刚度 EI 为常数，则对挠曲线近似微分方程进行二次积分，便可得到转角方程和挠曲线方程，分别为

$$\theta = \frac{\mathrm{d}w}{\mathrm{d}x} = -\frac{1}{EI}\int M(x)\mathrm{d}x + C$$

$$w = -\frac{1}{EI}\int\left(\int \frac{M(x)}{EI}\mathrm{d}x\right)\mathrm{d}x + Cx + D$$

式中，C、D 为积分常数。

积分常数可利用梁上某些横截面的已知位移来确定。例如，固定端处的挠度 $w=0$，转角 $\theta=0$；铰支座处的挠度 $w=0$ 。这些条件称为梁位移的边界条件。

当梁的弯矩方程必须分段建立时，挠曲线近似微分方程也应该分段建立。此时，积分常数增多，用边界条件已不能完全确定，必须进一步利用挠曲线光滑连续的特征，即分段处有相同挠度和相同转角的条件来确定积分常数。这些条件称为梁位移的连续条件。

积分常数确定后，将其代入上述两公式中，便可得到梁的转角方程和挠曲线方程，从而求出任一横截面的挠度和转角。这种求挠度和转角的方法称为积分法。

例 5-1　如图 5-3 所示悬臂梁 AB，受均布荷载 q 作用。求梁的挠曲线方程和转角方程，并计算梁的最大挠度和最大转角。设弯曲刚度 EI 为常数。

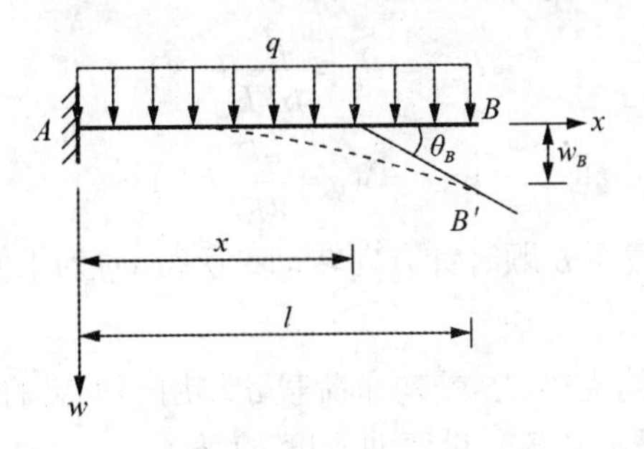

图 5-3　例 5-1 图

解： 1）列梁的弯矩方程和挠曲线近似微分方程。梁的弯矩方程为

$$M(x) = -\frac{1}{2}ql^2 + qlx - \frac{1}{2}qx^2 \quad (0 \leqslant x \leqslant l)$$

将其代入式（5-7），得挠曲线近似微分方程为

$$\frac{\mathrm{d}^2 w}{\mathrm{d}x^2} = \frac{1}{EI}(\frac{1}{2}ql^2 - qlx + \frac{1}{2}qx^2)$$

2）对挠曲线近似微分方程进行积分，并利用边界条件确定积分常数。一次积分和两次积分后分别得

$$\theta = \frac{\mathrm{d}w}{\mathrm{d}x} = \frac{1}{EI}\left(\frac{1}{2}ql^2x - \frac{1}{2}qlx^2 + \frac{1}{6}qx^3\right) + C \tag{5-8}$$

$$w = \frac{1}{EI}\left(\frac{1}{4}ql^2x^2 - \frac{1}{6}qlx^3 + \frac{1}{24}qx^4\right) + Cx + D \tag{5-9}$$

在固定端 A 处，横截面的转角和挠度均为零，即

$$x = 0,\ \theta = 0$$

$$x = 0,\ w = 0$$

将边界条件分别代入式（5-8）和式（5-9），得

$$C = 0\ ,\ \ D = 0$$

3）求转角方程和挠曲线方程。将 $C = 0$ 、$D = 0$ 分别代入式（5-8）和式（5-9），得转角方程和挠曲线方程分别为

$$\theta = \frac{1}{EI}\left(\frac{1}{2}ql^2x - \frac{1}{2}qlx^2 + \frac{1}{6}qx^3\right)$$

$$w = \frac{1}{EI}\left(\frac{1}{4}ql^2x^2 - \frac{1}{6}qlx^3 + \frac{1}{24}qx^4\right)$$

4）计算最大转角和最大挠度。有了转角方程和挠曲线方程，即可以利用高等数学中求极值的方法计算最大挠度和最大转角。一般情况下，可以根据梁的受力、变形和边界条件的情况直观地确定出最大转角和最大挠度的发生位置。在本例中可以看出挠曲线是一条上凸的曲线，并在固定端 A 处与梁变形前的轴线相切，最大转角和最大挠度都发生在自由端 B 处。

将 $x = l$ 代入转角方程和挠曲线方程，得

$$\theta_{\max} = \theta_B = \frac{ql^3}{6EI}\ (\searrow)$$

$$w_{\max} = w_B = \frac{ql^4}{8EI}\ (\downarrow)$$

所得 θ_B 为正值，说明横截面 B 顺时针方向转动；所得 w_B 为正值，说明横截面 B 的形心向下移动。

例 5-2 图 5-4 所示简支梁 AB 受均布荷载 q 作用。求梁的挠曲线方程和转角方程，并计算梁的最大挠度和最大转角。设弯曲刚度 EI 为常数。

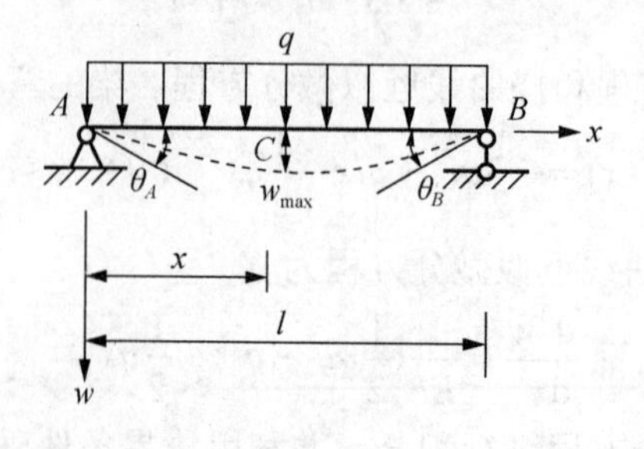

图 5-4　例 5-2 图

解：1）列弯矩方程和挠曲线近似微分方程。梁的弯矩方程为

$$M(x)=-\frac{q}{2}(x^2-lx)\quad(0\leqslant x\leqslant l)$$

代入式（5-7），则梁的挠曲线的近似微分方程为

$$\frac{\mathrm{d}^2w}{\mathrm{d}x^2}=\frac{q}{2EI}(x^2-lx)$$

2）对挠曲线近似微分方程进行积分，并利用边界条件确定积分常数。一次积分和两次积分后分别得

$$\theta=\frac{q}{2EI}\left(\frac{x^3}{3}-\frac{lx^2}{2}\right)+C \tag{5-10}$$

$$w=\frac{q}{2EI}\left(\frac{x^4}{12}-\frac{lx^3}{6}\right)+Cx+D \tag{5-11}$$

简支梁在铰支座处的挠度均为零，即

$$x=0,\ w=0$$
$$x=l,\ w=0$$

将上述边界条件代入式（5-10）和式（5-11），得

$$D=0,\ C=\frac{ql^3}{24EI}$$

3）求转角方程和挠曲线方程。将积分常数 C、D 代入式（5-10）和式（5-11），得转角方程和挠曲线方程分别为

$$\theta=\frac{q}{24EI}(4x^3-6lx^2+l^3)$$

$$w=\frac{q}{24EI}(x^4-2lx^3+l^3x)$$

4）计算最大挠度和最大转角。由于梁的支承和受力对称于梁跨中点处横截面，变形后的挠曲线也对称于梁跨中点处的横截面。因此，梁的最大挠度发生在跨中点横截面 C（$x=l/2$）处，其值为

$$w_{\max}=w_C=\frac{5ql^4}{384EI}(\downarrow)$$

梁的最大转角发生在支座 A（或支座 B）处，其值为

$$\theta_{\max}=\theta_A=\frac{ql^3}{24EI}(\searrow)$$

例 5-3　图 5-5 所示简支梁在 C 点处受集中力 $\boldsymbol{F}$ 作用。求梁的挠曲线方程和转角方程，并计算梁的最大挠度和最大转角。设弯曲刚度 EI 为常数。

解：1）列弯矩方程和挠曲线近似微分方程。梁的弯矩方程应分段建立，两段梁的弯矩方程分别如下。

AC 段：

$$M_1(x)=\frac{Fb}{l}x \qquad (0\leqslant x\leqslant l)$$

CB 段：

$$M_2(x)=\frac{Fb}{l}x-F(x-a) \quad (0\leqslant x\leqslant l)$$

梁的挠曲线近似微分方程也分段建立，分别如下。

AC 段：

$$\frac{\mathrm{d}^2 w_1}{\mathrm{d}x^2}=-\frac{Fb}{EIl}x$$

CB 段：

$$\frac{\mathrm{d}^2 w_2}{\mathrm{d}x^2}=-\frac{Fb}{EIl}x+\frac{F}{EI}(x-a)$$

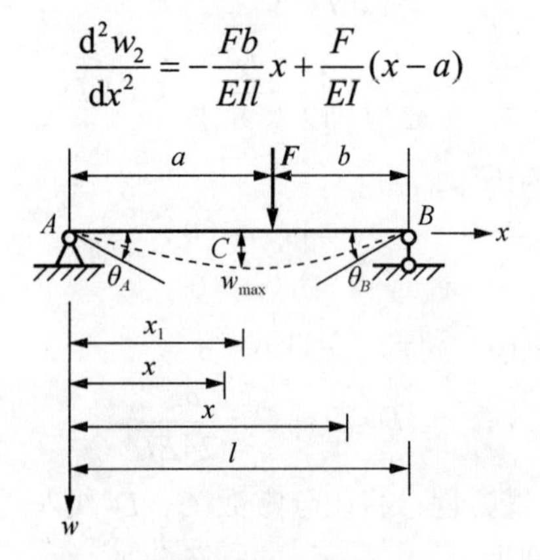

图 5-5　例 5-3 图

2）对挠曲线近似微分方程进行积分，并利用边界条件确定积分常数。一次积分和两次积分后分别得

AC 段：

$$\theta_1=-\frac{Fb}{2EIl}x^2+C_1 \tag{5-12}$$

$$w_1=-\frac{Fb}{6EIl}x^3+C_1x+D_1 \tag{5-13}$$

CB 段：

$$\theta_2=-\frac{Fb}{2EIl}x^2+\frac{F}{2EI}(x-a)^2+C_2 \tag{5-14}$$

$$w_2=-\frac{Fb}{6EIl}x^3+\frac{F}{6EI}(x-a)^3+C_2x+D_2 \tag{5-15}$$

边界条件是两端的铰支座处挠度均为零，即

$$x=0，\ w_1=0$$
$$x=l，\ w_2=0$$

连续条件是横截面 C 处左右两段梁应具有相同的转角和相同的挠度，即

$$x = a，\theta_1 = \theta_2$$
$$x = a，w_1 = w_2$$

以上共有四个条件，可以确定 C_1、C_2、D_1、D_2 四个常数。将 C 处的连续条件分别代入式（5-12）～式（5-15），得

$$C_1 = C_2，D_1 = D_2$$

将边界条件分别代入式（5-13）和式（5-15），得

$$D_1 = D_2 = 0$$
$$C_1 = C_2 = \frac{Fb}{6EIl}(l^2 - b^2)$$

3）求转角方程和挠曲线方程。将积分常数值代入式（5-12）～式（5-15），得两段梁的转角方程和挠曲线方程分别为

AC 段：

$$\theta_1 = -\frac{Fb}{6EIl}(l^2 - 3x^2 - b^2) \tag{5-16}$$
$$w_1 = -\frac{Fbx}{6EIl}(l^2 - x^2 - b^2) \tag{5-17}$$

CB 段：

$$\theta_2 = \frac{Fa}{6EIl}(2l^2 + 3x^2 - 6lx + a^2) \tag{5-18}$$
$$w_2 = \frac{Fa(l-x)}{6EIl}(2lx - x^2 - a^2) \tag{5-19}$$

4）计算最大挠度和最大转角。梁的挠曲线的大致形状如图 5-5 虚线所示。由图可见，当 $a > b$ 时，最大转角发生在支座 B 处，其值为

$$\theta_{\max} = \theta_B = -\frac{Fab(l+a)}{6EIl}$$

由高等数学可知，θ 改变正负号的点是 w 的极值点，因在 AC 段内的 θ_1 改变了正负号，故最大挠度发生在 AC 段内，令 $\theta_1 = 0$，即

$$\theta_1 = -\frac{Fb}{6EIl}(l^2 - 3x^2 - b^2) = 0$$

求得最大挠度所在横截面的坐标为

$$x_1 = \sqrt{\frac{l^2 - b^2}{3}}$$

将上式代入挠曲线近似微分方程（5-19），得到梁的最大挠度为

$$w_{\max} = \frac{Fb(l^2 - b^2)^{\frac{3}{2}}}{9\sqrt{3}EIl}\ （\downarrow）$$

如果荷载作用在梁跨中点处，即 $a = b = l/2$，则最大转角发生在支座 A 或 B 处，最

大挠度发生在梁跨中点处，其值分别为

$$\theta_{\max}=\theta_A(\text{或}\theta_B)=\frac{Fl^2}{16EI}$$

$$w_{\max}=\frac{Fl^3}{48EI}\ (\downarrow)$$

5.5 用叠加法计算弯曲变形

积分法是求梁的挠度和转角的基本方法，其优点是可以求出梁的挠曲线方程和转角方程，进而可求得梁的任一横截面的挠度和转角；缺点是计算繁琐，不适宜梁上荷载复杂的情形。

在小变形及线弹性变形的前提下，梁的挠度和转角都与梁上的荷载呈线性关系。当梁上同时作用多个荷载时，可以根据叠加原理，先分别求出每个荷载单独作用下梁横截面的挠度和转角，然后进行叠加，求出全部荷载共同作用下的挠度和转角，这种方法称为叠加法。

为了方便用叠加法求梁的挠度和转角，把梁在简单荷载作用下的挠度和转角列于表 5-1 中，以备查用。

例 5-4 图 5-6 所示简支梁同时受均布荷载 q 和集中荷载 $\boldsymbol{F}$ 作用，试用叠加法计算梁的最大挠度。设弯曲刚度 EI 为常数。

解： 由表 5-1 查得，简支梁在均布荷载和集中荷载作用下，最大挠度均发生在跨中点 C 处，其值分别为

$$w_{Cq}=\frac{5ql^4}{384EI}\ (\downarrow)$$

$$w_{CF}=\frac{Fl^3}{48EI}\ (\downarrow)$$

因此，在荷载 q、$\boldsymbol{F}$ 共同作用下，横截面 C 的挠度为该梁的最大挠度，其值为

$$w_{\max}=w_{Cq}+w_{CF}=\frac{5ql^4}{384EI}+\frac{Fl^3}{48EI}\ (\downarrow)$$

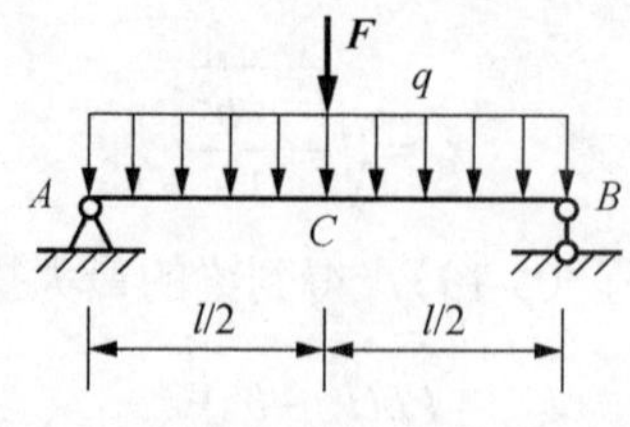

图 5-6 例 5-4 图

表 5-1 简单荷载作用下梁的变形

序号	梁的计算简图	挠曲线方程	转角	挠度
1	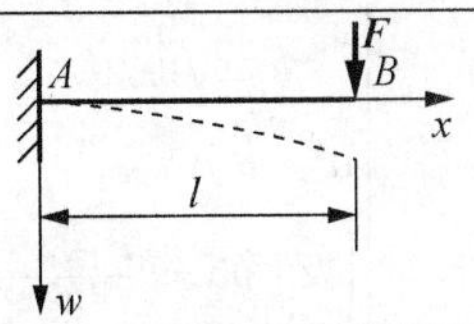	$w=\frac{Fx^2}{6EI}(3l-x)$	$\theta_B=\frac{Fl^2}{2EI}$	$w_B=\frac{Fl^3}{3EI}$
2	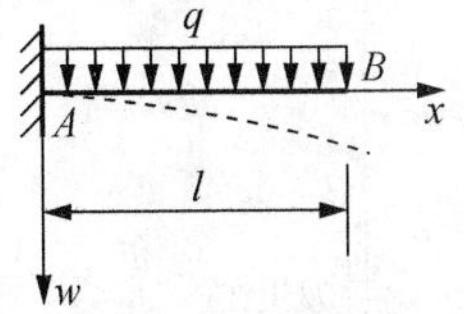	$w=\frac{qx^2}{24EI}(6l^2-4lx+x^2)$	$\theta_B=\frac{ql^3}{6EI}$	$w_B=\frac{ql^4}{8EI}$
3	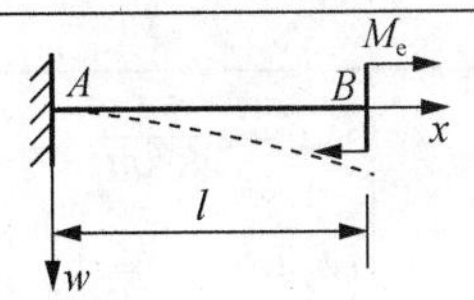	$w=\frac{M_e x^2}{2EI}$	$\theta_B=\frac{M_e l}{EI}$	$w_B=\frac{M_e l^2}{2EI}$
4	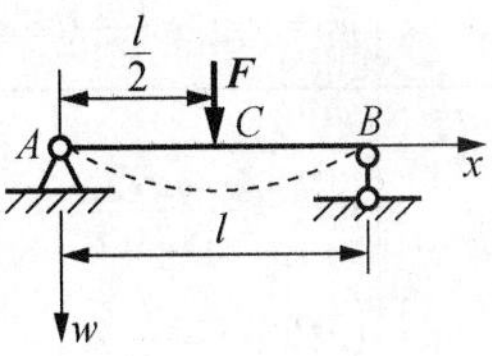	$w=\frac{Fx}{48EI}(3l^2-4x^2)$ $\left(0\leqslant x\leqslant\frac{l}{2}\right)$ $w=\frac{F(l-x)}{48EI}(-l^2+8lx-4x^2)$ $\left(\frac{l}{2}\leqslant x\leqslant l\right)$	$\theta_A=\frac{Fl^2}{16EI}$ $\theta_B=-\frac{Fl^2}{16EI}$	$w_C=\frac{Fl^2}{48EI}$
5	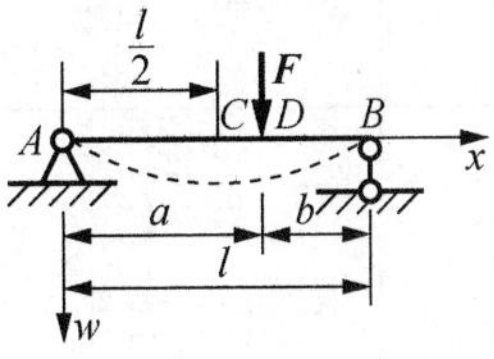	$w=\frac{Fbx}{6lEI}(l^2-x^2-b^2)$ $(0\leqslant x\leqslant a)$ $w=\frac{Fa(l-x)}{6lEI}(2lx-x^2-a^2)$ $(a\leqslant x\leqslant l)$	$\theta_A=\frac{Fab(l+b)}{6lEI}$ $\theta_B=-\frac{Fab(l+a)}{6lEI}$	当 $a>b$ 时， $w_C=\frac{Fb}{48EI}(3l^2-4b^2)$ $w_{max}=\frac{Fb}{9\sqrt{3}lEI}(l^2-b^2)^{\frac{3}{2}}$ （发生在$x=\sqrt{\frac{l^2-b^2}{3}}$处）
6	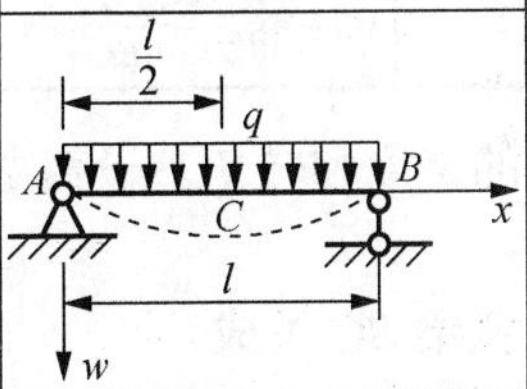	$w=\frac{qx}{24EI}(l^3-2lx^2+x^3)$	$\theta_A=\frac{ql^3}{24EI}$ $\theta_B=-\frac{ql^3}{24EI}$	$w_C=\frac{5ql^4}{384EI}$
7	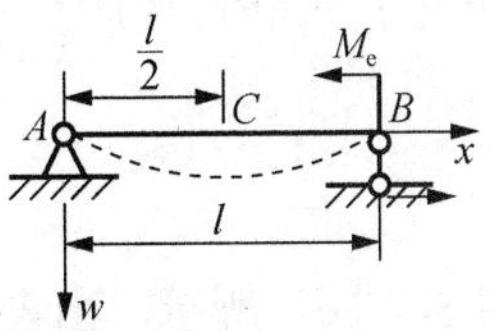	$w=\frac{M_e l}{6lEI}(l^2-x^2)$	$\theta_A=\frac{M_e l}{6EI}$ $\theta_B=-\frac{M_e l.}{3EI}$	$w_C=\frac{M_e l^2}{16EI}$ $w_{max}=\frac{M_e l^2}{9\sqrt{3}EI}$ （发生在$x=\frac{l}{\sqrt{3}}$处）

续表

序号	梁的计算简图	挠曲线方程	转角	挠度
8	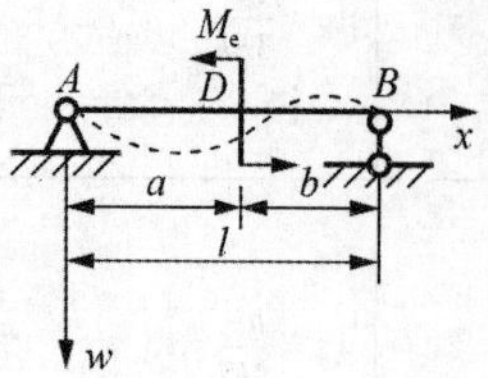	$w=\dfrac{M_{e}x}{6lEI}(l^2-3b^2-x^2)$ $(0\leqslant x\leqslant a)$ $w=\dfrac{M_{e}(l-x)}{6lEI}(3a^2-2lx+x^2)$ $(a\leqslant x\leqslant l)$	$\theta_A=\dfrac{M_e}{6lEI}(l^2-3b^2)$ $\theta_B=\dfrac{M_e}{6lEI}(l^2-3a^2)$ $\theta_D=\dfrac{M_e}{6lEI}(l^2-3a^2-3b^2)$	$w_{1\max}=\dfrac{M_e}{9\sqrt{3}lEI}$ $(l^2-3b^2)^{\frac{3}{2}}$ $\left(发生在x=\sqrt{\dfrac{l^2-3b^2}{3}}处\right)$ $w_{2\max}=-\dfrac{M_e}{9\sqrt{3}lEI}$ $(l^2-3a^2)^{\frac{3}{2}}$ $\left(发生在x=\sqrt{\dfrac{l^2-3a^2}{3}}处\right)$
9	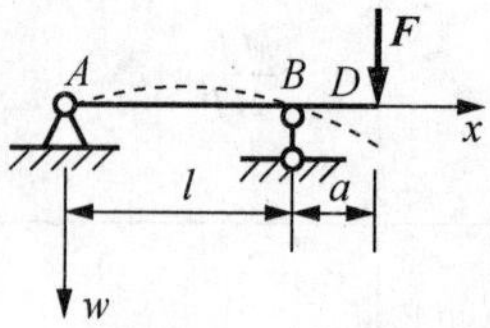	$w=\dfrac{Fax}{6lEI}(x^2-l^2)$ $(0\leqslant x\leqslant l)$ $w=\dfrac{F(x-l)}{6EI}[a(3x-l)-(x-l)^2]$ $(l\leqslant x\leqslant l+a)$	$\theta_A=-\dfrac{Fal}{6EI}$ $\theta_B=\dfrac{Fal}{3EI}$ $\theta_D=\dfrac{Fa}{6EI}(2l+3a)$	$w_{1\max}=-\dfrac{Fal^2}{9\sqrt{3}EI}$ $\left(发生在x=\dfrac{l}{\sqrt{3}}处\right)$ $w_D=w_{2\max}=\dfrac{Fa^2}{3EI}(l+a)$
10	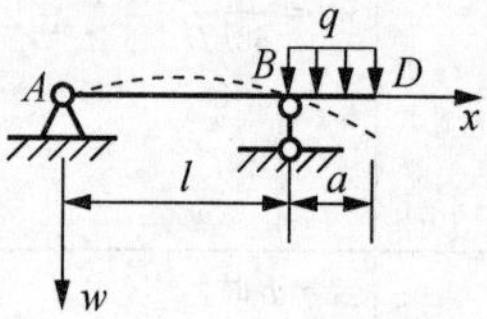	$w=\dfrac{qa^2x}{12lEI}(x^2-l^2)$ $(0\leqslant x\leqslant l)$ $w=\dfrac{q(x-l)}{24lEI}[2a^2x(x+l)$ $-2a(2l+a)(x-l)^2$ $+l(x-l)^3]$ $(l\leqslant x\leqslant l+a)$	$\theta_A=-\dfrac{qa^2l}{12EI}$ $\theta_B=\dfrac{qa^2l}{6EI}$ $\theta_D=\dfrac{qa^2}{6EI}(l+a)$	$w_{1\max}=-\dfrac{qa^2l^2}{18\sqrt{3}EI}$ $\left(发生在x=\dfrac{l}{\sqrt{3}}处\right)$ $w_D=w_{2\max}=\dfrac{qa^3}{24EI}(4l+3a)$
11	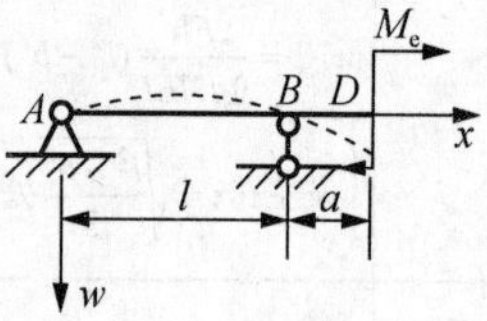	$w=\dfrac{M_{e}x}{6lEI}(x^2-l^2)$ $(0\leqslant x\leqslant l)$ $w=\dfrac{M_e}{6EI}(l^2-4lx+3x^2)$ $(l\leqslant x\leqslant l+a)$	$\theta_A=-\dfrac{M_el}{6EI}$ $\theta_B=-\dfrac{M_el}{3EI}$ $\theta_D=-\dfrac{M_e}{3EI}(l+3a)$	$w_{1\max}=\dfrac{M_el^2}{9\sqrt{3}EI}$ $\left(发生在x=\dfrac{l}{\sqrt{3}}处\right)$ $w_D=w_{2\max}=\dfrac{M_ea}{6EI}(2l+3a)$

例 5-5 图 5-7（a）所示为变截面悬臂梁。求自由端 C 处的挠度和转角。设弯曲刚度 EI 为常数。

解： 该梁可以看成由悬臂梁 AB 和固定在横截面 B 上的悬臂梁 BC 组成。

当悬臂梁 BC 变形时，横截面 C 有挠度 w_{C1} 和转角 θ_{C1}，如图 5-7（b）所示，由表 5-1 查得其值分别为

$$w_{C1}=\frac{Fl^3}{24EI}\ (\downarrow),\quad \theta_{C1}=\frac{Fl^2}{8EI}\ (\searrow)$$

当悬臂梁 AB 变形时，横截面 B 有挠度 w_B 和转角 θ_B，如图 5-7（c）所示，由表 5-1 查得其值分别为

$$w_B = \frac{Fl^3}{48EI} + \frac{Fl^3}{32EI} = \frac{5Fl^3}{96EI} \quad (\downarrow)$$

$$\theta_B = \frac{Fl^2}{16EI} + \frac{Fl^2}{8EI} = \frac{3Fl^2}{16EI} \quad (\searrow)$$

由于悬臂梁 AB 变形而引起的横截面 C 的挠度 w_{C2} 和转角 θ_{C2} 如图 5-7（c）所示，其值为

$$w_{C2} = w_B + \frac{l}{2}\theta_B = \frac{5Fl^3}{96EI} + \frac{l}{2}\cdot\frac{3Fl^2}{16EI} = \frac{7Fl^3}{48EI} \quad (\downarrow)$$

$$\theta_{C2} = \theta_B = \frac{3Fl^2}{16EI} \quad (\searrow)$$

最后叠加得自由端 C 处的挠度 w_C 和转角 θ_C 分别为

$$w_C = w_{C1} + w_{C2} = \frac{Fl^3}{24EI} + \frac{7Fl^3}{48EI} = \frac{3Fl^3}{16EI} \quad (\downarrow)$$

$$\theta_C = \theta_{C1} + \theta_{C2} = \frac{Fl^2}{8EI} + \frac{3Fl^2}{16EI} = \frac{5Fl^2}{16EI} \quad (\searrow)$$

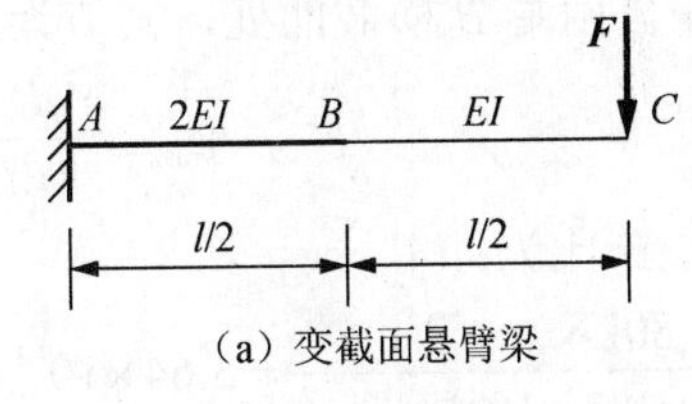

（a）变截面悬臂梁

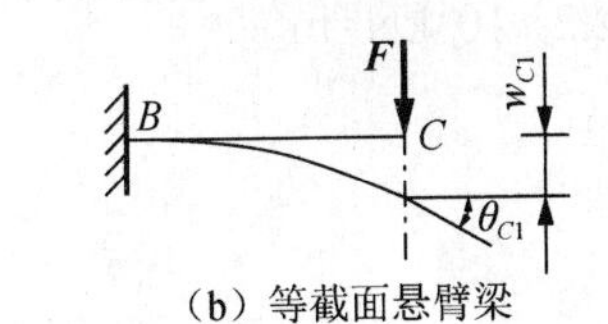

（b）等截面悬臂梁

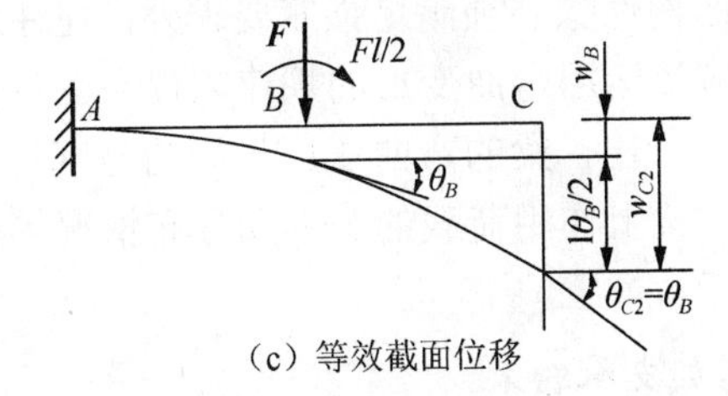

（c）等效截面位移

图 5-7　例 5-5 图

5.6　梁的刚度校核和合理刚度设计

5.6.1　梁的刚度校核

在工程中，根据强度条件对梁进行设计后，往往还要对梁进行刚度校核。梁的刚度条件为

$$\left.\begin{aligned} w_{\max} &\leqslant [w] \\ \theta_{\max} &\leqslant [\theta] \end{aligned}\right\} \tag{5-20}$$

式中，$w_{\max}$、$\theta_{\max}$ 分别为梁的最大挠度和最大转角；$[w]$、$[\theta]$分别为许用挠度和许用转角，可在有关设计规范中查得。

建筑工程中的梁一般不必进行转角的刚度校核，挠度的刚度校核采用最大挠度 $w_{\max}$ 与跨度 l 之比小于许用挠跨比的刚度条件，即

$$\frac{w_{\max}}{l} \leqslant \left[\frac{w}{l}\right] \tag{5-21}$$

式中，$\left[\frac{w}{l}\right]$为梁的许用挠跨比，可在有关设计规范中查得，一般在 $\frac{1}{1000} \sim \frac{1}{100}$。

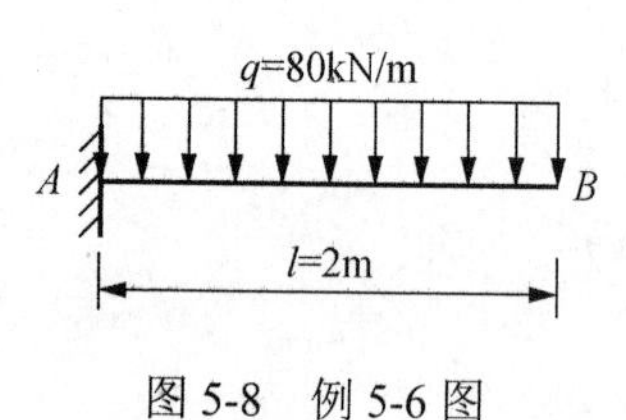

图 5-8　例 5-6 图

例 5-6　图 5-8 所示为悬臂梁。已知弯曲刚度 $EI=2.2\times10^4\text{kN}\cdot\text{m}^2$，梁的许用挠跨比$\left[\frac{w}{l}\right]=\frac{1}{200}$，试对梁进行刚度校核。

解：1）求梁的最大挠度。查表 5-1 知，该梁最大挠度发生在自由端 B 横截面处，其值为

$$w_{\max} = \frac{ql^4}{8EI} \quad (\downarrow)$$

2）刚度校核。梁的最大挠跨比为

$$\frac{w_{\max}}{l} = \frac{ql^3}{8EI} = \frac{80\text{kN/m}\times2^3\text{m}^3}{8\times2.2\times10^4\text{kN}\cdot\text{m}^2} = 3.64\times10^{-3} \leqslant \left[\frac{w}{l}\right] = \frac{1}{200}$$

该梁满足刚度条件。

5.6.2　梁的合理刚度设计

在工程实际中，对弯曲构件除必须满足强度要求外，往往还必须满足刚度要求。如果遇到构件刚度不足，就应该运用弯曲变形的规律来提高受弯构件的刚度。从挠曲线的近似微分方程及其积分可以看出，梁的弯曲变形与梁的跨度长短、支承情况、梁截面的惯性矩、材料的弹性模量、梁上作用荷载的类别和分布情况等有关。因此，为提高梁的刚度，应从以下几方面入手。

1. 减小梁的跨度，增加支承约束

一般情况下，受集中力 $\boldsymbol{F}$ 作用时，梁的挠度与跨度 l 的三次方成正比。如跨度减小一半，则挠度减为原来的 1/8。可见，减小梁的跨度，是提高弯曲刚度的有效措施。所以在机械工程中，对镗刀杆的外伸长度都有一定的规定，以保证镗孔的精度要求。在跨度不能减小的情况下，可采取增加支承的方法提高梁的刚度。例如，一受均布荷载的简支梁[图 5-9（a)]，如将两端的支座向内移动一定的距离，减小两支座之间的跨度[图 5-9（b)]，可使梁的变形明显减小。图 5-10 所示的传动轴，应尽可能地令带轮或齿轮靠近支座，减小外伸梁的跨度，使梁的弯矩和变形都会随之减小。

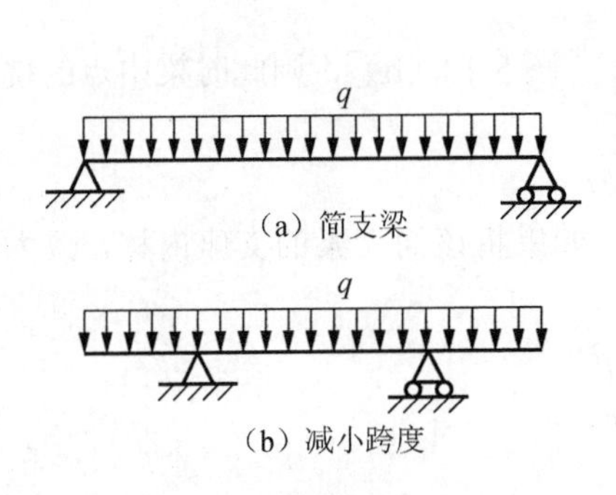

（a）简支梁

（b）减小跨度

图 5-9 支座位置变化

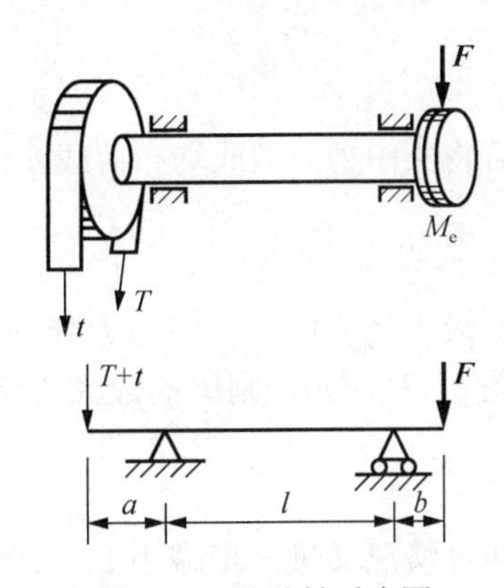

图 5-10 传动轴受力图

在跨长不允许改变的情况下，为提高梁的刚度，可增加支座。例如，机械加工中的镗刀杆，若外伸部分过长，可在端部加装尾架（图 5-11），以减小镗刀杆的变形，提高加工精度。车削细长工件时，除用尾顶针外，有时还加用中心架（图 5-12）或跟刀架，以减小工件的变形，提高加工精度，减小表面粗糙度。对较长的传动轴，有时采用三支承以提高轴的刚度。应该指出，为提高镗刀杆、细长工件和传动轴的弯曲刚度而增加支承，都将使这些杆件由原来的静定梁变为超静定梁。

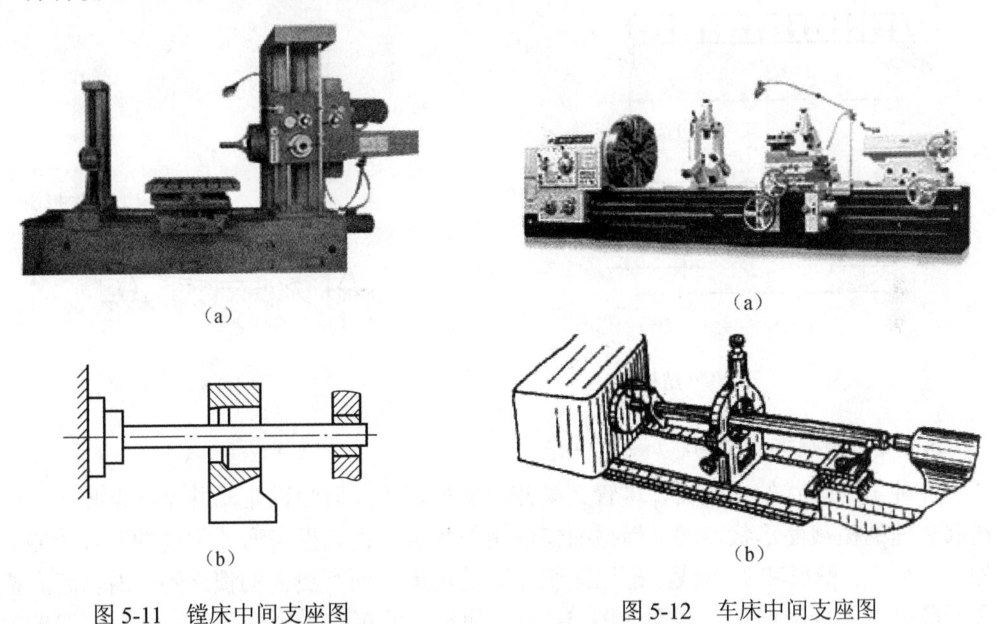
（a） （a）

（b） （b）

图 5-11 镗床中间支座图 图 5-12 车床中间支座图

2. 调整加载方式，改善结构设计

弯矩是引起弯曲变形的主要因素，通过调整加载方式，改善结构设计，来降低梁的弯矩值并使弯矩分布趋于均匀，也可以提高梁的弯曲刚度。如图 5-13（a）所示的简支梁，其中点的挠度为

$$|f|=\frac{8ql^4}{384EI}$$

若将集中力分散成均布荷载q作用于全梁上［图 5-13（b）］，则此时梁中点的挠度为

$$|f|=\frac{5ql^4}{384EI}$$

此情况最大挠度仅为集中力$\boldsymbol{F}$作用时的62.5%。如果将该简支梁的支座内移，改为外伸梁［图 5-13（c）］，则梁的最大挠度为

$$|f|=\frac{0.11ql^4}{384EI}$$

比前两种情况又进一步减小。

如图 5-14 所示的外伸梁，在加载方式允许改变的情况下，把$\boldsymbol{F}_1$方向改为向下，则可使因$\boldsymbol{F}_1$和$\boldsymbol{F}_2$引起的挠度和转角相互抵消一部分，从而提高了外伸梁的刚度。

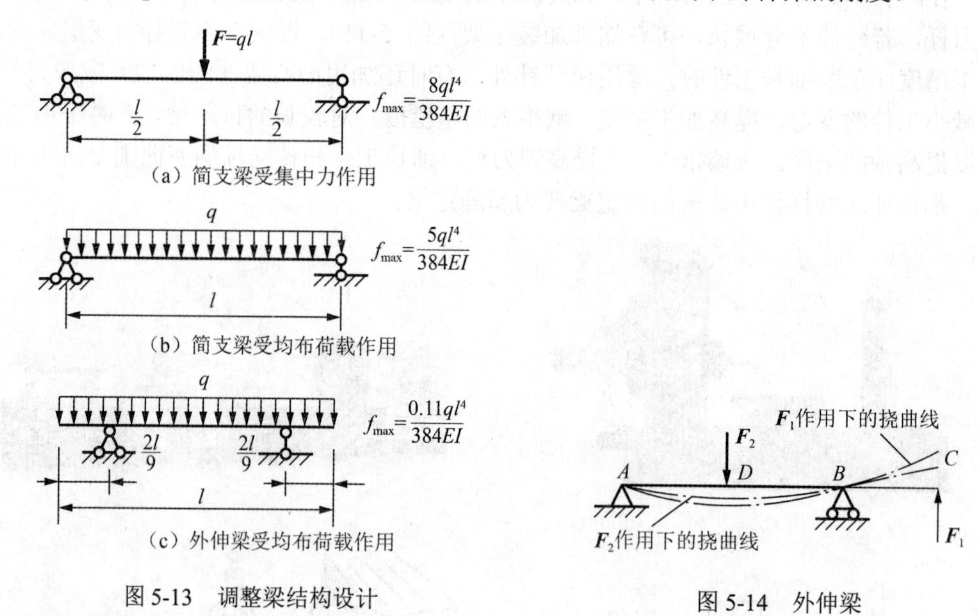

图 5-13　调整梁结构设计

图 5-14　外伸梁

3. 增大横截面惯性矩

各种不同形状的横截面，尽管其横截面面积相等，但惯性矩却并不一定相等。所以选取合理的横截面形状，增大横截面惯性矩的数值，也是提高弯曲刚度的有效措施。例如，工字形、槽形和T形截面都比面积相等的矩形截面有更大的惯性矩。所以起重机大梁一般采用工字形或箱形截面（图 5-15），而机器的箱体采用加筋的办法提高箱壁的抗弯刚度，却不采取增加壁厚的方法。一般来说，提高横截面惯性矩I的数值，往往也同时提高了梁的强度。不过，在强度问题中，更准确地说，是提高弯矩较大的局部范围内的抗弯截面模量。而弯曲变形与全长内各部分的刚度都有关系，往往要考虑提高杆件全长的弯曲刚度。

图 5-15　工字形截面大梁的起重机

最后指出，弯曲变形还与材料的弹性模量 E 有关。对于 E 不同的材料来说，E 越大，弯曲变形越小。因为各种钢材的弹性模量 E 大致相同，所以为提高弯曲刚度而采用高强度钢材，并不会达到预期的效果。

5.7　梁的超静定问题

简单超静定梁问题的解法，同样是综合考虑静力、几何、物理三个方面关系。

解超静定问题的关键：建立变形协调条件，增加补充方程，使总的方程数目与未知力数相等。首先选择适当约束作为多余约束，解除后用约束力代替，得到基本静定系统，简称静定基；然后多余约束处静定基的变形应与原静不定结构保持一致，建立变形协调条件，求得补充方程；最后求解梁的静力平衡方程和补充方程的联立方程组，就可以求解出全部未知量。下面以例题来分析简单超静定梁问题的解法。

例 5-7　实心钢直径 $d = 60\text{mm}$，跨长 $l = 200\text{mm}$。若中间轴承偏离 AB 连线 $\delta = 0.1\text{mm}$，如图 5-16（a）所示。试求：

1）钢轴各约束处的约束力；

2）钢轴的最大工作应力。已知弹性模量 $E = 200\text{GPa}$。

解： 选简支梁作为静定基，如图 5-16（b）所示，为此视中间支座为多余约束，解除后代之以多余约束分力 R_C，如图 5-16（c）所示，变形协调条件为 $w_C = \delta$。将物理关系

$$w_C = \frac{R_C(2l)^3}{48EI}$$

代入变形协调条件，解得

$$R_C = \frac{48EI\delta}{(2l)^3}$$

取静定基为研究对象，由于是小变形，按原始尺寸原则画受力分析图，如图 5-16（c）所示。

$$\sum M_A(F_i)=R_C l+2R_B l=0,\ R_B=-\frac{24EI\delta}{(2l)^3}$$

$$\sum M_B(F_i)=R_C l+2R_A l=0,\ R_A=-\frac{24EI\delta}{(2l)^3}$$

最大弯矩

$$M_{\max}=-\frac{1}{2}R_C l=-\frac{3EI}{l^2}\delta$$

则

$$\sigma_{\max}=\frac{|M_{\max}|}{W_z}=\frac{\left(\dfrac{3E}{l^2}\dfrac{\pi d^4}{64}\delta\right)}{\left(\dfrac{\pi d^3}{32}\right)}=\frac{3\times200\times10^9\times0.1\times10^{-3}\times60\times10^{-3}}{2\times\left(200\times10^{-3}\right)^2}=45\text{MPa}$$

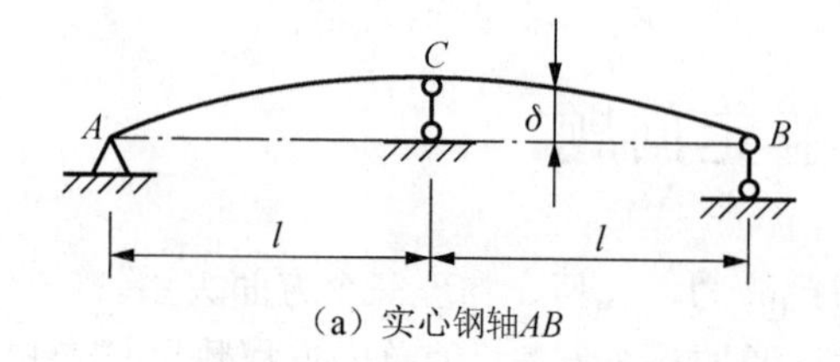

（a）实心钢轴AB

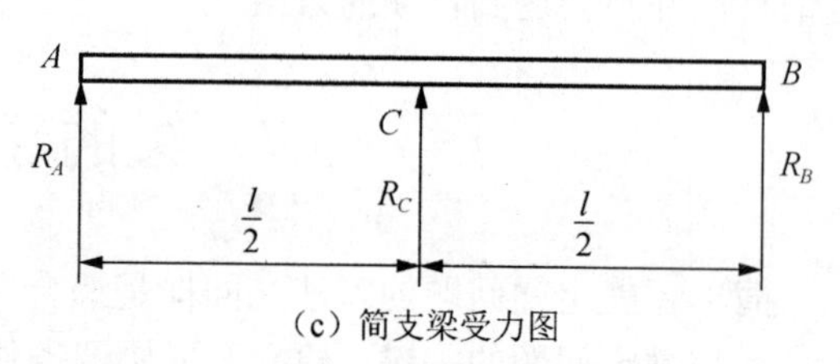

（c）简支梁受力图

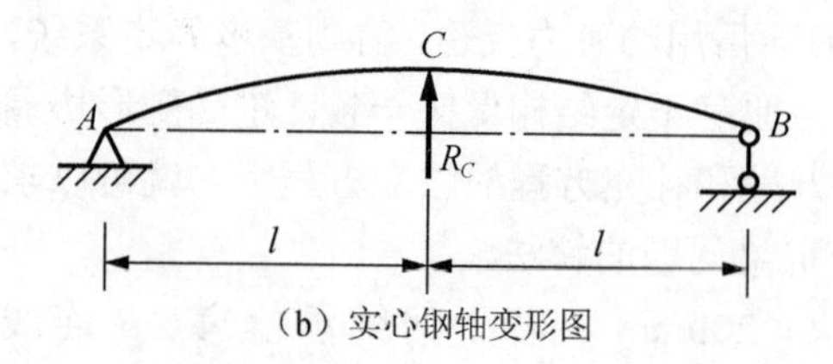

（b）实心钢轴变形图

图 5-16　例 5-7 图

例 5-8　如图 5-17 所示，求绘梁的剪力图和弯矩图。

解：图 5-17（a）所示结构为简单（一次）超静定梁。

1）选基本静定梁。如图 5-17（b）所示，解除 C 端约束，代之以约束力 F_C。

2）建立变形协调条件：

$$w_{Cq}+w_{CFC}=0$$

3）采用荷载叠加法，并对原梁做如图 5-17（c）所示的等效变换。此时的变形协调条件可以写成：

$$w_{Cq}+w_{CFC}+w_{Cq'}=0 \tag{5-22}$$

查表得

$$w_{Cq}=\frac{ql^4}{8EI}$$

$$w_{CFC}=\frac{F_C l^3}{3EI}$$

$$w_{Cq'}=\frac{q\left(\frac{l}{2}\right)^4}{8EI}+\frac{q\left(\frac{l}{2}\right)^3}{6EI}\frac{l}{2}=\frac{7ql^4}{384EI}$$

将查表所得结果代入式（5-22），解出

$$F_C=\frac{41ql}{128}=0.32ql \tag{5-23}$$

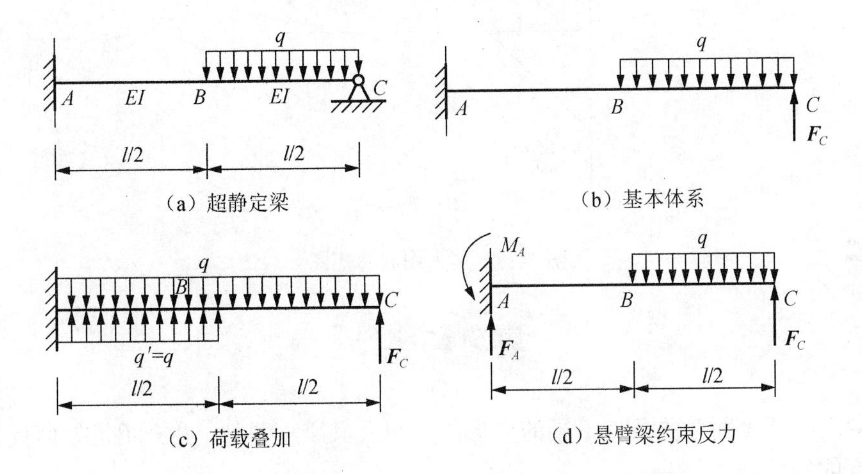

图 5-17　例 5-8 图

4）求 A 端的约束反力［图 5-17（d）］：

$$\sum F_y=0，\ F_A+F_C-q\frac{l}{2}=0 \tag{5-24}$$

$$\sum M_A=0，\ F_C l-q\frac{l}{2}\frac{3l}{4}=0 \tag{5-25}$$

联立式（5-23）～式（5-25），得

$$M_A=\frac{7ql^2}{128}0.055ql^2$$

$$F_A=\frac{23ql}{128}0.18ql$$

5）绘该梁的剪力图和弯矩图，如图 5-18 所示。

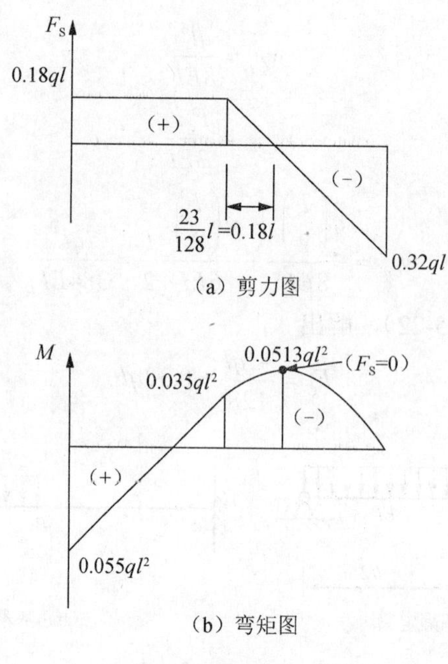

图 5-18　剪力图和弯矩图

复习和小结

本章介绍了平面弯曲条件下梁的变形的计算及其刚度条件，并介绍了如何提高梁的抗弯刚度的问题。

梁的弯曲变形的基本度量量是挠度与转角，在线弹性和小变形的条件下，可以利用梁的挠曲线近似微分方程通过积分法或叠加法求解梁的变形情况。

1）挠曲线近似微分方程：

$$\frac{d^2w}{dx^2}=-\frac{M(x)}{EI}$$

2）梁的刚度条件：

$$\theta\leqslant[\theta]，\ \frac{w}{l}\leqslant\left[\frac{w}{l}\right]或\ w\leqslant[w]$$

提高梁的弯曲刚度可以采用如下方法：

1）减小梁的跨度，增加支承约束；

2）调整加载方式，改善结构设计；

3）增大横截面惯性矩。

思　考　题

1．挠度和转角是如何定义的？它们的正负号是如何规定的？
2．什么是挠曲线方程？什么是转角方程？它们之间有什么关系？
3．挠曲线的近似微分方程是如何建立的？它对梁的变形的求解有何意义？
4．简述用积分法计算梁的挠度和转角的基本思路和主要步骤。
5．什么是边界条件和连续条件？如何利用它们确定积分常数？
6．简述用叠加法求梁的挠度和转角的基本思路和主要步骤。
7．如何进行梁的刚度校核？

习　　题

1．用积分法求图 5-19 所示各梁的转角方程和挠曲线方程。设弯曲刚度 EI 均为常数。

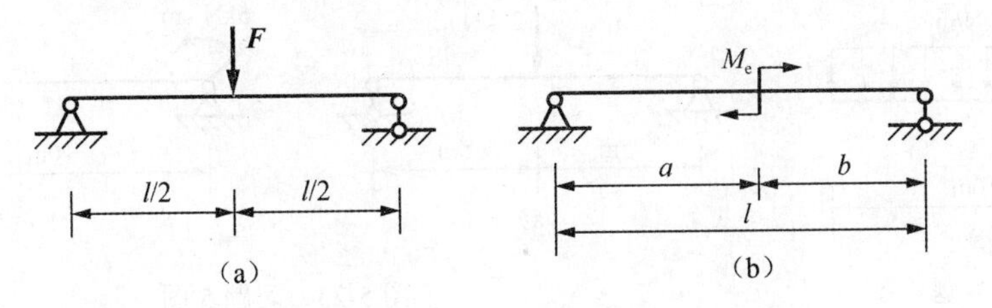

图 5-19　习题 1 图

2．用积分法求图 5-20 所示各梁的最大挠度和最大转角。设弯曲刚度 EI 均为常数。

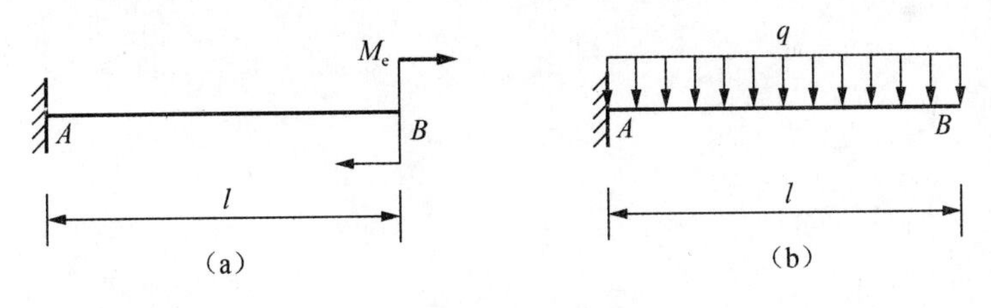

图 5-20　习题 2 图

3．用叠加法求图 5-21 所示各梁指定横截面的挠度和转角。设弯曲刚度 EI 均为常数。

4．图 5-22 所示简支梁的弯曲刚度 $EI=5\times10^4\,\text{kN}\cdot\text{m}^2$，梁的许用挠跨比 $\left[\dfrac{w}{l}\right]=\dfrac{1}{200}$。试对该梁进行刚度校核。

5．图 5-23 所示两简支梁用工字钢制成。材料的许用应力 $[\sigma]=170\text{MPa}$，弹性模量 $E=2.1\times10^5\,\text{MPa}$；梁的许用挠跨比 $\left[\dfrac{w}{l}\right]=\dfrac{1}{500}$。试按正应力强度条件和刚度条件选择工

字钢的型号。

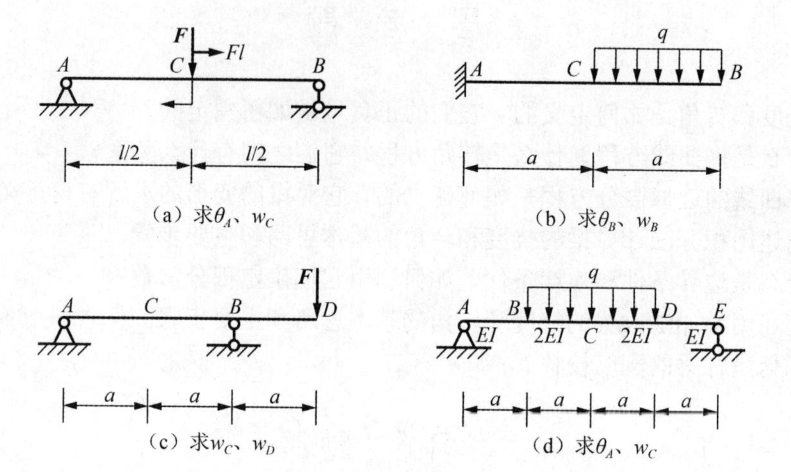

（a）求θ_A、w_C　（b）求θ_B、w_B

（c）求w_C、w_D　（d）求θ_A、w_C

图 5-21　习题 3 图

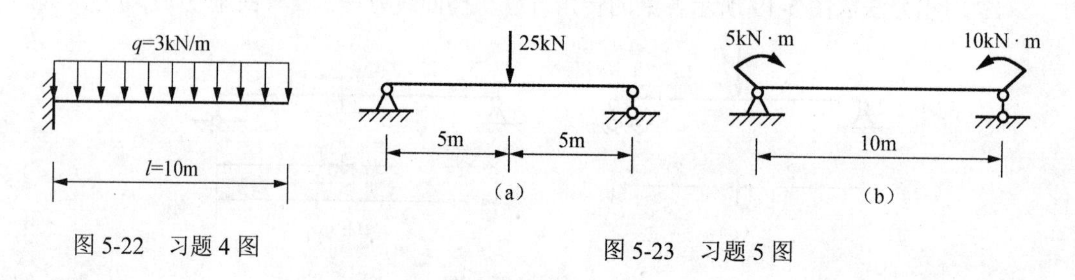

图 5-22　习题 4 图

（a）　（b）

图 5-23　习题 5 图

第 6 章　应力状态与强度理论

6.1　应力状态的概念

在分析铸铁试样扭转破坏时，横断面是与轴线成 45° 的螺旋面，如图 6-1（a）所示；在受拉破坏时，断面是圆截面，如图 6-1（b）所示。

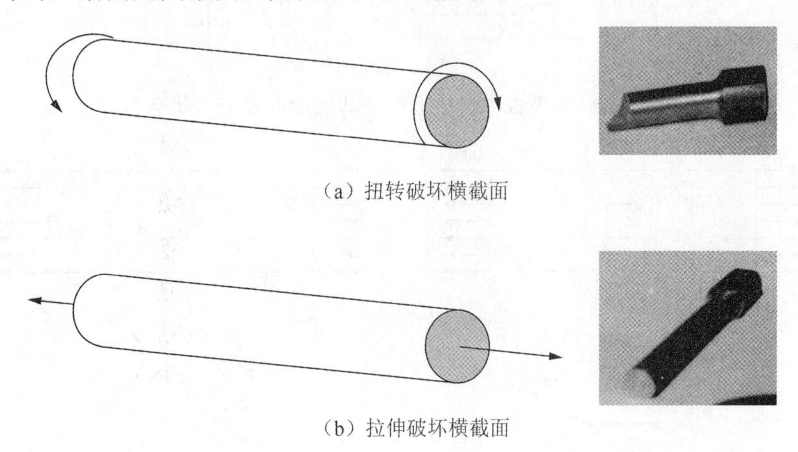

（a）扭转破坏横截面

（b）拉伸破坏横截面

图 6-1　铸铁破坏横截面

在梁弯曲时，同一横截面上，如图 6-2 所示，中性层上 A 点和边缘上 B 点具有不同的正应力与切应力状态。

构件受到外力作用产生复杂变形，构件内一点与周围各点的相对位置发生变化，在该点沿各个方位都有相互作用力，即该点的任意横截面上都存在应力。考虑到受力构件破坏与极值应力有关，但是极值应力可能不在横截面上，要深入讨论强度问题，就必须研究过一点不同横截面上的应力状况，即进行应力状态分析。

受力构件内任意一点在不同方位横截面上的应力情况，称为该点的应力状态。分析构件强度，必须了解构件内各点的应力状态，即各点处不同横截面的应力情况，从而建立构件的强度条件。

如图 6-3 所示，对于轴向拉伸杆件，在同一点 A，不同方位角对应的横截面上具有不同的应力情况，图中为与水平面成 0°、±45° 的斜截面上应力。可知，一点的应力状态分析，不仅可以解释一些破坏现象，也是建立构件复杂受力状态失效准则的基础。解决强度问题，首先确定危险横截面，通过横截面各点应力分析，确定危险点，围绕危险点截取原始单元体，研究应力状态。

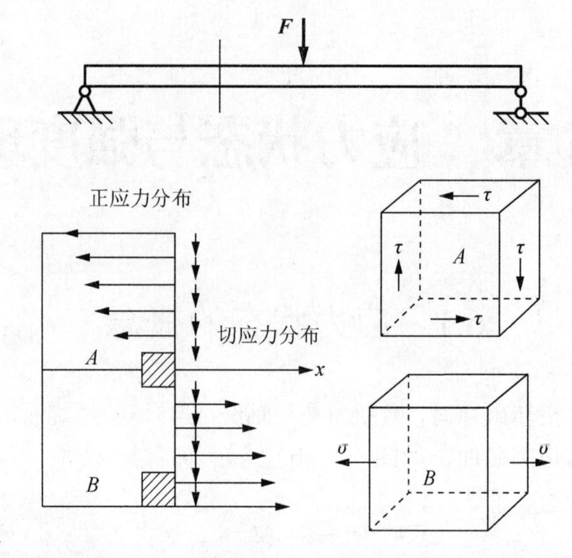

图 6-2　梁弯曲中性层上点 A 和边缘点 B 应力状态

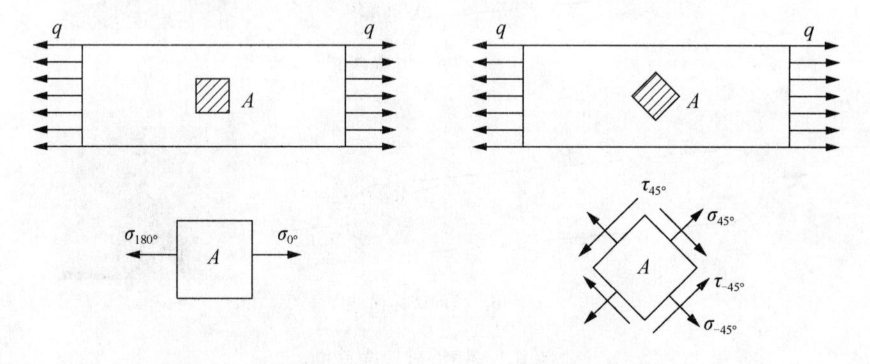

图 6-3　轴向拉伸同一点 A 不同方位角的应力状态

6.2　一点的应力状态分析

为了描述一点的应力状态，在一般情形下，围绕所考察的点截取无限小的三对面互相垂直的六面体，当各边边长趋于无穷小时，六面体便趋于宏观上的“点”，这时的六面体称为单元体。假设单元体每个面上的应力都是均匀分布的，单元体相互平行的面上的应力相等。这样单元体的应力状态就代表一点的应力状态。

在基本变形情况下，横截面上应力可以求出，所以一般用横截面和与之正交的纵向横截面取初始单元体，对于图 6-4 所示的矩形截面构件，选择一对距离很近的横截面和两对平行于表面、相距很近的纵截面截取单元体；如图 6-5 所示，对于圆形扭转轴上 A、B 两点处，分别用一对距离较近的横截面，一对夹角很小且包含轴线的纵向平面，分别与 A、B 两个自由表面平行的截面截取单元体。

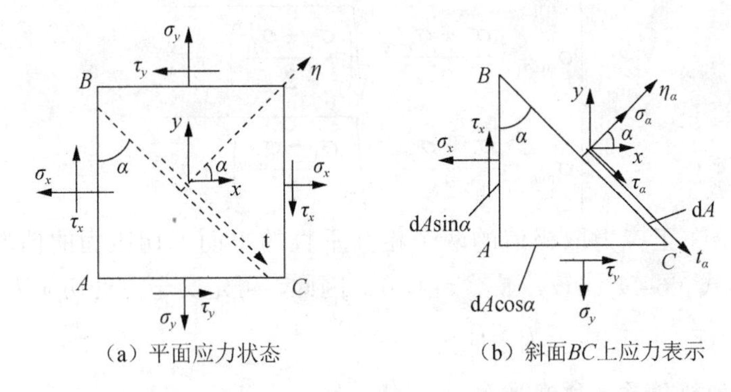

图 6-8　平面应力状态和楔形体上应力状态

由外法线η_α和切线t_α方向投影，可得平衡方程：

$$\sum F_{\eta_\alpha}=0\text{，}\sum F_{t_\alpha}=0$$

$$\sigma_\alpha \mathrm{d}A+(\tau_x \mathrm{d}A\cos\alpha)\sin\alpha-(\sigma_x \mathrm{d}A\cos\alpha)\cos\alpha+(\tau_y \mathrm{d}A\sin\alpha)\cos\alpha-(\sigma_y \mathrm{d}A\sin\alpha)\sin\alpha=0$$

$$\tau_\alpha \mathrm{d}A-(\tau_x \mathrm{d}A\cos\alpha)\cos\alpha-(\sigma_x \mathrm{d}A\cos\alpha)\sin\alpha+(\sigma_y \mathrm{d}A\sin\alpha)\sin\alpha+(\tau_y \mathrm{d}A\sin\alpha)\cos\alpha=0$$

根据切应力互等原理，τ_x和τ_y大小相等。可得平面应力状态下α横截面的应力分量为

$$\sigma_\alpha=\frac{\sigma_x+\sigma_y}{2}+\frac{\sigma_x-\sigma_y}{2}\cos 2\alpha-\tau_x\sin 2\alpha \tag{6-1}$$

同理：

$$\tau_\alpha=\frac{1}{2}(\sigma_x-\sigma_y)\sin 2\alpha+\tau_x\cos 2\alpha \tag{6-2}$$

2. 主应力及主平面方位

将式（6-1）对α求导，可得到正应力的极值：

$$\frac{\mathrm{d}\sigma_\alpha}{\mathrm{d}\alpha}=-2\left(\frac{\sigma_x-\sigma_y}{2}\sin 2\alpha+\tau_x\cos 2\alpha\right) \tag{6-3}$$

当$\alpha=\alpha_0$时，导数$\dfrac{\mathrm{d}\sigma_\alpha}{\mathrm{d}\alpha}=0$，$\alpha_0$横截面上正应力为极值。将$\alpha_0$代入式（6-3），令该式为零，有

$$-2\left(\frac{\sigma_x-\sigma_y}{2}\sin 2\alpha+\tau_x\cos 2\alpha\right)=0 \tag{6-4}$$

得

$$\tan 2\alpha_0=-\frac{2\tau_x}{\sigma_x-\sigma_y} \tag{6-5}$$

式（6-5）有两个解：α_0和$\alpha_0\pm 90^\circ$。由此解确定两个互相垂直的平面，正应力取极大值和极小值，分别对应最大正应力和最小正应力所在的平面。由$\tan 2\alpha_0$求出$\sin 2\alpha_0$和$\cos 2\alpha_0$，最大正应力和最小正应力为

$$\begin{cases}\sigma_{\max}=\dfrac{\sigma_x+\sigma_y}{2}+\sqrt{\left(\dfrac{\sigma_x-\sigma_y}{2}\right)^2+\tau_x^2}\\ \sigma_{\min}=\dfrac{\sigma_x+\sigma_y}{2}-\sqrt{\left(\dfrac{\sigma_x-\sigma_y}{2}\right)^2+\tau_x^2}\end{cases}\tag{6-6}$$

进一步讨论在正应力取极值的两个相互垂直的平面上切应力的情况。将α_0代入式（6-2），并与式（6-4）比较，显然$\tau_{\alpha_0}=0$。因此，可定义一点处切应力为零的横截面为主平面，主平面上的正应力为主应力。

3. 切应力的极值及其所在平面

将式（6-2）对α求导，可得到正应力的极值：

$$\frac{\mathrm{d}\tau_\alpha}{\mathrm{d}\alpha}=(\sigma_x-\sigma_y)\cos2\alpha-2\tau_x\sin2\alpha\tag{6-7}$$

当$\alpha=\alpha_1$时，导数$\dfrac{\mathrm{d}\tau_\alpha}{\mathrm{d}\alpha}=0$，$\alpha_1$横截面上切应力取极值。将$\alpha_1$代入式（6-7），令其为零，有

$$(\sigma_x-\sigma_y)\cos2\alpha_1-2\tau_x\sin2\alpha_1=0$$

求得

$$\tan2\alpha_1=\frac{\sigma_x-\sigma_y}{2\tau_x}\tag{6-8}$$

式（6-8）有两个解：α_1和$\alpha_1\pm90^\circ$。由此确定两个互相垂直的平面，切应力取极大值和极小值，分别对应最大切应力和最小切应力所在的平面。由$\tan2\alpha_1$求出$\sin2\alpha_1$和$\cos2\alpha_1$，最大切应力和最小切应力为

$$\begin{cases}\tau_{\max}=+\sqrt{\left(\dfrac{\sigma_x-\sigma_y}{2}\right)^2+\tau_x^2}\\ \tau_{\min}=-\sqrt{\left(\dfrac{\sigma_x-\sigma_y}{2}\right)^2+\tau_x^2}\end{cases}\tag{6-9}$$

判断切应力极值与平面方位角间的关系：若$\tau_{xy}>0$，则绝对值较小的α_1对应最大切应力所在的平面。比较式（6-5）和式（6-8），可得

$$\tan2\alpha_0=\frac{1}{\tan2\alpha_1}\tag{6-10}$$

$$2\alpha_1=2\alpha_0+\frac{\pi}{2},\ \ \alpha_1=\alpha_0+\frac{\pi}{4}$$

即切应力极值对应的两个平面与主平面夹角为45°。

例 6-2 悬臂梁上 A 点的应力状态如图 6-9（a）和（b）所示，求单元体上指定横截面上的应力，以及 A 点主平面和主应力（用主单元体表示）。

解：1）求指定横截面应力，建立坐标系，如图 6-9（c）所示。

$$\sigma_x = -70\text{MPa},\ \sigma_y = 0,\ \tau_x = 50\text{MPa},\ \alpha = 60°$$

$$\sigma_{60°} = \frac{\sigma_x + \sigma_y}{2} + \frac{\sigma_x - \sigma_y}{2}\cos 120° - \tau_x \sin 120°$$

$$= \frac{-70}{2} + \frac{-70}{2}\cos 120° - 50\sin 120°$$

$$\approx -60.8\text{MPa}$$

$$\tau_{60°} = \frac{\sigma_x - \sigma_y}{2}\sin 120° + \tau_x \cos 120°$$

$$= \frac{-70}{2}\sin 120° + 50\cos 120°$$

$$\approx -55.3\text{MPa}$$

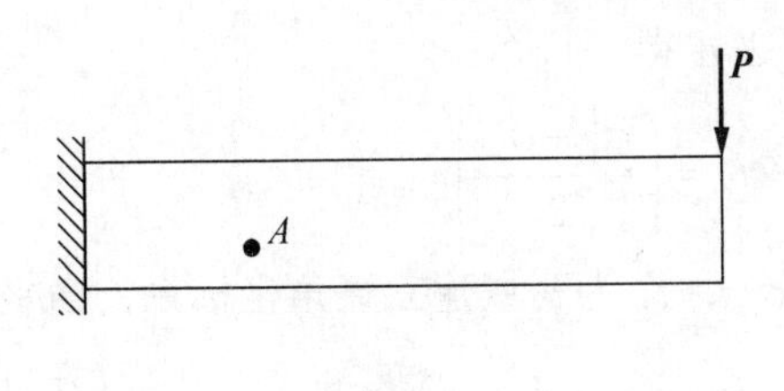

（a）悬臂梁受力

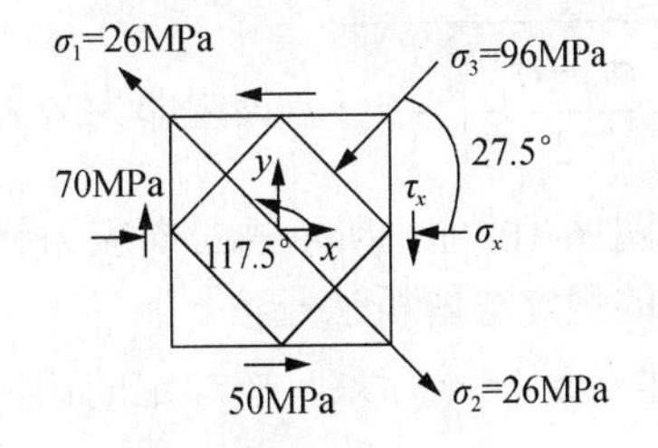

（b）A点平面应力状态

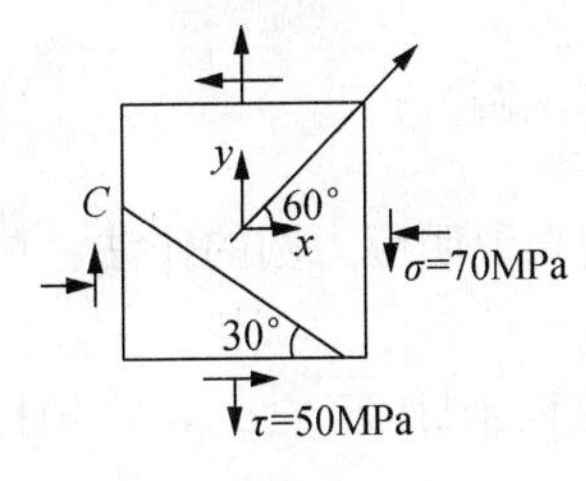

（c）60° 斜截面上应力

（d）A点主应力及主平面

图 6-9 悬臂梁上指定位置指定横截面应力状态

2）求主应力。

$$\tan 2\alpha_0 = -\frac{2\tau_x}{\sigma_x - \sigma_y} = \frac{-2\times 50}{-70} = 1.429$$

$$\alpha_{0_1} \approx 27.5°,\quad \alpha_{0_2} \approx 117.5°$$

$$\sigma_{\max} = \frac{\sigma_x + \sigma_y}{2} + \sqrt{\left(\frac{\sigma_x - \sigma_y}{2}\right)^2 + \tau_x{}^2} = \frac{-70}{2} + \sqrt{\left(\frac{-70}{2}\right)^2 + 50^2} \approx 26\text{MPa}$$

$$\sigma_{\min} = \frac{\sigma_x + \sigma_y}{2} - \sqrt{\left(\frac{\sigma_x - \sigma_y}{2}\right)^2 + \tau_x{}^2} = \frac{-70}{2} - \sqrt{\left(\frac{-70}{2}\right)^2 + 50^2} \approx -96\text{MPa}$$

单元体的三个主应力分别为 $\sigma_1=26\text{MPa}$，$\sigma_2=0\text{MPa}$，$\sigma_3=-96\text{MPa}$。由于 $\sigma_x=-70\text{MPa}<\sigma_y=0$，因此 $\alpha_{0_1}=27.5^\circ$ 为 x 轴与 σ_3 所在平面的夹角，$\alpha_{0_2}=117.5^\circ$ 为与 σ_1 所在平面的夹角，如图 6-9（d）所示。

6.2.2 平面应力状态分析（图解法）

1. 应力圆方程及其作法

由解析法分析平面应力状态可知，斜截面上的应力由式（6-1）和式（6-2）确定，且都为 α 的函数。为消去 α，将式（6-1）和式（6-2）变形得

$$\sigma_\alpha-\frac{\sigma_x+\sigma_y}{2}=\frac{\sigma_x-\sigma_y}{2}\cos 2\alpha-\tau_x\sin 2\alpha$$

$$\tau_\alpha=\frac{\sigma_x-\sigma_y}{2}\sin 2\alpha+\tau_x\cos 2\alpha$$

将上述两式等号两边平方并相加，消去 α 得

$$\left(\sigma_\alpha-\frac{\sigma_x+\sigma_y}{2}\right)^2+\tau_\alpha^2=\left(\frac{\sigma_x+\sigma_y}{2}\right)^2+\tau_x^2 \tag{6-11}$$

式中，σ_x、σ_y 和 τ_x 皆为已知量。以 σ_α、τ_α 为变量建立直角坐标系，横坐标为 σ、纵坐标为 τ，则式（6-11）是一个以 σ_α、τ_α 为变量的圆周方程，其圆心为 $\left(\dfrac{\sigma_x+\sigma_y}{2},0\right)$，半径为 $\sqrt{\left(\dfrac{\sigma_x-\sigma_y}{2}\right)^2+\tau_{xy}^2}$。该圆即为应力圆（莫尔圆）。

现以图 6-10（a）所示的二向应力状态为例来说明应力圆的作法。单元体各面上应力正负号的规定与解析法一致。

1）建立 σ-τ 坐标系，按一定的比例尺量取横坐标 $\overline{OK}=\sigma_x$，纵坐标 $\overline{KD_x}=\tau_x$，确定 D_x 点。D_x 点的坐标代表单元体以 x 为法线的面上的应力。量取 $\overline{OF}=\sigma_y$，$\overline{FD_y}=\tau_y$，确定 D_y 点。D_y 点的坐标代表单元体以 y 为法线的面上的应力。

2）连接 D_x 和 D_y，与横坐标轴交于 C 点。由于 $\tau_x=\tau_y$，因此 $\overline{CD_x}=\overline{CD_y}$，以 C 点为圆心，以 $\overline{CD_x}$ 为半径作圆，如图 6-10（b）所示。此圆的圆心横坐标和半径分别为

$$\begin{aligned}\overline{OC}&=\frac{1}{2}(\overline{OK}-\overline{OF})+\overline{FC}\\&=\sigma_y+\frac{\sigma_x-\sigma_y}{2}\\&=\frac{\sigma_x+\sigma_y}{2}\end{aligned}$$

$$\overline{CD_x} = \sqrt{\overline{CK}^2 + \overline{D_xK}^2}$$
$$= \sqrt{\left(\frac{\sigma_x - \sigma_y}{2}\right)^2 + {\tau_x}^2}$$

综上所述，可知此圆为应力圆。

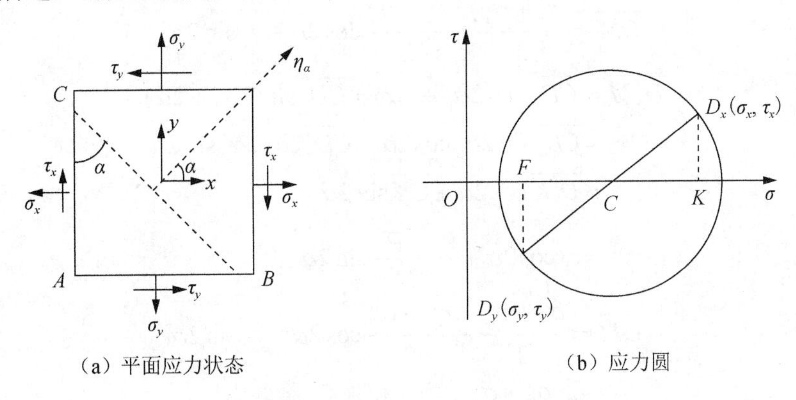

（a）平面应力状态　　（b）应力圆

图 6-10　平面应力状态应力圆作法

2. 利用应力圆求单元体上任意斜截面上的应力

可证，单元体任意斜截面上的应力 σ_α 和 τ_α 与应力圆周上的点 D_x 的横纵坐标一一对应，单元体上α面对应应力圆上的 D_α 点。通过应力圆确定图 6-11（a）中任意斜截面的应力做法如下：从应力圆的 D_x 点按照逆时针方向沿应力圆周到 D_α 点，使圆弧 $\overline{D_xD_\alpha}$ 所对应的圆心角为单元体转过的角度 α 的两倍，即其所对应的圆心角 $\angle D_xCD_\alpha=2\alpha$，则 D_α 点的坐标即为以 η_α 为法线的斜截面上的应力，横坐标 $\overline{OM} = \sigma_\alpha$，纵坐标 $\overline{MD_\alpha} = \tau_\alpha$ ［图 6-11（b）］。

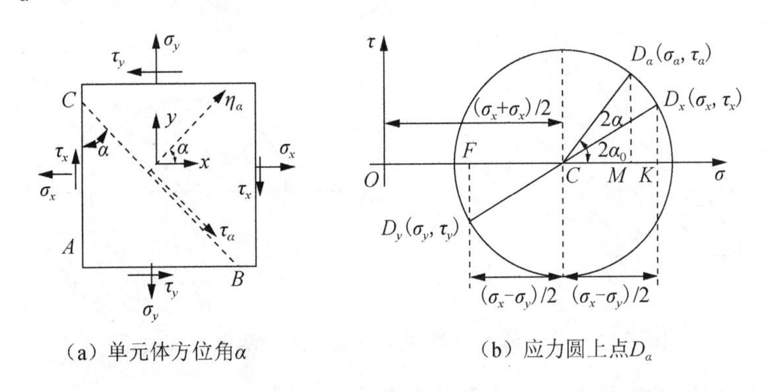

（a）单元体方位角α　　（b）应力圆上点D_α

图 6-11　应力圆上点坐标与斜截面应力值对应关系

证明过程如下：

D_α 点的横、纵坐标分别为σ_α、τ_α，设$\angle D_xCK = 2\alpha_0$，则

$$\begin{aligned}\overline{OM} &= \overline{OC} + \overline{CM} = \overline{OC} + \overline{CD_\alpha}\cos(2\alpha + 2\alpha_0) \\ &= \overline{OC} + \overline{CD_x}\cos(2\alpha + 2\alpha_0) \\ &= \overline{OC} + \overline{CD_x}\cos 2\alpha_0 \cos 2\alpha - \overline{CD_x}\sin 2\alpha_0 \sin 2\alpha \\ &= \overline{OC} + \overline{CK}\cos 2\alpha - \overline{D_xK}\sin 2\alpha\end{aligned}$$

所以

$$\overline{OM} = \frac{\sigma_x + \sigma_y}{2} + \frac{\sigma_x - \sigma_y}{2}\cos 2\alpha - \tau_x \sin 2\alpha$$

$$\begin{aligned}\overline{D_\alpha M} &= \overline{CD_\alpha}\sin(2\alpha_0 + 2\alpha) = \overline{CD_x}\sin(2\alpha_0 + 2\alpha) \\ &= \overline{CD_x}\sin 2\alpha_0 \cos 2\alpha + \overline{CD_x}\cos 2\alpha_0 \sin 2\alpha \\ &= \overline{D_xK}\cos 2\alpha + \overline{CK}\sin 2\alpha \\ &= \tau_x \cos 2\alpha + \frac{\sigma_x - \sigma_y}{2}\sin 2\alpha\end{aligned}$$

$$\overline{OM} = \frac{\sigma_x + \sigma_y}{2} + \frac{\sigma_x - \sigma_y}{2}\cos 2\alpha - \tau_x \sin 2\alpha$$

$$\overline{D_\alpha M} = \frac{\sigma_x - \sigma_y}{2}\sin 2\alpha + \tau_x \cos 2\alpha$$

与式（6-1）和式（6-2）进行比较，显然$\overline{OM} = \sigma_\alpha$，$\overline{D_\alpha M} = \tau_\alpha$，即$D_\alpha$点的坐标代表法线倾角为$\alpha$的斜截面的应力。

由以上证明可知，平面应力状态下单元体相互平行的一对面上的应力与应力圆上的坐标值之间对应关系如下：

1）点面对应。单元体某一斜截面上的应力，必对应应力圆上某一点的坐标。

2）夹角对应。圆周上任意两点之间所引半径的夹角等于单元体上对应两横截面夹角的两倍，并且两者转向一致，如图 6-12 所示。

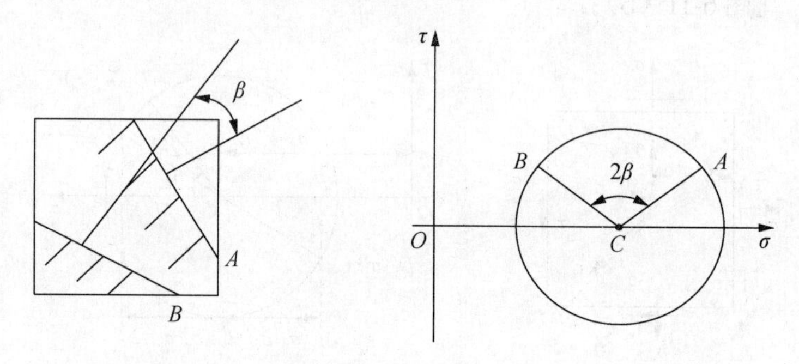

图 6-12　单元体上两斜截面与应力圆上两点之间关系

3. 利用应力圆确定主应力、主平面和最大切应力

应力圆直观地反映了一点处应力状态的特征，可以利用应力圆来理解一点处应力状态的一些特征。

如图 6-13 所示，应力圆中 D_1、D_2 两点的纵坐标为零，横坐标分别为主应力 σ_1 和 σ_2。由图可知，D_1、D_2 两点横坐标分别为

$$\overline{OD_1}=\overline{OC}+\overline{CD_1}\text{，}\quad \overline{OD_2}=\overline{OC}-\overline{CD_2}$$

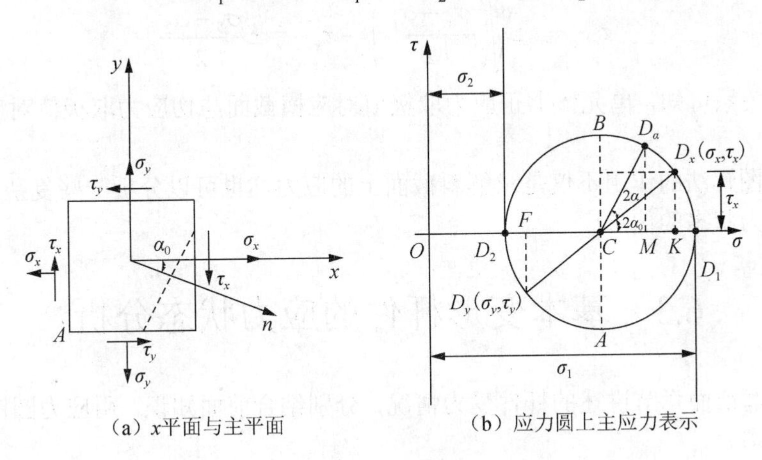

（a）x平面与主平面　　（b）应力圆上主应力表示

图 6-13　应力圆

上式中，$\overline{OC}$ 为应力圆圆心的横坐标，$\overline{CD_1}$ 为应力圆半径，可得两个主应力值，分别为最大主应力和最小主应力：

$$\sigma_{\max}=\sigma_1=\frac{1}{2}(\sigma_x+\sigma_y)+\sqrt{\left(\frac{\sigma_x-\sigma_y}{2}\right)^2+\tau_x^2}$$

$$\sigma_{\min}=\sigma_2=\frac{1}{2}(\sigma_x+\sigma_y)-\sqrt{\left(\frac{\sigma_x-\sigma_y}{2}\right)^2+\tau_x^2}$$

由图 6-13 可知，D_1、D_2 点切应力为零。这两点在一条直径上，对应单元体上互相正交的两个面——主平面。

已知圆上 D_x 点和 D_1 点分别对应单元体上的 x 平面和 σ_1 主平面，$\angle D_xCD_1=2\alpha_0$，为单元体上述两平面夹角 α_0 的两倍。应力圆上 CD_x 顺时针旋转 $2\alpha_0$ 到 σ_1 主平面，对应点 D_1 记作 $-2\alpha_0$。由应力圆可得

$$\tan(-2\alpha_0)=\frac{\overline{D_xK}}{\overline{CK}}=\frac{\tau_x}{\frac{1}{2}(\sigma_x-\sigma_y)}=-\frac{2\tau_x}{\sigma_x-\sigma_y}$$

进一步解得主应力 σ_1 所在主平面位置的方位角为

$$2\alpha_0=\arctan\left(\frac{-2\tau_x}{\sigma_x-\sigma_y}\right)$$

由于 $\overline{D_2D_1}$ 为应力圆的直径，因此 σ_1 主平面和 σ_2 主平面相互垂直。

由图 6-13 可知，A、B 两点为切应力的极值点。在应力圆上求极值切应力的数值，即 B、A 两点对应的纵坐标，极大值和极小值符号相反，大小为应力圆的半径，即

$$\overline{CB} = +\sqrt{\left(\frac{\sigma_x - \sigma_y}{2}\right)^2 + \tau_x^{\ 2}}\ ,\quad \overline{CA} = -\sqrt{\left(\frac{\sigma_x - \sigma_y}{2}\right)^2 + \tau_x^{\ 2}}$$

$$\tau_{\substack{\max\\ \min}} = \pm\sqrt{\left(\frac{\sigma_x - \sigma_y}{2}\right)^2 + \tau_x^{\ 2}} = \pm\frac{\sigma_1 - \sigma_2}{2}$$

由对应关系可知，单元体上正应力取极值对应横截面与切应力取极值对应横截面相隔45°。

应力圆图解法的作用不仅是求解斜截面上的应力，也可以分析一些复杂应力问题，从中得到应力状态的信息。

6.3　基本变形杆件的应力状态分析

本节针对前面章节讲述的杆件受力情况，分别结合前面知识，用应力圆图解法分析基本应力状态。

例 6-3　画出图 6-14 两种特殊应力状态的应力圆。

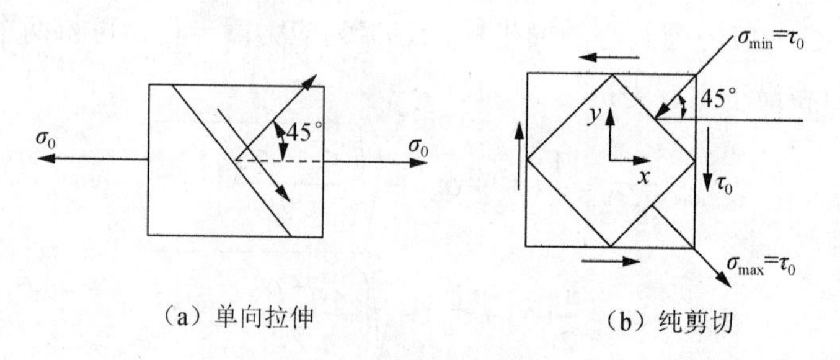

（a）单向拉伸　　（b）纯剪切

图 6-14　例 6-3 图

解： 1）首先确定已知的 x、y 平面的对应点 $D_x(\sigma_0,0)$、$D_y(0,0)$，连线，以 $\overline{D_yD_x}$ 为直径作圆，如图 6-15（a）所示，得到单向拉伸杆件各横截面的应力状态，在 45° 斜截面上应力对应 A 点坐标 $\sigma_{45^\circ} = \dfrac{\sigma_0}{2}$，$\tau_{45^\circ} = \tau_{\max} = \dfrac{\sigma_0}{2}$。

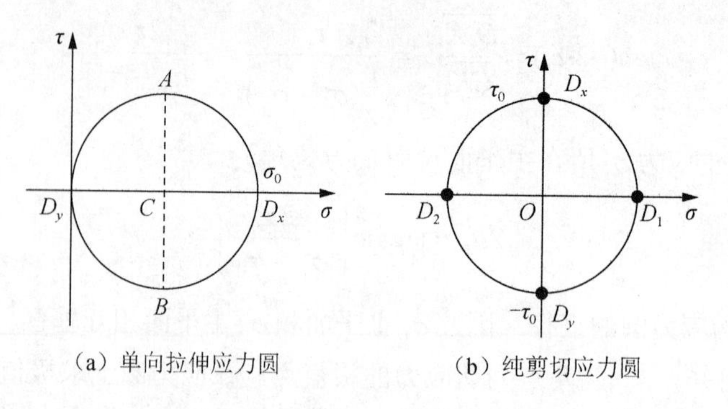

（a）单向拉伸应力圆　　（b）纯剪切应力圆

图 6-15　单向拉伸及纯剪切状态

2）首先确定已知的 x、y 平面的对应点 $D_x(0,\tau_0)$、$D_y(0,-\tau_0)$，连线，以 $\overline{D_xD_y}$ 为直径作圆，如图 6-15（b）所示，可知纯剪切应力状态的最大拉应力 $\sigma_{\max}=\sigma_{D_1}=\tau_0$。对应单元体上与 x 轴夹角为−45° 的斜面上有最大拉应力，最大压应力为 $\sigma_{\min}=\left|\sigma_{D_2}\right|=\tau_0$，对应单元体上与 x 轴夹角为 45° 的斜面上有最大压应力。

例 6-4　试分析低碳钢试样拉伸到屈服，磨光的试验表面是否会出现与轴线成 45° 的滑移线？

解： 如图 6-16（a）所示，低碳钢在单向拉伸时，点处于单向应力状态，根据应力圆的画法作出应力圆，如图 6-16（b）所示，可知应力圆中切应力极值点对应 B、C 两点，由单元体与应力圆的对应关系图 6-16（c）可知单元体 45° 方位面上既有正应力又有切应力，切应力达到最大值，但正应力不是最大值。此时会发现与试样轴线大致成 45° 方向出现某些线纹，称为“滑移线”，这是晶格发生相互错动的结果。

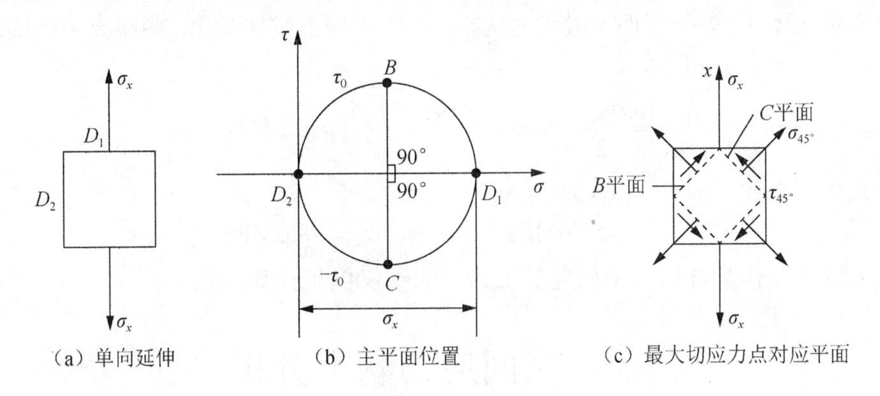

（a）单向延伸　（b）主平面位置　（c）最大切应力点对应平面

图 6-16　单元体应力状态

同理可以解释铸铁单向压缩的试件，在 45° 方位面上出现最大切应力，由于抗剪能力比抗压能力低，因此沿斜截面发生剪切破坏。

例 6-5　已知矩形截面梁，如图 6-17 所示，某横截面上的剪力 F_S=120kN·m，弯矩 $M=10\text{kN}\cdot\text{m}$，绘出表示 1、2、3、4 点应力状态的单元体，并求出各点的主应力，b=60mm，h=100mm。

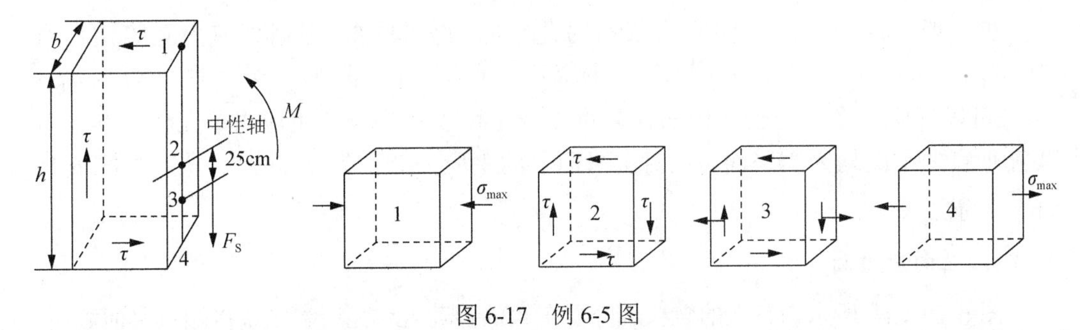

图 6-17　例 6-5 图

解： 1 点和 4 点分别位于梁横截面上下边缘处，可知处于最大压应力和最大拉应力

处，即

$$\sigma_{\max} = \frac{M}{W_z} = 100\text{MPa}$$

对于切应力最大值，有

$$\tau_{\max} = \frac{3F_{\text{S}}}{2A} = 30\text{MPa}$$

对于单元体 1，为单向压缩状态，有主应力

$$\sigma_1 = 0, \quad \sigma_2 = 0, \quad \sigma_3 = -100\text{MPa}$$

对于单元体 4，为单向拉伸状态，有主应力

$$\sigma_1 = 100\text{MPa}, \quad \sigma_2 = 0, \quad \sigma_3 = 0$$

对于单元体 2，为纯剪切状态，有主应力

$$\sigma_1 = \tau_{\max} = 30\text{MPa}, \quad \sigma_2 = 0, \quad \sigma_3 = \tau_{\min} = -30\text{MPa}$$

对于单元体 3，处于平面一般应力状态。由于正应力线性变化，由距离中性轴的比例可知：

$$\sigma = \frac{\sigma_{\max}}{2} = 50\text{MPa}, \quad \tau = \frac{F_{\text{S}} S_z^*}{I_z b} = 22.5\text{MPa}$$

代入主应力式（6-6），得主应力为

$$\sigma_1 = 58.6\text{MPa}, \quad \sigma_2 = 0, \quad \sigma_3 = -8.6\text{MPa}$$

应力圆主要作为分析复杂问题的工具，而不仅仅是计算工具。

6.4　空间应力状态分析

对于受力物体内一点处的应力状态，最普遍的情况是所取单元体三对平面上都有正应力和切应力，而且切应力可分解为沿坐标轴方向的两个分量，如图 6-18（a）所示。其中，x 平面上有 σ_x、切应力 τ_{xy} 和 τ_{xz}，切应力的两个下标表示切应力的方向。同理，在 y 平面上有应力 σ_y、τ_{yx} 和 τ_{yz}，在 z 平面上有应力 σ_z、τ_{zx} 和 τ_{zy}。这种应力状态称为一般空间应力状态。

在一般表现形式的空间应力状态的九个应力分量中，根据切应力互等定理有 $\tau_{yx}=\tau_{xy}$，$\tau_{yz}=\tau_{zy}$，$\tau_{zx}=\tau_{xz}$，因而独立的应力分量为六个，即 σ_x、σ_y、σ_z、τ_{yx}、τ_{zy}、τ_{zx}。可以证明，在受力物体内的任一点处一定可以找到一个主应力单元体，其三对相互垂直的平面均为主平面，三对主平面上的主应力分别为 σ_1、σ_2、σ_3，如图 6-18（b）所示。

1. 三向应力圆

图 6-19（a）所示为钢轨的轨头部分受车轮的静荷载作用时，围绕接触点用横截面、与接触面平行的面和铅垂纵截面截取的一个单元体，其三个相互垂直的平面均为主平

面，在表面上有接触压应力 σ_3，在横截面和铅垂纵截面上分别有压应力 σ_2 和 σ_1，如图 6-19（b）所示。这是三个主应力均为压应力的空间应力状态。螺钉在拉伸时，其螺纹根部内的单元体则处于三个主应力均为拉应力的空间应力状态。

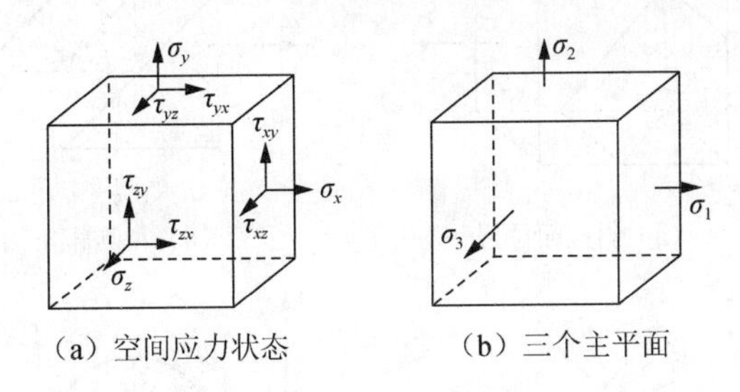

（a）空间应力状态　　（b）三个主平面

图 6-18　一点应力表示

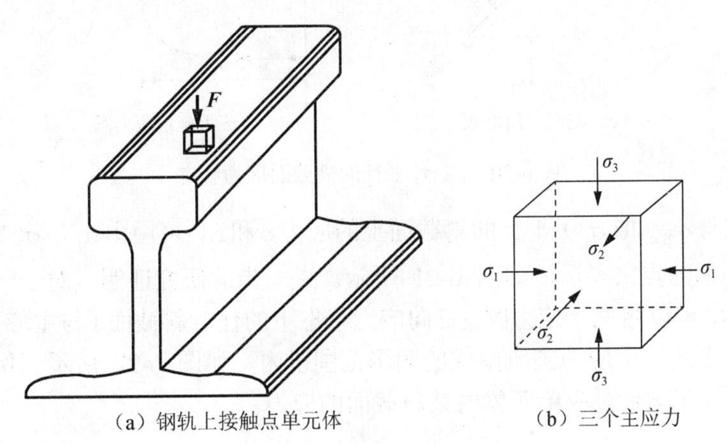

（a）钢轨上接触点单元体　　（b）三个主应力

图 6-19　钢轨与车轮挤压点的受力状态

空间应力状态是一点处应力状态中最为一般的情况，前面讨论的平面应力状态可看作空间应力状态的特例，即有一个主应力等于零。仅一个主应力不等于零的应力状态，称为单轴应力状态。空间应力状态所得的某些结论，也同样适用于平面或单轴应力状态。

对危险点处于空间应力状态下的构件进行强度计算，通常需确定其最大正应力和最大切应力。当受力物体内某一点处的三个主应力 σ_1、σ_2 和 σ_3 均已知时，且 $\sigma_1 > \sigma_2 > \sigma_3$[图 6-20（a）]，利用应力圆，可确定该点处的最大正应力和最大切应力。

首先，研究单元体内平行于 σ_3 的斜截面上的应力，如图 6-20（a）所示，斜截面将单元体分成两部分，现研究其左边部分的平衡，如图 6-20（b）所示。由于主应力 σ_3 所在的两平面面积相等，故这两个平面的力互相平衡。因此，平行于 σ_3 横截面上的应力 σ、τ 与 σ_3 无关。根据平面应力状态分析图 6-20（c），由 σ_1 和 σ_2 作应力圆，如图 6-20（d）所示，该应力圆上的最大和最小正应力分别为 σ_1 和 σ_2。

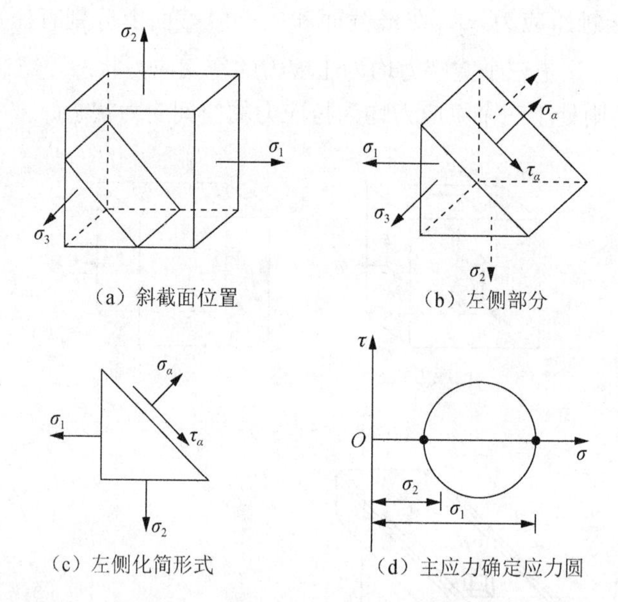

（a）斜截面位置　（b）左侧部分

（c）左侧化简形式　（d）主应力确定应力圆

图 6-20　与 σ_3 平行的横截面应力状态

同理，在与 σ_2（或 σ_1）平行的斜截面上的应力 σ 和 τ，可用由 σ_1、σ_3（或 σ_2、σ_3）作出的应力圆上的点来表示，如图 6-21 所示。进一步的研究证明，对于一个三向应力状态的单元体，可以画三个应力圆，三向应力状态下的任意斜截面（与主应力都不平行）应力，必位于上述三个应力圆所围成的阴影范围以内，如图 6-22 所示。例如，阴影部分的 D 点处，σ 和 τ 是对应单元体内某斜截面的应力。

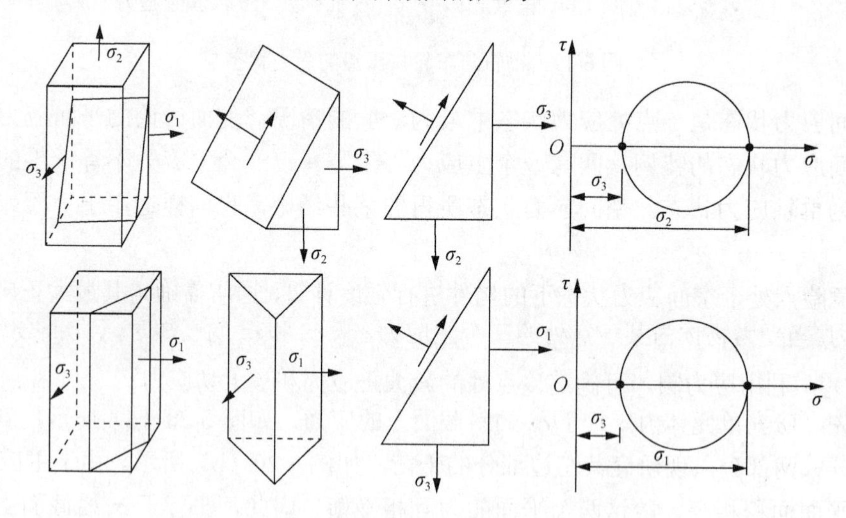

图 6-21　与 σ_1 或 σ_2 平行的斜截面上点应力状态

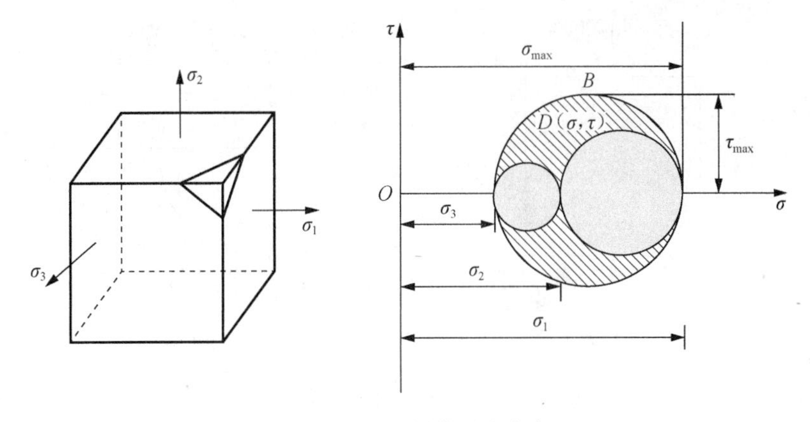

图 6-22 任一斜截面上应力

2. 最大应力

由上述分析可知，在 σ - τ 平面下，代表任一横截面的应力的点，或位于应力圆上，或位于三个圆所构成的阴影区域内，因此，该点处的最大正应力等于最大主应力，最小正应力等于最小主应力，即

$$\sigma_{\max}=\sigma_1,\quad \sigma_{\min}=\sigma_3 \tag{6-12}$$

由 σ_1 和 σ_3 构成的应力圆最大，$\tau_{\max}$ 作用点位于该圆上，最大切应力等于该最大应力圆上 B 点的纵坐标（图 6-22），为

$$\tau_{\max}=\frac{\sigma_1-\sigma_3}{2} \tag{6-13}$$

由 B 点的位置可知，最大切应力所在的横截面与 σ_2 所在主平面垂直，并与 σ_1 和 σ_3 所在主平面均成 45°。

式（6-12）和式（6-13）同样适用于平面应力状态（其中有一个主应力等于零）或单轴应力状态（其中有两个主应力等于零），只需将具体问题中的主应力求出，并按代数值 $\sigma_1 \geqslant \sigma_2 \geqslant \sigma_3$ 的顺序排列。

例 6-6 已知某点的应力状态如图 6-23（a）所示。试用应力圆，求其主应力和最大切应力的值。

解：由图 6-23（a）中应力状态可知为主平面，可确定主应力的值，即

$$\sigma_1=40\text{MPa},\quad \sigma_2=0,\quad \sigma_3=-20\text{MPa}$$

最大切应力为

$$\tau_{\max}=\frac{\sigma_1-\sigma_3}{2}=\frac{40\text{MPa}-(-20\,\text{MPa})}{2}=30\text{MPa}$$

绘制应力圆，如图 6-23（b）所示，平面应力状态是三向应力状态的特例。

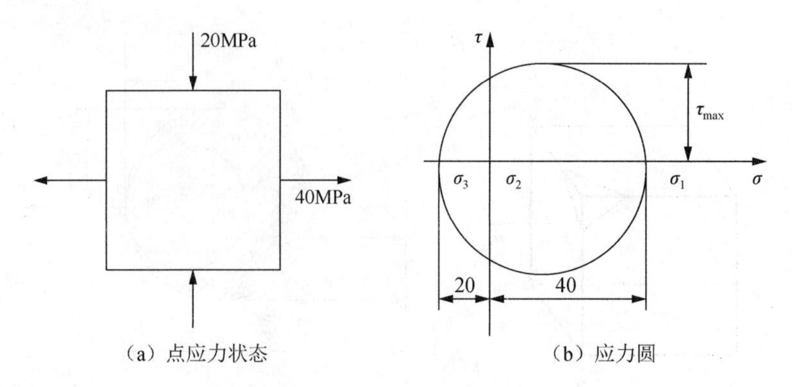

（a）点应力状态　　（b）应力圆

图 6-23　主应力及最大切应力

例 6-7　图 6-24（a）所示应力状态，求主应力、最大正应力、最大切应力$\tau_{\max}$。

解：如图 6-24（a）所示，单元体上正应力σ_z=20MPa 所在作用面（z 横截面）上无切应力，因而该正应力为主应力，则与该应力平行的斜截面上的应力与其无关。可由图 6-24（b）所示的平面应力状态来确定另两个主应力。

可以利用公式求解数值：

$$\sigma_{\max}=\frac{1}{2}(\sigma_x+\sigma_y)+\sqrt{\left(\frac{\sigma_x-\sigma_y}{2}\right)^2+\tau_x^2}\approx 46(\text{MPa})$$

$$\sigma_{\min}=\frac{1}{2}(\sigma_x+\sigma_y)-\sqrt{\left(\frac{\sigma_x-\sigma_y}{2}\right)^2+\tau_x^2}\approx -26(\text{MPa})$$

$$\sigma_z=20\text{MPa}$$

$$\sigma_1=\sigma_{\max}=46\text{MPa}\,,\quad \sigma_2=20\text{MPa}\,,\quad \sigma_3=\sigma_{\min}=-26\text{MPa}\,,\quad \tau_{\max}=\frac{\sigma_1-\sigma_3}{2}=36\text{MPa}$$

依据三个主应力值作的三个应力圆如图 6-24（c）所示。在应力圆上由代表 x 横截面上应力的点 D_1 逆时针转至代表σ_1截面的点 A 的圆心角$2\alpha_0=34°$，可知对应单元体上斜截面方位角$\alpha_0=17°$。由应力圆上点 B 的纵坐标可知，最大切应力$\tau_{\max}=36$ MPa，作用在由σ_1作用面绕σ_2轴逆时针旋转 45° 的面上，如图 6-24（d）所示。

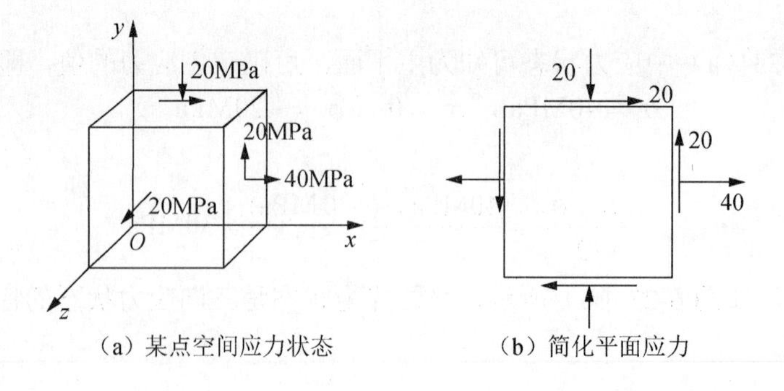

（a）某点空间应力状态　　（b）简化平面应力

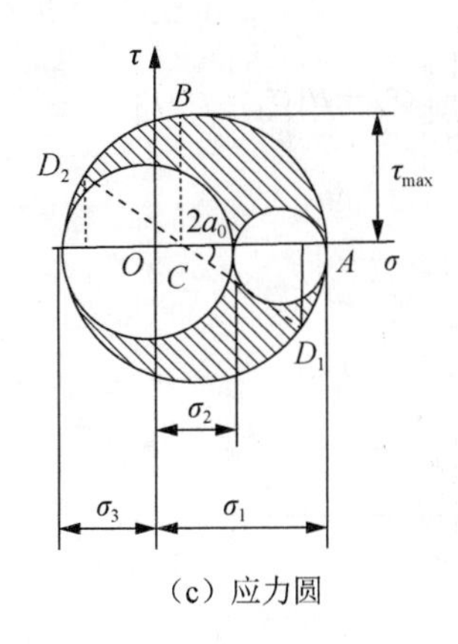

（c）应力圆

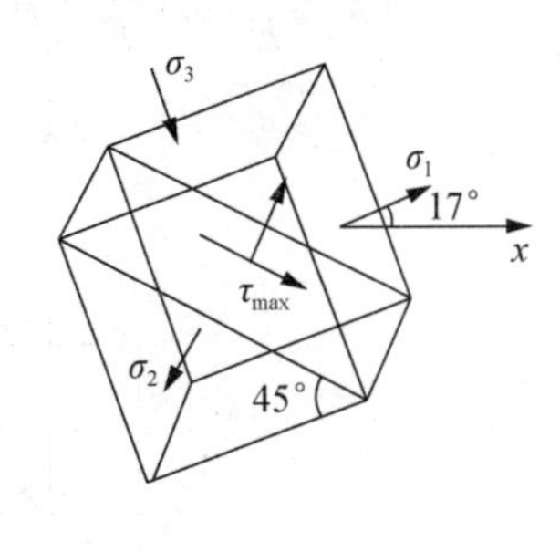

（d）主平面及τ_{max}所在面

图 6-24　应力圆求主应力及主平面

6.5　广义胡克定律

6.5.1　各向同性材料的广义胡克定律

在讨论单向拉伸或压缩时，根据试验结果，曾得到线弹性范围内，沿着轴线方向应力与应变的关系，即

$$\sigma = E\varepsilon \quad 或 \quad \varepsilon = \frac{\sigma}{E} \tag{6-14}$$

这就是胡克定律。此外，轴向的变形还将引起横向尺寸的变化，横向应变ε'可表示为

$$\varepsilon' = -\mu\varepsilon = -\mu\frac{\sigma}{E} \tag{6-15}$$

在纯剪切的情况下，试验结果表明，当切应力不超过剪切比例时，切应力和切应变之间的关系服从剪切胡克定律，即

$$\tau = G\gamma \quad 或 \quad \gamma = \frac{\tau}{G} \tag{6-16}$$

在最普通的情况下，描述一点的应力状态需要九个应力分量，如图 6-25 所示。考虑到切应力互等定理，τ_{xy}和τ_{yx}、τ_{yz}和τ_{zy}、τ_{zx}和τ_{xz}都分别数值相等。这样，原来的九个应力分量中独立的就只有六个。这种普遍情况可以看作三组单向应力和三组纯剪切的组合。

对于各向同性材料，当变形很小且在弹性范围内时，线应变只与正应力有关，而与切应力无关；切应变只与切应力有关，而与正应力无关。这样，可利用式（6-14）～式（6-16）三式求出各应力分量各自对应的应变，然后进行叠加，如图 6-26 所示。例如，σ_x单独作用，在x方向引起的正应变为$\frac{\sigma_x}{E}$；若σ_y和σ_z单独作用，则在x方向引起的正应变分别是$-\mu\frac{\sigma_y}{E}$和$-\mu\frac{\sigma_z}{E}$。三个切应力分量皆与x方向的正应变无关。叠加以上结果，得

$$\varepsilon_x = \frac{\sigma_x}{E} - \mu\frac{\sigma_y}{E} - \mu\frac{\sigma_z}{E} = \frac{1}{E}\left[\sigma_x - \mu(\sigma_y + \sigma_z)\right]$$

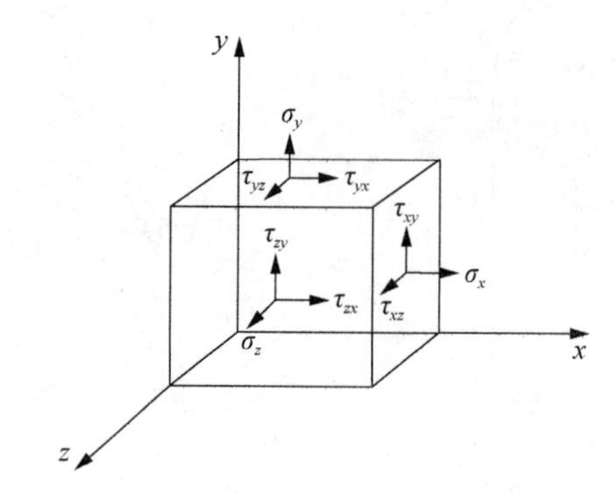

图 6-25　空间点应力状态

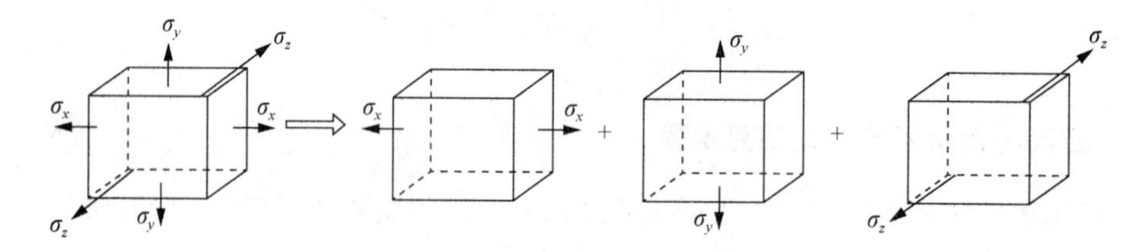

图 6-26　正应力组合

同理，可以求出沿 y 和 z 方向的线应变 ε_y 和 ε_z。最后得到

$$\begin{cases} \varepsilon_x = \dfrac{\sigma_x}{E} - \mu\dfrac{\sigma_y}{E} - \mu\dfrac{\sigma_z}{E} = \dfrac{1}{E}\left[\sigma_x - \mu(\sigma_y + \sigma_z)\right] \\ \varepsilon_y = \dfrac{\sigma_y}{E} - \mu\dfrac{\sigma_z}{E} - \mu\dfrac{\sigma_x}{E} = \dfrac{1}{E}\left[\sigma_y - \mu(\sigma_x + \sigma_z)\right] \\ \varepsilon_z = \dfrac{\sigma_z}{E} - \mu\dfrac{\sigma_y}{E} - \mu\dfrac{\sigma_x}{E} = \dfrac{1}{E}\left[\sigma_z - \mu(\sigma_y + \sigma_x)\right] \end{cases} \tag{6-17}$$

切应变和切应力之间仍存在式（6-16）所表示的关系，且与正应力分量无关。这样，在 xy、yz、zx 三个面内的切应变分别是

$$\gamma_{xy} = \frac{\tau_{xy}}{G},\quad \gamma_{yz} = \frac{\tau_{yz}}{G},\quad \gamma_{zx} = \frac{\tau_{zx}}{G} \tag{6-18}$$

式（6-17）和式（6-18）称为广义胡克定律。

如图 6-27 所示，当单元体的周围六个面皆为主平面时，使 x、y、z 的方向分别与 σ_1、σ_2、σ_3 的方向一致。这时

$$\sigma_x = \sigma_1,\quad \sigma_y = \sigma_2,\quad \sigma_z = \sigma_3$$

$$\tau_{xy} = 0,\quad \tau_{yz} = 0,\quad \tau_{zx} = 0$$

广义胡克定律化为

$$\begin{cases} \varepsilon_1 = \dfrac{1}{E}\left[\sigma_1 - \mu(\sigma_2 + \sigma_3)\right] \\ \varepsilon_2 = \dfrac{1}{E}\left[\sigma_2 - \mu(\sigma_3 + \sigma_1)\right] \\ \varepsilon_3 = \dfrac{1}{E}\left[\sigma_3 - \mu(\sigma_1 + \sigma_2)\right] \end{cases} \tag{6-19}$$

$$\gamma_{xy} = 0，\gamma_{yz} = 0，\gamma_{zx} = 0 \tag{6-20}$$

式（6-20）表明，在三个坐标平面内的切应变等于零，故坐标 x、y、z 的方向就是主应变的方向，即主应变和主应力的方向是重合的。式（6-19）中的 ε_1、ε_2、ε_3 即为主应变。可以证明，ε_1 为一点处的最大线应变。在用实测的方法求出主应变后，将其代入胡克定律，即可解出主应力。注意，这种情况只适用于各向同性的线弹性材料。

将式（6-19）表示成应力的形式为

$$\begin{cases} \sigma_1 = \dfrac{E}{(1-2\mu)(1+\mu)}\left[(1-\mu)\varepsilon_1 + \mu\varepsilon_2 + \mu\varepsilon_3\right] \\ \sigma_2 = \dfrac{E}{(1-2\mu)(1+\mu)}\left[(1-\mu)\varepsilon_2 + \mu\varepsilon_3 + \mu\varepsilon_1\right] \\ \sigma_3 = \dfrac{E}{(1-2\mu)(1+\mu)}\left[(1-\mu)\varepsilon_3 + \mu\varepsilon_1 + \mu\varepsilon_2\right] \end{cases} \tag{6-21}$$

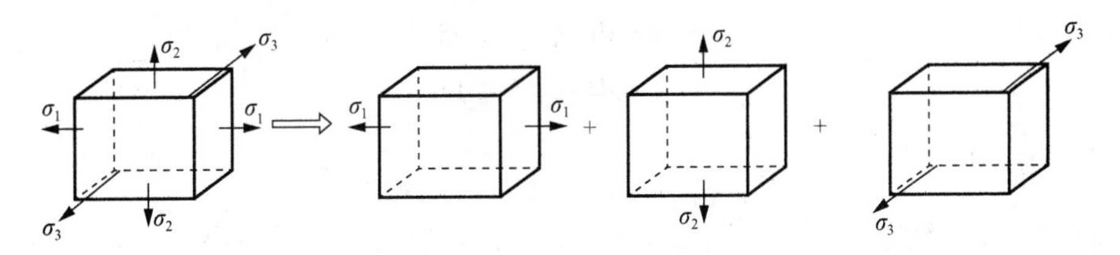

图 6-27　主应力组合

例 6-8　受扭矩作用的圆轴如图 6-28 所示，直径 d=20mm，圆轴材料为钢，弹性模量 E=200GPa，μ=0.3。现测得圆轴表面上与轴线成 45° 方向的应变为 $\varepsilon_{45^\circ} = 5.2\times10^{-4}$，试求圆轴所承受的扭矩。

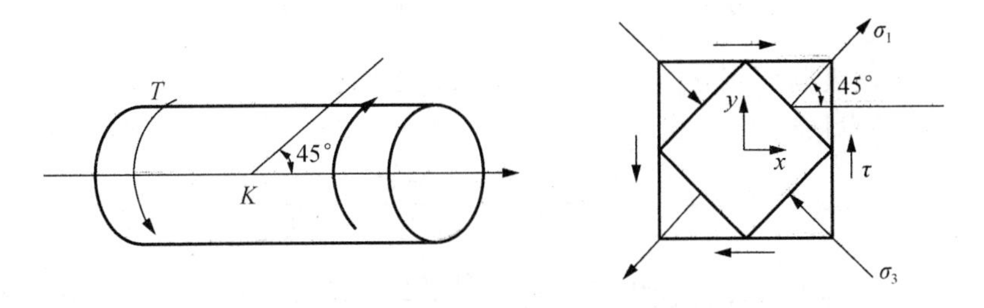

图 6-28　例 6-8 图

解：圆轴外表面上的点 K 处于纯剪切状态，应力状态如图 6-28 所示，其中：

$$\tau = \frac{T}{W_p}$$

三个主应力分别为

$$\sigma_1 = \tau\,,\quad \sigma_2 = 0\,,\quad \sigma_3 = -\tau$$

±45°斜截面上正应力即对应主应力σ_1和σ_3。

将其代入广义胡克定律，得

$$\varepsilon_1 = \frac{1}{E}\left[\sigma_1 - \mu\left(\sigma_2 + \sigma_3\right)\right] = \frac{1}{E}\left[\tau + \mu\tau\right] = \frac{1+\mu}{E}\tau = \frac{T(1+\mu)}{EW_P}$$

$$T = \frac{\varepsilon_1 EW_P}{1+\mu} = \frac{\varepsilon_1 E\pi d^3}{16(1+\mu)} = \frac{5.2\times10^{-4}\times200\times10^3\times\pi\times2^3}{16(1+0.3)} = 125.7(\mathrm{N\cdot m})$$

6.5.2 各向同性材料的体应变

构件在受力变形后，体积发生变化，每单位体积的体积变化称为体应变，用θ表示。设如图 6-27 所示，矩形六面体的周围六个面皆为主平面，边长分别是 dx、dy、dz。变形前六面体的体积为

$$V = \mathrm{d}x\mathrm{d}y\mathrm{d}z$$

变形后六面体的三个边分别变为

$$\mathrm{d}x + \varepsilon_1\mathrm{d}x = (1+\varepsilon_1)\mathrm{d}x$$

$$\mathrm{d}y + \varepsilon_2\mathrm{d}y = (1+\varepsilon_2)\mathrm{d}y$$

$$\mathrm{d}z + \varepsilon_3\mathrm{d}z = (1+\varepsilon_3)\mathrm{d}z$$

于是变形后的体积变为

$$V_1 = (1+\varepsilon_1)(1+\varepsilon_2)(1+\varepsilon_3)\mathrm{d}x\mathrm{d}y\mathrm{d}z$$

展开上式，并略去含有高阶微量$\varepsilon_1\varepsilon_2$、$\varepsilon_2\varepsilon_3$、$\varepsilon_3\varepsilon_1$、$\varepsilon_1\varepsilon_2\varepsilon_3$的各项，得单位体积的体积改变为

$$\theta = \frac{V_1 - V}{V} = \frac{(1+\varepsilon_1+\varepsilon_2+\varepsilon_3)\mathrm{d}x\mathrm{d}y\mathrm{d}z - \mathrm{d}x\mathrm{d}y\mathrm{d}z}{\mathrm{d}x\mathrm{d}y\mathrm{d}z} = \varepsilon_1+\varepsilon_2+\varepsilon_3 \tag{6-22}$$

也称为体应变。如将式（6-19）代入式（6-22），经整理后得

$$\theta = \varepsilon_1+\varepsilon_2+\varepsilon_3 = \frac{1-2\mu}{E}\left(\sigma_1+\sigma_2+\sigma_3\right) \tag{6-23}$$

即任意点处的体应变与该点处的三个主应力之和成正比。

把式（6-23）写成以下形式：

$$\theta = \frac{3(1-2\mu)}{E}\left(\frac{\sigma_1+\sigma_2+\sigma_3}{3}\right) = \frac{\sigma_m}{K} \tag{6-24}$$

式中，$K = \dfrac{E}{3(1-2\mu)}$为体积弹性模量；$\sigma_m = \dfrac{\sigma_1+\sigma_2+\sigma_3}{3}$，为三个主应力的平均值，即平均应力。

式（6-24）说明，体应变θ与平均应力σ_m成正比，此即体积胡克定律。还可以看出，

体应变θ只与三个主应力之和有关，三个主应力之间的比例对θ并无影响。所以无论是作用三个不相等的主应力，或是代以它们的平均应力σ_m，单位体积的体积改变仍然是相同的。

6.6 复杂应力状态下的应变能密度

6.6.1 应变能密度

构件在外力作用下发生变形，内部积蓄了能量，称为变形能。由功能原理，不考虑能力损失，静荷载下外力做的功全部转化为弹性体的变形能。弹性体的变形包括体积改变和形状改变，因此，外力功转化为体积改变能与形状改变能。应变能密度分为体积改变能密度和形状改变能密度。

在轴向拉伸或压缩的单向应力状态下，应力σ与应变ε满足线性关系时，可以根据外力功和应变能在数值上相等的关系，导出应变能密度的计算公式，即

$$\upsilon_\varepsilon=\frac{1}{2}\sigma\varepsilon=\frac{\sigma^2}{2E}=\frac{E}{2}\varepsilon^2 \tag{6-25}$$

本节将介绍材料在复杂应力状态下（已知主应力σ_1、σ_2、σ_3）的应变能密度，在此情况下，弹性体存储的应变能在数值上与外荷载做的功相等。但在计算应变能时，需要注意以下两点：

1）应变能大小取决于外荷载和变形的终值，与加载次序无关。假设应变能与加载次序有关，那么加载和卸载就会产生能量的变化，与能量守恒原理矛盾。

2）应变能的计算不能采用叠加原理，这是因为应变能与荷载不是线性关系，而是荷载的二次函数，从而不满足叠加原理的应用条件。

对于复杂应力状态的应变能，可以选择便于计算应变能密度的加载次序进行。设在三个主应力作用下，从零开始加到最终值，线弹性情况下，每个主应力与相应主应变保持线性关系。应变能密度可以按照式（6-25）计算，复杂应力状态下的应变能密度是

$$\upsilon_\varepsilon=\frac{1}{2}(\sigma_1\varepsilon_1+\sigma_2\varepsilon_2+\sigma_3\varepsilon_3) \tag{6-26}$$

式中，ε_1、ε_2、ε_3为在主应力σ_1、σ_2、σ_3共同作用下产生的应变。

代入广义胡克定律，整理得

$$\upsilon_\varepsilon=\frac{1}{2E}[\sigma_1^2+\sigma_2^2+\sigma_3^2-2\mu(\sigma_1\sigma_2+\sigma_2\sigma_3+\sigma_3\sigma_1)] \tag{6-27}$$

6.6.2 体积改变能密度和形状改变能密度

一般情形下，物体变形时，同时包含了体积改变与形状改变。如图 6-29 所示，单元体在主应力作用下，不仅体积会发生改变，而且形状（单元体三个边长之比）也会发生改变，因此，单元体内总应变能密度包含相互独立的两种应变能密度，即

$$\upsilon_\varepsilon=\upsilon_v+\upsilon_d \tag{6-28}$$

式中，υ_v和υ_d分别为体积改变能密度和形状改变能密度。

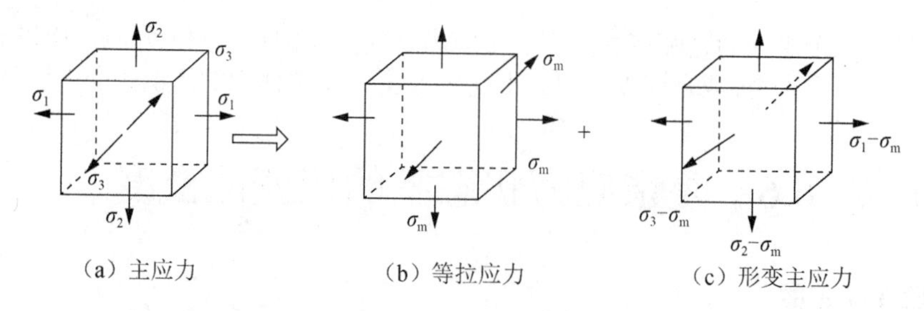

（a）主应力　　　（b）等拉应力　　　（c）形变主应力

图 6-29　空间应力状态

将主应力单元体表示的三向应力状态［图 6-29（a）］分解为图 6-29（b）和（c）所示的两种应力状态的叠加。其中，σ_m 称为平均应力：

$$\sigma_m=\frac{1}{3}(\sigma_1+\sigma_2+\sigma_3) \tag{6-29}$$

图 6-29（b）所示为三向等拉应力状态，在平均应力作用下的体应变为

$$\theta=\frac{3(1-2\mu)}{E}\left(\frac{\sigma_1+\sigma_2+\sigma_3}{3}\right)=\frac{\sigma_m}{K}$$

三个主应变为

$$\varepsilon_1=\varepsilon_2=\varepsilon_3=\frac{1}{E}\left[\sigma_m-\mu(\sigma_m+\sigma_m)\right]=\frac{1-2\mu}{E}\sigma_m$$

可知，平均应力作用下，单元体三个方向应变相同，变形后的棱边长度比不变。单元体只产生体积改变，而没有形状改变。对于图 6-29（b）中的单元体，将式（6-29）代入式（6-27），算得单元体的应变能密度，即体积改变能密度：

$$\upsilon_v=\frac{1}{2E}[\sigma_m^2+\sigma_m^2+\sigma_m^2-2\mu(\sigma_m^2+\sigma_m^2+\sigma_m^2)]=\frac{1-2\mu}{6E}(\sigma_1+\sigma_2+\sigma_3)^2 \tag{6-30}$$

图 6-29（c）所示的应力状态，体应变为

$$\begin{aligned}\theta=\varepsilon_1+\varepsilon_2+\varepsilon_3&=\frac{1-2\mu}{E}(\sigma_1+\sigma_2+\sigma_3)\\&=\frac{1-2\mu}{E}[(\sigma_1-\sigma_m)+(\sigma_2-\sigma_m)+(\sigma_3-\sigma_m)]\\&=\frac{1-2\mu}{E}(\sigma_1+\sigma_2+\sigma_3-3\sigma_m)=0\end{aligned}$$

计算得到体应变为零，所以没有体积改变。由于一般情况下三个主应力不相等，单元体发生形状的改变，将三个主应力代入应变能密度公式（6-27），得到单元体的应变能密度，即形状改变能密度：

$$\begin{aligned}\upsilon_d=\upsilon_\varepsilon=&\frac{1}{2E}\{(\sigma_1-\sigma_m{}^2)+(\sigma_2-\sigma_m)^2+(\sigma_3-\sigma_m)^2+2\mu[(\sigma_1-\sigma_m)(\sigma_2-\sigma_m)]\\&+(\sigma_2-\sigma_m)(\sigma_3-\sigma_m)+(\sigma_3-\sigma_m)(\sigma_1-\sigma_m)]\}\\=&\frac{1+\mu}{6E}\left[(\sigma_1-\sigma_2)^2+(\sigma_2-\sigma_3)^2+(\sigma_3-\sigma_1)^2\right]\end{aligned} \tag{6-31}$$

6.7　强度理论及应用

6.7.1　强度理论的基本概念

强度理论是材料在复杂应力状态下关于强度失效原因的理论。当荷载达到一定数值时，受力构件由于断裂及尺寸、形状或材料性能的改变而不能正常实现功能，称为失效。构件强度不足引发失效形式，称为材料的破坏形式。

在轴向拉（压）问题中所建立的强度条件，是材料在单向应力状态下不发生失效；扭转强度条件则是材料在纯剪应力状态下不发生失效，通过试验可以建立强度条件：

$$\sigma_{\max} \leqslant [\sigma] = \frac{\sigma_{\mathrm{u}}}{n} \qquad \tau_{\max} \leqslant [\tau] = \frac{\tau_{\mathrm{u}}}{n} \tag{6-32}$$

式中，σ_{u}、τ_{u} 为试验测得材料的失效应力。

对于弯曲变形的构件，平面弯曲时，矩形截面的正应力和切应力分布如图 6-30 所示，最大正应力所在点切应力为 0，因此该点的应力状态与轴向拉（压）时相同，于是借用拉（压）杆的强度条件，正应力强度条件为 $\sigma_{\max} = \dfrac{M_{\max}}{W_z} \leqslant [\sigma]$，$a$ 点只有正应力，b 点既有正应力又有切应力，如何判断 a 点和 b 点哪点更危险？

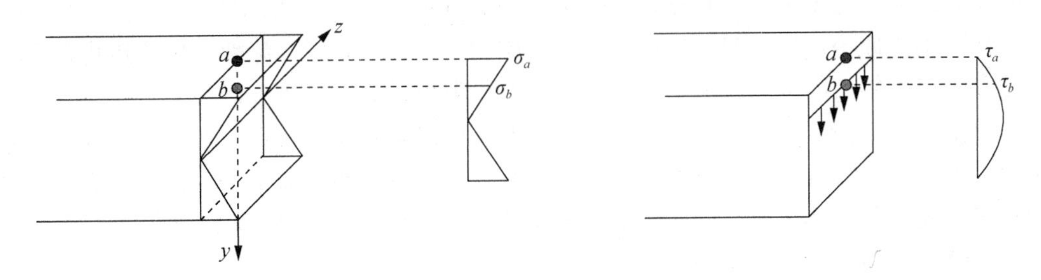

图 6-30　矩形截面上正应力和切应力分布规律

单向应力状态和纯剪应力状态下的极限应力值，直接由试验可以确定。但是，复杂应力状态下则不能通过试验得到。这是因为：一方面复杂应力状态各种各样，有无穷多种，不可能一一通过试验确定极限应力；另一方面，有些复杂应力状态的试验，技术上难以实现。因此，学习强度理论的目的是利用简单受力情况的试验结果，建立复杂应力状态下的强度条件。

大量试验结果表明，无论应力状态多么复杂，材料在常温、静荷载作用下主要发生两种形式的强度失效：

1）材料在没有明显塑性变形情况下发生的突然断裂，即脆性断裂。例如，铸铁试样拉伸时在未产生明显塑性变形情况下突然断裂。

2）屈服破坏，产生显著塑性变形而使构件丧失正常的工作能力，即塑性屈服。例如，低碳钢试样在拉伸时，在应力达到屈服极限后，产生明显的塑性变形。

对于同一种失效形式，有可能在引起失效的原因中包含着共同的因素。建立复杂应力状态下的强度失效判据，就是提出关于材料在不同应力状态下失效共同原因的各种假说。根据这些假说，就有可能利用单向拉伸的试验结果，建立材料在复杂应力状态下的失效判据；预测材料在复杂应力状态下，何时发生失效，以及怎样保证不发生失效，进而建立复杂应力状态下的强度条件。

本节将通过对屈服和断裂原因的假说，直接应用单向拉伸的试验结果，建立材料在各种应力状态下的屈服与断裂的强度理论。

6.7.2 常用强度理论

强度破坏的形式主要有屈服与断裂两种，故强度理论分成以下两类：

1）关于脆性断裂破坏的理论，包括最大拉应力强度理论和最大伸长线应变强度理论。

2）关于塑性屈服破坏的理论，包括最大切应力强度理论和形状改变能密度强度理论。

1. 最大拉应力强度理论（第一强度理论）

第一强度理论又称最大拉应力强度理论，最早由英国的兰金（Rankine）提出，他认为引起材料断裂破坏的原因是最大正应力达到某个共同的极限值。对于拉、压强度相同的材料，这一理论现在已被修正为最大拉应力理论。

第一强度理论认为：无论材料处于什么应力状态，只要发生脆性断裂，其共同原因都是由于单元体内的最大拉应力$\sigma_{\max}$达到了某个共同的极限值$\sigma_{\max}$。

根据这一理论，“无论什么应力状态”，当然包括单向应力状态。脆性材料单向拉伸试验结果表明，当横截面上的正应力$\sigma=\sigma_b$时发生脆性断裂；对于单向拉伸，横截面上的正应力就是单元体所有方向面中的最大正应力，即$\sigma_{\max}=\sigma$，所以σ_b就是所有应力状态发生脆性断裂的极限值，即

$$\sigma_{\max}=\sigma_b \tag{6-33}$$

同时，无论材料处于什么应力状态，只要存在大于零的正应力，σ_1就是最大拉应力，即

$$\sigma_{\max}=\sigma_1 \tag{6-34}$$

比较式（6-33）和式（6-34），所有应力状态发生脆性断裂的失效判据为

$$\sigma_1=\sigma_b \tag{6-35}$$

相应的强度条件为

$$\sigma_1 \leqslant [\sigma]=\frac{\sigma_b}{n_b} \tag{6-36}$$

式中，σ_b为材料的强度极限；n_b为对应的安全系数。

第一强度理论与均质的脆性材料（如玻璃、石膏及某些陶瓷）的试验结果吻合得较好。

2. 最大伸长线应变强度理论（第二强度理论）

第二强度理论认为：无论材料处于什么应力状态，只要构件内危险点处的最大伸长线应变 ε_1 达到与材料性质有关的某一极限值，材料就会发生断裂。

根据这一理论及胡克定律，单向应力状态的最大拉应变 $\varepsilon_{\max}=\dfrac{\sigma_{\max}}{E}=\dfrac{\sigma}{E}$，$\sigma$ 为横截面上的正应力；脆性材料单向拉伸试验结果表明，当 $\sigma=\sigma_b$ 时发生脆性断裂，这时的最大应变值为 $\varepsilon_{\max}=\dfrac{\sigma_{\max}}{E}=\dfrac{\sigma_b}{E}$。所以 $\dfrac{\sigma_b}{E}$ 就是所有应力状态发生脆性断裂点的极限值，即

$$\varepsilon_{\max}=\frac{\sigma_b}{E} \tag{6-37}$$

同时，对于主应力为 σ_1、σ_2、σ_3 的任意应力状态，根据广义胡克定律，最大拉应变为

$$\varepsilon_{\max}=\frac{\sigma_1}{E}-\mu\frac{\sigma_2}{E}-\mu\frac{\sigma_3}{E}=\frac{1}{E}(\sigma_1-\mu\sigma_2-\mu\sigma_3) \tag{6-38}$$

式中，μ 为泊松比。

比较式（6-37）和式（6-38），所有应力状态发生脆性断裂的失效判据为

$$\sigma_1-\mu(\sigma_2+\sigma_3)=\sigma_b$$

相应的强度条件为

$$\sigma_1-\mu(\sigma_2+\sigma_3)\leqslant[\sigma]=\frac{\sigma_b}{n_b} \tag{6-39}$$

式中，σ_b 为材料的强度极限；n_b 为对应的安全系数，μ 为泊松比。

实践证明，砖、石等脆性材料受单向压缩时，如果在试验机与试块的接触面上添加润滑剂，试块沿着垂直压力的方向裂开，方向为 ε_1 的方向。一般情况下，最大伸长线应变理论适用于以压应力为主的情况，但脆性材料在二向压缩和拉伸情况下，得到的结果是比单向拉伸安全，与试验不符合。由于这一理论只与少数脆性材料的试验结果吻合，因此实际中最大拉应力强度理论应用较多。

3. 最大切应力强度理论（第三强度理论）

第三强度理论认为最大切应力是引起材料屈服的主要因素，即认为无论材料处于什么应力状态，只要构件内危险点处的最大切应力 $\tau_{\max}$ 达到与材料性质有关的某一极限值，材料就发生塑性屈服。在单向拉伸时，当横截面上的拉应力到达极限应力 σ_s 时，与轴线成 45° 的斜截面上相应的最大切应力为 $\tau_{\max}=\sigma_s/2$，此时材料出现屈服。可见，$\sigma_s/2$ 就是导致屈服的最大切应力的极限值。因这一极限值与应力状态无关，故在任意应力状态下，只要 $\tau_{\max}$ 达到 $\sigma_s/2$，就引起材料的屈服。对任意应力状态，有 $\tau_{\max}=(\sigma_1-\sigma_3)/2$，于是得到屈服破坏准则：

$$\tau_{\max}=\tau_u=\frac{\sigma_1-\sigma_3}{2}=\frac{\sigma_s}{2}$$

将σ_s除以安全系数得许用应力[σ]，于是按第三强度理论建立的强度条件为

$$\sigma_1 - \sigma_3 < [\sigma] \tag{6-40}$$

最大切应力较好地解释了屈服现象。例如，低碳钢拉伸时沿与轴线成45°的方向出现滑移线，这是材料内部沿这一方向滑移的痕迹，沿该方向斜截面上切应力为最大值。但该理论忽略了中间主应力σ_2的影响，使得在二向应力状态下，按这一理论所得的结果与试验值相比偏于安全。

根据这一理论得到的屈服准则和强度条件，形式简单，概念明确，目前广泛应用于机械工业中。

4. 形状改变能密度强度理论（第四强度理论）

外力作用于弹性体产生变形，作用点处产生位移。因此，在变形过程中，外力功转化为弹性体的变形能。由于弹性体的变形包括体积改变和形状改变，因此，外力功转化为体积改变能与形状改变能。构件单位体积内储存的变形能称为比能，比能分为两部分，体积改变能密度和形状改变能密度。形状改变能密度理论认为：引起材料屈服的主要因素是形状改变能密度，无论材料处于什么应力状态，只要形状改变能密度υ_d达到与材料性质有关的某一极限值，材料就发生屈服。υ_d极限值与应力状态无关，可以由单向应力状态屈服强度确定。材料的屈服破坏准则为

$$\upsilon_d = \upsilon_{du}$$

在任意应力状态下形状改变能密度为

$$\upsilon_d = \frac{1+\mu}{6E}[(\sigma_1-\sigma_2)^2+(\sigma_2-\sigma_3)^2+(\sigma_3-\sigma_1)^2]$$

单向拉伸时，屈服点应力为σ_s，则$\sigma_1=\sigma_s$，$\sigma_2=\sigma_3=0$相应的形状改变能密度为$\frac{1+\mu}{6E}(2\sigma_s)^2$。

因为任意应力状态和单向应力状态下屈服准则相同，可知

$$\frac{1+\mu}{6E}[(\sigma_1-\sigma_2)^2+(\sigma_2-\sigma_3)^2+(\sigma_3-\sigma_1)^2] = \frac{1+\mu}{6E}2\sigma_s^{\ 2}$$

整理得

$$\sqrt{\frac{1}{2}[(\sigma_1-\sigma_2)^2+(\sigma_2-\sigma_3)^2+(\sigma_3-\sigma_1)^2]} = \sigma_s$$

将σ_s除以安全系数得许用应力[σ]，于是，按第四强度理论得到的强度条件为

$$\sqrt{\frac{1}{2}[(\sigma_1-\sigma_2)^2+(\sigma_2-\sigma_3)^2+(\sigma_3-\sigma_1)^2]} \leqslant [\sigma] \tag{6-41}$$

钢、铜、铝等塑性材料的薄管试验表明，这一理论与试验结果相当接近，它比第三强度理论更符合试验结果。

5. 相当应力

可以把四个强度理论的强度条件写成统一形式，即

$$\sigma_r \leqslant [\sigma] \tag{6-42}$$

式中，σ_r 为相当应力。

相当应力由三个主应力按一定形式组合而成，实质上是一个抽象的概念，即 σ_r 是与复杂应力状态危险程度相当的单轴拉应力。按照第一强度理论到第四强度理论的顺序，相当应力分别为

$$\left.\begin{aligned} &\sigma_{r1}=\sigma_1 \\ &\sigma_{r2}=\sigma_1-\mu(\sigma_2+\sigma_3) \\ &\sigma_{r3}=\sigma_1-\sigma_3 \\ &\sigma_{r4}=\sqrt{\frac{1}{2}[(\sigma_1-\sigma_2)^2+(\sigma_2-\sigma_3)^2+(\sigma_3-\sigma_1)^2]} \end{aligned}\right\} \tag{6-43}$$

以上介绍了四种常用的强度理论，分别是针对脆性断裂和塑性屈服两种破坏形式建立的，是当前最常用的强度理论。一般情况下，常温、静荷载时，铸铁、石料、混凝土、玻璃等脆性材料，通常以断裂的形式失效，宜采用第一和第二强度理论；碳钢、铜、铝等塑性材料，通常以屈服的形式失效，宜采用第三和第四强度理论。

应该指出，不同材料固然可以发生不同形式的失效，但即使是同一材料，处于不同应力状态下也可能有不同的失效形式。因此，要注意特殊情况下按照可能发生的破坏形式和应力状态选择适宜的强度理论。例如，碳钢在单向拉伸下以屈服的形式失效，但碳钢制成的螺纹的根部因应力集中引起三向拉伸就会出现断裂。无论是塑性材料还是脆性材料，在三向拉应力 $\sigma_1 \geqslant \sigma_2 \geqslant \sigma_3 \geqslant 0$ 情况下，都以断裂的形式失效，应选用第一或第二强度理论；而在三向压应力情况下，不管什么材料，只可能屈服失效，应选用第三或第四强度理论。因此，我们把塑性材料和脆性材料理解为材料处于塑性状态或脆性状态更为确切些。

应用强度理论解决实际问题的步骤如下：

1）分析计算构件危险点上的应力。

2）确定危险点的主应力 σ_1、σ_2 和 σ_3。

3）选用适当的强度理论计算其相当应力 σ_r，然后运用强度条件 $\sigma_r \leqslant [\sigma]$ 进行强度计算。

例 6-9 有一铸铁制成的构件，其危险点的应力状态如图 6-31 所示，已知 $\sigma_x = 20\text{MPa}$，$\tau_x = 20\text{MPa}$，材料容许拉应力 $[\sigma]_t = 35\text{MPa}$，容许压应力为 $[\sigma]_c = 120\text{MPa}$，试校核此构件的强度。

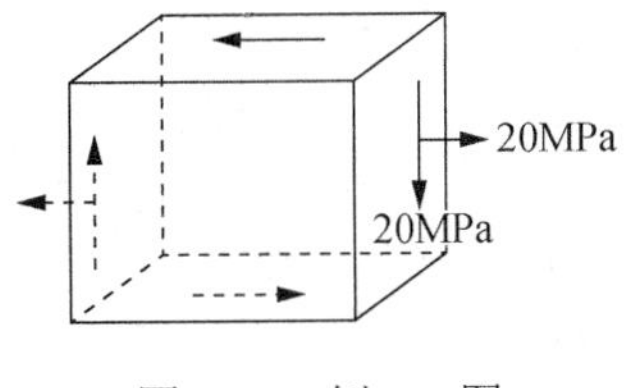

图 6-31 例 6-9 图

解： 首先计算危险点的主应力为

$$\sigma_1=\frac{\sigma_x}{2}+\sqrt{\left(\frac{\sigma_x}{2}\right)^2+{\tau_x}^2}=\frac{20}{2}+\sqrt{\left(\frac{20}{2}\right)^2+20^2}=10+22.4\approx 32.4\text{MPa}$$

$$\sigma_3=\frac{\sigma_x}{2}-\sqrt{\left(\frac{\sigma_x}{2}\right)^2+{\tau_x}^2}=\frac{20}{2}-\sqrt{\left(\frac{20}{2}\right)^2+20^2}=10-22.4\approx -12.4\text{MPa}$$

$$\sigma_2=0$$

因为铸铁为脆性材料，所以采用第一强度理论：

$$\sigma_{\text{r1}}=\sigma_1=32.4\text{MPa}<[\sigma_{\text{t}}]=35\text{MPa}$$

所以构件安全。

复习和小结

本章研究了平面应力状态下应力分析的解析法和图解法，并对三向应力状态进行了介绍，给出了三向应力状态下应力与应变的关系（广义胡克定律）。针对脆性断裂和塑性屈服这两类破坏形式，给出了解释材料脆性断裂的理论（最大拉应力理论、最大伸长线应变）和解释材料塑性屈服的理论（最大拉应力理论和形状改变能密度理论），以及各强度理论的适用范围。

1）由受力构件内任意一点在不同方位横截面上的应力状态，其主应力为

$$\sigma_{\max}=\frac{\sigma_x+\sigma_y}{2}+\sqrt{\left(\frac{\sigma_x-\sigma_y}{2}\right)^2+\tau_x^2}$$

$$\sigma_{\min}=\frac{\sigma_x+\sigma_y}{2}-\sqrt{\left(\frac{\sigma_x-\sigma_y}{2}\right)^2+\tau_x^2}$$

主平面的方位角为

$$\tan 2\alpha_0=-\frac{2\tau_x}{\sigma_x-\sigma_y}$$

2）广义胡克定律

$$\varepsilon_x=\frac{\sigma_x}{E}-\mu\frac{\sigma_y}{E}-\mu\frac{\sigma_z}{E}=\frac{1}{E}\left[\sigma_x-\mu(\sigma_y+\sigma_z)\right]$$

$$\varepsilon_y=\frac{\sigma_y}{E}-\mu\frac{\sigma_z}{E}-\mu\frac{\sigma_x}{E}=\frac{1}{E}\left[\sigma_y-\mu(\sigma_x+\sigma_z)\right]$$

$$\varepsilon_z=\frac{\sigma_z}{E}-\mu\frac{\sigma_y}{E}-\mu\frac{\sigma_x}{E}=\frac{1}{E}\left[\sigma_z-\mu(\sigma_y+\sigma_x)\right]$$

$$\gamma_{xy}=\frac{\tau_{xy}}{G},\qquad \gamma_{yz}=\frac{\tau_{yz}}{G},\qquad \gamma_{zx}=\frac{\tau_{zx}}{G}$$

3）应变能密度为

$$\upsilon_\varepsilon=\frac{1}{2E}[\sigma_1^2+\sigma_2^2+\sigma_3^2-2\mu(\sigma_1\sigma_2+\sigma_2\sigma_3+\sigma_3\sigma_1)]$$

4）强度理论。按照第一强度理论到第四强度理论的顺序，相当应力分别为

$$\sigma_{r1} = \sigma_1$$

$$\sigma_{r2} = \sigma_1 - \mu(\sigma_2 + \sigma_3)$$

$$\sigma_{r3} = \sigma_1 - \sigma_3$$

$$\sigma_{r4} = \sqrt{\frac{1}{2}[(\sigma_1 - \sigma_2)^2 + (\sigma_2 - \sigma_3)^2 + (\sigma_3 - \sigma_1)^2]}$$

思　考　题

1．从某压力容器表面上一点处取出的单元体如图 6-32 所示。已知 $\sigma_1 = 2\sigma_2$，试问是否存在 $\varepsilon_1 = 2\varepsilon_2$ 这样的关系？

2．三个单元体各面上的应力分量如图 6-33 所示。试问是否均处于平面应力状态？

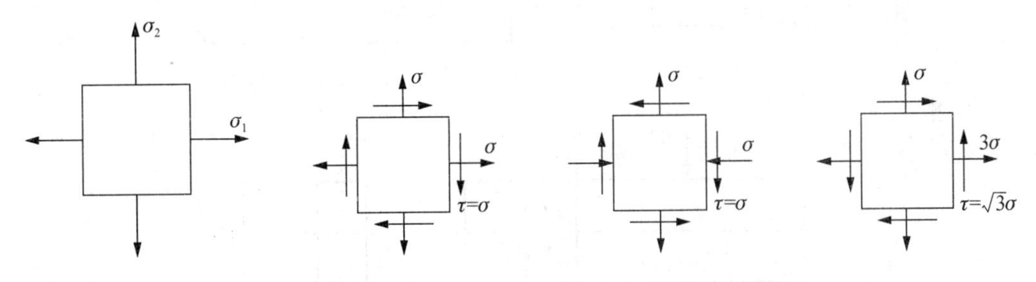

图 6-32　思考题 1 图　　　　图 6-33　思考题 2 图

3．在塑性材料制成的构件中，有图 6-34 所示的应力状态。若两者的 σ 和 τ 数值分别相等，试按第四强度理论分析比较两者的危险程度。

4．试分析单轴压缩的混凝土圆柱［图 6-35（a）］与在钢管内灌注混凝土并凝固后，在其上端施加均匀压力的混凝土圆柱［图 6-35（b）］，哪种强度大？为什么？

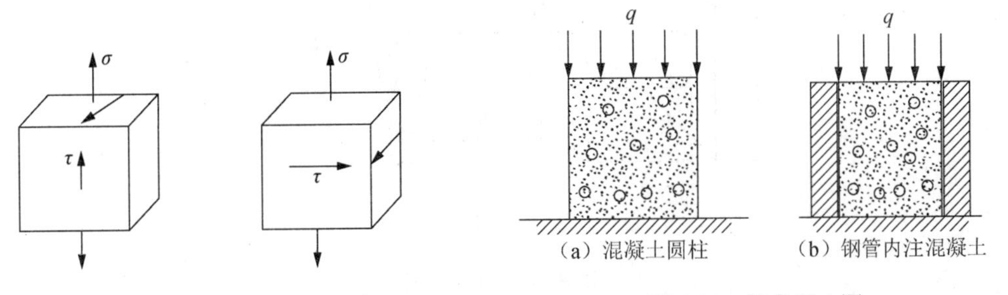

图 6-34　思考题 3 图　　　　图 6-35　思考题 4 图

5．什么是一点处的应力状态？为什么要研究应力状态问题？单元体有什么特点？

6．什么是广义胡克定律？

7．将沸水倒入厚玻璃杯中，玻璃杯内、外壁的受力状况如何？若因此发生破裂，试问破裂是从内壁开始还是从外壁开始，为什么？

8．目前四种常用强度理论的基本观点是什么？如何建立相应的强度条件？各适用于何种情况？

9．如何建立薄壁圆筒受内压时的周向与轴向正应力公式？应用条件是什么？如何建立相应强度条件？

习　题

1．试从图6-36所示各构件中A点和B点处取出单元体，并表明单元体各面上的应力。

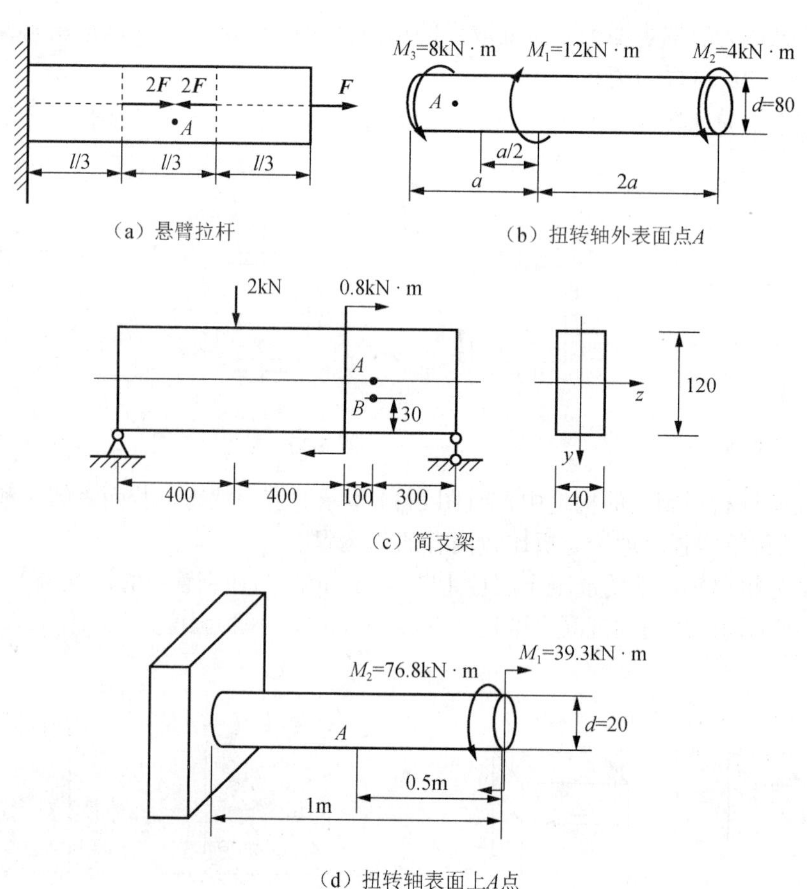

图6-36　习题1图

2．一横截面面积为A的铜制圆杆，两端固定，如图6-37所示。已知铜的线膨胀系数$\alpha_t = 2\times10^{-5}$℃$^{-1}$，弹性模量$E = 110\text{GPa}$，设铜杆温度升高50℃，试求铜杆上$A$点处单元体的应力状态。

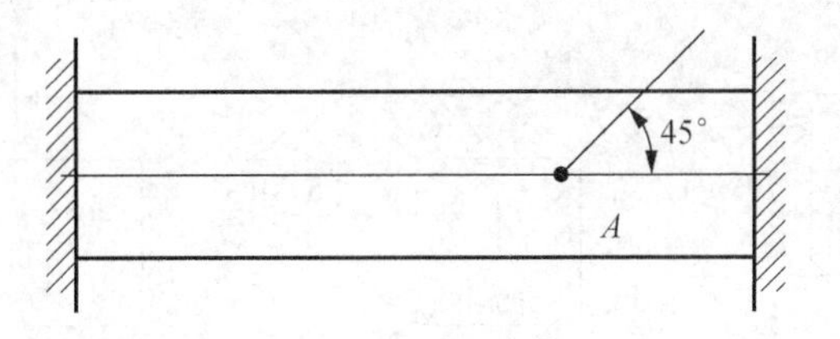

图 6-37　习题 2 图

3．试用应力圆的几何关系求图 6-38 所示悬臂梁距离自由端为 0.72m 的横截面上，在顶面以下 40mm 的一点处的最大及最小主应力，并求最大主应力与 x 轴之间的夹角。

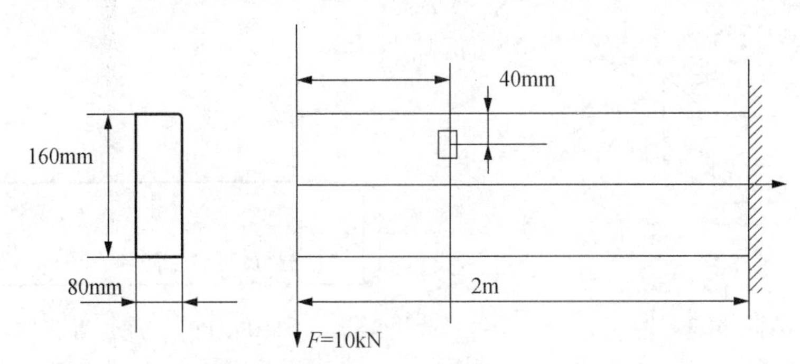

图 6-38　习题 3 图

4．各单元体如图 6-39 所示。试利用应力圆的几何关系求：

（1）主应力的数值；

（2）在单元体上绘出主平面的位置及主应力的方向。

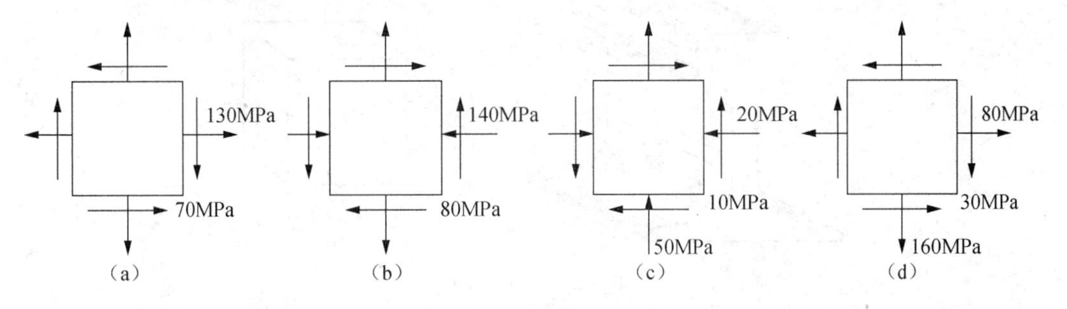

图 6-39　习题 4 图

5．单元体各面上的应力如图 6-40 所示。试用应力圆的几何关系求主应力及最大应力。

6．有一厚度为 6mm 的钢板在两个垂直方向受拉，拉应力分别为 150MPa 及 55MPa，如图 6-41 所示。钢材的弹性模量 $E = 210\text{GPa}$，$\mu = 0.25$。试求钢板厚度的减小值。

7．如图 6-42 所示，两端封闭的铸铁薄壁圆筒，其内径 $D = 100\text{mm}$，壁厚 $\delta = 10\text{mm}$，承受内压力 $p = 5\text{MPa}$，且在两端受轴向压力 $F = 100\text{kN}$ 的作用。材料的许用拉伸应力 $[\sigma_t] = 40\text{MPa}$，泊松比 $\mu = 0.25$。试按第二强度理论校核其强度。

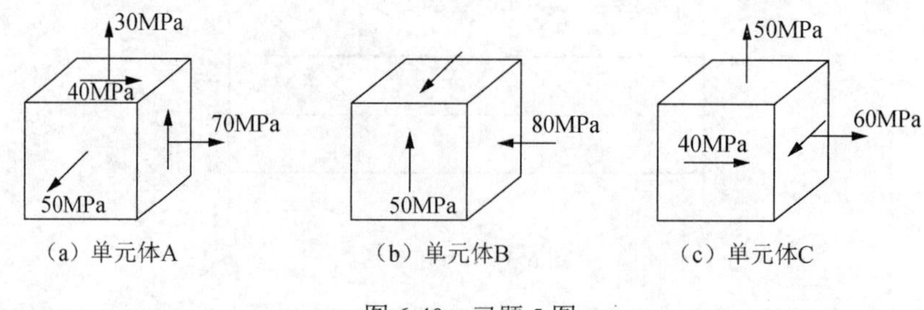

图 6-40　习题 5 图

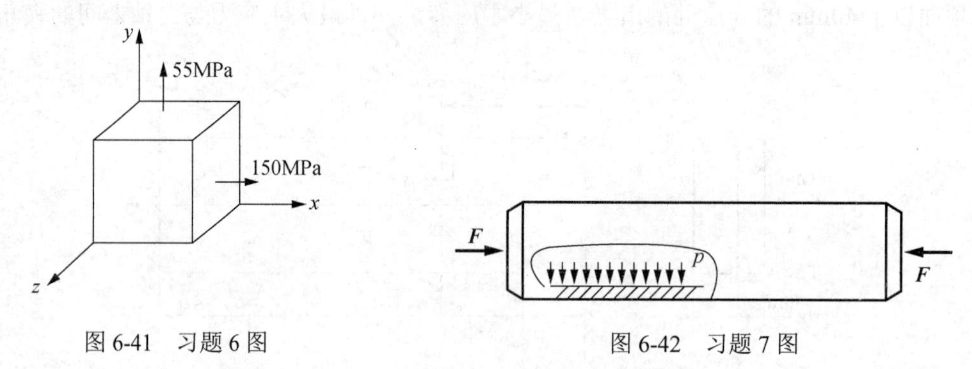

图 6-41　习题 6 图　　图 6-42　习题 7 图

8．如图 6-43 所示，已知钢轨与火车车轮接触点处的正应力 $\sigma_1 = -650\text{MPa}$，$\sigma_2 = -700\text{MPa}$，$\sigma_3 = -900\text{MPa}$。若钢轨的许用应力 $[\sigma] = 250\text{MPa}$，试按第三强度理论和第四强度理论校核其强度。

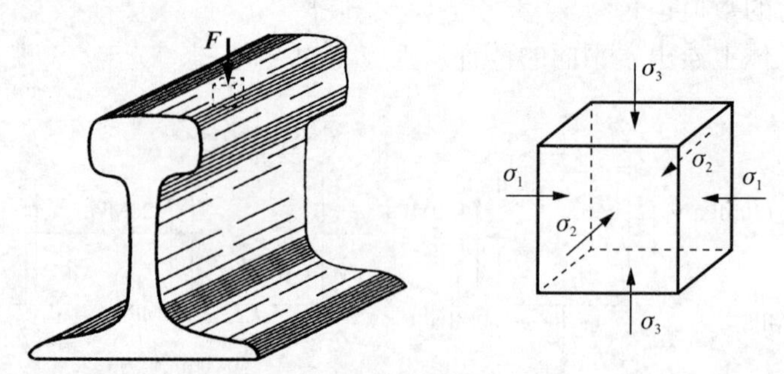

图 6-43　习题 8 图

9．已知图 6-44 所示单元体材料的弹性模量 $E = 200\text{GPa}$，$\mu = 0.3$。试求该单元体的形状改变能密度。

10．试画出图 6-45 所示构件中 A、B、C 三点的单元体应力示意图。

11．已知点的单元体应力状态如图 6-46 所示，试用解析法与图解法求指定横截面上的应力。

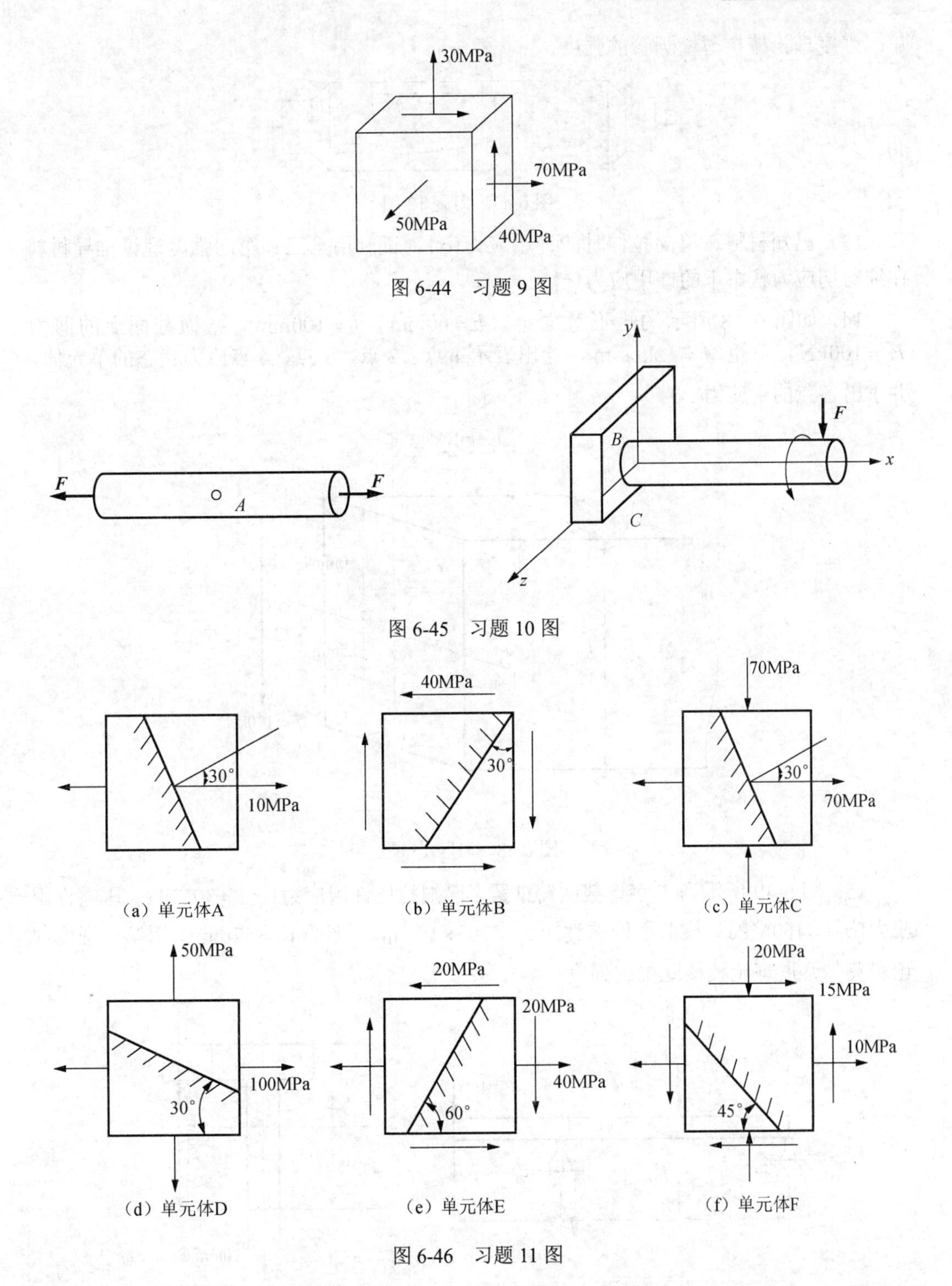

图 6-44　习题 9 图

图 6-45　习题 10 图

（a）单元体A　（b）单元体B　（c）单元体C

（d）单元体D　（e）单元体E　（f）单元体F

图 6-46　习题 11 图

12．铸铁薄壁圆管如图 6-47 所示。若管的外径为 200mm，厚度 $\delta = 15\text{mm}$，管内压力 $p = 4\text{MPa}$，$F = 200\text{kN}$。铸铁的拉伸许用压力 $[\sigma_t] = 30\text{MPa}$，$\mu = 0.25$。试用第一和

第二强度理论校核薄壁圆管的强度。

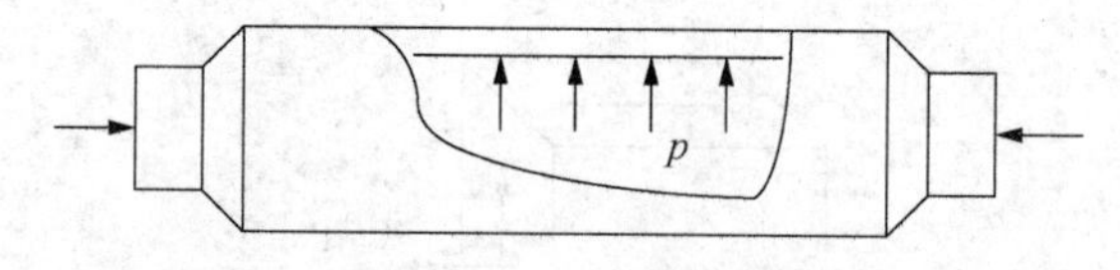

图 6-47　习题 12 图

13．已知材料在单向拉伸时的许用应力$[\sigma]$，试利用第三和第四强度理论推导材料在纯剪切应力状态下的许用应力$[\tau]$。

14．如图 6-48 所示的矩形截面梁，$b=60\text{mm}$，$h=100\text{mm}$，某横截面上的剪力$F_S=100\text{kN}$，弯矩$M=12\text{kN}\cdot\text{m}$，绘出表示 1 点、2 点、3 点、4 点应力状态的单元体，并求出各点的主应力。

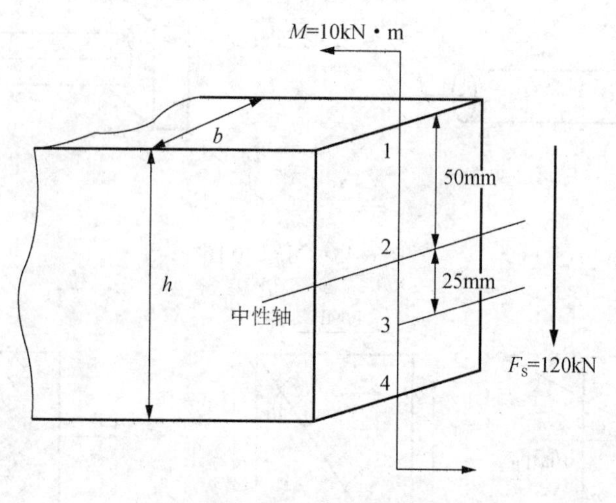

图 6-48　习题 14 图

15．图 6-49 所示为 T 字形截面铸铁梁。已知拉伸许用应力$[\sigma_t]=30\text{MPa}$，压缩许用应力$[\sigma_c]=160\text{MPa}$，横截面的惯性矩$I_z=763\times10^{-8}\text{m}^4$，形心$y_1=52\text{mm}$。用第一强度理论和莫尔强度理论校核此梁的强度。

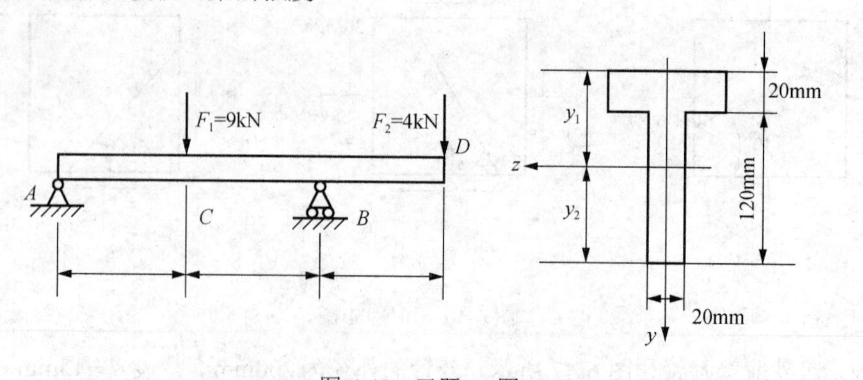

图 6-49　习题 15 图

16．图 6-50 所示油管，内径 $D=11\text{mm}$，壁厚 $\delta=8\text{mm}$，内压 $p=7.5\text{MPa}$，许用应力 $[\sigma_t]=100\text{MPa}$，试校核油管的强度。

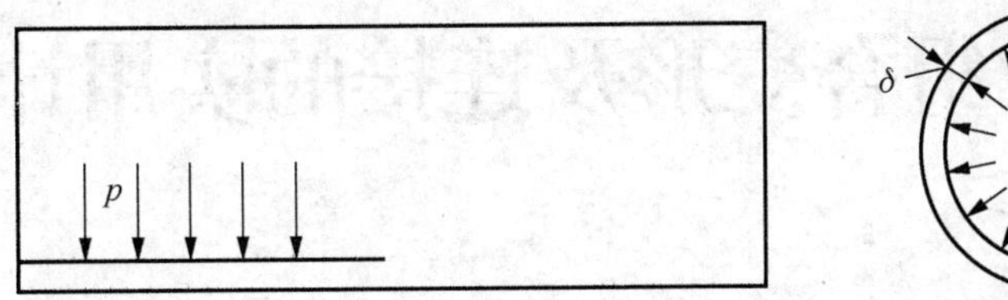

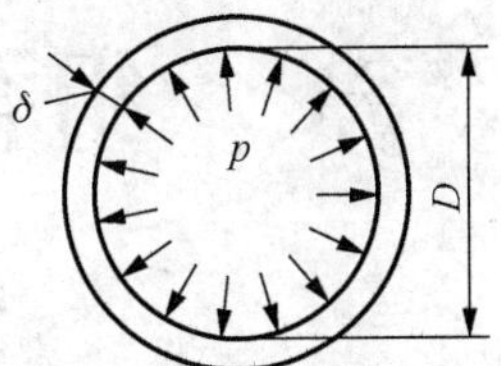

图 6-50　习题 16 图

17．图 6-51 所示铸铁构件，中段为一内径 D=200mm、壁厚 δ=10mm 的圆筒，内压 p=1MPa，两端的轴向压力 F=300kN，材料的泊松比 $\mu=0.25$，许用拉应力 $[\sigma_t]=30\text{MPa}$，试校核圆筒部分的强度。

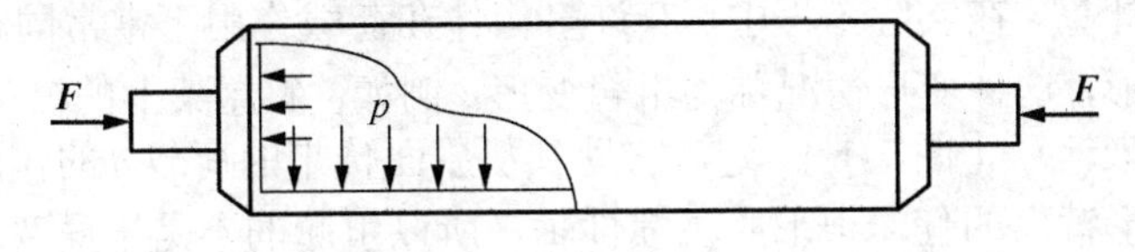

图 6-51　习题 17 图

第7章　组合变形及连接的实用计算

7.1　概　　念

在前面的章节中，分别研究了杆件在基本变形（拉伸、压缩、剪切、扭转、弯曲）时的强度和刚度计算。在实际工程中，有许多构件在荷载作用下常常同时发生两种或两种以上的基本变形，这种变形情况称为组合变形。例如，斜屋架上的檩条［图7-1（a）］，可以作为简支梁来计算［图7-1（b）］，它受到从屋面传来的荷载q的作用。但q的作用线并不通过工字形截面的任一根形心主惯性轴，所以引起的不是平面弯曲。若把q沿两个形心主惯性轴方向分解［图7-1（c）］，则引起沿两个方向的平面弯曲，这种情况称为斜弯曲或双向弯曲。又如，设有吊车的厂房柱子［图7-2（a）］，由屋架和吊车传给柱子的荷载$\boldsymbol{F}_1$、$\boldsymbol{F}_2$的合力一般不与柱子的轴线重合，而是有偏心［图7-2（b）中e_1和e_2］，如果将合力简化到轴线上，则附加力偶Fe_1和Fe_2将引起纯弯曲，所以这种情况是轴向压缩和纯弯曲的共同作用，称为偏心压缩。

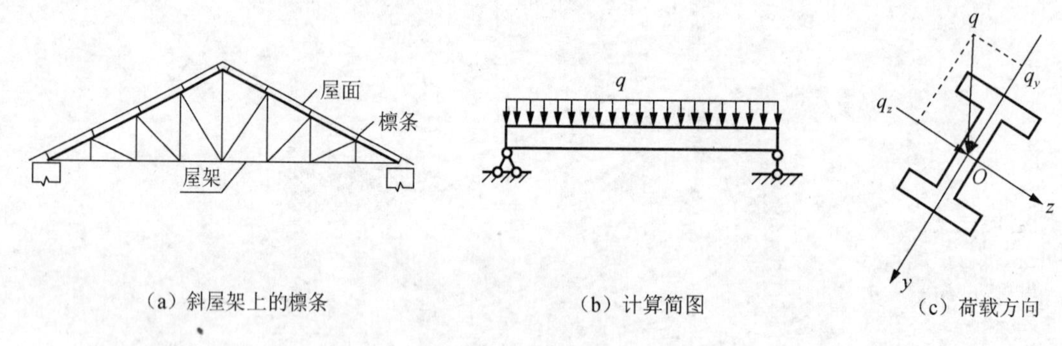

图7-1　斜弯曲

其他如卷扬机的机轴，同时承受扭转和弯曲的共同作用，楼梯的斜梁、烟囱、挡土墙等构件同时承受压缩和平面弯曲的共同作用等。

对发生组合变形的杆件计算应力和变形时，可先将荷载进行简化或分解，使简化或分解后的静力等效荷载，各自只引起一种简单变形，分别计算，再进行叠加，就得到原来的荷载所引起的组合变形的应力和变形。当然，必须满足小变形及力与位移间呈线性关系这两个条件才能应用叠加原理。

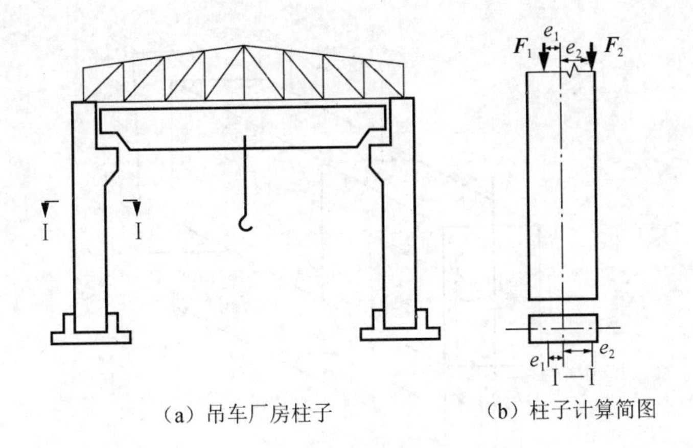

（a）吊车厂房柱子　　（b）柱子计算简图

图 7-2　偏心压缩

本章着重讨论斜弯曲、偏心压缩、拉伸（压缩）和弯曲、弯曲和扭转的组合作用等情况，至于其他形式的组合变形，其分析方法与上述几种情况相同。

在计算组合变形时，如果有一种变形是主要的，而其他变形形式所引起的应力或位移很小而可以忽略不计，则可将主要变形作为基本变形计算。

7.2　斜　弯　曲

对于横截面具有对称轴的梁，当外力作用在该对称轴与梁的轴线所组成的纵向对称平面内时，梁的轴线在变形后将变为一条平面曲线（挠曲线），且仍在外力作用平面内，这种变形形式称为平面弯曲。但当外力不作用在形心主轴纵向平面内时，如屋面檩条的受力情况（图 7-3），试验及理论研究指出，此时梁的挠曲线并不在荷载平面内，即不属于平面弯曲，这种弯曲称为斜弯曲。

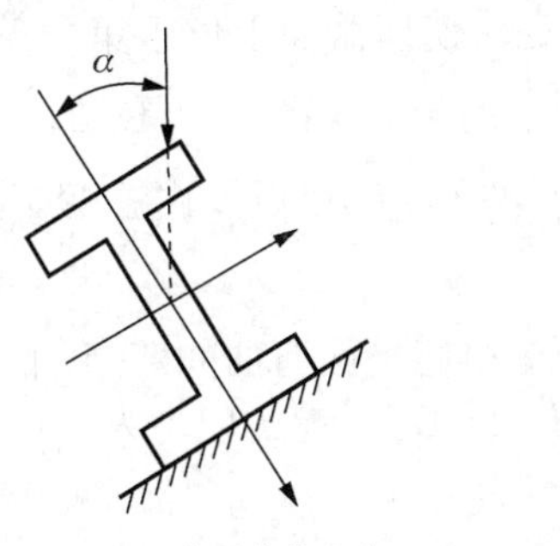

（a）工字形截面荷载方向

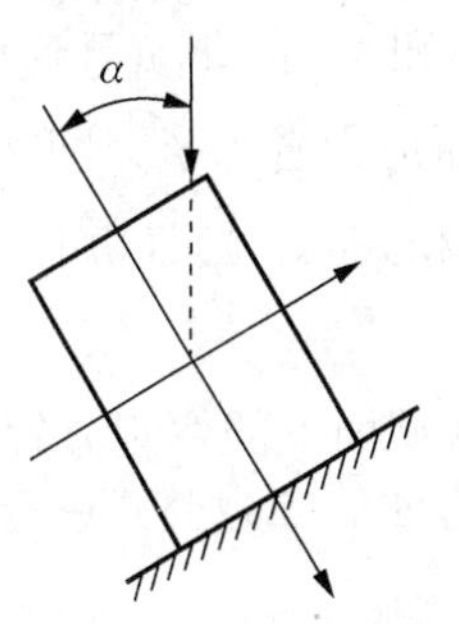

（b）矩形截面荷载方向

图 7-3　斜弯曲

现以矩形截面悬臂梁为例来说明斜弯曲的应力和变形的计算。设梁在自由端受集中力 $\boldsymbol{F}$ 作用，$\boldsymbol{F}$ 通过横截面形心并与 y 轴成 φ 角（图 7-4）。选取坐标系如图 7-4 所示，梁轴线作为 x 轴，两个对称轴分别作为 y 轴和 z 轴。

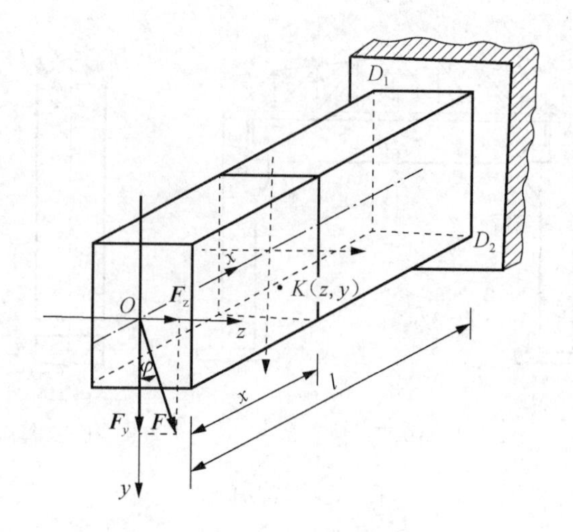

图 7-4 矩形截面悬臂梁

1. 应力

将 $\boldsymbol{F}$ 沿 y 轴和 z 轴分解为两个分力 $\boldsymbol{F}_y$ 和 $\boldsymbol{F}_z$，得

$$\left.\begin{aligned} F_y &= F\cos\varphi \\ F_z &= F\sin\varphi \end{aligned}\right\} \tag{7-1}$$

这两个分力分别引起沿铅垂面和水平面的平面弯曲。假设求距自由端任意距离 x 的横截面上任意点 K 的正应力，该点的坐标为（z，y）。

先求出 x 横截面的弯矩 M_z 和 M_y：

$$\left.\begin{aligned} M_z &= -F_y x = -F\cos\varphi\cdot x = M\cos\varphi \\ M_y &= -F_z x = -F\sin\varphi\cdot x = M\sin\varphi \end{aligned}\right\} \tag{7-2}$$

式中，$M=-Fx$，为 F 对 x 横截面的弯矩。

这里弯矩 M_z 和 M_y 的正负号这样规定：使横截面上位于第一象限的各点引起拉应力者为正，引起压应力者为负，图 7-4 所示的 M_z 和 M_y 均为负值。

由式（7-1）和式（7-2）可知，弯矩 M_z 和 M_y 也可以由总弯矩 M 沿两坐标轴按矢量分解而得。

由于已把 x 横截面上的弯矩分解为两个引起平面弯曲的弯矩，因此任一点 K 的正应力可以应用平面弯曲的应力公式进行计算。设 M_z 引起的应力为 $\sigma_{(y)}$，M_y 引起的应力为 $\sigma_{(z)}$，则有

$$\left.\begin{aligned} \sigma_{(y)} &= \frac{M_z}{I_z}y = \frac{-F\cos\varphi}{I_z}xy = \frac{M\cos\varphi}{I_z}y \\ \sigma_{(z)} &= \frac{M_y}{I_y}z = \frac{-F\sin\varphi}{I_y}xz = \frac{M\sin\varphi}{I_y}z \end{aligned}\right\} \tag{7-3}$$

应力的止负号也可以通过观察梁的变形来确定：如图 7-4 所示的情况，根据 M_z 和

M_y 所引起的梁的变形情况可知，K 点的正应力均是压应力，所以可写成

$$\left.\begin{aligned}\sigma_{(y)} &= -\frac{|M|\cos\varphi}{I_z}|y| \\ \sigma_{(z)} &= -\frac{|M|\sin\varphi}{I_y}|z|\end{aligned}\right\} \tag{7-4}$$

即 M 和 y、z 均取绝对值，而在应力表达式前冠以"+""−"号。

把式（7-3）的两式代数相加，就得到 K 点的应力为

$$\sigma = \sigma_{(y)} + \sigma_{(z)} = \frac{M_z}{I_z}y + \frac{M_y}{I_y}z \tag{7-5}$$

这就是计算斜弯曲正应力的公式。

在进行强度计算时，须先确定危险截面，然后在危险截面上确定危险点。对斜弯曲来说，与平面弯曲一样，通常也以弯矩引起的最大正应力来控制。所以对于图 7-4 所示的悬臂梁来说，危险截面显然在固定端，因为该处弯矩 M_z 和 M_y 的绝对值达到最大。至于要确定该横截面上的危险点的位置，则对于工程中常用的具有凸角而又有两条对称轴的横截面，如矩形、工字形等，根据其变形的判断，可知正的最大正应力 $\sigma_{\max}$ 发生在 D_1 点，负的最大正应力 $\sigma_{\min}$ 发生在 D_2 点，且 $y_{\max} = |y_{\min}|$，$z_{\max} = |z_{\min}|$，$\sigma_{\max} = |\sigma_{\min}|$，于是根据式（7-5），有

$$\sigma_{\max} = \frac{M_{z,\max}}{I_z}y_{\max} + \frac{M_{y,\max}}{I_y}z_{\max} \tag{7-6}$$

若材料抗拉与抗压的许用应力相同，其强度条件就可写为

$$\sigma_{\max} = \frac{M_{z,\max}}{W_z} + \frac{M_{y,\max}}{W_y} \leqslant [\sigma] \tag{7-7}$$

式中

$$W_z = \frac{I_z}{y_{\max}},\quad W_y = \frac{I_y}{z_{\max}} \tag{7-8}$$

对于不易确定危险点的横截面，如边界没有棱角而呈弧线的横截面，如图 7-5 所示，则需研究应力的分布规律。为此，将式（7-4）的两式相加，得到斜弯曲正应力的另一表达式：

$$\sigma = M\left(\frac{\cos\varphi}{I_z}y + \frac{\sin\varphi}{I_y}z\right) \tag{7-9}$$

式（7-9）表明，发生斜弯曲时，横截面上正应力是 y 和 z 的线性函数，所以它的分布规律是一个平面，如图 7-6 所示。此应力平面与 y、z 坐标平面（x 横截面）相交于一直线，在此直线上应力均等于零，所以该直线即为中性轴。

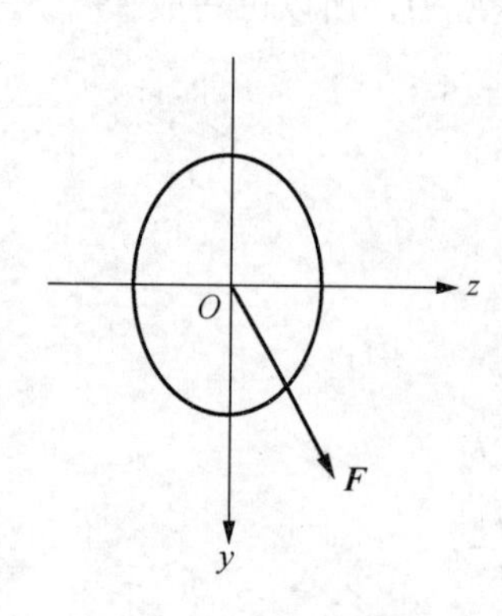

图 7-5　弧线边界横截面

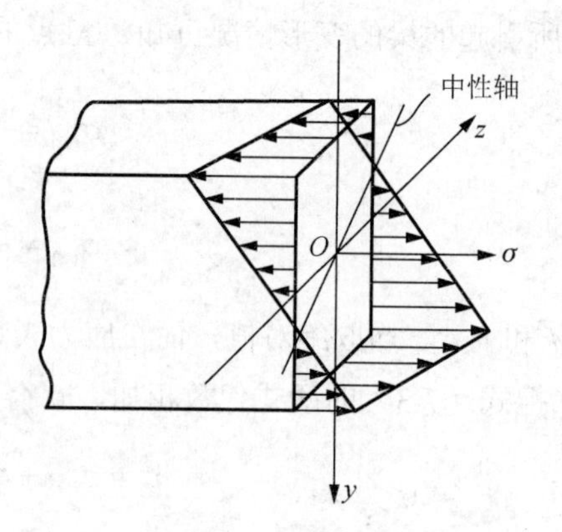

图 7-6　横截面正应力分布

现在来确定中性轴的位置，设中性轴上各点的坐标为 y_0、z_0，由于中性轴上应力等于零，因此把 y_0 和 z_0 代入 σ 的表达式（7-9），并令其等于零：

$$\sigma = M\left(\frac{\cos\varphi}{I_z}y_0 + \frac{\sin\varphi}{I_y}z_0\right) = 0 \tag{7-10}$$

由于 M 不等于零，因此得中性轴的方程为

$$\frac{\cos\varphi}{I_z}y_0 + \frac{\sin\varphi}{I_y}z_0 = 0 \tag{7-11}$$

这是一条通过形心的直线。设它与 z 轴的夹角为 α（图 7-7），则有

$$\tan\alpha = \frac{y_0}{z_0} = \frac{I_z}{I_y}\tan\varphi \tag{7-12}$$

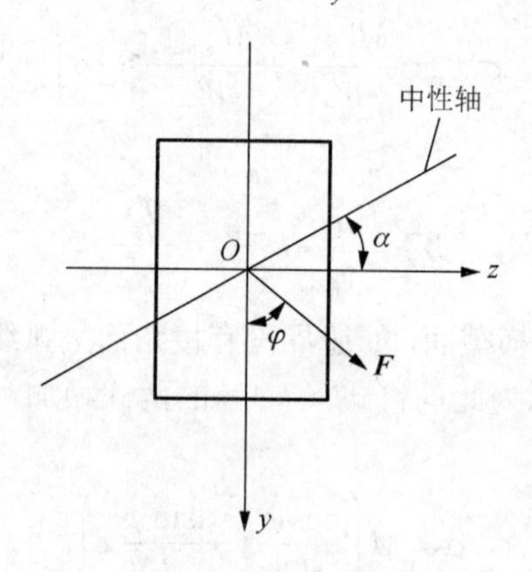

图 7-7　横截面中性轴

式（7-12）表明：①当力 $\boldsymbol{F}$ 通过第一、三象限时，中性轴通过第二、四象限；②中性轴与力 $\boldsymbol{F}$ 作用线并不垂直，这也是斜弯曲的特点。除非 $I_z = I_y$，即横截面的两个形心主惯性矩相等，如横截面为正多边形的情形，中性轴才与力 $\boldsymbol{F}$ 作用线垂直，而此时不论力 $\boldsymbol{F}$ 的 φ 为多少，梁所发生的总是平面弯曲，工程上常用的正方形或圆截面梁就是这种情况。

中性轴把截面划分为拉应力和压应力两个区域，当中性轴的位置确定后，就很容易确定应力最大的点，只需在横截面的周边上作两条与中性轴平行的切线，如图 7-8 所示，切点 E_1 和 E_2 即为距中性轴最远的点，其上应力的绝对值最大，其中一个是最大拉应力 σ_{max}，一个是最大压应力 σ_{min}（按代数值）。

把这两点的 y、z 坐标分别代入式（7-5），即可进行强度计算。

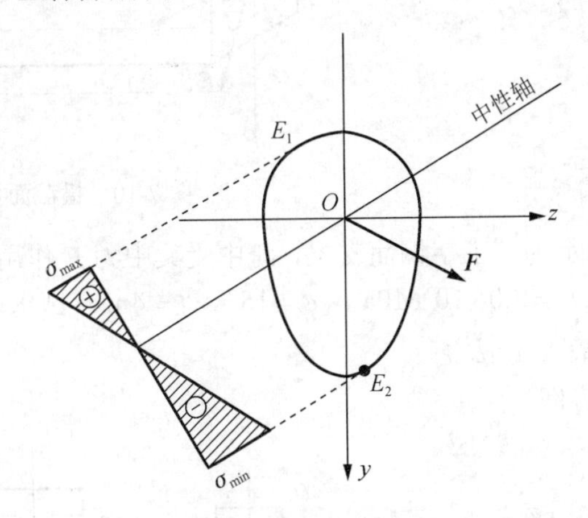

图 7-8　无棱角横截面中性轴

2. 变形

斜弯曲的变形计算也可采用叠加法。仍以图 7-4 所示的悬臂梁为例，设要求自由端的挠度 f。方法是先分别求出两个平面弯曲的挠度，如 y 方向的挠度 f_y 为

$$f_y = \frac{F_y l^3}{3EI_z} = \frac{F\cos\varphi l^3}{3EI_z} \tag{7-13}$$

z 方向的挠度 f_z 为

$$f_z = \frac{F_z l^3}{3EI_y} = \frac{F\sin\varphi l^3}{3EI_y} \tag{7-14}$$

总挠度 f 为上述两个挠度的矢量和（图 7-9），其大小为

$$f = \sqrt{f_y^2 + f_z^2} \tag{7-15}$$

将式（7-13）和式（7-14）的值代入式（7-15），即可求得 f 值。

至于总挠度 f 的方向，若设 f 与 y 轴的夹角为 β（图 7-9），则有

$$\tan\beta = \frac{f_z}{f_y} = \frac{F\sin\varphi l^3}{3EI_y} \cdot \frac{3EI_z}{F\cos\varphi l^3} = \frac{I_z}{I_y}\tan\varphi \tag{7-16}$$

此式表明，总挠度方向与力 $\boldsymbol{F}$ 方向不一致，即荷载平面不与挠曲线平面重合（图 7-10），这正是斜弯曲的特点。除非横截面的两个形心主惯性矩 $I_z = I_y$，此时 $\beta = \varphi$，荷载平面与挠曲线平面重合，这就是平面弯曲了。

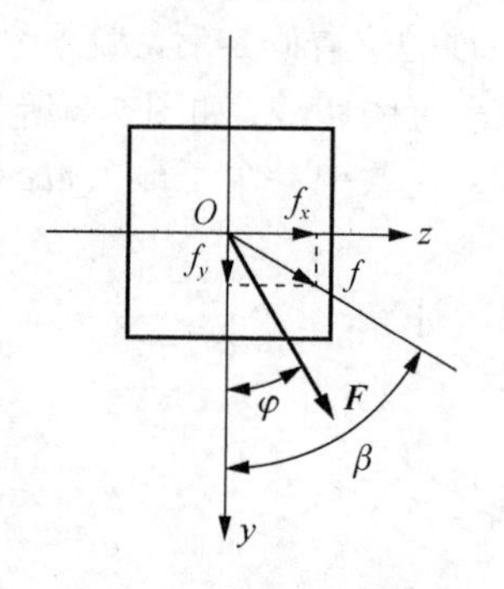

图 7-9　荷载平面与挠曲线平面

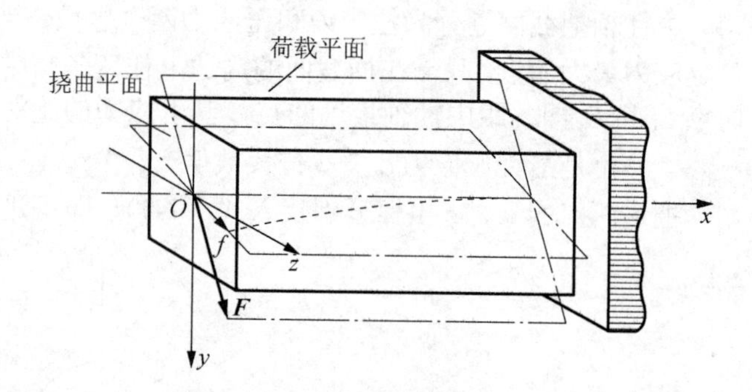

图 7-10　横截面挠度

例 7-1　图 7-11 所示为一工字钢简支梁，跨中受集中力 $\boldsymbol{F}$ 作用。设工字钢的型号为 22b。已知 $F = 20\text{kN}$，$E = 2.0\times10^5\text{MPa}$，$\varphi = 15°$，$l = 4\text{m}$。试求：

1）危险截面上的最大正应力；

2）最大挠度及其方向。

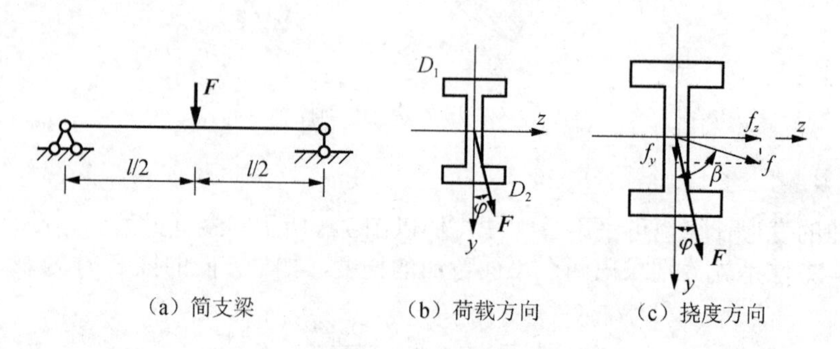

（a）简支梁　（b）荷载方向　（c）挠度方向

图 7-11　例 7-1 图

解： 1）计算最大正应力 $\sigma_{\max}$。先把荷载沿 z 轴和 y 轴分解为两个分量：

$$F_z = F\sin\varphi\,,\quad F_y = F\cos\varphi$$

危险截面在跨中，其最大弯矩分别为

$$M_{z,\max} = \frac{1}{4}F_y l = \frac{1}{4}F\cos\varphi l$$

$$M_{y,\max} = \frac{1}{4}F_z l = \frac{1}{4}F\sin\varphi l$$

根据上述两个弯矩的转向，可知最大应力发生在 D_1 和 D_2 两点［图 7-11（b）］，其中 D_1 为最大压应力的作用点，D_2 为最大拉应力的作用点。两点应力的绝对值相等，所以计算一点即可，如计算 D_2 点：

$$\sigma_{\max} = \frac{M_{z,\max}}{W_z} + \frac{M_{y,\max}}{W_y}$$

由型钢表查得 $W_z = 325\text{cm}^3$，$W_y = 42.7\text{cm}^3$，代入上式，得

$$\sigma_{max} = \frac{Fl}{4}\left(\frac{\cos\varphi}{W_z} + \frac{\sin\varphi}{W_y}\right) = \frac{20\times10^3\,\text{N}\times4\text{m}}{4}\times\left(\frac{\cos15^\circ}{325\times10^{-6}\,\text{m}^3} + \frac{\sin15^\circ}{42.7\times10^{-6}\,\text{m}^3}\right) = 181\text{MPa}$$

2）计算最大挠度 f 及其方向。先分别算出沿 z 轴和 y 轴方向的挠度分量：

$$f_z = \frac{F_z l^3}{48EI_y} = \frac{F\sin\varphi l^3}{48EI_y}，\quad f_y = \frac{F_y l^3}{48EI_z} = \frac{F\cos\varphi l^3}{48EI_z}$$

根据式（7-15），总挠度为

$$f = \sqrt{f_y^2 + f_z^2} = \frac{Fl^3}{48EI_z}\sqrt{\left(\frac{I_z}{I_y}\right)^2 \sin^2\varphi + \cos^2\varphi}$$

由型钢表查得 $I_z = 3570\text{cm}^4$，$I_y = 239\text{cm}^4$，代入上式，得

$$f = \frac{20\times10^3\,\text{N}\times4^3\,\text{m}^3}{48\times200\times10^9\,\text{Pa}\times3570\times10^{-8}\,\text{m}^4}\times\sqrt{\left(\frac{3570}{239}\right)^2 \sin^2 15^\circ + \cos^2 15^\circ} = 0.015\text{m} = 15\text{mm}$$

设总挠度 f 与 y 轴的夹角为 β [图 7-11（c）]，则根据式（7-16）有

$$\tan\beta = \frac{I_z}{I_y}\tan\varphi = \frac{3570}{239}\tan15^\circ = 4.002$$

所以 $\beta = 76^\circ$。

3）作为比较，设力 $\boldsymbol{F}$ 的方向与 y 轴重合，即发生的是绕 z 轴的平面弯曲，试求此情况下的最大正应力 σ_{max} 和最大挠度 f。

此时，D_1 和 D_2 两点的应力仍是最大的，其值为

$$\sigma_{max}^0 = \frac{M}{W_z} = \frac{Fl}{4W_z} = \frac{20\times10^3\,\text{N}\times4\text{m}}{4\times325\times10^{-6}\,\text{m}^3} = 61.5\text{MPa}$$

将斜弯曲时的最大应力与此应力比较，得

$$\frac{\sigma_{max}}{\sigma_{max}^0} = \frac{181}{61.5} \approx 3$$

最大挠度 f^0 为

$$f^0 = \frac{Fl^3}{48EI_z} = \frac{20\times10^3\,\text{N}\times4^3\,\text{m}^3}{48\times200\times10^9\,\text{Pa}\times3570\times10^{-8}\,\text{m}^4} = 3.74\text{mm}$$

将斜弯曲时的最大挠度 f 与 f^0 比较，得

$$\frac{f}{f^0} = \frac{15}{3.74} \approx 4$$

由上述比较可见，当 I_z 较 I_y 大得多时，力的作用方向与主惯性轴稍有偏离，则最大应力和最大挠度将比没有偏离时的平面弯曲增大很多。例如，本例力 $\boldsymbol{F}$ 仅偏离 15°，而最大应力和最大挠度分别为平面弯曲时的 3 倍和 4 倍，所以对于两个主惯性矩相差较大的梁，应尽量避免斜弯曲的发生。

7.3 拉伸（压缩）与弯曲的组合

7.3.1 横向力与轴向力共同作用

等直杆受横向力与轴向力共同作用时，杆将发生弯曲与拉伸（压缩）组合变形。对于弯曲刚度 EI 较大的杆，由于横向力引起的挠度与横截面的尺寸相比很小，因此，由轴向力在相应挠度上引起的弯矩可以忽略不计。于是，可分别计算由横向力和轴向力引起的杆横截面上的正应力，按叠加原理求其代数和，即得在拉伸（压缩）和弯曲组合变形下，杆横截面上的正应力。

图 7-12 表示由两根槽钢组成的杆件的计算简图，在其纵对称面内有横向力 $\boldsymbol{F}$ 和轴向力 $\boldsymbol{F}_{\mathrm{t}}$ 共同作用。在轴向力 $\boldsymbol{F}_{\mathrm{t}}$ 作用下，杆各个横截面上有相同的轴力 $\boldsymbol{F}_{\mathrm{N}}=\boldsymbol{F}_{\mathrm{t}}$；而在横向力作用下，梁跨中横截面上的弯矩为最大，$M_{\max}=\dfrac{Fl}{4}$。因而，跨中横截面是杆的危险截面。

与轴力 $\boldsymbol{F}_{\mathrm{N}}$ 相应的拉伸正应力 σ_{t} 在该横截面上均匀分布，其值为

$$\sigma_{\mathrm{t}}=\frac{F_{\mathrm{N}}}{A}=\frac{F_{\mathrm{t}}}{A}$$

而与 $M_{\max}$ 相应的最大弯曲正应力 σ_{b}，发生在该横截面的上、下边缘处，其绝对值为

$$\sigma_{\mathrm{b}}=\frac{M_{\max}}{W}=\frac{Fl}{4W}$$

在危险截面上与 $\boldsymbol{F}_{\mathrm{N}}$、$M_{\max}$ 相对应的正应力沿横截面高度的变化规律分别如图 7-12（b）和（c）所示。将弯曲正应力与拉伸正应力叠加，正应力沿横截面高度的变化规律按 σ_{b} 和 σ_{t} 值的相对大小如图 7-12（d）和（e）所示。显然，杆件的最大正应力是危险截面下边缘各点处的拉应力，其值为

$$\sigma_{\mathrm{t,max}}=\frac{F_{\mathrm{t}}}{A}+\frac{Fl}{4W}$$

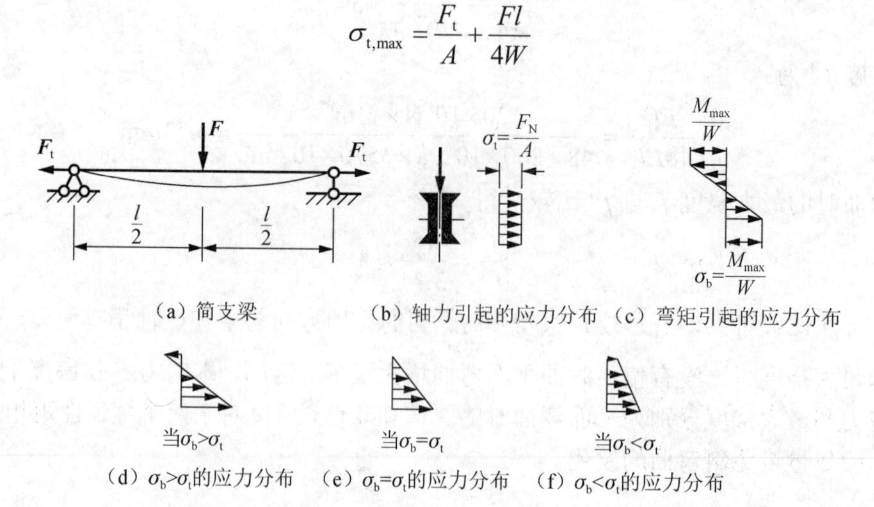

图 7-12 拉伸与弯曲组合变形

由于危险点处的应力状态为单轴应力状态，因此可按正应力强度条件进行计算。

应该注意，当材料的许用拉应力和许用压应力不相等时，杆内的最大拉应力和最大压应力必须分别满足杆件的拉、压强度条件。

7.3.2　偏心拉伸（压缩）的应力计算

杆件受到平行于轴线但不与轴线重合的力作用时［图 7-13（a）］，引起的变形称为偏心拉伸（压缩）。图 7-2 所示的装有吊车的厂房柱即为此种变形。

现以图 7-13（a）所示矩形截面杆在 A 点受拉力 $\boldsymbol{F}$ 作用的情况为例来说明应力的计算。设力 $\boldsymbol{F}$ 作用点的坐标为 y_F 和 z_F。现将力 $\boldsymbol{F}$ 简化到横截面的形心 O，于是得到轴力 $\boldsymbol{F}$ 和两个弯矩 M_y、M_z，从而引起轴向拉伸和两个平面弯曲的组合［图 7-13（b）］，其中两个弯矩分别为

$$M_y = Fz_F,\quad M_z = Fy_F \tag{7-17}$$

它们引起的正应力分别为

$$\sigma_{(z)} = \frac{M_y}{I_y}z = \frac{Fz_F z}{I_y} \tag{7-18}$$

$$\sigma_{(y)} = \frac{M_z}{I_z}y = \frac{Fy_F y}{I_z} \tag{7-19}$$

轴力 $\boldsymbol{F}$ 引起的正应力为

$$\sigma_{\mathrm{t}} = \frac{F}{A} \tag{7-20}$$

在上述各式中，F 为拉力时取正，压力时取负；弯矩 M_y 和 M_z 的正负号这样规定：使横截面上位于第一象限的各点产生拉应力者为正，产生压应力者为负。图 7-13（b）中的 M_y 和 M_z 均为正。

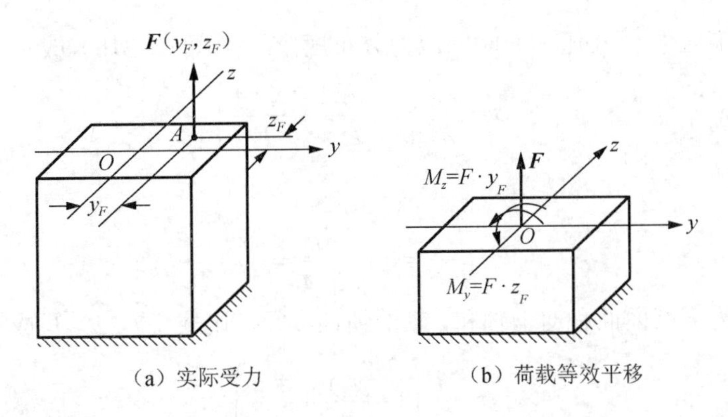

图 7-13　偏心拉伸（压缩）

相应的应力分布情况绘于图 7-14，其中图 7-14（a）为式（7-20）所表达的情况，图 7-14（b）和（c）分别为式（7-18）和式（7-19）所表达的情况。

将上述三项应力代数相加即得偏心拉伸（压缩）的总应力：

$$\sigma = \sigma_{(z)} + \sigma_{(y)} + \sigma_{\mathrm{t}} = \frac{M_y}{I_y}z + \frac{M_z}{I_z}y + \frac{F}{A} \tag{7-21a}$$

或

$$\sigma = \frac{F}{A} + \frac{Fy_F y}{I_z} + \frac{Fz_F z}{I_y} \tag{7-21b}$$

其应力分布图如图 7-14（d）所示。

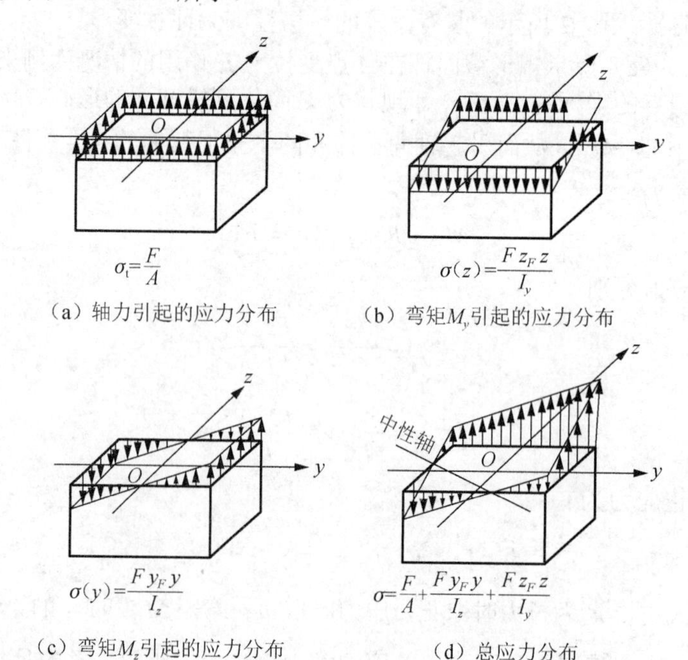

（a）轴力引起的应力分布　（b）弯矩M_y引起的应力分布

（c）弯矩M_z引起的应力分布　（d）总应力分布

图 7-14　应力分布

现来讨论偏心拉伸（压缩）时的应力分布规律。将式（7-21b）改写成

$$\sigma = \frac{F}{A}\left(1 + \frac{y_F yA}{I_z} + \frac{z_F zA}{I_y}\right) \tag{7-22}$$

再利用关系

$$\sqrt{\frac{I_y}{A}} = i_y,\quad \sqrt{\frac{I_z}{A}} = i_z \tag{7-23}$$

式中，i_y 和 i_z 为横截面面积对 y 轴和 z 轴的惯性半径，则式（7-22）写成

$$\sigma = \frac{F}{A}\left(1 + \frac{y_F y}{i_z^2} + \frac{z_F z}{i_y^2}\right) \tag{7-24}$$

式（7-24）表明应力是 y 和 z 的一次函数，即其分布规律是一个平面。此平面与坐标 zy 平面的交线为一条直线，其上应力等于零，称为中性轴。令中性轴上任一点的坐标为 y_0、 z_0，则将它们代入式（7-24）得到的应力都应等于零，即

$$\sigma_{y_0,z_0}=\frac{F}{A}\left(1+\frac{y_F y_0}{i_z^2}+\frac{z_F z_0}{i_y^2}\right)=0 \tag{7-25}$$

由此得中性轴的方程为

$$1+\frac{y_F y_0}{i_z^2}+\frac{z_F z_0}{i_y^2}=0 \tag{7-26}$$

此方程表明，中性轴是一条不通过坐标原点（横截面形心）的直线。欲确定它的位置，可求出它在两坐标轴上的截距。

分别令式（7-26）中的 $y_0=0$、$z_0=0$，得直线在 z 轴和 y 轴上的截距为

$$\left.\begin{aligned} a_z&=-\frac{i_y^2}{z_F}\\ a_y&=-\frac{i_z^2}{y_F}\end{aligned}\right\} \tag{7-27}$$

式（7-27）等号右边的负值表明，若力 $\boldsymbol{F}$ 作用点的坐标 y_F 和 z_F 均为正号，则中性轴的两个截距都是负的，即中性轴与力作用点必分别处于截面形心的两侧。

中性轴把横截面划分为拉应力和压应力两个区域，一旦中性轴的位置确定，就很容易确定危险点的位置，只要选取离中性轴最远的点即可。其中一个是最大拉应力作用点，一个是最大压应力作用点，如图 7-15 中的 D_1 和 D_2 点。

把危险点的坐标代入式（7-21）或式（7-22），即可求得最大应力。选取其中绝对值最大的应力作为强度计算的依据。强度条件为

$$\sigma=\left|\frac{F}{A}+\frac{M_z}{I_z}y_{\max}+\frac{M_y}{I_y}z_{\max}\right|_{\max}\leqslant[\sigma] \tag{7-28a}$$

或

$$\sigma=\left|\frac{F}{A}\left(1+\frac{y_F y_{\max}}{i_z^2}+\frac{z_F z_{\max}}{i_y^2}\right)\right|_{\max}\leqslant[\sigma] \tag{7-28b}$$

若材料的许用拉应力$[\sigma]_t$和许用压应力$[\sigma]_c$不等，则须分别对最大拉应力和最大压应力进行强度计算。

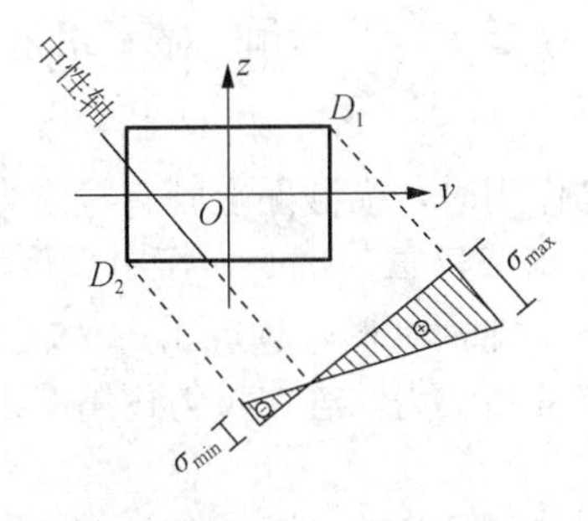

图 7-15　横截面中性轴

例 7-2 图 7-16（a）所示为一矩形截面混凝土短柱，受偏心压力 $\boldsymbol{F}$ 的作用，作用点在 y 轴上，偏心距为 y_F［图 7-16（c）］。已知：$F=100\text{kN}$，$y_F=40\text{mm}$，$h=120\text{mm}$，$b=200\text{mm}$。试求任一横截面 $m—n$ 上的应力。

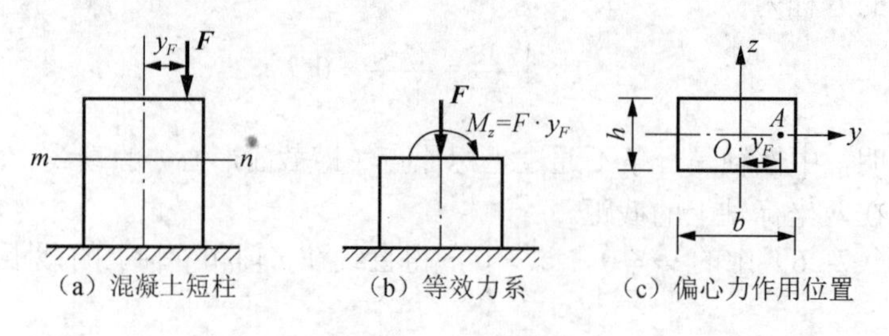

（a）混凝土短柱　（b）等效力系　（c）偏心力作用位置

图 7-16　例 7-2 图

解： 将力 $\boldsymbol{F}$ 简化到截面形心 O［图 7-16（b）和（c）］，得轴力 $\boldsymbol{F}$ 和弯矩 $M_z=Fy_F$，应用式（7-21a），得

$$\sigma=\frac{M_y}{I_y}z+\frac{M_z}{I_z}y+\frac{F}{A}$$

对于此例，

$$F=-100\text{kN}，\ M_z=Fy_F=-100\times10^3\text{N}\times40\times10^{-3}\text{m}=-4000\text{N}\cdot\text{m}$$

$$M_y=0，\ A=bh=200\times120\times10^{-6}=24000\times10^{-6}\text{m}^2$$

$$I_z=\frac{hb^3}{12}=\frac{1}{12}\times120\times200^3\times10^{-12}\text{m}^4=80\times10^{-6}\text{m}^4$$

最大应力发生在横截面的左右边界上，该处 $y=\mp\frac{b}{2}=\mp100\text{mm}$。将上述数据代入式（7-21a），得

$$\sigma_{\max}=\frac{F}{A}+\frac{M_z}{I_z}\left(-\frac{b}{2}\right)=\frac{-100\times10^3\text{N}}{24000\times10^{-6}\text{m}^2}+\frac{(-4000)\text{N}\cdot\text{m}}{80\times10^{-6}\text{m}^4}\times\left(-\frac{200\times10^{-3}}{2}\right)\text{m}\approx0.83\text{MPa}$$

$$\sigma_{\min}=\frac{F}{A}+\frac{M_z}{I_z}\left(\frac{b}{2}\right)=\frac{-100\times10^3\text{N}}{24000\times10^{-6}\text{m}^2}+\frac{(-4000)\text{N}\cdot\text{m}}{80\times10^{-6}\text{m}^4}\times\left(\frac{200\times10^{-3}}{2}\right)\text{m}\approx-9.17\text{MPa}$$

7.4　截面核心

杆件受偏心拉（压）力 $\boldsymbol{F}$ 作用时，横截面上既有拉应力又有压应力，这两种应力区的分界线即为中性轴，而中性轴的位置与偏心力作用点离形心的距离（坐标 y_F 和 z_F）有关。力作用点离形心越近，中性轴离形心越远［式（7-27)］，甚至在横截面的外边。此时，横截面上只产生一种符号的应力，若在拉力作用下，全部是拉应力；在压力作用下，全部是压应力。

另外，在工程中，有不少材料抗拉性能差，但抗压性能好且价格比较便宜，如砖、石、混凝土、铸铁等，因此适于制作长期承受压力的杆件。但由于这类材料抗拉性能差，因此在使用时要求在整个横截面上不产生拉应力，这就必须限制压力作用点的位置，使得相应的中性轴不要通过横截面，而是在横截面外边，至多与横截面的外边界点相切。这里，外边界点是指过该点的切线不通过横截面。如图 7-17 中的①、②、③等为与横截面的外边界相切的中性轴，横截面内 1、2、3 等为相应于中性轴①、②、③的压力作用点的位置。

由图 7-17 可见，以横截面上外边界点的切线作为中性轴，绕横截面边界转一圈时，横截面内相应地有无数个力作用点，这无数个点连成的轨迹为一条包围形心的封闭曲线，当压力作用点位于这条曲线上时，相应的中性轴与横截面的外边界点相切，当压力作用点位于曲线以内时（图 7-17 上阴影部分），中性轴移到横截面外面，即横截面上只产生压应力。这个阴影区称为截面核心。所以，截面核心是指包含截面形心在内的一个区域，当压力作用在该区域内时，横截面上只产生压应力。

当偏心力作用在截面核心的边界上时，对应的中性轴正好与横截面的周边相切，利用这一关系来确定截面核心。下面举例说明截面核心的具体作法。

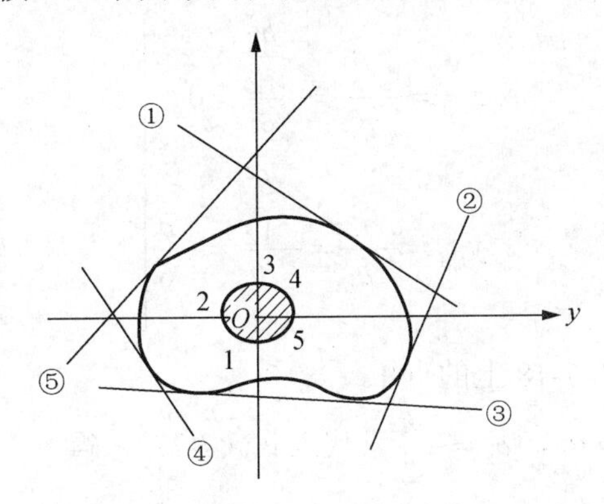

图 7-17 截面核心

例 7-3 图 7-18 所示为一矩形截面，已知两边长分别为 b 和 h，作截面核心。

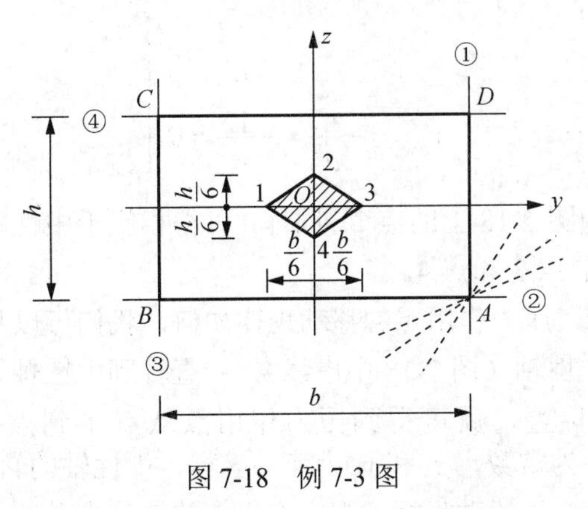

图 7-18 例 7-3 图

解: 根据截面核心的概念，我们可以作一系列的横截面外边界点的切线作为中性轴，然后求与这些中性轴相应的压力作用点。例如，先作与矩形四边重合的四条中性轴①、

②、③和④，利用式（7-27），得

$$z_F = \frac{i_y^2}{a_z}，\quad y_F = \frac{i_z^2}{a_y}$$

式中，

$$\left.\begin{aligned} i_y^2 &= \frac{I_y}{A} = \frac{\frac{bh^3}{12}}{bh} = \frac{h^2}{12} \\ i_z^2 &= \frac{I_z}{A} = \frac{\frac{hb^3}{12}}{bh} = \frac{b^2}{12} \end{aligned}\right\} \tag{7-29}$$

其中，a_z 和 a_y 为中性轴的截距；z_F 和 y_F 为相应的压力作用点的坐标。

对中性轴①，有 $a_y = \frac{b}{2}$，$a_z = \infty$，代入式（7-27），得

$$\left.\begin{aligned} z_{F,1} &= -\frac{i_y^2}{a_z} = -\frac{\frac{h^2}{12}}{\infty} = 0 \\ y_{F,1} &= -\frac{i_z^2}{a_y} = -\frac{\frac{b^2}{12}}{\frac{b}{2}} = -\frac{b}{6} \end{aligned}\right\} \tag{7-30}$$

即相应的压力作用点为图 7-18 上的点 1。

对中性轴②，有 $a_y = \infty$，$a_z = -\frac{h}{2}$，代入式（7-27），得

$$\left.\begin{aligned} z_{F,2} &= -\frac{i_y^2}{a_z} = -\frac{\frac{h^2}{12}}{-\frac{h}{2}} = \frac{h}{6} \\ y_{F,2} &= -\frac{i_z^2}{a_y} = -\frac{\frac{b^2}{12}}{\infty} = 0 \end{aligned}\right\} \tag{7-31}$$

即相应的压力作用点为图 7-18 上的点 2。同理，可得相应于中性轴③和④的压力作用点的位置，如图 7-18 上的点 3 和点 4。

至于由点 1 到点 2，压力作用点的移动规律如何，我们可以从中性轴①开始，绕横截面角点 A 作一系列中性轴（图 7-18 中虚线），一直转到中性轴②，求出这些中性轴所对应的压力作用点的位置，就可得到压力作用点从点 1 到点 2 的移动轨迹。根据式（7-26），设 z_F 和 y_F 为常数，z_0 和 y_0 为流动坐标，中性轴的轨迹是一条直线。反之，若 z_0 和 y_0 常数，z_F 和 y_F 为流动坐标，则力作用点的轨迹也是一条直线。现在，过角点

A 的所有中性轴有一个公共点 F，它的坐标 $\left(\dfrac{b}{2},-\dfrac{h}{2}\right)$ 为常数，相当于式（7-26）中的 z_0 和 y_0，而需求的压力作用点的轨迹，则相当于流动坐标 z_F 和 y_F。于是可知，横截面上从点 1 到点 2 的轨迹是一条直线。同理可知，当中性轴由②绕角点 B 转到③，由③绕角点 C 转到④时，压力作用点由点 2 到点 3，由点 3 到点 4 的轨迹，都是直线。最后得到一个菱形（图 7-18 中的阴影区）。也就是说，矩形截面的截面核心为一菱形，其对角线的长度为横截面边长的 1/3。所以当矩形截面杆承受偏心压力时，欲使横截面上只产生压应力，则压力作用点必在上述菱形范围内。

例 7-4　图 7-19 所示为一圆截面，直径为 d，试作截面核心。

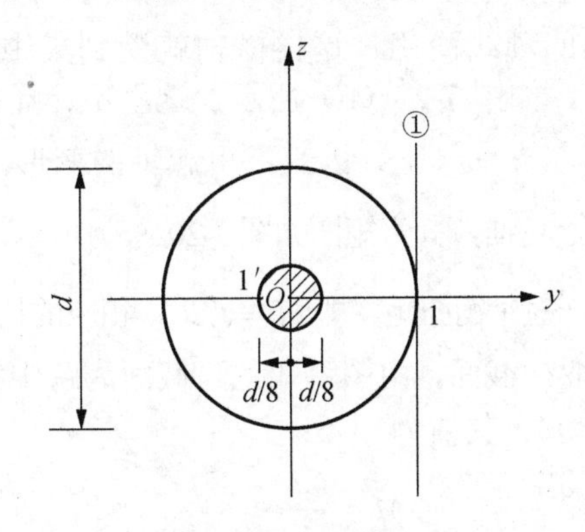

图 7-19　例 7-4 图

解：在横截面周边上任取一点 1，过该点作切线①作为中性轴，然后求相应于此中性轴的压力作用点的位置。利用式（7-27），得

$$\left.\begin{aligned} z_F &= -\frac{i_y^2}{a_z} \\ z_F &= -\frac{i_z^2}{a_y} \end{aligned}\right\}$$

式中，$i_y^2 = i_z^2 = \dfrac{I_y}{A} = \dfrac{I_z}{A} = \dfrac{\pi d^4}{64}\Big/\dfrac{\pi d^2}{4} = \dfrac{d^2}{16}$，$a_y = \dfrac{d}{2}$，$a_z = \infty$。将上述数据代入式（7-27），得

$$z_F = -\frac{\dfrac{d^2}{16}}{\infty} = 0\,,\quad y_F = -\frac{\dfrac{d^2}{16}}{\dfrac{d}{2}} = -\frac{d}{8}$$

即相应于中性轴①的压力作用点的坐标为 $-\dfrac{d}{8}$，即与①线的切点在同一直径上，位于圆心两侧，如图 7-19 上点 $1'$。由于圆周对称于圆心，因此压力作用点的轨迹也为一个圆，其直径为 $\dfrac{d}{4}$。如图 7-19 上的阴影区所示。

7.5 扭转与弯曲的组合

工程中有不少杆件同时受弯曲和扭转的作用，如机械中的传动轴、房屋的雨篷梁、厂房的吊车梁受偏心的吊车轮压作用等都是弯扭组合变形的实例。

本节以圆截面杆同时受弯曲和扭转时的强度计算为例来说明这类问题的计算方法。

图 7-20（a）所示为一卷扬机，该机在工作时横梁 AB 受摇把上的推力 $\boldsymbol{F}$ 和吊装物重力 $\boldsymbol{G}$ 的共同作用。在分析此受力情况时假定横轴匀速转动，即 $\boldsymbol{F}$ 和 $\boldsymbol{G}$ 是不变的。此外，不考虑轴承 A 和 B 的摩擦力。

将力 $\boldsymbol{F}$ 和 $\boldsymbol{G}$ 向横轴的轴线简化，这样横轴就受到集中力 $\boldsymbol{F}$ 和 $\boldsymbol{G}$，以及力偶矩 $T_A = Fa$ 和 $T_C = GR$ 的作用，如图 7-20（b）所示。这里不计摇把离支承 A 的微小距离，即假定简化后的力 $\boldsymbol{F}$ 作用在支承 A 上，因其不引起轴的变形，所以图上没有绘出。由图 7-20（b）可见，力 $\boldsymbol{G}$ 引起弯曲，其弯矩图如图 7-20（c）所示，最大弯矩 $M = \dfrac{Gl}{4}$ 在跨度中点。力偶矩 T_A 和 T_C 形成一对平衡扭矩，即 $Fa = GR$，相应的扭矩图如图 7-20（d）所示。

要作强度计算，先选取横截面，由图可知危险截面为跨中截面 C，因为该处弯矩和扭矩均为最大（不考虑剪力），其值为

$$\left.\begin{aligned} M &= \frac{Gl}{4} \\ T &= Fa = GR \end{aligned}\right\} \tag{7-32}$$

现求横截面 C 上危险点的应力。根据平面弯曲和扭转的应力计算公式

$$\left.\begin{aligned} &\text{弯曲正应力：}\sigma = \frac{M}{I_z} y \\ &\text{扭转切应力：}\tau = \frac{T}{I_p} \rho \end{aligned}\right\} \tag{7-33}$$

它们在横截面上的分布规律如图 7-20（e）和（f）所示。由图可见，危险点为 C_1 和 C_2，该两点上弯曲正应力和扭转切应力均达最大值，以 σ 和 τ 表示，其值为

$$\left.\begin{aligned} \sigma &= \frac{M}{W} \\ \tau &= \frac{T}{W_{\mathrm{t}}} \end{aligned}\right\} \tag{7-34}$$

图 7-20（g）和（h）所示两点的应力情况是一个复杂应力状态。对这种情况，欲作强度计算，须应用强度理论。工程中受弯扭共同作用的圆轴大多用塑性材料制作，如钢材，所以须采用第三或第四强度理论。为此，须先求出主应力，对此情况主应力为

$$\left.\begin{matrix} \sigma_1 \\ \sigma_3 \end{matrix}\right\} = \frac{\sigma}{2} \pm \sqrt{\left(\frac{\sigma}{2}\right)^2 + \tau^2} \tag{7-35}$$

另一个主应力 σ_2 为零。

第三和第四强度理论的强度条件为

$$\left.\begin{aligned}\sigma_{r3}&=\sigma_1-\sigma_3\leqslant[\sigma]\\ \sigma_{r4}&=\sqrt{\sigma_1^2+\sigma_3^2-\sigma_1\sigma_3}\leqslant[\sigma]\end{aligned}\right\}\tag{7-36}$$

将上述主应力 σ_1 和 σ_3 的值代入，经整理得

$$\sigma_{r3}=\sqrt{\sigma^2+4\tau^2}\leqslant[\sigma]\tag{7-37}$$

$$\sigma_{r4}=\sqrt{\sigma^2+3\tau^2}\leqslant[\sigma]\tag{7-38}$$

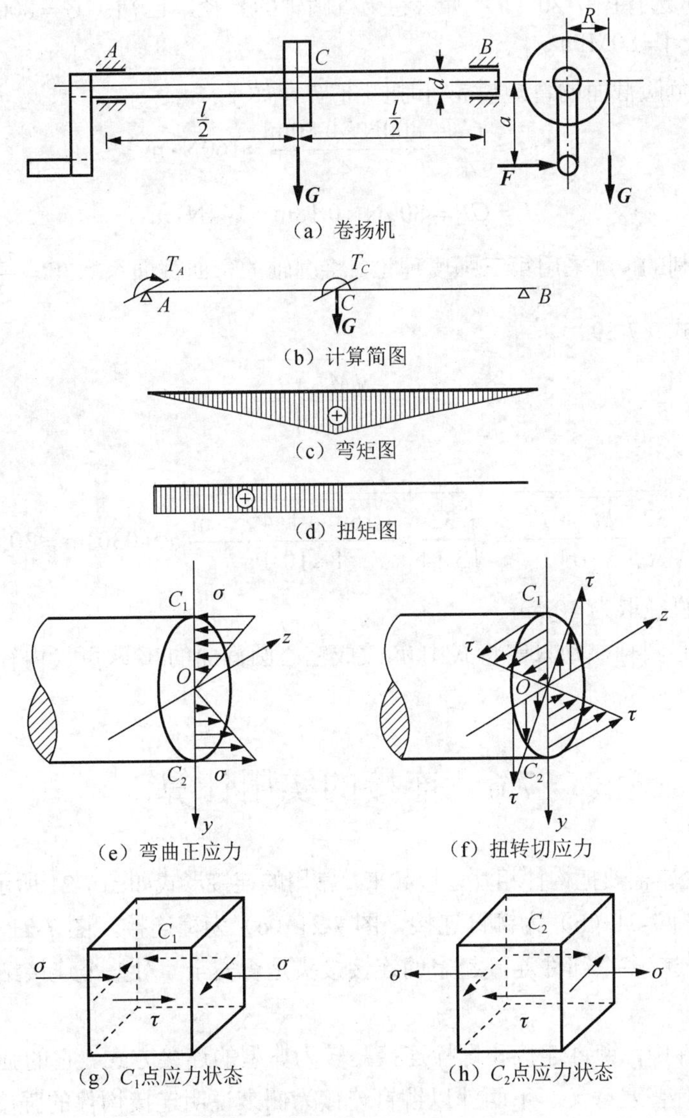

图 7-20　弯曲和扭转组合变形

如果要选择圆轴的横截面尺寸，可将式（7-34）代入式（7-37），并考虑到实心圆轴的$W_t = 2W$，则有

$$\sigma_{r3} = \sqrt{\sigma^2 + 4\tau^2} = \sqrt{\left(\frac{M}{W}\right)^2 + 4\left(\frac{T}{2W}\right)^2} = \frac{1}{W}\sqrt{M^2 + T^2} \leqslant [\sigma] \tag{7-39}$$

同理，按式（7-38）有

$$\sigma_{r4} = \sqrt{\sigma^2 + 3\tau^2} = \sqrt{\left(\frac{M}{W}\right)^2 + 3\left(\frac{T}{2W}\right)^2} = \frac{1}{W}\sqrt{M^2 + 0.75T^2} \leqslant [\sigma] \tag{7-40}$$

例 7-5　试选择图 7-20（a）所示卷扬机圆轴的直径。已知：$G = 800\text{N}$，$l = 0.8\text{m}$，$R = 0.18\text{m}$，$[\sigma] = 80\text{MPa}$。

解：计算危险截面的弯矩值M和扭矩值T，如下：

$$M = \frac{Gl}{4} = \frac{800\text{N} \times 0.80\text{m}}{4} = 160\text{N} \cdot \text{m}$$

$$T = GR = 800\text{N} \times 0.18\text{m} = 144\text{N} \cdot \text{m}$$

圆轴为钢制的，可采用第三强度理论。将圆轴的弯曲截面系数$W = \dfrac{\pi d^3}{32}$、M及T值代入强度条件式（7-39）

$$W \geqslant \frac{\sqrt{M^2 + T^2}}{[\sigma]}$$

得

$$d \geqslant \sqrt[3]{\frac{32}{\pi} \frac{\sqrt{M^2 + T^2}}{[\sigma]}} = \sqrt[3]{\frac{32}{3.14} \times \frac{\sqrt{160^2 + 144^2}\text{N} \cdot \text{m}}{8 \times 10^7\text{Pa}}} \approx 0.0301\text{m} = 30.1\text{mm}$$

卷扬机横轴的直径取为 30mm。

如采用空心圆轴，则只需将式中W改成空心圆截面的W即可（内径与外径的比值须先假定）。

7.6　连接的实用计算

工程中，经常需要把构件相互连接起来，常用的连接形式如图 7-21 所示，图 7-21（a）为螺栓连接，图 7-21（b）为铆钉连接，图 7-21（c）为榫连接，图 7-21（d）为键块连接。这些将两个或多个部件连接起来的连接接头是否安全，对整个连接结构的安全起着重要的作用。

在连接构件中，铆钉连接和螺栓连接是较为典型的连接方式。它的强度计算对其他连接形式也具有普遍意义。下面就以铆钉连接为例来说明连接构件的强度计算。

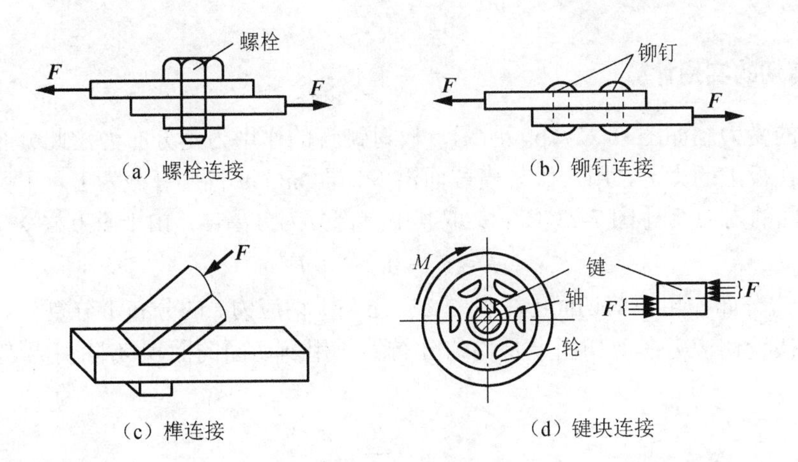

（a）螺栓连接　（b）铆钉连接　（c）榫连接　（d）键块连接

图 7-21　常用的连接形式

对图 7-22（a）所示的铆钉连接结构，实践分析表明，它的破坏可能有下列三种形式：

1）铆钉沿剪切面 $m—m$ 被剪断［图 7-22（b）]。

2）铆钉与连接板的孔壁之间的局部挤压，使铆钉或板孔壁产生显著的塑性变形，从而使结构失去承载能力［图 7-22（c）]。

3）连接板沿被铆钉孔削弱了的 $n—n$ 圆截面被拉断［图 7-22（d）]。

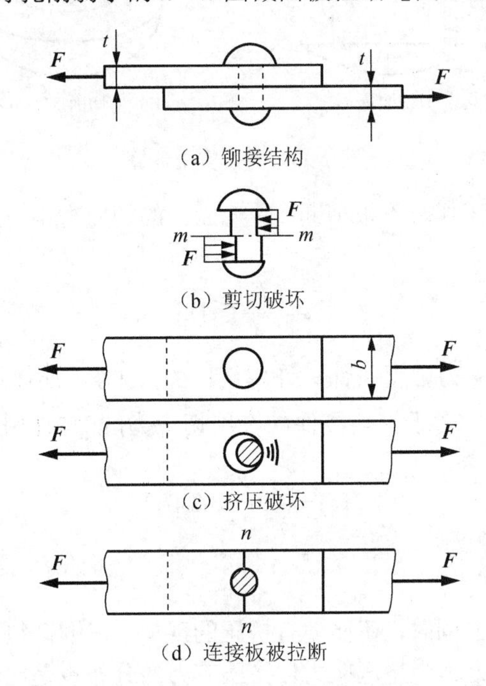

（a）铆接结构

（b）剪切破坏

（c）挤压破坏

（d）连接板被拉断

图 7-22　连接的破坏形式

上述三种破坏形式均发生在连接接头处。若要保证连接结构能安全正常地工作，首先要保证连接接头的正常工作。因此，要对上述三种情况进行强度计算。

7.6.1 剪切的实用计算

铆钉的受力图如图 7-22（b）所示，板对铆钉的作用力是分布力，此分布力的合力等于作用在板上的力 $\boldsymbol{F}$。用一假想横截面沿剪切面 $m—m$ 将铆钉截为上、下两部分，暴露出剪切面的内力 F_S［图 7-23（a）］。取其中一部分为分离体，由平衡方程 $\sum F_x = 0$，有

$$F - F_S = 0,\ F_S = F$$

剪力 F_S 分布作用在剪切面上［图 7-23（b）］，切应力 τ 的分布十分复杂。在工程计算中通常假设切应力在剪切面上是均匀分布的，用剪切面的面积 A_S 除剪力 F_S，得到切应力

$$\tau = \frac{F_S}{A_S} \tag{7-41}$$

这样得到的平均切应力又称为名义切应力。

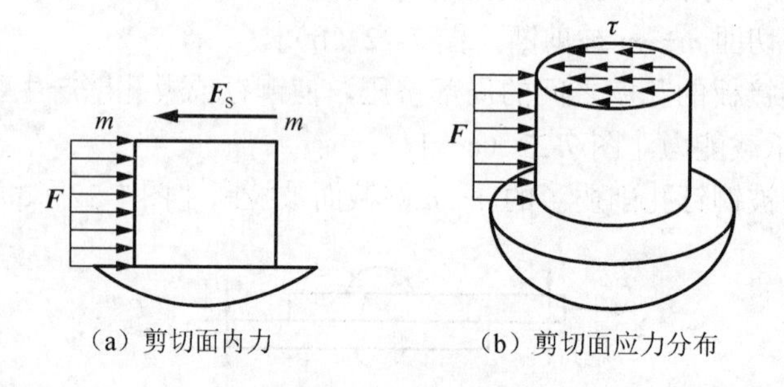

（a）剪切面内力　　（b）剪切面应力分布

图 7-23　剪切实用计算

为了保证连接件在工作时不被剪断，受剪面上的切应力不得超过连接件材料的许用切应力$[\tau]$，即要求

$$\tau = \frac{F_S}{A_S} \leqslant [\tau] \tag{7-42}$$

式（7-42）称为切应力强度条件。许用切应力$[\tau]$等于连接件的极限切应力 τ_b 除以安全系数 n。试验表明，对于钢连接件的许用切应力$[\tau]$与许用正应力$[\sigma]$之间有如下关系

$$[\tau] = (0.6\sim0.8)[\sigma]$$

7.6.2 挤压的实用计算

连接构件在受剪切的同时，还伴随有挤压的现象。在铆钉与连接板相互接触的表面上，因挤压而产生的应力称为挤压应力。挤压应力的分布也是比较复杂的。铆钉与铆钉孔壁之间的接触面为圆柱形曲面，挤压应力 σ_{bs} 的分布如图 7-24（a）所示，其最大值发生在 A 点，在直径两端 B、C 处等于零。要精确计算这样分布的挤压应力是比较困难的。在工程计算中，通常假设挤压应力是作用在挤压面的正投影面上，且是均匀分布的［图 7-24（b）］。用挤压面的正投影面积 A_{bs} 除挤压力 F_{bs} 得到挤压应力

$$\sigma_{bs}=\frac{F_{bs}}{A_{bs}} \tag{7-43}$$

式中，$A_{bs}=dt$；$F_{bs}=F$。这样得到的平均挤压应力又称名义挤压应力。

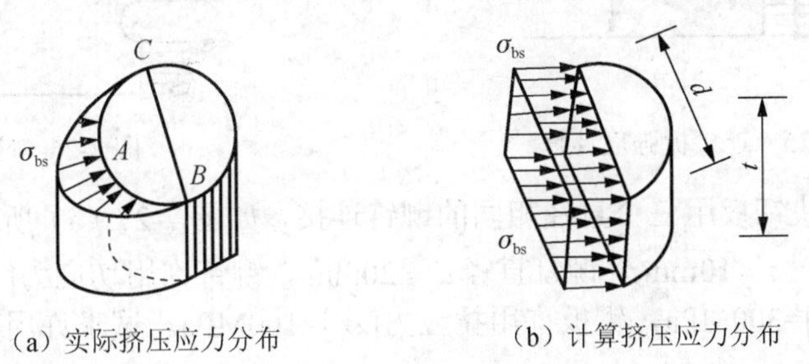

（a）实际挤压应力分布　　（b）计算挤压应力分布

图 7-24　挤压实用计算

为了防止挤压破坏，挤压面上的挤压应力不得超过连接件材料的许用挤压应力 $[\sigma_{bs}]$，即要求

$$\sigma_{bs}=\frac{F_{bs}}{A_{bs}}\leqslant[\sigma_{bs}] \tag{7-44}$$

式（7-44）称为挤压强度条件。许用挤压应力$[\sigma_{bs}]$等于连接件的挤压极限应力除以安全系数。试验表明，对于钢连接件的许用挤压应力$[\sigma_{bs}]$与许用正应力$[\sigma]$之间，有如下关系：

$$[\sigma_{bs}]=(1.7\sim2.0)[\sigma]$$

7.6.3　连接板的强度计算

由于铆钉孔削弱了连接板的横截面面积，使连接板的抗拉强度受到影响。将图 7-22（d）所示连接板沿 n—n 横截面截开，横截面面积和受力情况如图 7-25 所示。假设横截面上的正应力均匀分布，则连接板应满足的抗拉强度条件为

$$\sigma=\frac{F}{A_j}\leqslant[\sigma] \tag{7-45}$$

式中，$A_j=(b-d)t$，为被削弱横截面的净截面面积。

应该说明的是，横截面上的拉应力σ事实上并不是均匀分布的，其在孔口附近应力很大，稍稍离开这个区域，应力又趋于均匀分布（图 7-26）。试验和分析结果表明，当构件横截面尺寸有突变时，在横截面突变附近的局部小范围内应力数值急剧增加。这种由于横截面尺寸突然改变而在局部区域出现应力急剧增大的现象称为应力集中。

应力集中对塑性材料影响不是很大，但对脆性材料，应力集中将大大降低构件的强度。为防止或减小应力集中的不利影响，应尽可能地不使杆的横截面尺寸发生突然变化，而采用平缓过渡的方式。对必要的孔洞则应尽量配置在低应力区内。

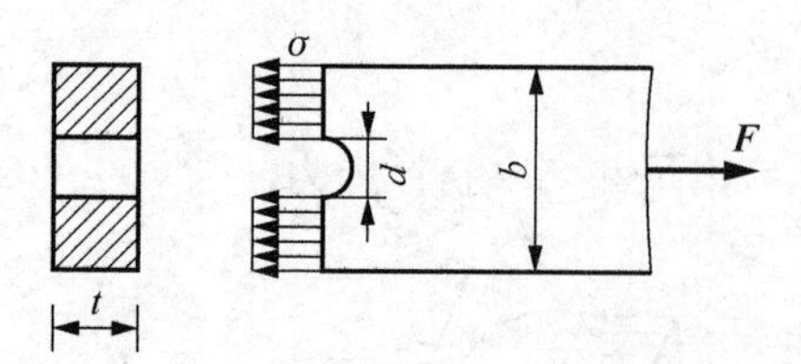

图 7-25　连接板强度计算

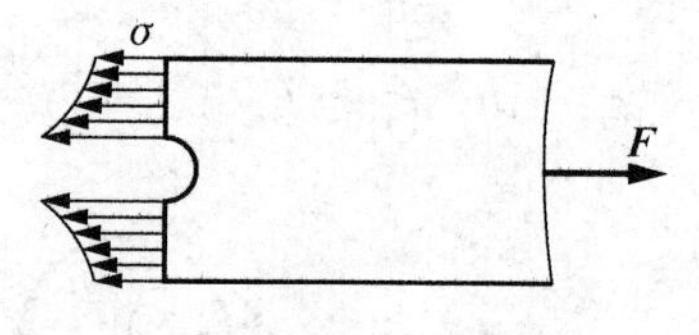

图 7-26　应力集中

例 7-6　两块钢板用三个直径相同的铆钉连接，如图 7-27（a）所示。已知钢板宽度 $b=100\text{mm}$，厚度 $t=10\text{mm}$，铆钉直径 $d=20\text{mm}$，铆钉许用切应力$[\tau]$=100MPa，许用挤压切应力$[\sigma_{bs}]$=300MPa，钢板许用拉应力$[\sigma]$=160MPa。试求许用荷载 $\boldsymbol{F}$。

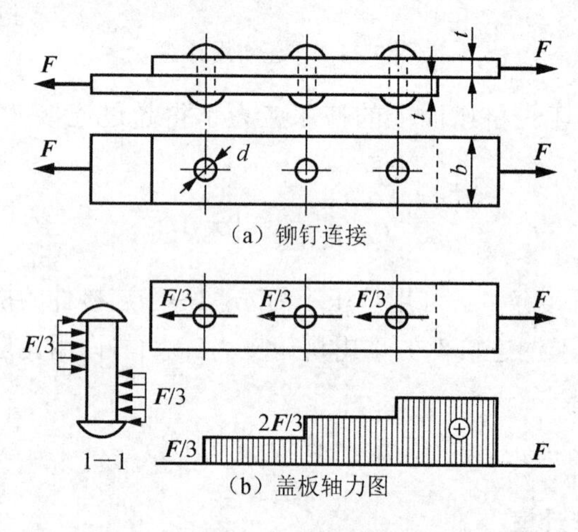

图 7-27　例 7-6 图

解： 1）按剪切强度条件求 $\boldsymbol{F}$。由于各铆钉的材料和直径均相同，且外力作用线通过铆钉群受剪面的形心，可以假定各铆钉所受剪力相同。因此，铆钉及连接板的受力情况如图 7-27（b）所示。每个铆钉所受剪力为

$$F_S=\frac{F}{3}$$

根据切应力强度条件式（7-42）

$$\tau=\frac{F_S}{A_S}\leqslant[\tau]$$

由此可得许用剪力

$$F_S\leqslant[\tau]A_S$$

即

$$\begin{aligned}F&\leqslant 3[\tau]\frac{\pi d^2}{4}\\&=3\times100\times10^6\times\frac{3.14}{4}\times20^2\times10^{-6}\,\text{N}=94.2\text{kN}\end{aligned}$$

2）按挤压强度条件求 **F**。由上述分析可知，每个铆钉承受的挤压力为

$$F_{\mathrm{bs}} = \frac{F}{3}$$

根据挤压强度条件式（7-44）

$$\sigma_{\mathrm{bs}} = \frac{F_{\mathrm{bs}}}{A_{\mathrm{bs}}} \leqslant [\sigma_{\mathrm{bs}}]$$

由此可得许用挤压力

$$F_{\mathrm{bs}} \leqslant [\sigma_{\mathrm{bs}}]A_{\mathrm{bs}}$$

即

$$\begin{aligned} F &\leqslant 3[\sigma_{\mathrm{bs}}]A_{\mathrm{bs}} = 3[\sigma_{\mathrm{bs}}]dt \\ &= 3\times 300\times 10^{6}\times 20\times 10\times 10^{-6}\,\mathrm{N} \\ &= 180\mathrm{kN} \end{aligned}$$

3）按连接板抗拉强度条件求 **F**。由于上下盖板的厚度及受力是一样的，因此分析其一即可。图 7-27（b）所示的是上盖板受力情况及轴力图。1—1 横截面内力最大而横截面面积最小，为危险截面，根据式（7-45），有

$$\sigma = \frac{F_{\mathrm{N1-1}}}{A_{\mathrm{j1-1}}} \leqslant [\sigma]$$

由此可得

$$F_{\mathrm{N1-1}} \leqslant [\sigma]A_{\mathrm{j1-1}}$$

即

$$\begin{aligned} F &\leqslant [\sigma](b-d)t = 160\times 10^{6}\times (100-20)\times 10\times 10^{-6}\,\mathrm{N} \\ &= 128\mathrm{kN} \end{aligned}$$

根据以上计算结果，应选取最小的荷载值作为此连接结构的许用荷载，故取

$$[F] = 94.2\,\mathrm{kN}$$

本例中构件用三个铆钉连接，一般情况下，构件用 n 个铆钉连接，则每个铆钉所受的剪力和挤压力应分别为

$$F_{\mathrm{S}} = \frac{F}{n},\quad F_{\mathrm{bs}} = \frac{F}{n}$$

本例中每个铆钉只有一个剪切面，一般称为“单剪”。工程中，每个铆钉有两个剪切面的情况也是常见的。

例 7-7　两块钢板用铆钉对接，如图 7-28（a）所示。已知主板厚度 $t_1 = 15\mathrm{mm}$，盖板厚度 $t_2 = 10\mathrm{mm}$，主板和盖板的宽度 $b = 150\mathrm{mm}$，铆钉直径 d=25mm。铆钉的许用切应力为$[\tau]$=100MPa，许用挤压应力$[\sigma_{\mathrm{bs}}]$= 300MPa；钢板许用拉应力$[\sigma]$=160MPa。若拉力 F=300kN，试校核此铆钉连接是否安全。

解： 1）铆钉的强度校核。

① 剪切强度校核。此结构为对接接头，铆钉和主板、盖板的受力情况如图 7-28（b）和（c）所示。每个铆钉有两个受剪面，通常把这种情况称为“双剪”。每个铆钉的剪切面所承受的剪力为

$$F_S = \frac{F}{2n} = \frac{F}{6}$$

根据剪切强度条件式（7-42）

$$\tau = \frac{F_S}{A_S} = \frac{F/6}{\frac{\pi}{4}d^2} = \frac{300\times10^3}{6\times\frac{3.14}{4}\times2.5^2\times10^{-6}}\text{Pa} \approx 101.9\text{MPa} > [\tau]$$

超过许用切应力 1.9%，这在工程上是允许的，故安全。

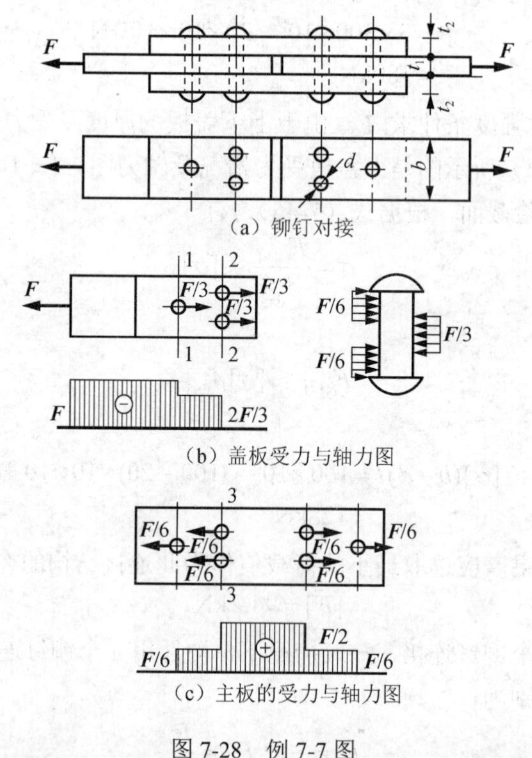

图 7-28　例 7-7 图

② 挤压强度校核。由于每个铆钉有两个剪切面，铆钉有三段受挤压，上、下盖板厚度相同，所受挤压力也相同。而主板厚度为盖板的 1.5 倍，所受挤压力却为盖板的 2 倍，故应校核铆钉中段挤压强度。

根据挤压强度条件式（7-44）

$$\sigma_{bs} = \frac{F_{bs}}{A_{bs}} = \frac{F/3}{dt_1} = \frac{300\times10^3}{3\times25\times15\times10^{-6}}\text{Pa}$$

$$\approx 266.67\text{ MPa} < [\sigma_{bs}]$$

剪切、挤压强度校核结果表明，铆钉安全。

2）连接板的强度校核。为了校核连接板的强度，分别画出一块主板和一块盖板的受力图及轴力图。如图 7-28（b）和（c）所示。

主板在 1—1 横截面所受轴力 $F_{N1-1}=F$,为危险截面。根据式（7-45）有

$$\sigma_{1-1}=\frac{F_{N1-1}}{A_{j1-1}}=\frac{F}{(b-d)t_1}$$
$$=\frac{300\times10^3}{(150-25)\times15\times10^{-6}}\text{Pa}$$
$$\approx160\text{MPa}=[\sigma]$$

主板在 2—2 横截面所受轴力 $F_{N2-2}=\frac{2}{3}F$ ，但横截面也较 1—1 横截面为小，所以也应校核，有

$$\sigma_{2-2}=\frac{F_{N2-2}}{A_{j2-2}}=\frac{2F/3}{(b-2d)t_1}$$
$$=\frac{2\times300\times10^3}{3\times(150-2\times25)\times15\times10^{-6}}\text{Pa}$$
$$\approx133.33\text{MPa}<[\sigma]$$

盖板在 3—3 横截面受轴力 $F_{N3-3}=\frac{F}{2}$，横截面被两个铆钉孔削弱，应校核。有

$$\sigma_{3-3}=\frac{F_{N3-3}}{A_{j3-3}}=\frac{F/2}{(b-2d)t_2}$$
$$=\frac{300\times10^3}{2\times(150-2\times25)\times10\times10^{-6}}\text{Pa}$$
$$\approx150\text{MPa}<[\sigma]$$

结果表明，连接板安全。

复习和小结

本章介绍了组合变形的概念、对组合变形进行强度计算的方法及连接的实用计算方法。本章着重讨论斜弯曲、偏心压缩、弯曲和扭转的组合作用等情况，重点是要掌握利用叠加原理对各种组合变形进行强度计算的思路。

1）掌握利用叠加原理对各种组合变形进行强度计算的解题思路。对发生组合变形的杆件计算应力和变形时，可先将荷载进行简化或分解，使简化或分解后的静力等效荷载，各自只引起一种简单变形，分别计算，再进行叠加，就得到原来的荷载所引起的组合变形的应力和变形。当然，必须满足小变形及力与位移间呈线性关系这两个条件才能应用叠加原理。

2）掌握截面核心的概念，学会确定截面核心的形状。截面核心是指包含截面形心

在内的一个区域，当压力作用在该区域内时，横截面上只产生压应力。

当偏心力作用在截面核心的边界上时，对应的中性轴正好与横截面的周边相切，利用这一关系来确定截面核心。

3）铆钉连接和螺栓连接构件的实用计算包括三个方面：

① 剪切的实用计算：

$$\tau = \frac{F_S}{A_S} \leqslant [\tau]$$

② 挤压的实用计算：

$$\sigma_{bs} = \frac{F_{bs}}{A_{bs}} \leqslant [\sigma_{bs}]$$

③ 连接板的强度计算：

$$\sigma = \frac{F}{A_j} \leqslant [\sigma]$$

思考题

1．怎样判断组合变形？

2．什么是叠加原理？利用叠加原理需要满足怎样的条件？

3．平面弯曲与斜弯曲有何区别？

4．什么是截面核心？利用什么关系确定截面核心的形状？

5．绘出图 7-29 所示各横截面的截面核心的大致形状和位置。

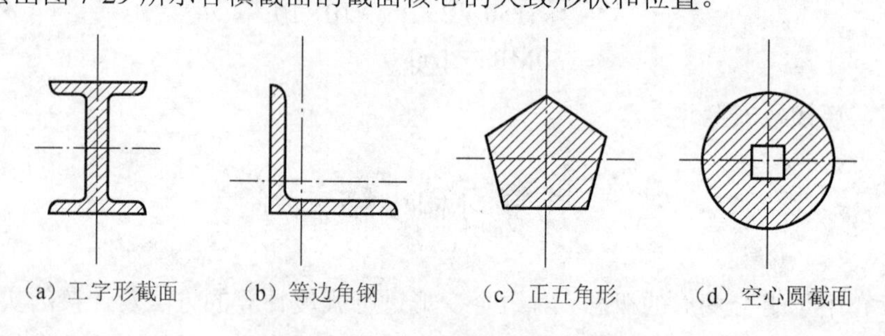

（a）工字形截面　（b）等边角钢　（c）正五角形　（d）空心圆截面

图 7-29　思考题 5 图

6．发生组合变形的杆件在什么情况下采用强度理论进行强度计算？

7．图 7-30 所示为一空间悬臂折杆，在自由端受力 $\boldsymbol{F}$ 作用，该力通过端截面的形心并与对角线共线。试分析 AB 、BC 和 CD 三段杆的内力，并说明每段杆发生何种变形。

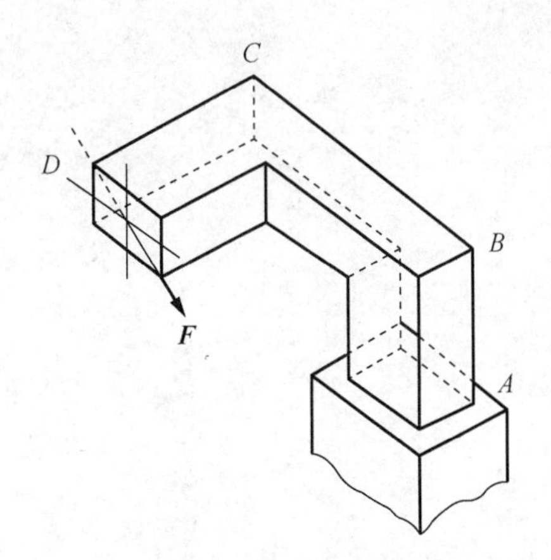

图7-30 思考题7图

习 题

1．图7-31所示为一25a工字钢简支梁，处于斜弯曲。已知：$F=20\text{kN}$，$l=4\text{m}$，$\varphi=\dfrac{\pi}{12}$，$[\sigma]=160\text{MPa}$。试校核强度。

2．图7-32所示为一矩形截面悬臂木梁，在自由端平面内作用一集中力$\boldsymbol{F}$，此力通过截面形心，与对称轴y的夹角$\varphi=\dfrac{\pi}{6}$。已知：$E=10\text{GPa}$，$F=2.4\text{kN}$，$l=2\text{m}$，$h=200\text{mm}$，$b=120\text{mm}$。试求固定端横截面上a、b、c、d四点的正应力和自由端的挠度。

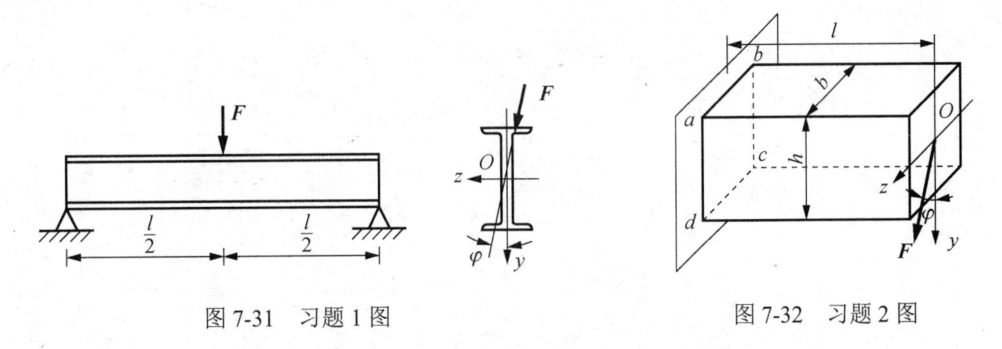

图7-31 习题1图　　图7-32 习题2图

3．图7-33所示为一$80\text{mm}\times80\text{mm}\times8\text{mm}$的角钢，两端自由放置，$l=4\text{m}$，$E=210\text{GPa}$。试求在自重（按$1\text{kg}=10\text{N}$换算）作用下的最大正应力及最大挠度沿水平和铅垂方向的分量。

4．图7-34所示为一木制楼梯斜梁，受铅直荷载作用。已知：$l=4\text{m}$，$h=200\text{mm}$，$b=120\text{mm}$，$q=3.0\text{kN/m}$。试求：

（1）作轴力图和弯矩图；

（2）基础直径D。

注：计算风力时不必考虑烟囱横截面的变化。

11．图7-41所示为一钢制矩形把环，其横截面为圆形。承受$F=2\text{kN}$的作用。固定端可认为是绝对刚性的。设$[\sigma]=140\text{MPa}$，切变模量$G=0.4E$。试按第三强度理论计算把环的直径d。

提示：先按超静定问题解出内力。

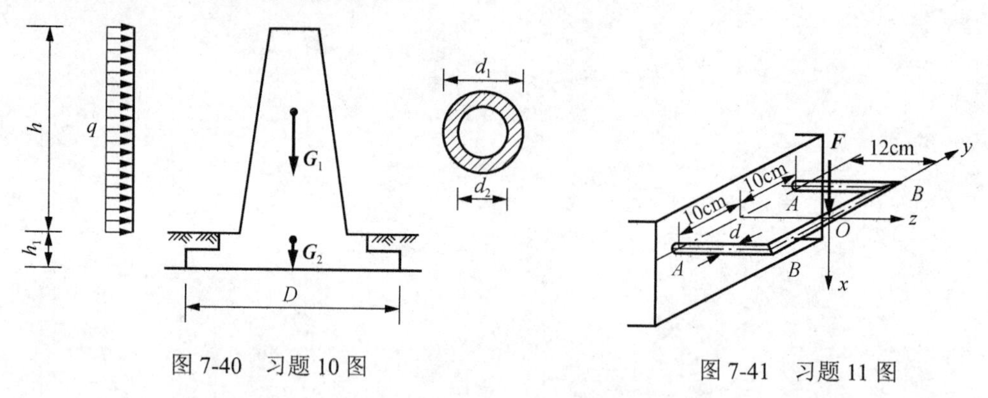

图7-40　习题10图

图7-41　习题11图

12．图7-42所示为一在水平面内的圆截面悬臂折杆，在自由端受铅直力$\boldsymbol{F}$作用。已知：$F=1\text{kN}$，$l=2\text{m}$，$a=1.5\text{m}$，$G=0.4E$，$E=200\text{GPa}$，$d=120\text{mm}$。试求自由端的挠度f_C。

13．图7-43所示为位于水平面内的呈四分之一圆弧形的圆截面悬臂杆，在自由端受铅直力$\boldsymbol{F}$作用。试按第四强度理论校核强度。已知：$F=9\text{kN}$，$R=1\text{m}$，$d=100\text{mm}$，$[\sigma]=120\text{MPa}$（不考虑由剪力引起的切应力）。

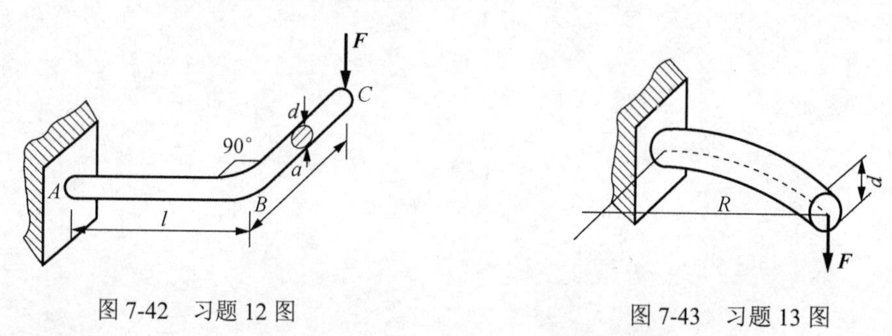

图7-42　习题12图

图7-43　习题13图

14．图7-44所示为一带轮传动轴。设轮I输入功率12.5kW，转速$n=300\text{r/min}$，两轮松带边拉力$\boldsymbol{F}$与紧带边拉力$\boldsymbol{F}$的比均为$\dfrac{1}{3}$。已知：$l=1\text{m}$，$D_2=300\text{mm}$，$D_1=600\text{mm}$，$[\sigma]=120\text{MPa}$。试根据第四强度理论计算所需的直径d。

15．图7-45所示为一紧螺栓连接，当拧紧螺帽时，螺杆受到拉力$\boldsymbol{F}$及为了克服摩擦而产生的摩擦扭矩T的作用。根据研究，由扭矩所引起的最大切应力τ为由拉力$\boldsymbol{F}$所引起的正应力σ的一半。已知：拉力$F=10\text{kN}$，螺杆直径$D=20\text{mm}$，许用应力

$[\sigma]=50\text{MPa}$。试根据第三强度理论校核螺杆强度（不考虑钢板的滑移）。

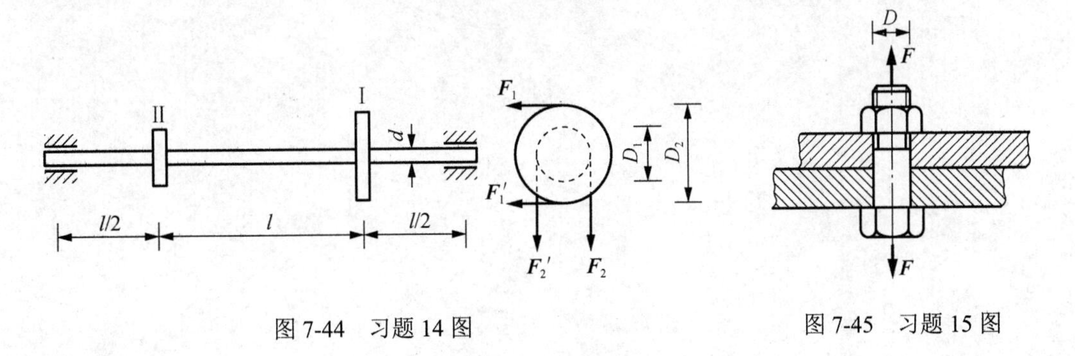

图 7-44　习题 14 图

图 7-45　习题 15 图

8.2 两端铰支压杆的欧拉公式

对确定的压杆来说，判断其是否会丧失稳定，主要取决于压力是否达到了临界力值。因此，根据压杆的不同条件确定相应的临界力，是解决压杆稳定的关键，本节主要讨论细长压杆的临界力。临界力是压杆处于微弯平衡状态挠度趋于零承受的压力，因此对于一般截面形状、荷载及支座不复杂的细长压杆，可根据压杆处于微弯平衡状态下的挠曲线近似微分方程求解临界力，这一方法称为欧拉法。

如图 8-3（a）所示，假定在临界力 $\boldsymbol{F}_{cr}$ 作用下两端铰支细长压杆处于微弯形状的平衡状态，并假设中心受压直杆失稳时只发生平面弯曲变形。这样通过建立并求解压杆挠曲线的近似微分方程就可以确定临界力 $\boldsymbol{F}_{cr}$。

设压杆任意横截面 $m—m$ 的挠度为 w。挠度的正负号规定：与 Y 轴正向一致的挠度为正，反之为负。利用截面法，可求得横截面 $m—m$ 上的内力：轴向压力 $\boldsymbol{F}_{cr}$ 和弯矩 $M(x)=\boldsymbol{F}_{cr}w$［图 8-3（b）］。规定轴向压力 $\boldsymbol{F}_{cr}$ 总为正值，故弯矩 $M(x)$ 为正。

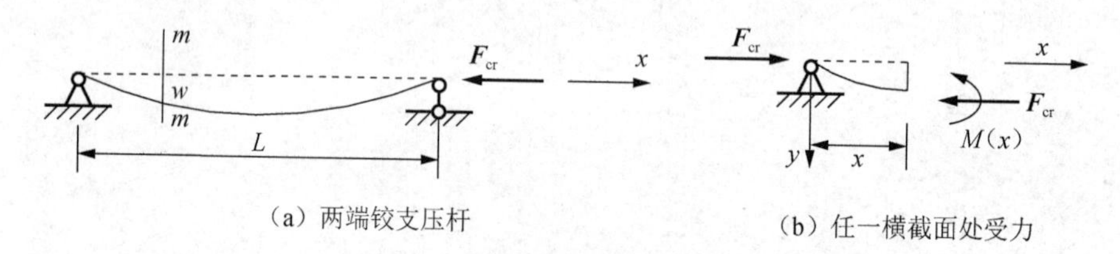

（a）两端铰支压杆　　（b）任一横截面处受力

图 8-3　两端铰支细长压杆受压失稳

在 xOy 坐标系中，$\dfrac{d^2w}{dx^2}$ 为负，因此压杆挠曲线的近似微分方程为

$$EI\frac{d^2w}{dx^2}=-M(x)=-F_{cr}w \tag{8-2}$$

将式（8-2）两边同时除以 EI，并令

$$\sqrt{\frac{F_{cr}}{EI}}=k \tag{8-3}$$

移项后得到

$$\frac{d^2w}{dx^2}+k^2w=0 \tag{8-4}$$

此微分方程的通解为

$$w=A\sin kx+B\cos kx \tag{8-5}$$

式中，A、B 为待定常数。

根据压杆的杆端约束情况，有两个边界条件，即

$$x=0,\quad w=0$$

$$x=l,\quad w=0$$

将第一个边界条件代入式（8-5），得 $B=0$；再将第二个边界条件代入式（8-5），得

$$\sin kl = 0$$

由此得

$$kl = n\pi \text{ 或 } k = \frac{n\pi}{l} \ (n=1,2,3,\cdots)$$

代入式（8-3）得

$$F_{cr} = \frac{n^2\pi^2 EI}{l^2} \ (n=1,2,3,\cdots)$$

因为临界力 $\boldsymbol{F}_{cr}$ 是使压杆处于微弯形状平衡状态所需的最小压力（但 $\boldsymbol{F}_{cr}$ 不能等于零），所以上式中的 n 应取 1，于是得到

$$F_{cr} = \frac{\pi^2 EI}{l^2} \tag{8-6}$$

式（8-6）为两端铰支细长压杆临界力的计算公式。

8.3 欧拉公式应用于其他约束条件的压杆

仿照两端铰支细长压杆临界力的推导方法，可以求得其他杆端约束下细长压杆的临界力。各种细长压杆的临界力可用下面的统一公式表示，即

$$F_{cr} = \frac{\pi^2 EI}{(\mu l)^2} \tag{8-7}$$

式（8-7）通常称为欧拉公式。式中的 μ 称为压杆的长度因数，与其杆端约束有关，杆端约束越强，μ 值越小；μl 称为压杆的相当长度，其是压杆的挠曲线为半个正弦波（相当于端铰支细长压杆的挠曲线形状）所对应的杆长度。表 8-1 为四种典型的杆端约束下细长压杆的临界力。

表 8-1 四种典型的杆端约束下细长压杆的临界力

杆端约束	两端铰支	一端固定一端自由	一端固定一端铰支	两端固定
挠曲线形状	F_{cr}; l	F_{cr}; l; l	F_{cr}; l; $0.7l$	F_{cr}; l; $0.5l$
长度因数 μ	1.0	2.0	0.7	0.5
临界力	$F_{cr}=\dfrac{\pi^2 EI}{l^2}$	$F_{cr}=\dfrac{\pi^2 EI}{4l^2}$	$F_{cr}=\dfrac{\pi^2 EI}{0.49l^2}$	$F_{cr}=\dfrac{\pi^2 EI}{0.25l^2}$

$$\lambda \geqslant \sqrt{\frac{\pi^2 E}{\sigma_p}} \tag{8-13}$$

令

$$\lambda_p = \sqrt{\frac{\pi^2 E}{\sigma_p}} \tag{8-14}$$

式中，λ_p为对应于比例极限的柔度值。

由上可知，只有对柔度$\lambda \geqslant \lambda_p$的压杆，才能使用欧拉公式计算其临界力。柔度$\lambda \geqslant \lambda_p$的压杆称为大柔度压杆或细长压杆。

8.4.2 实际压杆的稳定因数

考虑到实际压杆可能存在曲率、偏心力、横截面上残余应力等不利因素，压杆所能承受的应力σ应满足

$$\sigma \leqslant \frac{\sigma_{cr}}{n_{st}} = [\sigma_{st}] \tag{8-15}$$

式中，$[\sigma_{st}]$为稳定许用应力；n_{st}为稳定安全系数。

在压杆设计中，将压杆的稳定许用应力$[\sigma_{st}]$写作材料的强度许用应力$[\sigma]$乘以一个随压杆柔度λ而改变的稳定因数$\varphi = \varphi(\lambda)$，即

$$[\sigma_{st}] = \varphi[\sigma] \tag{8-16}$$

因此，压杆的稳定条件为

$$\sigma \leqslant \varphi[\sigma] \tag{8-17}$$

根据《钢结构设计规范》(GB 50017—2003)，Q235 钢中心受压直杆的稳定因数φ见表 8-2；根据《木结构设计规范》，木压杆的稳定因数φ的表达式为

$$\varphi = \begin{cases} 1.02 - 0.55\left(\dfrac{\lambda + 20}{100}\right)^2, & \lambda \leqslant 80 \\ \dfrac{3000}{\lambda^2}, & \lambda > 80 \end{cases} \tag{8-18}$$

表 8-2　Q235 钢中心受压直杆的稳定因数φ

λ	0	1	2	3	4	5	6	7	8	9
0	1.000	1.000	1.000	1.000	0.999	0.999	0.998	0.998	0.997	0.996
10	0.995	0.994	0.993	0.992	0.991	0.989	0.988	0.987	0.985	0.983
20	0.981	0.979	0.977	0.975	0.973	0.971	0.969	0.966	0.963	0.961
30	0.958	0.956	0.953	0.950	0.947	0.944	0.941	0.937	0.934	0.931
40	0.927	0.923	0.920	0.916	0.912	0.908	0.904	0.900	0.896	0.892
50	0.888	0.884	0.879	0.875	0.870	0.866	0.861	0.856	0.851	0.847
60	0.842	0.837	0.832	0.826	0.821	0.816	0.811	0.805	0.800	0.795
70	0.789	0.784	0.778	0.772	0.767	0.761	0.755	0.749	0.743	0.737

续表

λ	0	1	2	3	4	5	6	7	8	9
80	0.731	0.725	0.719	0.713	0.707	0.701	0.695	0.688	0.682	0.676
90	0.669	0.663	0.657	0.650	0.644	0.637	0.631	0.624	0.617	0.611
100	0.604	0.597	0.591	0.584	0.577	0.570	0.563	0.557	0.550	0.543
110	0.536	0.529	0.522	0.515	0.508	0.501	0.494	0.487	0.480	0.473
120	0.466	0.459	0.452	0.445	0.439	0.432	0.426	0.420	0.413	0.407
130	0.401	0.396	0.390	0.384	0.379	0.374	0.369	0.364	0.359	0.354
140	0.349	0.344	0.340	0.335	0.331	0.327	0.322	0.318	0.314	0.310
150	0.306	0.303	0.299	0.295	0.292	0.288	0.285	0.281	0.278	0.275
160	0.272	0.268	0.265	0.262	0.259	0.256	0.254	0.251	0.248	0.245
170	0.243	0.240	0.237	0.235	0.232	0.230	0.227	0.225	0.223	0.220
180	0.218	0.216	0.214	0.212	0.210	0.207	0.205	0.203	0.201	0.199
190	0.197	0.196	0.194	0.192	0.190	0.188	0.187	0.185	0.183	0.181
200	0.180	0.178	0.176	0.175	0.173	0.172	0.170	0.169	0.167	0.166
210	0.164	0.163	0.162	0.160	0.159	0.158	0.156	0.155	0.154	0.152
220	0.151	0.150	0.149	0.147	0.146	0.145	0.144	0.143	0.142	0.141
230	0.139	0.138	0.137	0.136	0.135	0.134	0.133	0.132	0.131	0.130
240	0.129	0.128	0.127	0.126	0.125	0.125	0.124	0.123	0.122	0.121
250	0.120									

例 8-2 如图 8-5 所示结构，立柱 CD 为外径 D=100mm，内径 d=80mm 的钢管，其材料为 Q235 钢，σ_p=200MPa，σ_s=240MPa，E=206GPa，稳定安全系数 n_{st}=3。试求容许荷载[F]。

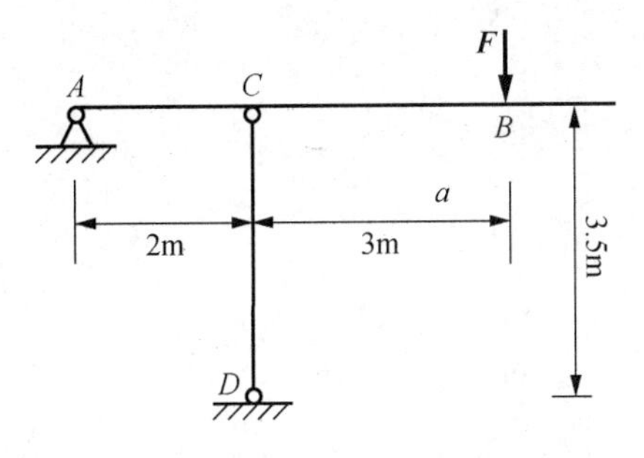

图 8-5 例 8-2 图

解：由杆 ACB 的平衡条件易求得外力 $\boldsymbol{F}$ 与 CD 杆轴向压力的关系，即

$$F = \frac{2}{5}N$$

$$I = \frac{\pi}{64}(D^4 - d^4) = \frac{\pi}{64}(100^4 - 80^4) \times 10^{-12} \approx 2.9 \times 10^{-6}\,\text{m}^4$$

$$A = \frac{\pi}{4}(D^2 - d^2) = \frac{\pi}{4}(100^2 - 80^2) \times 10^{-6} \approx 2.8 \times 10^{-3}\,\text{m}^2$$

值。在实际杆件的设计中，可将材料放在离截面形心较远的位置，获得较大的I和i，以此提高临界压力。如图 8-7 所示，将压杆设计成中空截面或型钢的组合截面，就可以增大横截面的惯性矩，提高压杆的临界压力数值。

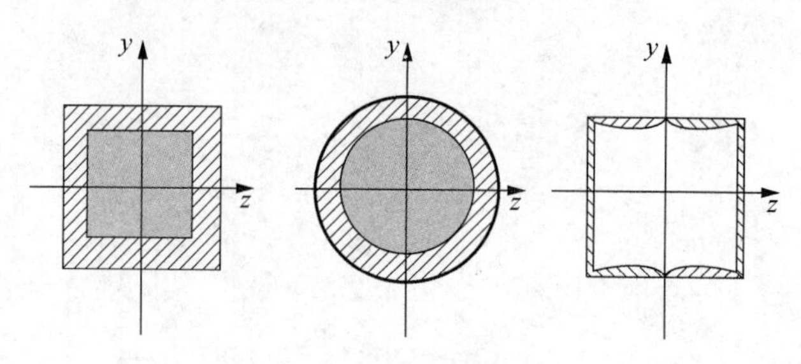

图 8-7　压杆横截面形式

2. 合理地选择材料

对于大柔度压杆，临界应力$\sigma_{cr}=\dfrac{\pi^2 E}{\lambda^2}$，故采用$E$值较大的材料能够增大其临界应力，也就能提高其稳定性。由于各种钢材的E值大致相同，因此对大柔度钢压杆不宜选用优质钢材，以避免造成浪费。

3. 减小压杆的柔度

由经验公式可知，压杆的柔度$\lambda=\dfrac{\mu l}{i}$越小，其临界力$\boldsymbol{F}_{cr}$越大，压杆的稳定性越好。为了减小柔度，可以采取如下措施：

1）加强杆端约束。压杆的杆端约束越强，μ值就越小，λ也就越小。例如，将两端铰支的细长压杆的杆端约束增强为两端固定，那么由欧拉公式可知其临界力将变为原来的四倍。

2）减小杆的长度。杆长l越小，则柔度λ越小。在工程中，通常用增设中间支承的方法来达到减小杆长的目的。例如，两端铰支的细长压杆，在杆中点处增设一个铰支座（图 8-8），则其相当长度μl为原来的一半，而欧拉公式算得临界应力或临界力却是原来的四倍。当然增设支座也相应地增加了工程造价，故设计时应综合加以考虑。

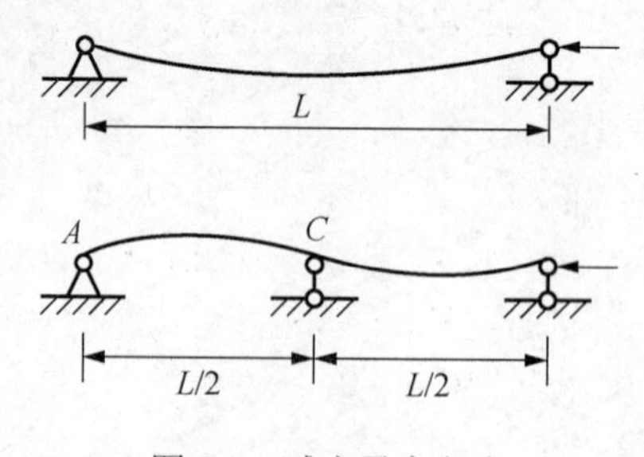

图 8-8　减小柔度方式

复习和小结

杆件稳定性计算是承载力计算的重要部分。本章通过对两端铰支细长压杆的稳定性分析，给出了两端铰支压杆临界力的计算公式；给出了常见理想约束下细长压杆临界力和临界应力公式（欧拉公式）及临界力经验公式；介绍了运用长、中柔度杆稳定计算公式进行简单的压杆稳定校核的方法。

1）两端铰支压杆的欧拉公式：

$$F_{\mathrm{cr}}=\frac{\pi^2 EI}{l^2}$$

2）欧拉公式应用于其他约束条件的压杆见表 8-1。

3）临界应力：

$$\sigma_{\mathrm{cr}}=\frac{\pi^2 E}{\lambda^2}$$

式中，$\lambda=\frac{\mu l}{i}$。

4）柔度 $\lambda \geqslant \lambda_{\mathrm{p}}$ 的压杆称为大柔度压杆或细长压杆：$\lambda_{\mathrm{p}}=\sqrt{\frac{\pi^2 E}{\sigma_{\mathrm{p}}}}$。只有对柔度 $\lambda \geqslant \lambda_{\mathrm{p}}$ 的压杆，才能使用欧拉公式计算其临界力。

5）压杆的稳定条件可表达为

$$\sigma=\frac{F}{A}\leqslant \varphi[\sigma]$$

6）提高压杆稳定性的措施如下：

① 选择合理的横截面。

② 合理地选择材料。

③ 减小压杆的柔度。

思 考 题

1．两端球铰支承的细长中心受压杆［图 8-9（a）］，其横截面分别如图 8-9（b）～（g）所示。试问压杆失稳时，压杆将绕横截面上哪一根轴转动？

2．图 8-10 所示各杆材料和横截面均相同，试问杆能承受的最大压力哪根最大，哪根最小［图 8-10（f）所示杆在中间支承处不能转动］？

3．三根两端铰支的圆截面压杆，直径均为 d=160mm，长度分别为 l_1、l_2 和 l_3，且 $l_1=2l_2=4l_3=5$m，材料为 Q235 钢，弹性模量 E=200GPa，求三杆的临界力 F_{cr} 之比。

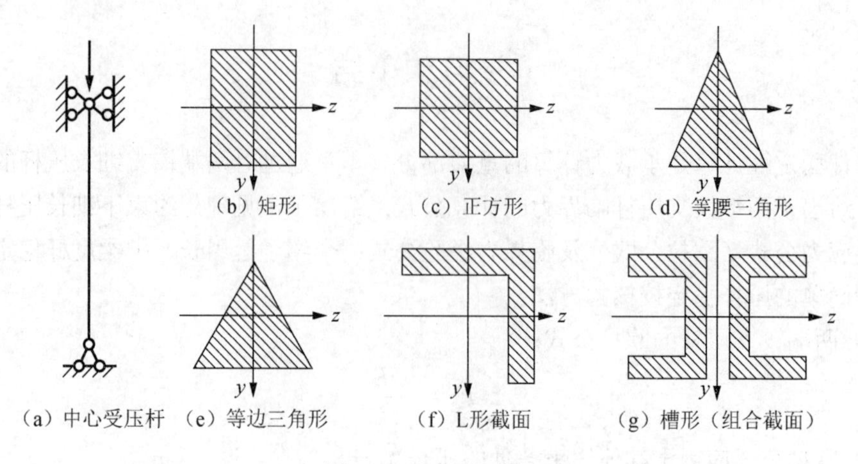

图 8-9　思考题 1 图

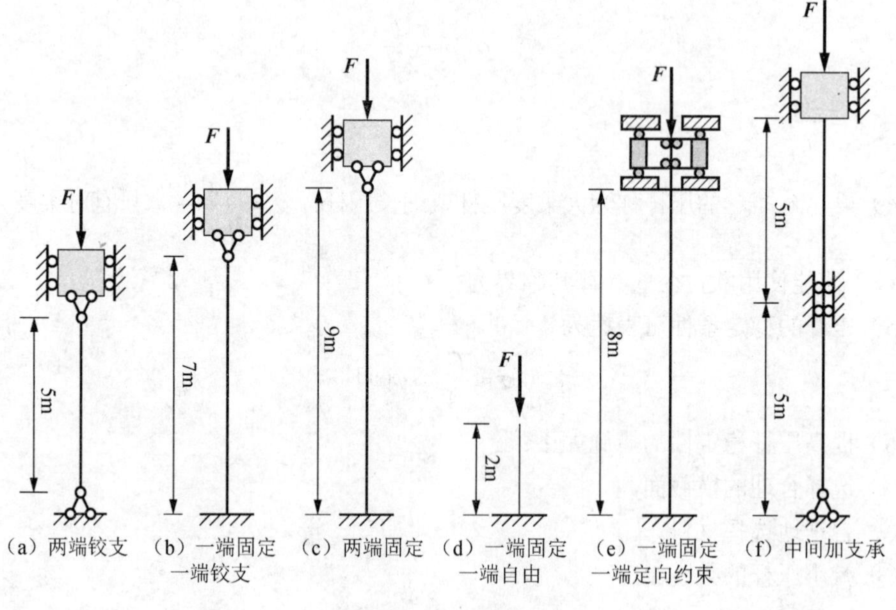

图 8-10　思考题 2 图

习　题

1．下端固定，上端铰支，长 l=4m 的压杆，由两根 10 号槽钢焊接而成，如图 8-11 所示，并符合《钢结构设计规范》中的 b 类横截面中心受压杆的要求。已知杆的材料为 Q235 钢，强度许用应力$[\sigma]$=170MPa，试求压杆的许可荷载。

2．图 8-12 所示为刚杆-弹簧系统，图中的 c 、c_1 与 c_2 均为弹簧常数，试求系统的临界荷载。

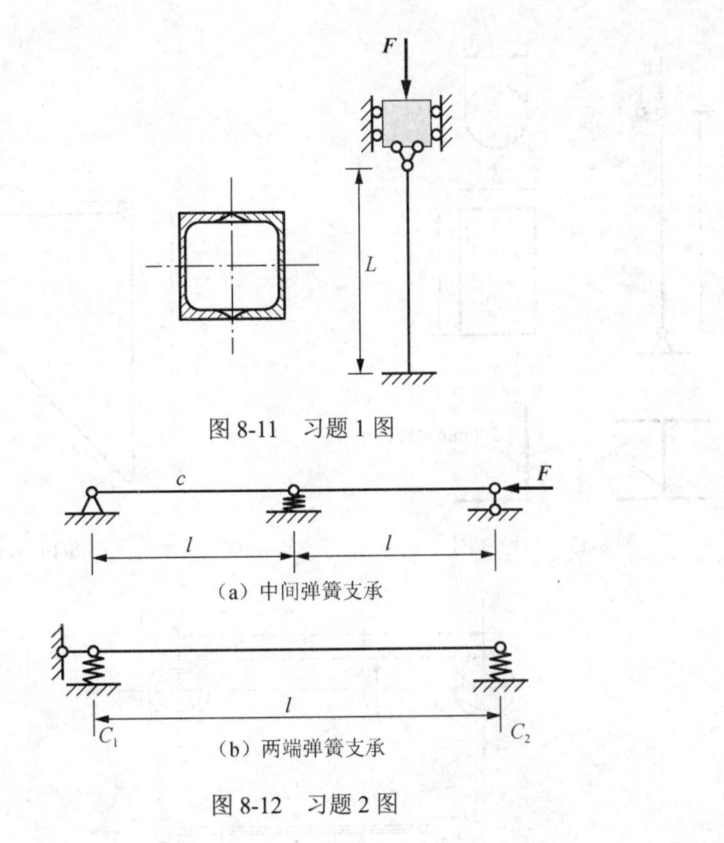

图 8-11 习题 1 图

图 8-12 习题 2 图

3．图 8-13 所示为两端铰支的细长压杆，材料的弹性模量 E=200GPa，试用欧拉公式计算其临界力 F_{cr} 。

（1）圆截面 d=25mm，l=1.0m；

（2）矩形截面 h=2b=40mm，l=1.0m；

（3）22a 号工字钢，l=5.0m；

（4）200mm×125mm×18mm 不等边角钢，l=5.0m。

4．如图 8-14 所示桁架受 F =100kN 作用，两杆均为用 Q235 钢制成的圆截面杆，许用应力$[\sigma]$=180MPa，考虑压杆稳定问题，试确定它们的直径。

5．图 8-15 所示为矩形截面压杆，试从稳定性方面考虑，确定横截面高度 h 与宽度 b 的最佳比值。当压杆在 xz 平面内失稳时，可取 μ_y =0.7。

6．图 8-16 所示为桁架，各杆均为细长杆，且各界面的弯曲刚度均为 EI。试问：当荷载 $\boldsymbol{F}$ 为何值时将导致个别杆件失稳？如果改变荷载 $\boldsymbol{F}$ 的方向，则使杆件失稳的荷载 $\boldsymbol{F}_{cr}$ 为何值？

7．如图 8-17 所示，为提高一端固定一端自由压杆的稳定性，在中点增加了铰支座，试求加强以后压杆的欧拉公式，分析措施效果。

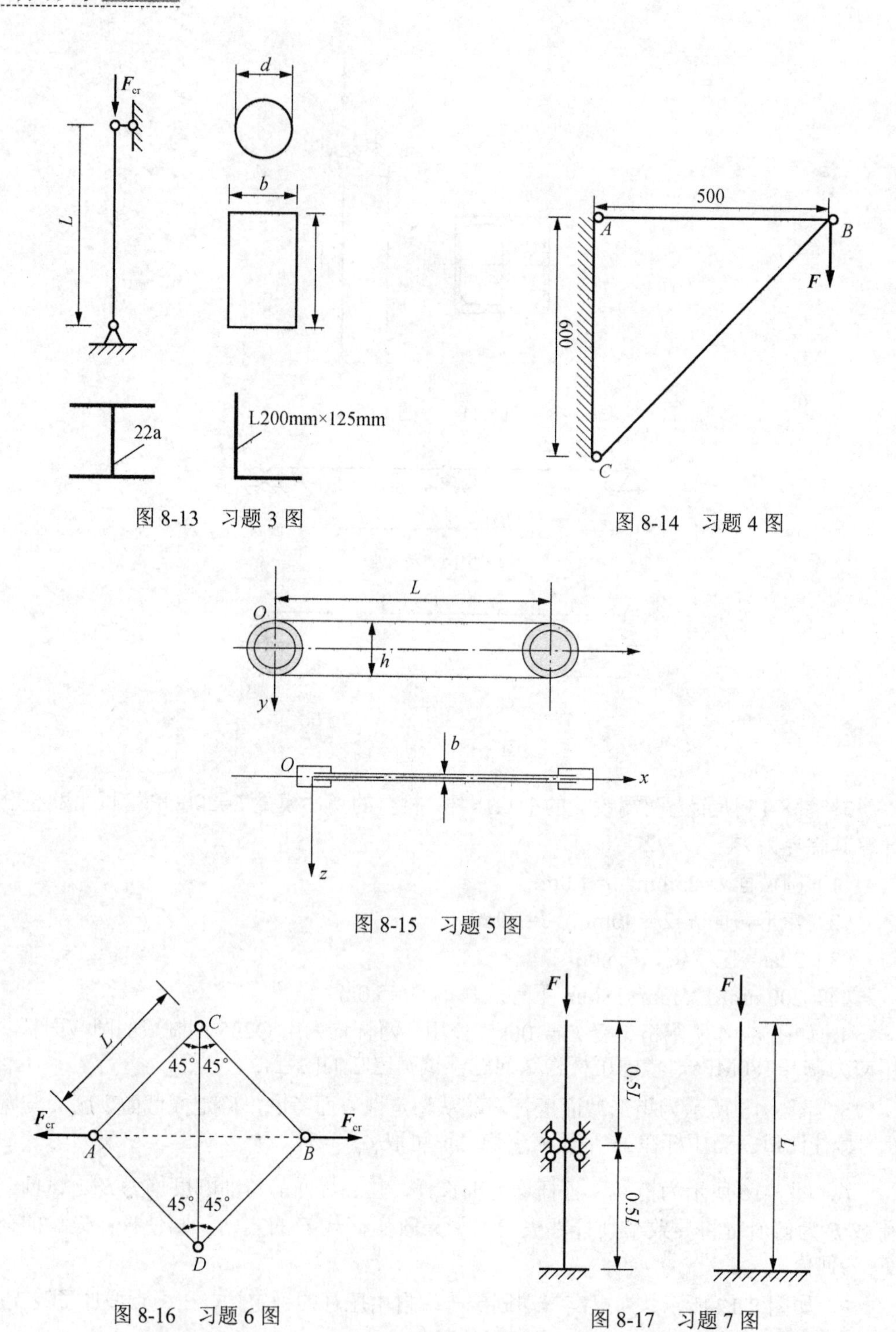

图 8-13　习题 3 图

图 8-14　习题 4 图

图 8-15　习题 5 图

图 8-16　习题 6 图

图 8-17　习题 7 图

8．长 5m 的 10 号工字钢，在温度为 0℃时安装在两个固定支座之间，这时杆不受力，已知钢的线膨胀系数 $\alpha_t=125\times10^{-7}$ ℃$^{-1}$，E=210GPa。试问当温度升高到多少摄氏度时，杆将丧失稳定？

9．如果杆分别由下列材料制成：

（1）比例极限σ_p=220MPa，弹性模量E=190GPa的钢；

（2）σ_p=490MPa，E=215GPa，含镍3.5%的镍钢；

（3）σ_p=20MPa，E=11GPa的松木。

试求可用欧拉公式计算临界力的压杆的最小柔度。

第9章　能量法

9.1　引　　言

固体力学中，将功和能有关的定理统称为能量原理。弹性体在外力作用下发生变形，从而引起力作用点沿力作用方向的位移，外力因此而做功；同时弹性体因变形，在其内部储存了能量，弹性体因变形在内部积蓄的这部分能量称为应变能，并用V_ε表示。根据能量守恒定律可知，如果荷载是由零逐渐地、缓慢地增加，使得加载过程中弹性体的动能与热能等的变化均可忽略不计，外力所做的功全部转换为弹性体内的变形能，则存储在变形固体内的应变能V_ε与外力所做的功W相等，即

$$V_\varepsilon = W \tag{9-1}$$

构件内的应变能包含了受力和变形信息，因此能量原理不仅可以用于分析构件或结构的位移与应力，也可以用于分析与变形有关的其他问题。利用应变能来计算结构的变形、位移和内力的方法称为能量法。

本章首先引入应变能的一些基本概念，讨论弹性应变能的计算及能量法的基本原理与基本分析方法，包括构件受冲击荷载的作用效应、卡氏第二定理、求解结构指定点的位移及静不定问题。

9.2　应　变　能

长度为l，横截面为A的等截面直杆如图9-1（a）所示，在轴向力$\boldsymbol{F}$的作用下，产生轴向变形Δl，$F-\Delta l$关系曲线如图9-1（b）所示。

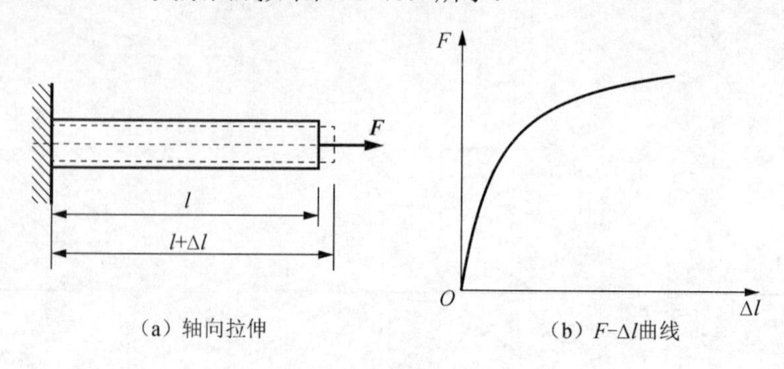

图9-1　轴向拉伸变形

当杆件伸长一个微量 dx 时，荷载 F 所做的元功为

$$\mathrm{d}W = F\mathrm{d}x \tag{9-2}$$

即荷载 $\boldsymbol{F}$ 所做的元功等于荷载–变形曲线上 dx 处图形下的面积（图 9-2）。因此，当杆件发生变形 Δl 时，荷载 $\boldsymbol{F}$ 在整个过程中所做的功为

$$W = \int \mathrm{d}W = \int_0^{\Delta l} F\mathrm{d}x \tag{9-3}$$

即图中 OAB 所围成的面积。

当荷载缓慢施加于杆件上时，伴随杆件的变形使杆件的某种能量产生增量，这种能量便称为应变能 V_ε，则有

$$V_\varepsilon = W = \int_0^{\Delta l} F\mathrm{d}x \tag{9-4}$$

在线弹性变形的情形下，荷载与变形成线性关系，设描述这种线性关系的方程为 $F = kx$，如图 9-3 所示。将 $F = kx$ 代入式（9-3），有

$$V_\varepsilon = W = \int_0^{\Delta l} kx\mathrm{d}x = \frac{1}{2}k\Delta l^2 \tag{9-5}$$

也可写成

$$V_\varepsilon = W = \frac{1}{2}F\Delta l \tag{9-6}$$

式中，F 为变形 Δl 对应的荷载值。

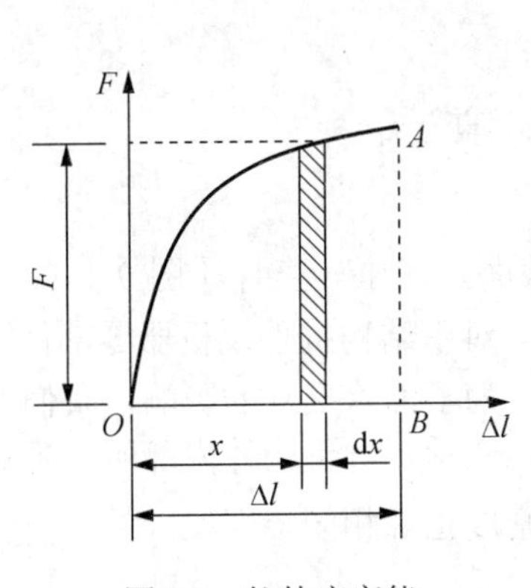

图 9-2　拉伸应变能

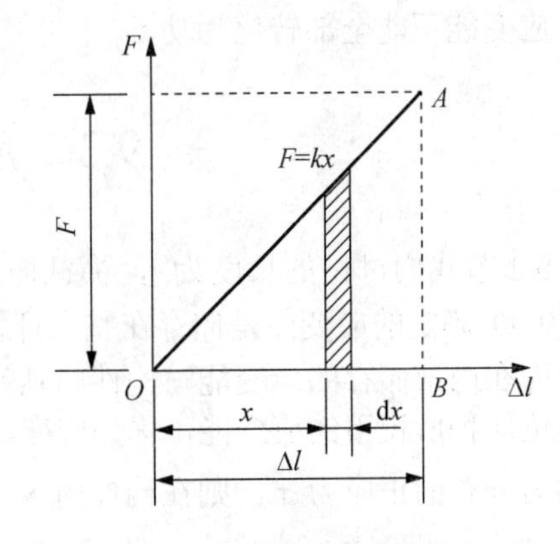

图 9-3　弹性拉伸应变能

式（9-6）表明，当荷载与位移保持正比关系，并由零逐渐地、缓慢地增加时，荷载所做的功等于荷载 F 与位移 Δl 乘积的一半。式（9-6）为计算线弹性体外力功的基本公式，式中 F 为广义力，即或为力，或为力偶矩，或为一对大小相等、方向相反的力或力偶矩等；式中的位移 Δl 则为相应于该广义力的广义位移。例如，考虑受多个荷载同时作用的简支梁（图 9-4），这些荷载包括集中力、分布力和集中力偶，与集中力 $\boldsymbol{F}_1$ 相对应的广义位移是线位移 $\varDelta_1$，与分布力 $\boldsymbol{F}_2$ 相对应的广义位移是线位移覆盖面积 $\varDelta_2$，与集中力偶 $\boldsymbol{F}_3$ 相对应的广义位移是角位移 $\varDelta_3$ 等。总之，广义力在相应广义位移上做功。

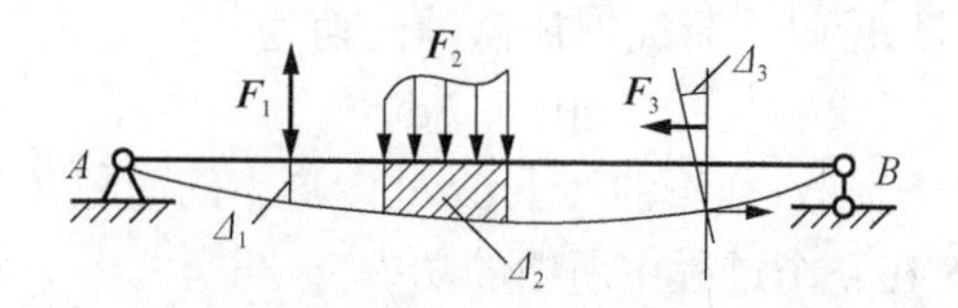

图 9-4　复杂荷载应变能

对于受多个荷载共同作用的结构，任一广义位移 Δ_i 都是所有荷载共同作用的结果。对于线弹性结构，在比例加载（各荷载按同一比例增加到最终值）的情况下，任一广义力 F_i 与其对应的广义位移 Δ_i 始终保持线性关系，则该力所做的功为 $F_i\Delta_i/2$。整个结构的应变能等于各个力在加载过程中所做功之和，即

$$V_\varepsilon = \sum_{i=1}^{n} \frac{1}{2} F_i \Delta_i \tag{9-7}$$

这就是计算结构应变能的一般表达式，称为克拉贝隆（Clapeyron）定理。

式（9-7）虽然是在比例加载情况下推出的，但它适用于任意加载方式下应变能的计算。实际上，物体内的应变能只与荷载的最终值有关，而与加载次序无关。否则，我们总可以设计不同的加载方式，在物体内存储不同的应变能，这与能量守恒定律相矛盾。

值得一提的是，弹性构件的应变能是可逆的，即当外力逐渐解除时，它又可在变形消失过程中，释放全部应变能而做功；变形超过弹性范围后，塑性变形将耗散一部分能量，应变能不能全部转化为功。

9.3　应变能密度

9.2 节我们讨论的长度为 l，横截面为 A 的等截面拉（压）直杆［图 9-1（a）］，由式（9-3）确定的应变能是储存在整个杆件的内部的。对于结构构件及机器零部件，由于变形而在内部储存的应变能与构件的几何尺寸有关，为了消除尺寸的影响，我们考察构件单位体积所积蓄的应变能，称为应变能密度，用 v_ε 表示。对于构件内部所有各点仅承受均匀分布的正应力 σ，则在构件内各点的应变能密度也都相同，即

$$v_\varepsilon = \frac{V_\varepsilon}{V}$$

对于应力非均匀的构件，是通过考察材料中体积为 ΔV 的微元体的应变能 ΔV_ε 来确定应变能密度的，即

$$v_\varepsilon = \lim_{\Delta V \to 0} \frac{\Delta V_\varepsilon}{\Delta V} = \frac{\mathrm{d}V_\varepsilon}{\mathrm{d}V} \tag{9-8}$$

9.3.1　拉（压）与剪切状态应变能密度

单向受力和纯剪切状态为微元体受力最基本、最简单的形式，如图 9-5 所示。

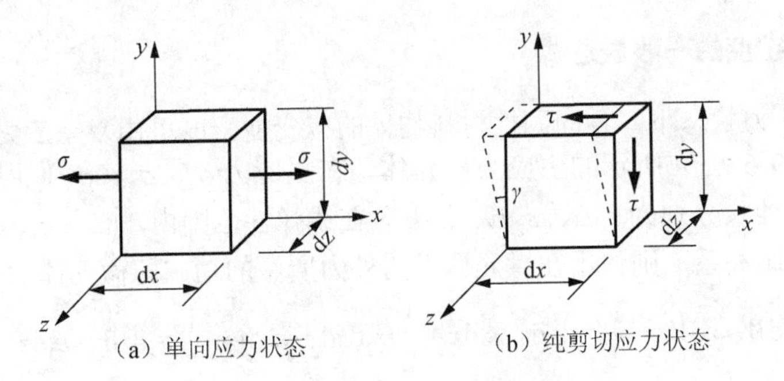

图 9-5 两种基本应力状态单元体

若应力σ在材料的比例极限范围内，考察边长分别为dx、dy和dz的单向受力状态微元体［图 9-5（a)］，在正应力σ作用下，微元体沿应力作用方向的伸长为$\varepsilon \mathrm{d}x$，作用在微元体拉力所做的功，即微元体的应变能为

$$\mathrm{d}V_{\varepsilon}=\frac{1}{2}\sigma \mathrm{d}y\mathrm{d}z\cdot\varepsilon \mathrm{d}x=\frac{1}{2}\sigma\varepsilon \mathrm{d}x\mathrm{d}y\mathrm{d}z$$

上式除以微元体的体积dxdydz，则应变能密度为

$$v_{\varepsilon}=\frac{\mathrm{d}V_{\varepsilon}}{\mathrm{d}V}=\frac{1}{2}\sigma\varepsilon \tag{9-9}$$

由胡克定律$\sigma=E\varepsilon$，代入上式，得到应变能密度：

$$v_{\varepsilon}=\frac{1}{2}E\varepsilon^{2}=\frac{\sigma^{2}}{2E} \tag{9-10}$$

将上式积分，则为对于仅承受正应力的物体的应变能，即

$$V_{\varepsilon}=\int_{V}\frac{\sigma^{2}}{2E}\mathrm{d}V \tag{9-11}$$

上式同样适用于压应力的情况。

微元体在切应力τ作用下发生切应变γ［图 9-5(b)］，顶面与底面的相对位移为$\gamma \mathrm{d}y$，则作用在微元体上的剪力$\tau \mathrm{d}x\mathrm{d}z$所做的功，即微元体的应变能为

$$\mathrm{d}V_{\varepsilon}=\frac{1}{2}\tau \mathrm{d}x\mathrm{d}z\cdot\gamma \mathrm{d}y=\frac{1}{2}\tau\gamma \mathrm{d}x\mathrm{d}y\mathrm{d}z$$

则应变能密度为

$$v_{\varepsilon}=\frac{1}{2}\tau\gamma \tag{9-12}$$

由剪切胡克定律$\tau=G\gamma$，代入上式，得到应变能密度：

$$v_{\varepsilon}=\frac{1}{2}G\gamma^{2}=\frac{\tau^{2}}{2G} \tag{9-13}$$

将上式积分，则为对于仅承受平面剪应力物体的应变能，即

$$V_{\varepsilon}=\int_{V}\frac{\tau^{2}}{2G}\mathrm{d}V \tag{9-14}$$

9.3.2 应变能密度的一般表达式

对于复杂应力状态下，各向同性材料物体的应变能密度可由复杂应力状态微元体来确定。考察图 9-6（a）所示的主应力单元体，在主应力σ_1、σ_2、σ_3作用下，沿坐标轴x、y、z方向的伸长分别为$\varepsilon_1 dx$、$\varepsilon_2 dy$、$\varepsilon_3 dz$，在线弹性范围内，应力σ_1、σ_2、σ_3与应变ε_1、ε_2、ε_3成正比关系，则作用在微元体上的外力所做的功，即微元体的应变能为

$$dW = dV_\varepsilon = \frac{1}{2}\sigma_1 dydz \cdot \varepsilon_1 dx + \frac{1}{2}\sigma_2 dzdx \cdot \varepsilon_2 dy + \frac{1}{2}\sigma_3 dxdy \cdot \varepsilon_3 dz$$

由此可得单位体积内的应变能，即应变能密度为

$$v_\varepsilon = \frac{dV_\varepsilon}{dV} = \frac{1}{2}(\sigma_1\varepsilon_1 + \sigma_2\varepsilon_2 + \sigma_3\varepsilon_3) \tag{9-15}$$

运用广义胡克定律，可得出用主应力表示的应变能密度为

$$v_\varepsilon = \frac{1}{2E}[\sigma_1^2 + \sigma_2^2 + \sigma_3^2 - 2\mu(\sigma_1\sigma_2 + \sigma_2\sigma_3 + \sigma_3\sigma_1)] \tag{9-16}$$

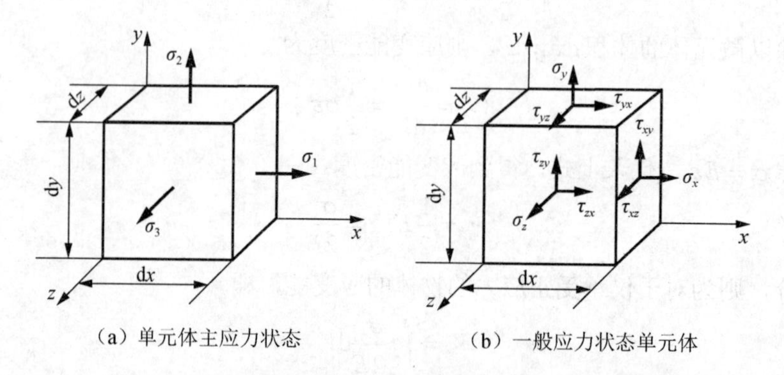

图 9-6 三向应力状态单元体

对于处于一般应力状态下的微元体，如图 9-6（b）所示，在线弹性范围内，六个应力分量σ_x、σ_y、σ_z、τ_{xy}、τ_{yz}、τ_{zx}与相应的六个应变分量ε_x、ε_y、ε_z、γ_{xy}、γ_{yz}、γ_{zx}都是线性的，应变能密度可表示为

$$v_\varepsilon = \frac{1}{2}(\sigma_x\varepsilon_x + \sigma_y\varepsilon_y + \sigma_z\varepsilon_z + \tau_{xy}\gamma_{xy} + \tau_{yz}\gamma_{yz} + \tau_{zx}\gamma_{zx}) \tag{9-17}$$

由一般应力状态的广义胡克定律：

$$\left.\begin{aligned} \varepsilon_x &= \frac{1}{E}[\sigma_x - \mu(\sigma_y + \sigma_z)] \\ \varepsilon_y &= \frac{1}{E}[\sigma_y - \mu(\sigma_z + \sigma_x)] \\ \varepsilon_z &= \frac{1}{E}[\sigma_z - \mu(\sigma_x + \sigma_y)] \end{aligned}\right\}$$

$$\gamma_{xy} = \frac{\tau_{xy}}{G},\quad \gamma_{yz} = \frac{\tau_{yz}}{G},\quad \gamma_{zx} = \frac{\tau_{zx}}{G}$$

代入式（9-17），可得各向同性弹性体上任意给定点一般的应力状态下的应变能密度：

$$v_{\varepsilon}=\frac{1}{2E}[\sigma_x{}^2+\sigma_y{}^2+\sigma_z{}^2-2\mu(\sigma_x\sigma_y+\sigma_y\sigma_z+\sigma_z\sigma_x)]+\frac{1}{2G}(\tau_{xy}{}^2+\tau_{yz}{}^2+\tau_{zx}{}^2) \quad (9\text{-}18)$$

9.4 杆件应变能的计算

在此，我们仅讨论在线弹性范围时杆件的应变能的计算。

9.4.1 基本变形的应变能

基本变形杆件的应变能，可通过研究基本变形杆件的微段来得到。取基本变形杆件的微段，如图 9-7 所示，杆的内力将被视为微段 dx 的外力。

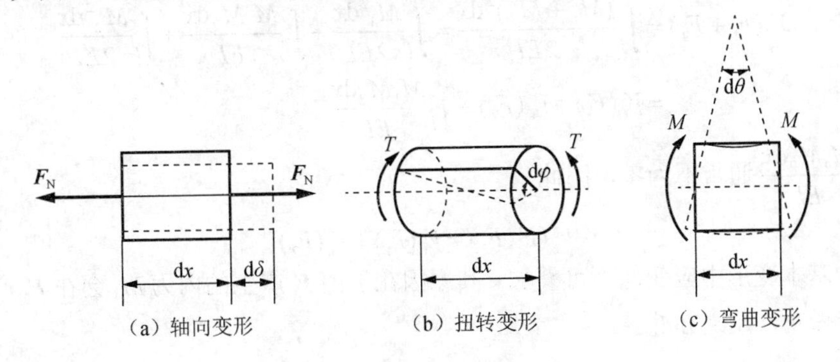

图 9-7　基本变形应变能

对于轴向拉伸的微段［图 9-7（a）］，在轴力为 $F_N(x)$ 作用下，微段的伸长变形为 $\mathrm{d}\delta=\dfrac{F_N(x)\mathrm{d}x}{EA}$，积蓄在微段内的应变能为

$$\mathrm{d}V_{\varepsilon}=\frac{1}{2}F_N\mathrm{d}\delta=\frac{F_N{}^2(x)}{2EA}\mathrm{d}x$$

若杆的长度为 l，则该杆件的轴向拉伸应变能为

$$V_{\varepsilon}=\int_V\mathrm{d}V_{\varepsilon}=\int_0^l\frac{F_N{}^2(x)}{2EA}\mathrm{d}x \quad (9\text{-}19a)$$

在等截面直杆端部承受大小相等、方向相反的中心轴向荷载情况下，（9-19a）则有

$$V_{\varepsilon}=\frac{F_N{}^2l}{2EA} \quad (9\text{-}19b)$$

相应地，根据图 9-7（b）和（c）及式（9-19a），可写出圆轴扭转和直梁纯弯曲时的应变能，即

$$V_{\varepsilon}=\int_V\mathrm{d}V_{\varepsilon}=\int_0^l\frac{T^2(x)}{2GI_P}\mathrm{d}x \quad (9\text{-}20)$$

$$V_{\varepsilon}=\int_{V}\mathrm{d}V_{\varepsilon}=\int_{0}^{l}\frac{M^{2}(x)}{2EI}\mathrm{d}x \tag{9-21}$$

在横力弯曲情况下，梁横截面上除了有弯矩外还有剪力，而对于细长梁，与剪力有关的剪切应变能与弯曲应变能相比通常很小，可以不计。因此，式（9-21）也可用于横力弯曲梁的应变能计算。

9.4.2 同一基本变形中应变能不可叠加

从式（9-19）～式（9-21）可知，杆件中的应变能是内力的二次函数，因而应变能不具有可叠加性。下面以弯曲应变能的计算为例加以说明。

设 M_1 为荷载 $\boldsymbol{F}_1$ 单独作用下的弯矩，M_2 为荷载 $\boldsymbol{F}_2$ 单独作用下的弯矩，则 M_1+M_2 为荷载 $\boldsymbol{F}_1$ 和 $\boldsymbol{F}_2$ 共同作用下的弯矩，由式（9-21），二力共同作用下的应变能为

$$\begin{aligned}V_{\varepsilon}(F_1+F_2)&=\int_{l}\frac{(M_1+M_2)^2\mathrm{d}x}{2EI}=\int_{l}\frac{M_1^{\,2}\mathrm{d}x}{2EI}+\int_{l}\frac{M_1M_2\mathrm{d}x}{EI}+\int_{l}\frac{M_2^{\,2}\mathrm{d}x}{2EI}\\&=V_{\varepsilon}(F_1)+V_{\varepsilon}(F_2)+\int_{l}\frac{M_1M_2\mathrm{d}x}{EI}\end{aligned}$$

由于 $\int_{l}\frac{M_1M_2\mathrm{d}x}{EI}$ 通常不为零，因此

$$V_{\varepsilon}(F_1,F_2)\neq V_{\varepsilon}(F_1)+V_{\varepsilon}(F_2)$$

即在同一基本变形中应变能不可叠加。其原因在于由 $\boldsymbol{F}_1$ 产生的内力 M_1 会在 $\boldsymbol{F}_2$ 产生的位移上交叉做功，反之亦然。

9.4.3 组合变形的应变能

对于组合变形，如图 9-8 所示微段，其横截面上有轴力 $F_{\mathrm{N}}(x)$、扭矩 $T(x)$和弯矩 $M(x)$。由于不同基本变形的内力和位移之间不会交叉做功，如轴力 $F_{\mathrm{N}}(x)$不会在扭矩 $T(x)$引起的扭转角 $\mathrm{d}\varphi$ 上做功，扭矩 $T(x)$也不会在弯矩引起的横截面转角 $\mathrm{d}\theta$ 上做功等等，因此应变能对组合变形可用叠加原理，即

$$V_{\varepsilon}(F_{\mathrm{N}},T,M)=\int_{l}\left[\frac{F_{\mathrm{N}}^{2}(x)}{2EA}+\frac{T^{2}(x)}{2GI_{\mathrm{P}}}+\frac{M^{2}(x)}{2EI}\right]\mathrm{d}x \tag{9-22}$$

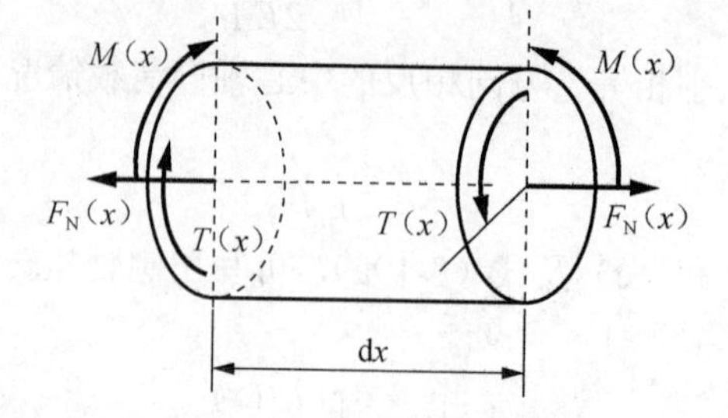

图 9-8 组合变形应变能

例 9-1 由材料相同、长度相同但横截面不同的 BC 和 CD 两部分组成的圆截面杆件，

承受轴向力 $\boldsymbol{F}$ 的作用，如图 9-9 所示，已知 CD 部分横截面面积为 A，BC 和 CD 部分的直径比为 n。计算在荷载 $\boldsymbol{F}$ 作用下的应变能及 D 端位移。

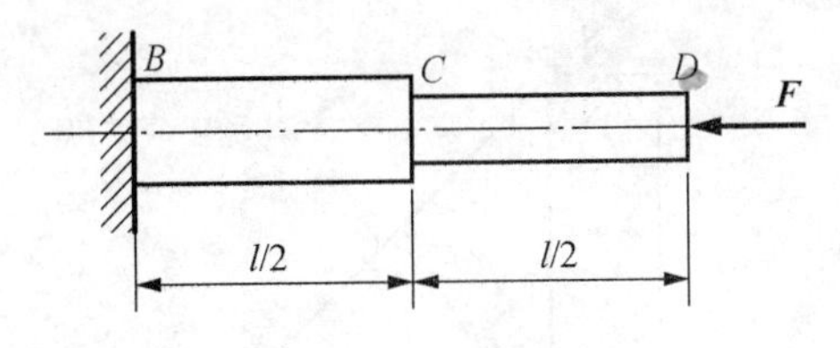

图 9-9　变截面直杆

解： 1）轴力分析。利用截面法，各段轴力为

$$F_{BC}^{\mathrm{N}} = F_{CD}^{\mathrm{N}} = -F$$

2）计算应变能。根据已知条件，BC 段的横截面面积为

$$A_{BC} = \frac{1}{4}\pi d_{BC}{}^2 = \frac{1}{4}\pi n^2 d_{CD}{}^2 = n^2 A$$

由式（9-19b）可得两段的应变能为

$$V_\varepsilon^{BC} = \frac{F_{BC}^{\mathrm{N}\,2} l_{BC}}{2EA_{BC}} = \frac{F^2\left(\dfrac{1}{2}l\right)}{2E\left(n^2 A\right)} = \frac{F^2 l}{4n^2 EA}$$

$$V_\varepsilon^{CD} = \frac{F_{CD}^{\mathrm{N}\,2} l_{CD}}{2EA_{CD}} = \frac{F^2\left(\dfrac{1}{2}l\right)}{2EA} = \frac{F^2 l}{4EA}$$

则整个杆件的应变能为

$$V_\varepsilon^n = V_\varepsilon^{BC} + V_\varepsilon^{CD} = \frac{F^2 l}{4n^2 EA} + \frac{F^2 l}{4EA} = \frac{1+n^2}{2n^2}\frac{F^2 l}{2EA}$$

上式结果表明，当 $n=1$ 时，就是式（9-19b）给出的长度为 l、横截面面积为 A 的等截面直杆的应变能表达式：

$$V_\varepsilon^1 = V_\varepsilon = \frac{F^2 l}{2EA}$$

当 $n>1$ 时，$V_\varepsilon^n < V_\varepsilon^1$，如 $n=2$ 时，$V_\varepsilon^2 = \dfrac{5}{8}V_\varepsilon^1$。由此可以看出，增大杆件的横截面尺寸，将会使杆件整体吸收应变能的能力降低。

3）计算 D 端的位移。设 D 端的位移为 $\varDelta_D$，且与荷载同向，则根据能量守恒定律可知：

$$\frac{F\varDelta_D}{2} = \frac{1+n^2}{2n^2}\frac{F^2 l}{2EA}$$

由此可得

$$\varDelta_D = \frac{1+n^2}{2n^2}\frac{Fl}{EA}$$

例 9-2 如图 9-10 所示桁架，承受铅垂荷载作用，设各杆的抗拉（或抗压）刚度均为EA，试求桁架结构的应变能及节点 B 的竖直位移。

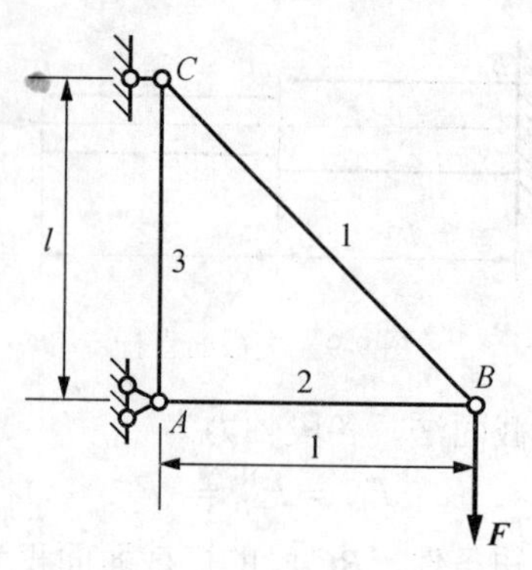

图 9-10 桁架结构

解： 1）轴力分析。利用节点法，取节点 B、C 为研究对象，利用平衡方程，可得 1、2、3 杆的轴力：

$$F_{N1}=\sqrt{2}F \text{（拉）}$$
$$F_{N2}=F \text{（压）}$$
$$F_{N3}=F \text{（压）}$$

2）应变能的计算。桁架的应变能等于各杆应变能之和，由式（9-19b）有

$$V_{\varepsilon}=V_{\varepsilon1}+V_{\varepsilon2}+V_{\varepsilon3}=\sum_{1}^{3}\frac{F_{Ni}{}^{2}l_i}{2EA}$$

由几何关系：

$$l_1=\sqrt{2}l,\ l_2=l_3=l$$

将各杆的轴力一并代入上式，得

$$V_{\varepsilon}=\frac{F^2l(\sqrt{2}+1)}{EA}$$

3）计算节点 B 的竖直位移。设节点 B 的竖向位移为 Δ_{By}，且与荷载同向，则根据能量守恒定律可知：

$$\frac{F\Delta_{By}}{2}=\frac{(\sqrt{2}+1)F^2l}{EA}$$

由此可得

$$\Delta_{By}=\frac{2(\sqrt{2}+1)Fl}{EA}$$

利用本例方法，对于由 n 个杆组成的桁架结构的应变能，则可写成：

$$V_{\varepsilon}=\sum_{i=1}^{n}\frac{F_{Ni}{}^{2}l_i}{2E_iA_i} \tag{9-23}$$

式中，F_{Ni}、l_i、E_iA_i 分别为桁架结构第 i 杆的轴力、长度和抗拉刚度。

例 9-3 由材料相同、横截面不同组成的圆轴如图 9-11 所示，承受扭转力偶矩 M_e 作用，$d_2 = 2d_1$，材料的剪切弹性模量为 G。试计算圆轴的应变能及扭转角。

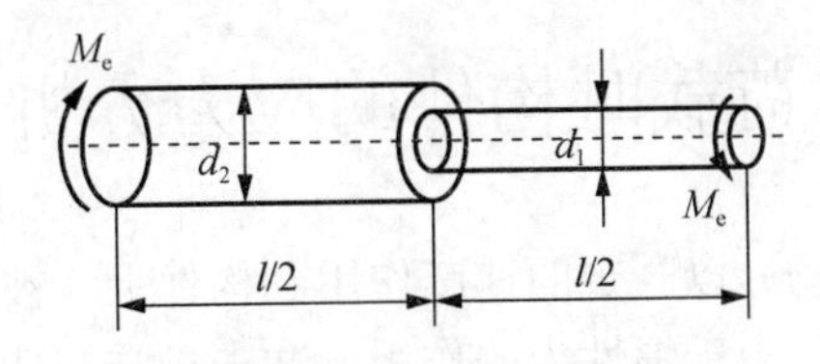

图 9-11 阶梯圆轴

解： 1）扭矩分析。利用截面法，各段扭矩为

$$T_1 = T_2 = M_e$$

2）应变能的计算。由式（9-20），受扭圆轴的应变能为

$$V_\varepsilon = \frac{T_1^2 l_1}{2GI_{P1}} + \frac{T_2^2 l_2}{2GI_{P2}} = \frac{T^2 l}{4G}\left(\frac{1}{I_{P1}} + \frac{1}{I_{P2}}\right) = \frac{T^2 l}{4G}\left(\frac{32}{\pi d_1^4} + \frac{32}{\pi d_2^4}\right) = \frac{17M_e^2 l}{2G\pi d_1^4}$$

3）计算整段圆轴的相对扭转角。设圆轴两端横截面的相对扭转角为 φ，且与 M_e 同向，则根据能量守恒定律可知：

$$\frac{M_e \varphi}{2} = \frac{17M_e^2 l}{2G\pi d_1^4}$$

由此可得

$$\varphi = \frac{17M_e l}{G\pi d_1^4}$$

例 9-4 试确定等截面悬臂梁 AB 的应变能及 A 点的挠度，已知梁的抗弯刚度为 EI，如图 9-12 所示。忽略切应力引起的应变能。

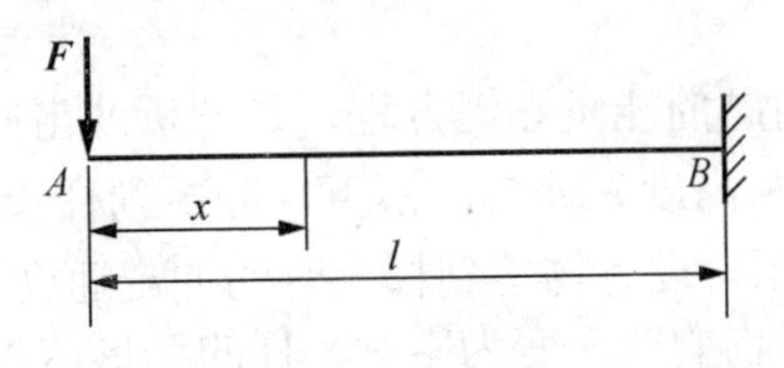

图 9-12 悬臂梁

解： 首先列出梁的弯矩方程。在距 A 端为 x 处的横截面弯矩为

$$M = -Fx \quad (0 \leqslant x \leqslant l)$$

代入式（9-21），得 AB 梁的应变能

$$V_\varepsilon = \int_0^l \frac{M^2(x)}{2EI}\mathrm{d}x = \int_0^l \frac{F^2 x^2}{2EI}\mathrm{d}x = \frac{F^2 l^3}{6EI}$$

设梁 A 点的竖向挠度为 f_A，且与荷载 $\boldsymbol{F}$ 同向，则根据能量守恒定律可知：

$$\frac{Ff_A}{2} = \frac{F^2 l^3}{6EI}$$

由此可得

$$f_A = \frac{Fl^3}{3EI}$$

9.5 受冲击荷载时构件的应力分析及强度设计

当运动的物体（冲击物）以一定的速度作用到构件上（被冲击物）时，冲击物的速度在极短的时间内变为零，由于惯性力的作用，冲击物与构件之间产生相互作用力。冲击物与构件之间的相互作用力称为冲击荷载。

当弹性体受到冲击荷载作用时，力以弹性波的形式传至弹性体的所有部分。在有些情况下，在冲击荷载作用处的局部范围内，还会产生较大的塑性变形。在冲击过程中，冲击物的加速度及其变化情况难以确定，能量耗散难以定量分析，因此精确地计算冲击荷载，以及由冲击荷载引起的被冲击构件中的应力和变形是很困难的，因此，冲击问题是一个很复杂的问题。本书中只介绍冲击问题的简化计算和工程分析方法。

对冲击问题，工程中大都采用能量方法进行分析。为简化计算，通常做如下假设：

1）假设冲击物的变形可以忽略不计，从开始冲击到产生最大位移，冲击物与被冲击物一起运动，不发生分离。

2）忽略被冲击物的质量，认为冲击荷载引起的应力和变形在冲击瞬时遍及被冲击物，并假设被冲击物仍处于线弹性范围内。

3）假设冲击过程中没有其他形式的能量损失，机械能守恒定律仍然成立。

根据上述假设，可以认为冲击物减少的能量完全转化为被冲击物的应变能，即

$$E = V_\varepsilon \tag{9-24}$$

式中，E 为冲击物在冲击前后能量的变化，包括动能的变化和势能的变化；V_ε 为被冲击物应变能的变化。

式（9-24）称为冲击问题的能量守恒方程，是分析冲击问题的基本方程。

考虑重为 W 的物体，从高度 h 处自由落下，冲击到杆长为 l，横截面面积为 A 的等截面直杆上，如图 9-13 所示。设重物落到杆上时的冲击速度为 v，物体与杆接触后一起运动，重物的速度变为零时，杆的变形达到最大值 Δ_d，此时杆受到的冲击荷载为 F_d，杆内的冲击应力为 σ_d。

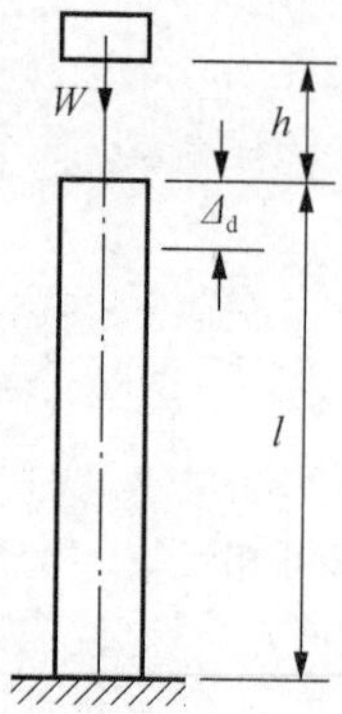

若在整个冲击过程中不计其他能量损失，重物在冲击前后动能的改变量 E_k 和势能的改变量 E_p 全部转化为杆的弹性应变能 V_ε，即

$$E_k + E_p = V_\varepsilon \tag{9-25}$$

冲击前后重物动能的改变为

$$E_k = \frac{1}{2}\frac{W}{g}v^2 = Wh \tag{9-26}$$

重物势能的改变为

$$E_p = W\Delta_d \tag{9-27}$$

图 9-13　冲击作用

杆的弹性应变能V_ε等于动荷载F_d在动位移上所做的功，即

$$V_\varepsilon = \frac{1}{2}F_d\Delta_d \tag{9-28}$$

将式（9-26）～式（9-28）代入式（9-25），则有

$$W\left(h+\Delta_d\right) = \frac{1}{2}F_d\Delta_d \tag{9-29}$$

考虑到在整个冲击过程中，动荷载F_d与动变形Δ_d服从胡克定律，即

$$\Delta_d = \frac{F_d l}{EA} \tag{9-30}$$

设杆在冲击方向受到静荷载W作用时产生的静变形为Δ_{st}，则由胡克定律，得

$$\Delta_{st} = \frac{Wl}{EA} \tag{9-31}$$

由式（9-30）和式（9-31），得

$$\frac{\Delta_d}{\Delta_{st}} = \frac{F_d}{W} \tag{9-32}$$

将式（9-32）代入式（9-29），得

$$W\left(h+\Delta_d\right) = \frac{1}{2}\frac{W}{\Delta_{st}}\Delta_d^2 \tag{9-33}$$

于是有

$$\Delta_d^2 - 2\Delta_{st}\Delta_d - 2h\Delta_{st} = 0$$

解得

$$\Delta_d = \Delta_{st}\left(1 \pm \sqrt{1+\frac{2h}{\Delta_{st}}}\right)$$

取Δ_d大于Δ_{st}的解，得

$$\Delta_d = \Delta_{st}\left(1 + \sqrt{1+\frac{2h}{\Delta_{st}}}\right)$$

令

$$k_d = 1 + \sqrt{1+\frac{2h}{\Delta_{st}}} \tag{9-34}$$

则有

$$\Delta_d = k_d\Delta_{st} \tag{9-35}$$

式中，k_d为自由落体冲击时的动荷系数；h为冲击高度；Δ_{st}为冲击物作为静荷载作用于被冲击物时，在冲击点处沿冲击方向的位移。同时可由式（9-32）计算最大冲击荷载为

$$F_d = k_d W = W\left(1 + \sqrt{1+\frac{2h}{\Delta_{st}}}\right) \tag{9-36}$$

被冲击构件内的冲击应力为

$$\sigma_{\mathrm{d}}=\frac{F_{\mathrm{d}}}{A}=\frac{W}{A}\left(1+\sqrt{1+\frac{2h}{\Delta_{\mathrm{st}}}}\right)=k_{\mathrm{d}}\sigma_{\mathrm{st}} \tag{9-37}$$

式中，σ_{st}为被冲击构件上作用静荷载W时的应力。

作为自由落体冲击的一种特殊情况，如果$h=0$，即将重物突然施加于弹性体，则由式（9-34）知，$k_{\mathrm{d}}=2$，这时

$$\Delta_{\mathrm{d}}=2\Delta_{\mathrm{st}}，\sigma_{\mathrm{d}}=2\sigma_{\mathrm{st}}$$

上式表明，当荷载突然作用时，弹性体的变形与应力是同值静荷载所引起变形与应力的两倍。

对于由冲击引起的构件的冲击应力σ_{d}、冲击变形Δ_{d}，可以由静荷载引起的静应力σ_{st}、静变形Δ_{st}与动荷系数k_{d}的乘积得到，即

$$\frac{\sigma_{\mathrm{d}}}{\sigma_{\mathrm{st}}}=\frac{\Delta_{\mathrm{d}}}{\Delta_{\mathrm{st}}}=\frac{F_{\mathrm{d}}}{F_{\mathrm{st}}}=k_{\mathrm{d}} \tag{9-38}$$

但必须指出，对于不同的冲击形式，动荷系数k_{d}的计算公式并不相同，不能盲目套用式（9-34），而应从能量守恒方程（9-24）出发，具体问题具体分析。

对于一般情况，若已知冲击物体自由落下，刚接触被冲击构件时的速度为v，应用前面的分析方法，可以得到其动荷系数为

$$k_{\mathrm{d}}=1+\sqrt{1+\frac{v^2}{g\Delta_{\mathrm{st}}}} \tag{9-39}$$

读者可自行推导。

由式（9-36）可以看出，冲击荷载不仅与冲击物的重力W有关，而且与被冲击物的静位移Δ_{st}有关。所以，在设计承受冲击荷载的构件时，应注意考虑构件的刚度。例如，可通过配置缓冲弹簧来增加构件的静变形，降低冲击应力。

在分析被冲击构件的强度问题时，要求构件中的最大冲击应力满足

$$\sigma_{\mathrm{d,max}}\leqslant[\sigma]$$

例 9-5 如图 9-14 所示，两个相同的钢梁受相同重物的自由落体冲击，一个支承于刚性支座上，另一个支承于两个常数$k=100\ \mathrm{N/mm}$的弹簧上。已知$l=3\ \mathrm{m}$，$h=50\ \mathrm{mm}$，$W=1\ \mathrm{kN}$，钢梁的$I=34\times10^6\ \mathrm{mm}^4$，$W_z=309\times10^3\ \mathrm{mm}^3$，$E=200\ \mathrm{GPa}$，试比较上述两种情况下钢梁中的动应力。

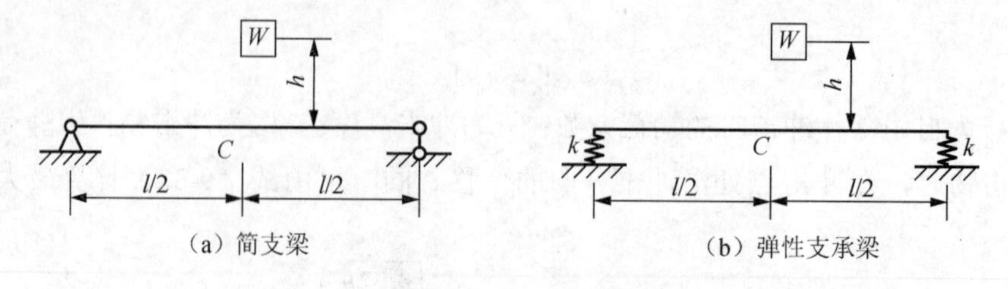

（a）简支梁　　（b）弹性支承梁

图 9-14　例 9-5 图

解： 当重物以静荷载方式作用于梁中点时，产生的最大静应力为

$$\sigma_{\mathrm{st,max}}=\frac{Wl}{4W_z}=\frac{1\times10^3\times3}{4\times309\times10^{-6}}\approx2.43\times10^6(\mathrm{Pa})=2.43(\mathrm{MPa})$$

对于图 9-14（a）所示支承情况，静位移为

$$\begin{aligned}\varDelta_{\mathrm{st}}^{(\mathrm{a})}&=\frac{Wl^3}{48EI}=\frac{1\times10^3\times3^3}{48\times200\times10^9\times34\times10^{-6}}\\&\approx8.27\times10^{-5}(\mathrm{m})=0.0827(\mathrm{mm})\end{aligned}$$

动荷系数为

$$k_{\mathrm{d}}^{(\mathrm{a})}=1+\sqrt{1+\frac{2\times5\times10^{-2}}{8.27\times10^{-5}}}\approx35.8$$

于是，梁中的最大动应力为

$$\sigma_{\mathrm{d,max}}^{(\mathrm{a})}=k_{\mathrm{d}}^{(\mathrm{a})}\sigma_{\mathrm{st,max}}=35.8\times2.43\approx86.9(\mathrm{MPa})$$

对于图 9-14（b）所示支承情况，静位移为

$$\begin{aligned}\varDelta_{\mathrm{st}}^{(\mathrm{b})}&=\frac{Wl^3}{48EI}+\frac{W}{2k}=8.27\times10^{-5}+\frac{1\times10^3}{2\times100\times10^3}\\&\approx5.0827\times10^{-3}(\mathrm{m})=5.0827(\mathrm{mm})\end{aligned}$$

动荷系数为

$$k_{\mathrm{d}}^{(\mathrm{b})}=1+\sqrt{1+\frac{2\times5\times10^{-2}}{5.0827\times10^{-3}}}\approx5.55$$

梁中的最大动应力为

$$\sigma_{\mathrm{d,max}}^{(\mathrm{b})}=k_{\mathrm{d}}^{(\mathrm{b})}\sigma_{\mathrm{st,max}}=5.55\times2.43\approx13.5(\mathrm{MPa})$$

由于图 9-14（b）的支承形式采用了弹簧支座，减小了系统刚度，因此使动荷系数减小，这是降低冲击应力的有效方法。

例 9-6 如图 9-15 所示重力为 P 的物体，以水平速度 v 冲击在竖直 AB 杆的 C 点后，与被冲击构件一起运动。已知 AB 杆的抗弯刚度为 EI，抗弯截面系数为 W_z，冲击过程中材料处于线弹性范围，无能量损耗。试求动荷系数 k_{d}、冲击荷载 F_{d}，以及杆的最大冲击应力 σ_{d}。

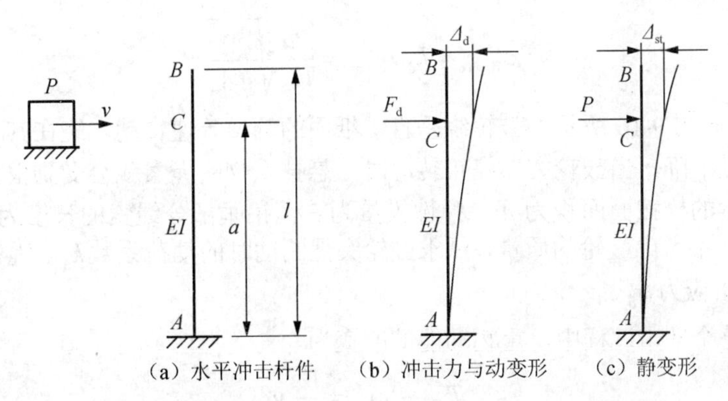

图 9-15 例 9-6 图

解：冲击物体的势能变化 $E_p=0$，动能变化 $E_k=mv^2/2=(P/g)v^2/2$，设 C 点的冲击位移 Δ_d，如图 9-14（b）所示，杆件的应变能为 $V_\varepsilon=F_d\Delta_d/2$，由式（9-23），则有

$$\frac{P}{2g}v^2=\frac{1}{2}F_d\Delta_d \tag{9-40}$$

考虑到梁的变形在线弹性范围内，由 $\Delta_d=F_da^3/3EI$ 得

$$F_d=\frac{3EI}{a^3}\Delta_d$$

将上述关系代入式（9-25）：

$$\frac{1}{2}\left(\frac{3EI}{a^3}\right)\Delta_d^2=\frac{P}{2g}v^2$$

可得

$$\Delta_d=\sqrt{\frac{v^2}{g}\left(\frac{Pa^3}{3EI}\right)}=\sqrt{\frac{v^2}{g}\Delta_{st}}=\Delta_{st}\sqrt{\frac{v^2}{g\Delta_{st}}}$$

式中，$\Delta_{st}=Pa^3/3EI$，为冲击物以其重力水平作用在 C 点时产生的静位移，如图 9-15（c）所示。

由此可以确定水平冲击时的动荷系数为

$$k_d=\sqrt{\frac{v^2}{g\Delta_{st}}}$$

杆件所受的冲击荷载为

$$F_d=k_dF_{st}=P\sqrt{\frac{v^2}{g\Delta_{st}}}$$

杆件 C 点受到水平静荷载 P 时［图 9-15（a）］，最大弯矩为 $M_{max}=M_A=Pa$，则最大静应力为

$$\sigma_{st,max}=\frac{M_{max}}{W_z}=\frac{Pa}{W_z}$$

所受的最大动应力为

$$\sigma_{d,max}=k_d\sigma_{st,max}=\frac{Pa}{W_z}\sqrt{\frac{v^2}{g\Delta_{st}}}$$

例 9-7 如图 9-16 所示，鼓轮绕垂直于纸面的轴做等速转动，绕在其上的绳索带动重物以等速度下降，当鼓轮突然停止转动时，悬挂重物的绳索就会受到很大的冲击荷载作用。设绳索的横截面面积为 A，弹性模量为 E，铅垂部分绳索的长度为 l，起吊重物的重力为 W。不考虑鼓轮的质量，试求鼓轮突然制动时的动荷系数 k_d、绳索受到的冲击荷载 F_d 及冲击应力 σ_d。

解：在整个冲击过程中，重物动能的改变为

$$T=\frac{1}{2}mv^2=\frac{W}{2g}v^2$$

取最大位移位置为零势能位置，重物势能的改变为

$$V = W\left(\Delta_{\mathrm{d}} - \Delta_{\mathrm{st}}\right)$$

式中，Δ_{st}为等速运动时绳索的静变形；Δ_{d}为制动后绳索的最大动变形。

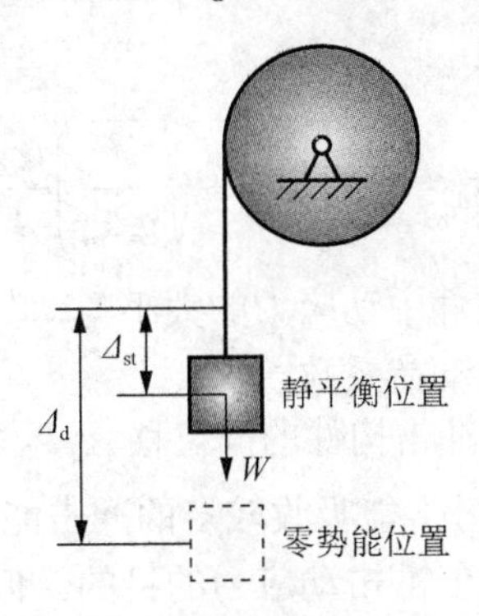

图 9-16 突然制动冲击

制动前，绳索的应变能为$V_{\varepsilon}^{(1)} = \dfrac{1}{2}W\Delta_{\mathrm{st}}$，制动后，应变能为$V_{\varepsilon}^{(2)} = \dfrac{1}{2}F_{\mathrm{d}}\Delta_{\mathrm{d}}$，应变能的改变为

$$V_{\varepsilon} = \frac{1}{2}F_{\mathrm{d}}\Delta_{\mathrm{d}} - \frac{1}{2}W\Delta_{\mathrm{st}}$$

由能量守恒定律，得

$$\frac{W}{2g}v^2 + W\left(\Delta_{\mathrm{d}} - \Delta_{\mathrm{st}}\right) = \frac{1}{2}F_{\mathrm{d}}\Delta_{\mathrm{d}} - \frac{1}{2}W\Delta_{\mathrm{st}}$$

考虑到在整个变形过程中，力与变形服从胡克定律，则有

$$\Delta_{\mathrm{st}} = \frac{Wl}{EA}，\quad F_{\mathrm{d}} = \frac{EA}{l}\Delta_{\mathrm{d}} = \frac{W}{\Delta_{\mathrm{st}}}\Delta_{\mathrm{d}}$$

代入上式，得

$$\frac{W}{2g}v^2 + W\left(\Delta_{\mathrm{d}} - \Delta_{\mathrm{st}}\right) = \frac{1}{2}\frac{W}{\Delta_{\mathrm{st}}}\Delta_{\mathrm{d}}^2 - \frac{1}{2}W\Delta_{\mathrm{st}}$$

整理得

$$\Delta_{\mathrm{d}}^2 - 2\Delta_{\mathrm{st}}\Delta_{\mathrm{d}} + \Delta_{\mathrm{st}}^2\left(1 - \frac{v^2}{g\Delta_{\mathrm{st}}}\right) = 0$$

解得

$$\Delta_{\mathrm{d}} = \Delta_{\mathrm{st}}\left(1 + \sqrt{\frac{v^2}{g\Delta_{\mathrm{st}}}}\right)$$

由此可得起吊重物突然制动时的动荷系数为

$$k_{\mathrm{d}} = 1 + \sqrt{\frac{v^2}{g\Delta_{\mathrm{st}}}}$$

绳索受到的冲击荷载为

$$F_{\mathrm{d}}=k_{\mathrm{d}}W=\left(1+\sqrt{\frac{v^2}{g\varDelta_{\mathrm{st}}}}\right)W$$

冲击应力为

$$\sigma_{\mathrm{d}}=k_{\mathrm{d}}\sigma_{\mathrm{st}}=\left(1+\sqrt{\frac{v^2}{g\varDelta_{\mathrm{st}}}}\right)\frac{W}{A}$$

前面的分析表明，冲击时构件中动应力的大小与动荷系数有关。所以，要提高构件的抗冲击能力，主要从降低冲击动荷系数着手。

从动荷系数的计算可知，被冲击构件的静位移 $\varDelta_{\mathrm{st}}$ 越大，动荷系数越小。这是因为产生较大静位移的构件，其刚度较小，能吸收较多的冲击能量，从而增大构件的缓冲能力。所以，减小构件刚度可以达到降低冲击动应力的目的。但是，如果采用缩减横截面尺寸等方法来减小构件的刚度，则又会使应力增大，其结果未必能达到降低冲击动应力的目的。因此，工程上往往是在受冲击构件上增设缓冲装置，如缓冲弹簧、橡胶垫、弹性支座等。这样既能减小整体刚度，又不增大构件中的应力。

9.6 互等定理

前面曾讨论过，当线弹性体构件受多个荷载作用时，弹性体的应变能（荷载所做的总功）均与加载次序无关。利用这一性质，可以得到两个重要定理——功互等定理和位移互等定理。下面以梁弯曲问题为例证明这两个定理。

设图 9-17（a）所示简支梁在荷载 $\boldsymbol{F}_1$ 和 $\boldsymbol{F}_2$ 共同作用下，1、2 点处的位移分别为 $\varDelta_1$ 和 $\varDelta_2$。如以 $\varDelta_{ij}$ 表示荷载 $\boldsymbol{F}_j\,(j=1,2)$ 单独作用时，在 i 点产生的沿 $F_i\,(i=1,2)$ 方向的位移，如图 9-17（b）和（c）所示，则 $\varDelta_1$ 和 $\varDelta_2$ 可分别表示为

$$\varDelta_1=\varDelta_{11}+\varDelta_{12}$$
$$\varDelta_2=\varDelta_{21}+\varDelta_{22}$$

现在设想先加 $\boldsymbol{F}_1$，再加 $\boldsymbol{F}_2$。单独施加 $\boldsymbol{F}_1$ 时，1 点处的位移为 $\varDelta_{11}$，在此过程中，$\boldsymbol{F}_1$ 做的功为 $F_1\varDelta_{11}/2$。然后，在施加 $\boldsymbol{F}_2$ 的过程中，2 点处的位移为 $\varDelta_{22}$，1 点处会产生新的位移 $\varDelta_{12}$，在此过程中，变力 $\boldsymbol{F}_2$ 做功 $F_2\varDelta_{22}/2$，常力 $\boldsymbol{F}_1$ 做功 $F_1\varDelta_{12}$，如图 9-18（a）所示。全部加载过程完成后，梁内的应变能为

$$V_{\varepsilon}^{(\mathrm{a})}=\frac{1}{2}F_1\varDelta_{11}+F_1\varDelta_{12}+\frac{1}{2}F_2\varDelta_{22}$$

第二种加载方式为先加 $\boldsymbol{F}_2$，再加 $\boldsymbol{F}_1$［图 9-18（b）］。参照如上分析计算过程，梁内的应变能为

$$V_{\varepsilon}^{(\mathrm{b})}=\frac{1}{2}F_2\varDelta_{22}+F_2\varDelta_{21}+\frac{1}{2}F_1\varDelta_{11}$$

根据应变能与加载次序无关的性质，应有$V_{\varepsilon}^{(a)}=V_{\varepsilon}^{(b)}$，于是

$$F_1\Delta_{12}=F_2\Delta_{21} \tag{9-41}$$

式（9-41）表明：$\boldsymbol{F}_1$在$\boldsymbol{F}_2$单独作用下引起的1点的位移Δ_{12}上所做的功，等于$\boldsymbol{F}_2$在$\boldsymbol{F}_1$单独作用下引起的2点处的位移Δ_{21}上所做的功，这就是功互等定理。

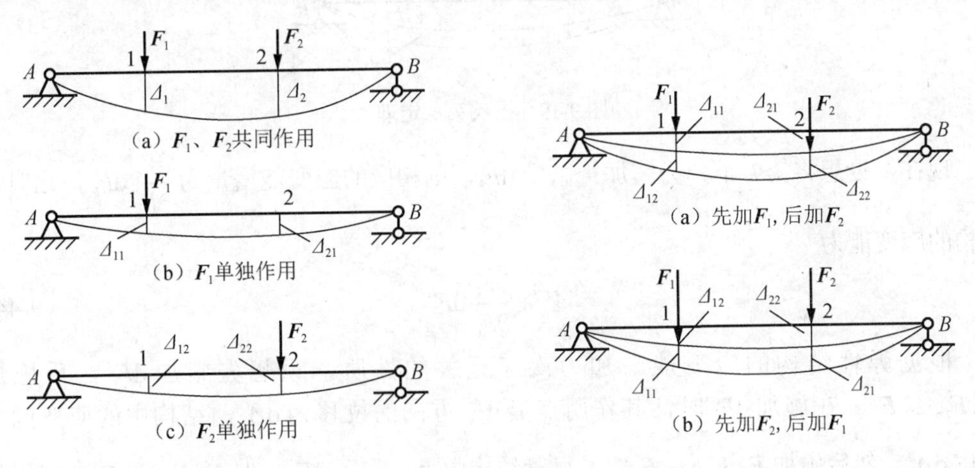

图 9-17　功的互等定理

图 9-18　位移互等定理

作为功互等定理的重要推论，当F_1=F_2时，有

$$\Delta_{12}=\Delta_{21} \tag{9-42}$$

即当$\boldsymbol{F}_1$、$\boldsymbol{F}_2$数值相等时，$\boldsymbol{F}_2$在1点引起的沿$\boldsymbol{F}_1$方向的位移Δ_{12}，等于$\boldsymbol{F}_1$在2点引起的沿$\boldsymbol{F}_2$方向的位移Δ_{21}，此为位移互等定理。若$\boldsymbol{F}_1$、$\boldsymbol{F}_2$均为单位荷载时，即$F_1=F_2=1$，以δ_{12}表示单位荷载单独作用在2点时，在1点产生的沿单位荷载方向的位移；δ_{21}表示单位荷载单独作用在1点时，在2点产生的沿单位荷载方向的位移。由式（9-41）得到$\delta_{12}=\delta_{21}$，由此可以得到结论：施加在2点的单位力在1点引起的位移，等于施加在1点的单位力在2点引起的位移。

虽然上述互等定理是以简支梁为例导出的，但并没有利用简支梁和弯曲变形的任何特征，对于任意线弹性结构，互等定理都是成立的。此外，定理中涉及的荷载和位移应理解为广义力和相应的广义位移。所以，把集中力换为集中力偶，线性位移换成角位移，互等定理仍然是正确的。

9.7　卡氏第二定理

本节介绍计算线弹性体位移的一个重要定理——卡氏第二定理。

9.7.1　卡氏第二定理的一般表达式

设在图9-19所示的线弹性结构上作用有n个广义力$\boldsymbol{F}_1,\boldsymbol{F}_2,\cdots,\boldsymbol{F}_n$，其相应的广义位移分别为$\Delta_1,\Delta_2,\cdots,\Delta_n$。在荷载施加过程中，外力所做的功转变成结构的应变能。这样，

应变能应为广义力$\boldsymbol{F}_1,\boldsymbol{F}_2,\cdots,\boldsymbol{F}_n$的函数，即

$$V_\varepsilon = V_\varepsilon(F_1,\ F_2,\ \cdots,\ F_n) \tag{9-43}$$

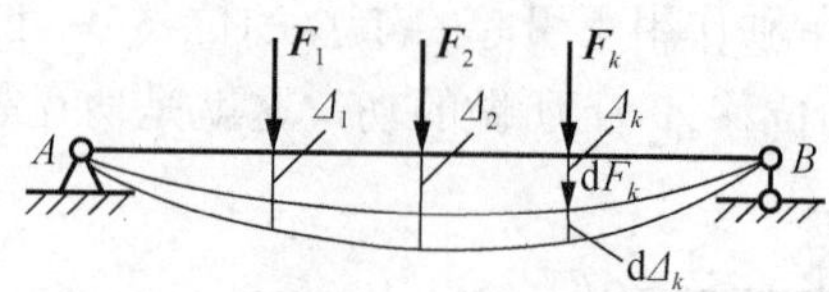

图 9-19　卡氏第二定理

现在，设想将第k个外力增加一微量$\mathrm{d}F_k$，则相应的应变能增量为$\dfrac{\partial V_\varepsilon}{\partial F_k}\mathrm{d}F_k$。这时，结构的应变能为

$$V_\varepsilon + \frac{\partial V_\varepsilon}{\partial F_k}\mathrm{d}F_k \tag{9-44}$$

根据弹性结构的应变能与加力次序无关的性质，设想先施加$\mathrm{d}F_k$，后施加$\boldsymbol{F}_1,\boldsymbol{F}_2,\cdots,\boldsymbol{F}_n$。在施加$\mathrm{d}F_k$时，其作用点沿$\mathrm{d}F_k$方向的位移为$\mathrm{d}\varDelta_k$，结构中的应变能为$\dfrac{1}{2}\mathrm{d}F_k\mathrm{d}\varDelta_k$。然后施加$\boldsymbol{F}_1,\boldsymbol{F}_2,\cdots,\boldsymbol{F}_n$时，尽管结构中上已有了$\mathrm{d}F_k$，但$\boldsymbol{F}_1,\boldsymbol{F}_2,\cdots,\boldsymbol{F}_n$的作用效应并不因此而改变，这些力所做的功仍等于式（9-43）所示的应变能V_ε。需要注意的是，在施加$\boldsymbol{F}_1,\boldsymbol{F}_2,\cdots,\boldsymbol{F}_n$过程中，在$\boldsymbol{F}_k$的方向（$\mathrm{d}F_k$的方向）上又发生了位移$\varDelta_k$，“等候”在此的常力$\mathrm{d}F_k$又完成了功$\mathrm{d}F_k\varDelta_k$。因此，这种加载方式下弹性结构的应变能为

$$\frac{1}{2}\mathrm{d}F_k\mathrm{d}\varDelta_k + V_\varepsilon + \mathrm{d}F_k\varDelta_k \tag{9-45}$$

令式（9-44）和式（9-45）相等，并略去二阶微量$\dfrac{1}{2}\mathrm{d}F_k\mathrm{d}\varDelta_k$，得

$$\varDelta_k = \frac{\partial V_\varepsilon}{\partial F_k} \tag{9-46}$$

式（9-46）表明，线弹性结构的应变能对某一荷载F_k的偏导数，等于在该荷载处沿荷载方向的位移，这就是卡氏第二定理。

9.7.2　利用卡氏第二定理计算结构的位移

将式（9-22）代入式（9-46），得

$$\begin{aligned}\varDelta_k &= \frac{\partial V_\varepsilon}{\partial F_k} = \frac{\partial}{\partial F_k}\int_l\left[\frac{F_\mathrm{N}^2(x)}{2EA} + \frac{T^2(x)}{2GI_\mathrm{P}} + \frac{M^2(x)}{2EI}\right]\mathrm{d}x \\ &= \int_l\left[\frac{F_\mathrm{N}(x)}{EA}\frac{\partial F_\mathrm{N}(x)}{\partial F_k} + \frac{T(x)}{GI_\mathrm{P}}\frac{\partial T(x)}{\partial F_k} + \frac{M(x)}{EI}\frac{\partial M(x)}{\partial F_k}\right]\mathrm{d}x\end{aligned} \tag{9-47}$$

将上述公式用于平面弯曲的梁，得

$$\varDelta_k = \int_l \frac{M(x)}{EI}\frac{\partial M(x)}{\partial F_k}\mathrm{d}x \tag{9-48}$$

对于受扭的圆轴，得

$$\Delta_k = \int_l \frac{T(x)}{GI_{\mathrm{P}}} \frac{\partial T(x)}{\partial F_k} \mathrm{d}x \tag{9-49}$$

而对于轴向拉（压）杆及桁架结构，得

$$\Delta_k = \int_l \frac{F_{\mathrm{N}}(x)}{EA} \frac{\partial F_{\mathrm{N}}(x)}{\partial F_k} \mathrm{d}x \tag{9-50}$$

$$\Delta_k = \sum_{i=1}^{n} \frac{F_{\mathrm{N}i} l_i}{E_i A_i} \frac{\partial F_{\mathrm{N}i}}{\partial F_k} \tag{9-51}$$

例 9-8 图 9-20（a）所示悬臂梁的抗弯刚度 EI 为常数。试用卡氏第二定理计算自由端 B 横截面的挠度和转角。

解： 1）求横截面 B 的挠度。梁内任意横截面 x 处的弯矩及其对荷载 $\boldsymbol{F}$ 的偏导数为

$$M(x) = -Fx - \frac{1}{2}qx^2, \quad \frac{\partial M}{\partial F} = -x$$

由式（9-48），得

$$\Delta_B = \frac{1}{EI}\int_0^l \left(-Fx - \frac{1}{2}qx^2\right)(-x)\mathrm{d}x = \frac{1}{EI}\left(\frac{Fl^3}{3} + \frac{ql^4}{8}\right)$$

2）求截面 B 的转角。由于在横截面 B 处无相应的力偶作用，不能直接用卡氏第二定理计算该横截面的转角。这时，可首先在横截面 B 处“虚拟”地施加一个力偶 M_{e}［图 9-20（b)]，计算在集中力 $\boldsymbol{F}$、分布力 q 和集中力偶 M_{e} 共同作用下该横截面的转角。然后，再令 $M_{\mathrm{e}} = 0$，即得在 $\boldsymbol{F}$ 和 q 作用下的转角。这样，梁内任一横截面 x 处的弯矩及其对力偶 $\boldsymbol{M}_{\mathrm{e}}$ 的偏导数为

$$M(x) = M_{\mathrm{e}} - Fx - \frac{1}{2}qx^2, \quad \frac{\partial M}{\partial M_{\mathrm{e}}} = 1$$

由式（9-48），并令 $M_{\mathrm{e}} = 0$，得

$$\theta_B = \int_0^l \left[\frac{M(x)}{EI}\frac{\partial M(x)}{\partial M_{\mathrm{e}}}\right]_{M_{\mathrm{e}}=0} \mathrm{d}x = \frac{1}{EI}\int_0^l \left(-Fx - \frac{1}{2}qx^2\right)\mathrm{d}x = -\frac{1}{EI}\left[\frac{1}{2}Fl^2 + \frac{1}{6}ql^3\right]$$

所得结果为负，说明 θ_B 的转向与施加的“虚拟”力偶 M_{e} 的转向相反。

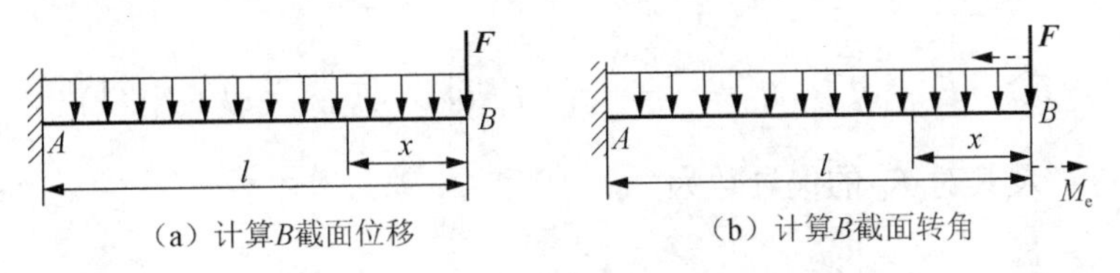

（a）计算B截面位移　　（b）计算B截面转角

图 9-20　卡氏第二定理计算梁的位移

例 9-9 图 9-21（a）所示简支刚架的抗弯刚度 EI 为常量，不计轴力和剪力的影响，求横截面 B 的转角和横截面 C 的水平位移。

解： 1）求横截面 B 的转角。在求横截面 B 的转角时，需要将应变能对 M_B 求偏导。

尽管存在关系 $M_B=ql^2$，但在求约束力和写弯矩方程时都应将 M_B 单独列出。这样，各支座约束力分别为

$$F_{Cy}=\frac{1}{2}ql+\frac{M_B}{l}\,(\uparrow),\quad F_{Ay}=\frac{1}{2}ql+\frac{M_B}{l}\,(\downarrow),\quad F_{Ax}=ql\,(\leftarrow)$$

各段的弯矩方程及其对 M_B 的偏导数为

AB 段：

$$M(x_1)=qlx_1-\frac{1}{2}qx_1^2,\quad \frac{\partial M}{\partial M_B}=0$$

CB 段：

$$M(x_2)=\left(\frac{1}{2}ql+\frac{M_B}{l}\right)x_2,\quad \frac{\partial M}{\partial M_B}=\frac{x_2}{l}$$

由式（9-48），得横截面 *B* 的转角为

$$\theta_B=\frac{1}{EI}\int_0^l\left(\frac{ql}{2}x_2+\frac{M_B}{l}x_2\right)_{M_B=ql^2}\left(\frac{x_2}{l}\right)\mathrm{d}x_2=\frac{ql^3}{2EI}$$

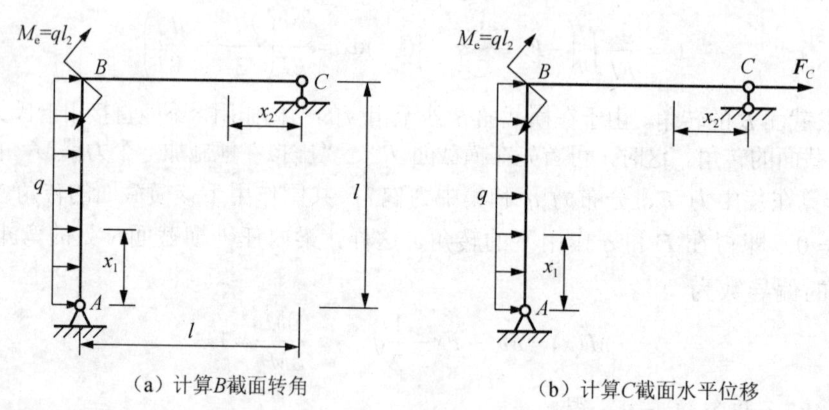

图 9-21　卡氏第二定理计算刚架位移

2）求横截面 *C* 的水平位移。在求横截面 *C* 的水平位移时，先在 *C* 处虚加水平力 $\boldsymbol{F}_C$。因只需要对 $\boldsymbol{F}_C$ 求偏导，对 M_B 中的 q 和分布力中的 q 不必再加以区分。因此，各支座约束力分别为

$$F_{Ax}=F_C+ql\,(\leftarrow),\quad F_{Ay}=\frac{3}{2}ql+F_C\,(\downarrow),\quad F_{Cy}=\frac{3}{2}ql+F_C\,(\uparrow)$$

各段的弯矩方程及其对 $\boldsymbol{F}_C$ 的偏导数为

AB 段：

$$M(x_1)=(F_C+ql)x_1-\frac{1}{2}qx_1^2,\quad \frac{\partial M}{\partial F_C}=x_1$$

CB 段：

$$M(x_2)=\left(\frac{3}{2}ql+F_C\right)x_2,\quad \frac{\partial M}{\partial F_C}=x_2$$

由式（9-48），得横截面 C 的水平位移为

$$\Delta_{\mathrm{CH}}=\frac{1}{EI}\left\{\int_0^l\left[(F_C+ql)x_1-\frac{1}{2}qx_1^2\right]x_1\mathrm{d}x_1+\int_0^l\left[\left(\frac{3}{2}ql+F_C\right)x_2\right]x_2\mathrm{d}x_2\right\}_{F_C=0}=\frac{17ql^4}{24EI}$$

9.8 虚 功 原 理

在刚体静力学中曾经指出，对于处于平衡状态的任意刚体，作用其上的外力在任意微小虚位移上所做虚功的和为零，这就是刚体虚功原理。本节讨论关于变形体的虚功原理。

9.8.1 虚位移、外力虚功与内力虚功

考虑一受任意荷载作用的构件，如图 9-22（a）所示，构件由于受到荷载作用而产生变形，构件上各点将发生相应的位移，这种位移称为实位移。其任一横截面上的内力可表示为轴力 $F_{\mathrm{N}}(x)$、扭矩 $T(x)$、剪力 $F_{\mathrm{S}}(x)$ 和弯矩 $M(x)$。设想由于其他原因（如温度变化或其他外力）又使构件产生一新的变形，发生的相应位移是满足位移边界条件和变形连续条件的任意微小位移，为了与真实位移加以区别，称这种位移为虚位移。虚位移表示其他因素（也可能是人为因素）造成的，是在平衡位置上再增加的位移，在虚位移中，构件原有的外力和相应的内力保持不变，且始终保持平衡。虚位移也是构件实际上可能发生的位移。作用在构件上的力在虚位移上所做的功称为虚功。在发生虚位移的过程中，各微段不仅发生刚体虚位移，而且也会产生虚变形。

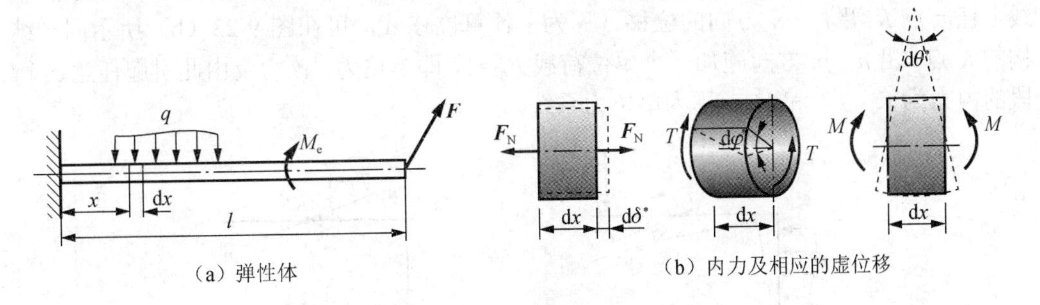

（a）弹性体　　（b）内力及相应的虚位移

图 9-22　结构的内力虚功

在发生虚位移的过程中，各微段不仅发生刚体虚位移，而且也会产生虚变形。如图 9-22（b）所示，由虚位移引起的微段的虚变形可由轴向变形 $\mathrm{d}\delta^*$、剪切变形 $\mathrm{d}\lambda^*$、扭转变形 $\mathrm{d}\varphi^*$ 和弯曲变形 $\mathrm{d}\theta^*$ 表示。当微段发生虚变形时，在忽略剪切变形的情况下，作用在微段上的内力所做的虚功为

$$\mathrm{d}W_{\mathrm{i}}=F_{\mathrm{N}}\mathrm{d}\delta^*+T\mathrm{d}\varphi^*+M\mathrm{d}\theta^*$$

而作用在所有微段上的内力所做的总虚功为

$$W_{\mathrm{i}}=\int_l F_{\mathrm{N}}\mathrm{d}\delta^*+\int_l T\mathrm{d}\varphi^*+\int_l M\mathrm{d}\theta^*$$

作用在所有微段上的内力在相应虚变形上所做的总虚功W_{i}，称为内力虚功；作用构件上的外力在虚位移上所做的总虚功，称为外力虚功，用W_{e}表示。

9.8.2 变形体虚功原理

可以证明，当一个处于平衡状态的杆或杆系结构发生虚位移时，外力在虚位移上所做的外力虚功W_{e}恒等于内力在虚变形上所做的内力虚功W_{i}，即

$$W_{\mathrm{e}} = W_{\mathrm{i}} \tag{9-52}$$

这称为变形体的虚功原理。

在杆件发生组合变形时，在忽略剪切变形的情况下，虚功原理的一般表达式为

$$\sum_{i=1}^{n} F_i \varDelta_i^* = \int_l (F_{\mathrm{N}} \mathrm{d}\delta^* + T\mathrm{d}\phi^* + M\mathrm{d}\theta^*)$$

式中，$\varDelta_i^*$为在F_i的作用点沿F_i方向的虚位移。

从以上分析还可以看出，由于推导的过程中未涉及变形体的应力-应变关系，因此，变形体虚功原理不仅适用于线弹性体，而且适用于非线弹性体与非弹性体。

9.9 单位荷载法计算结构的位移

9.9.1 单位荷载法的原理

下面利用变形体的虚功原理推导出计算结构位移的一般方法——单位荷载法。

考察图 9-23（a）所示结构，受外力作用而变形，虚线为变形后的状态。现求其轴线上任一点K沿n—n方向的位移$\varDelta$。为了计算位移$\varDelta$，可在图 9-23（b）所示同一结构的K点，沿n—n方向施加一个单位荷载$F_K=1$，即单位力，该力及由此引起任意$\mathrm{d}s$微段的内力为$\overline{F}_{\mathrm{N}}$、$\overline{T}$和$\overline{M}$，称为单位力系统。

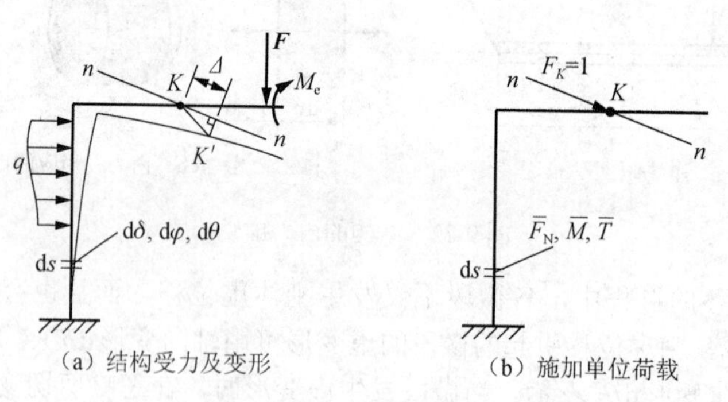

图 9-23 单位荷载法原理

由虚位移的概念，可将实际荷载（原始荷载）所引起的位移作为虚位移，对于$\mathrm{d}s$微段的相应变形有轴向变形$\mathrm{d}\delta$、扭转角$\mathrm{d}\varphi$和相对转角$\mathrm{d}\theta$，待求位移$\varDelta$也为虚位移。

若将实际荷载引起的位移作为单位力系统的虚位移，单位力在位移$\varDelta$上所做的外力

虚功为

$$W_{\mathrm{e}}=1\cdot\varDelta$$

同时，单位力系统的内力 $\bar{F}_{\mathrm{N}}$、$\bar{T}$ 和 $\bar{M}$ 则分别在相应的变形 $\mathrm{d}\delta$、$\mathrm{d}\varphi$ 和 $\mathrm{d}\theta$ 上所做的内力虚功为

$$W_{\mathrm{i}}=\int_{l}(\bar{F}_{\mathrm{N}}\mathrm{d}\delta+\bar{T}\mathrm{d}\varphi+\bar{M}\mathrm{d}\theta)$$

根据变形体虚功原理，则有

$$1\cdot\varDelta=\int_{l}(\bar{F}_{\mathrm{N}}\mathrm{d}\delta+\bar{T}\mathrm{d}\varphi+\bar{M}\mathrm{d}\theta) \tag{9-53}$$

同理，如果需要计算上述杆件或杆系结构某横截面的绕某轴的角位移，则只需在该横截面沿所求位移方向施加一个单位力偶，应用上式虚功方程进行求解。

因此，式(9-53)中的 $\varDelta$ 应理解为结构在实际荷载作用下的待求广义位移，而轴力 $\bar{F}_{\mathrm{N}}$、扭矩 $\bar{T}$ 和弯矩 $\bar{M}$ 则为相应单位荷载的内力。这种求结构位移的方法称为单位荷载法。

单位荷载法既适合于线弹性结构，也适合于非线弹性结构；既可计算结构在荷载作用下的位移，又可计算由于温度变化等因素引起的位移。本节仅讨论线弹性结构在荷载作用下的位移计算。

对线弹性结构，在各种基本变形情况下微段的变形分别为

$$\mathrm{d}\delta=\frac{F_{\mathrm{N}}(x)\mathrm{d}x}{EA},\quad \mathrm{d}\phi=\frac{T(x)\mathrm{d}x}{GI_{\mathrm{P}}},\quad \mathrm{d}\theta=\frac{M(x)}{EI}\mathrm{d}x$$

这时，式（9-52）变为

$$\varDelta=\int_{l}\frac{F_{\mathrm{N}}(x)\bar{F}_{\mathrm{N}}(x)\mathrm{d}x}{EA}+\int_{l}\frac{T(x)\bar{T}(x)\mathrm{d}x}{GI_{\mathrm{P}}}+\int_{l}\frac{M(x)\bar{M}(x)\mathrm{d}x}{EI} \tag{9-54}$$

式中，$F_{\mathrm{N}}(x)$、$T(x)$、$M(x)$ 为实际荷载作用于结构时 x 横截面上的轴力、扭矩和弯矩；$\bar{F}_{\mathrm{N}}(x)$、$\bar{T}(x)$、$\bar{M}(x)$ 为单位荷载单独作用于同一结构时 x 横截面上的轴力、扭矩和弯矩。

式（9-54）为计算线弹性杆件或杆系结构位移的一般公式，又称为莫尔积分。

在各种基本变形情况下，莫尔积分式（9-54）可得到简化。对于平面弯曲的线弹性梁与平面刚架，有

$$\varDelta=\int_{l}\frac{M(x)\bar{M}(x)\mathrm{d}x}{EI} \tag{9-55a}$$

而对于线弹性轴向拉（压）杆件和桁架结构，有

$$\varDelta=\sum_{i=1}^{n}\frac{F_{\mathrm{N}i}\bar{F}_{\mathrm{N}i}l_{i}}{E_{i}A_{i}} \tag{9-55b}$$

对于扭转变形

$$\varDelta=\int_{l}\frac{T(x)\bar{T}(x)\mathrm{d}x}{GI_{\mathrm{P}}} \tag{9-55c}$$

应该指出，如果按照上述单位荷载法求得的位移为正，即表示所求位移与所施加单位荷载同向；如果为负，表示所求位移与所施加单位荷载反向。

例 9-10 图 9-24（a）所示外伸梁，其抗弯刚度为 EI，试用单位荷载法求横截面 C 的挠度 $\varDelta_{CV}$ 及横截面 B 的转角 θ_B。

解：欲求横截面 C 的挠度，在 C 点加一向下的单位力［图 9-24（b）］；欲求横截面 B 的转角，在 B 点加一单位力偶［图 9-24（c）］。根据图 9-24（a）～（c）分别列出各段在荷载和单位荷载作用下的弯矩方程，分别用 $M(x)$、$\overline{M_1}(x)$、$\overline{M_2}(x)$ 表示，有

AB 段：

$$M(x)=\frac{qa}{4}x-\frac{1}{2}qx^2，\overline{M_1}(x)=-\frac{1}{2}x，\overline{M_2}(x)=\frac{1}{2a}x$$

CB 段：

$$M(x)=-qax-\frac{1}{2}qx^2，\overline{M_1}(x)=-x，\overline{M_2}(x)=0$$

由莫尔积分，得

$$\begin{aligned}\varDelta_{CV}&=\int_l\frac{M(x)\overline{M_1}(x)}{EI}\mathrm{d}x\\&=\frac{1}{EI}\left[\int_0^{2a}\left(\frac{qa}{4}x-\frac{1}{2}qx^2\right)\left(-\frac{x}{2}\right)\mathrm{d}x+\int_0^{a}\left(-qax-\frac{1}{2}qx^2\right)(-x)\mathrm{d}x\right]\\&=\frac{9qa^4}{8EI}(\downarrow)\end{aligned}$$

正号表明 C 点的挠度与所设单位力方向相同，即向下。

$$\begin{aligned}\theta_B&=\int_l\frac{M(x)\overline{M_2}(x)}{EI}\mathrm{d}x=\frac{1}{EI}\left[\int_0^{2a}\left(\frac{qa}{4}x-\frac{1}{2}qx^2\right)\left(\frac{x}{2a}\right)\mathrm{d}x+0\right]\\&=-\frac{2qa^3}{3EI}（顺时针）\end{aligned}$$

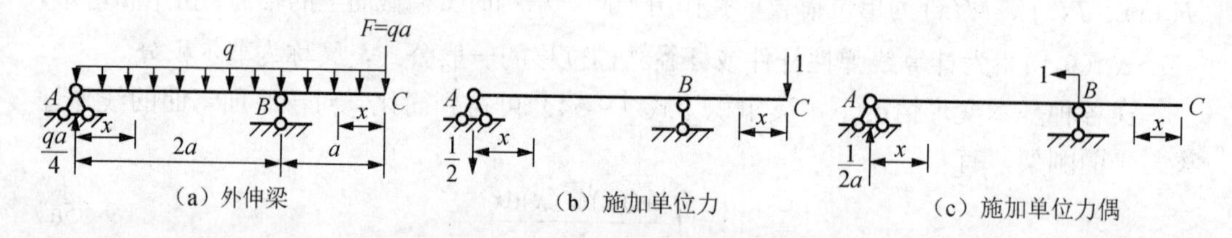

图 9-24　单位荷载法计算外伸梁位移

负号表明横截面 B 的转角与所设单位力偶转向相反，即为顺时针转动。

例 9-11 图 9-25（a）所示刚架，若两杆抗弯及抗拉（压）刚度分别为 EI 和 EA，且为常数。试求 A 点的水平位移 $\varDelta_{AH}$。

解：欲求 A 点的水平位移，需在 A 点加一水平单位力，如图 9-25（b）所示。分别写出各段的弯矩方程和轴力方程。

AB 段：

$$\begin{cases} M(x) = -Fx,\ F_{\mathrm{N}}(x) = 0 \\ \overline{M}(x) = -x,\ \ \overline{F_{\mathrm{N}}}(x) = 0 \end{cases}$$

BC 段：

$$\begin{cases} M(x) = -Fa,\ F_{\mathrm{N}}(x) = -F \\ \overline{M}(x) = -a,\ \ \overline{F_{\mathrm{N}}}(x) = -1 \end{cases}$$

代入莫尔积分式（9-54），得

$$\begin{aligned} \varDelta_{AH} &= \int_0^a \frac{(-Fx)(-x)}{EI}\mathrm{d}x + \int_0^b \frac{(-Fa)(-a)}{EI}\mathrm{d}x + \int_0^b \frac{(-F)(-1)}{EA}\mathrm{d}x \\ &= \frac{Fa^3}{3EI} + \frac{Fa^2 b}{EI} + \frac{Fb}{EA} \quad (\rightarrow) \end{aligned}$$

当 $b = a$ 时，上式变为

$$\varDelta_{AH} = \frac{4Fa^3}{3EI}\left(1 + \frac{3I}{4Aa^2}\right)$$

上式中的第一项是由于弯曲变形引起的 A 点的位移，第二项是由于轴向变形引起的 A 点的位移。若两杆均为直径为 d 的圆截面杆，且设 $a=4d$，则 $I/A=d^2/16$，A 点的水平位移为

$$\varDelta_{AH} = \frac{4Fa^3}{3EI}\left(1 + \frac{3}{64}\frac{d^2}{a^2}\right) = \frac{4Fa^3}{3EI}\left(1 + \frac{3}{1024}\right)$$

可见由于轴向变形引起的位移大约是弯曲变形引起位移的 0.3%。因此，在求结构位移时，对于同时承受弯矩与轴力作用的细长杆件，可略去轴力对变形的影响。

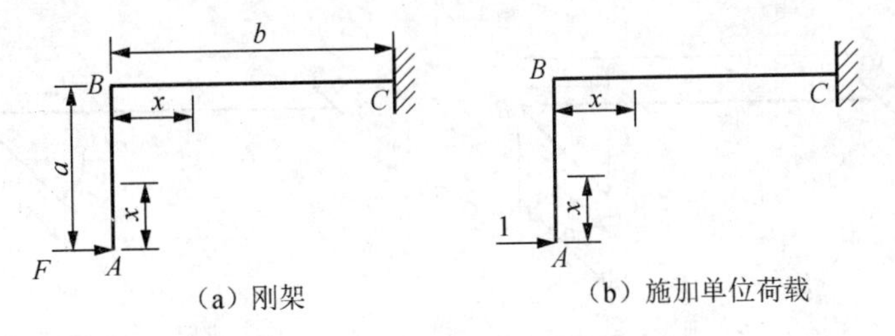

图 9-25 单位荷载法计算刚架位移

例 9-12 图 9-26（a）所示刚架，各杆刚度均为 EI，试用单位荷载法求 C、D 之间的相对位移 $\varDelta_{CD}$ 和相对转角 θ_{CD}。

解： 欲求 C、D 之间的相对线位移，需要在 C、D 两点沿 CD 连线方向加一对相背的单位力［图 9-26（b）］；欲求 C、D 两横截面之间的相对转角，则需要在 C、D 两点加一对转向相反的单位力偶［图 9-26（c）］。根据图 9-26（a）～（c）分别列出荷载及单位荷载作用下的弯矩方程，分别以 $M(x)$、$\overline{M}_1(x)$ 和 $\overline{M_2}(x)$ 表示，有

CA 段：

$$M(x) = Fx,\ \overline{M_1}(x) = x,\ \overline{M_2}(x) = -1$$

AB 段：

$$M(x)=Fa,\ \overline{M_1}(x)=a,\ \overline{M_2}(x)=-1$$

DB 段：

$$M(x)=Fx,\ \overline{M_1}(x)=x,\ \overline{M_2}(x)=-1$$

由莫尔积分，得

$$\varDelta_{CD}=\int_l \frac{M(x)\overline{M_1}(x)}{EI}\mathrm{d}x=\frac{1}{EI}\left[2\int_0^a Fx\cdot x\mathrm{d}x+\int_0^b Fa\cdot a\mathrm{d}x\right]=\frac{Fa^2}{3EI}(2a+3b)\quad(\leftarrow\rightarrow)$$

正号表示 C、D 两点的相对位移与所加单位力指向相同，即是远离的。

$$\theta_{CD}=\int_l \frac{M(x)\overline{M_2}(x)}{EI}\mathrm{d}x=\frac{1}{EI}\left[2\int_0^a Fx(-1)\mathrm{d}x+\int_0^b Fa(-1)\mathrm{d}x\right]=-\frac{Fa}{EI}(a+b)$$

负号表示 C、D 两横截面之间的相对转角与所加单位力偶相对转向相反。

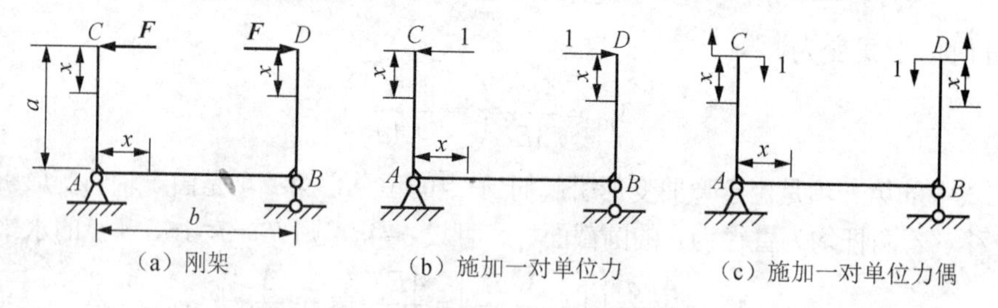

图 9-26　单位荷载法计算刚架位移

例 9-13　图 9-27（a）为一水平平面内的直角折杆，在 C 处承受竖直向下的力 $\boldsymbol{F}$ 作用。设两杆的抗弯刚度和抗扭刚度分别为 EI 和 GI_{P}。求 C 点的竖向位移 $\varDelta_{\mathrm{CV}}$。

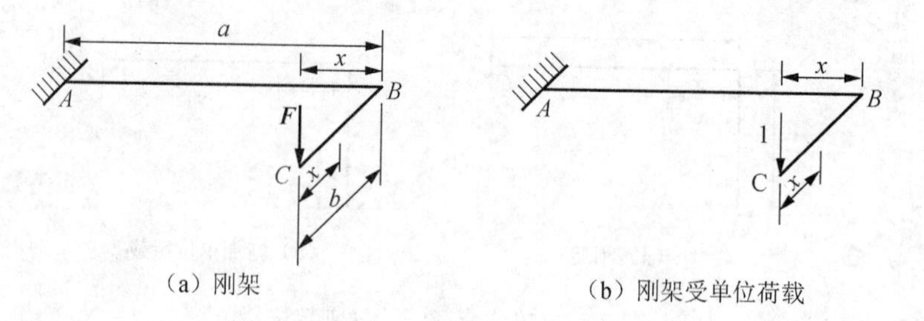

图 9-27　单位荷载法计算水平刚架位移

解： 欲求 C 点的竖向位移，在 C 点加竖向单位力，如图 9-27（b）所示。根据图 9-27（a）和（b），分别列出荷载及单位力作用下的弯矩方程和扭矩方程。

CB 段：

$$\begin{cases}M(x)=-Fx,\ T(x)=0\\ \overline{M}(x)=-x,\ \ \overline{T}(x)=0\end{cases}$$

BA 段：

$$\begin{cases}M(x)=-Fx,\ T(x)=Fb\\ \overline{M}(x)=-x,\ \ \overline{T}(x)=b\end{cases}$$

由莫尔积分，得

$$\Delta_{CV}=\frac{1}{EI}\left[\int_0^b(-Fx)(-x)\mathrm{d}x+\int_0^a(-Fx)(-x)\mathrm{d}x\right]+\frac{1}{GI_P}\int_0^a Fb\cdot b\mathrm{d}x$$

$$=\frac{F}{3EI}\left(a^3+b^3\right)+\frac{Fab^2}{GI_P}\quad(\downarrow)$$

应用式（9-53）计算位移时注意：

1）式中左端的“1”是与 Δ 相应的广义单位荷载。当 Δ 为线位移时，“1”应为单位集中力；当 Δ 为角位移时，“1”应为单位力偶。

2）若求结构上任意两点之间的相对线位移，则需要沿该两点的连线施加一对相向（或相背）的单位集中力；若求结构上任意两横截面之间的相对角位移，则需要在该两横截面施加一对转向相反的单位力偶。

3）在各积分区间内，$F_N(x)$ 与 $\overline{F}_N(x)$、$T(x)$ 与 $\overline{T}(x)$、$M(x)$ 与 $\overline{M}(x)$ 必须选用同一 x 坐标。

4）若所得的结果为正值，则表示所求位移与所加单位荷载同向；反之，则表示所求位移与所加单位荷载反向。

5）用单位荷载法求 K 点位移 Δ 的步骤如下：

① 在 K 点沿位移 Δ 的方向虚设相应的单位荷载；

② 写出结构在实际荷载作用下的内力 $F_N(x)$、$T(x)$、$M(x)$；

③ 写出结构在单位荷载单独作用下的内力 $\overline{F}_N(x)$、$\overline{T}(x)$、$\overline{M}(x)$；

④ 代入莫尔积分表达式（9-54）或（9-55）即可计算出位移 Δ。

*9.9.2 计算莫尔积分的图乘法

本小节为选学内容。

在计算梁或刚架的位移时，如果抗弯刚度 EI 为常量，则莫尔积分可以写成

$$\Delta=\frac{1}{EI}\int_l M(x)\overline{M}(x)\mathrm{d}x \tag{9-56}$$

式中，$\overline{M}(x)$ 为由单位荷载引起的弯矩，$\overline{M}(x)$ 图为直线或折线图形，而 $M(x)$ 图一般是曲线图形。这时，莫尔积分可以用图形互乘的代数运算来代替。

设在杆长 l 段内 M 图是曲线［图 9-28（a）］，$\overline{M}$ 图是斜直线［图 9-28（b）］，并设此直线方程为

$$\overline{M}(x)=A+Bx \tag{9-57}$$

将式（9-57）代入式（9-56），有

$$\int_0^l M(x)\overline{M}(x)\mathrm{d}x$$

$$=\int_0^l M(x)(A+Bx)\mathrm{d}x$$

$$=A\int_0^l M(x)\mathrm{d}x+B\int_0^l x\cdot M(x)\mathrm{d}x$$

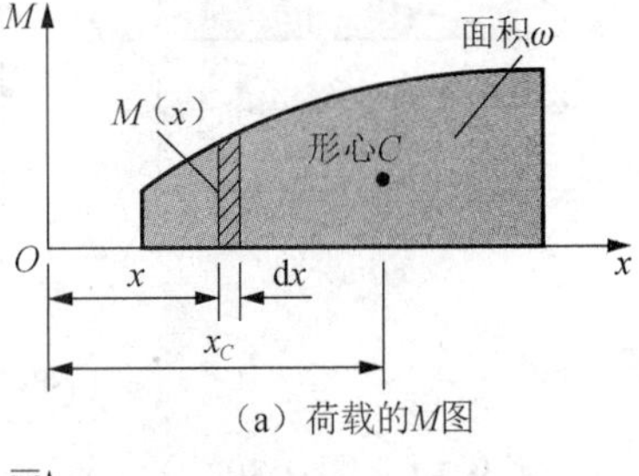

（a）荷载的M图

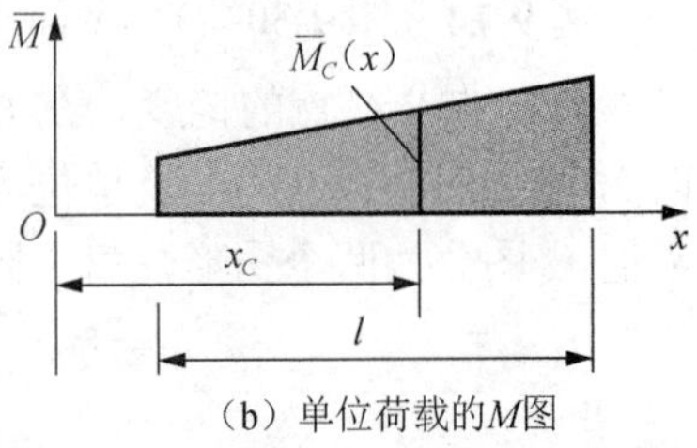

（b）单位荷载的M̄图

图 9-28 图乘法基本原理

上式第一项的积分代表 l 段内 M 图的面积 ω；第二项的积分代表此 M 图对于纵坐标轴的面积矩，其值为 ωx_C，此处 x_C 是 M 图形心 C 的横坐标。于是上面的积分变为

$$\int_0^l M(x)\overline{M}(x)\mathrm{d}x = A\omega + B\omega x_C = \omega(A + Bx_C) = \omega\overline{M}_C \tag{9-58}$$

式中，$\overline{M}_C$ 是 M 图形心处对应的 $\overline{M}$ 值。

因此对于等截面杆，式（9-56）可写为

$$\Delta = \frac{\omega \cdot \overline{M}_C}{EI} \tag{9-59}$$

以上对莫尔积分的简化运算方法称为图乘法。当被积函数为轴力或扭矩时也有类似的结果。

值得注意的是，利用图乘法计算莫尔积分时，若荷载弯矩图与单位荷载弯矩图在杆件轴线的同侧，图乘结果为正；若位于异侧，图乘结果为负。

常见图形的面积和形心位置如图 9-29 所示。

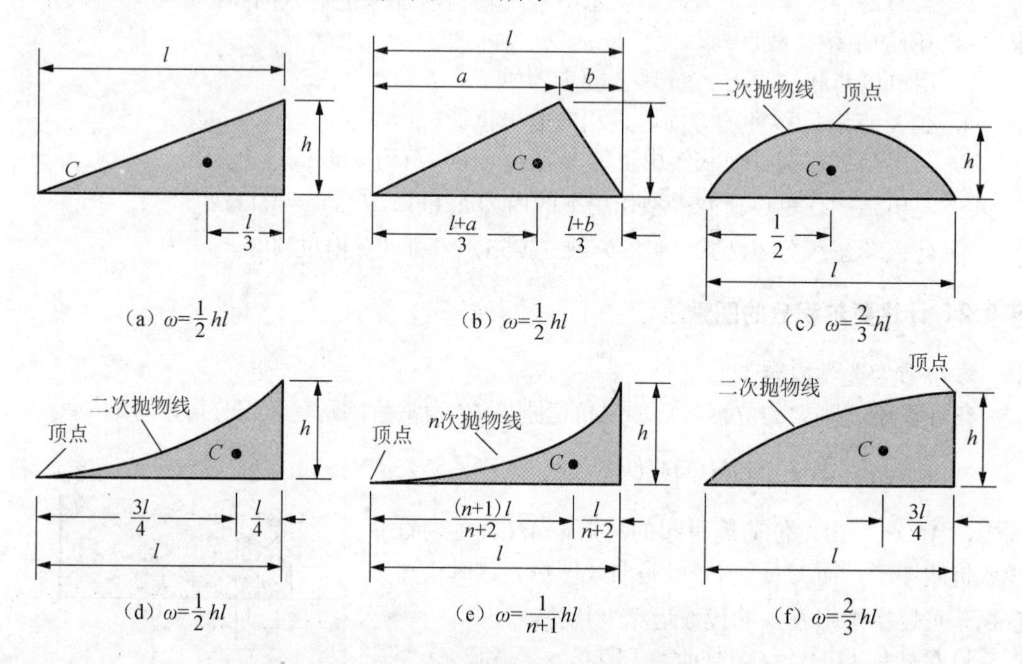

图 9-29 常见图形的面积和形心位置

例 9-14 图 9-30(a)所示简支梁受均布荷载作用，EI=常量。试求跨中 C 点的挠度 Δ_{CV}。

解： 欲求 C 点的挠度，在 C 点加铅垂单位力［图 9-30（b）］。分别画出荷载作用下的 M 图［图 9-30（c）］及单位力作用下的 $\bar{M}$ 图［图 9-30（d）］。由于 $\bar{M}$ 图为两段直线，需把 M 图分为两个图形，每个图形的面积为

$$\omega_1 = \omega_2 = \frac{2}{3} \times \frac{ql^2}{8} \times \frac{l}{2} = \frac{ql^3}{24}$$

ω_1 和 ω_2 的形心处所对应的 $\overline{M}$ 图中的纵坐标值为

$$\bar{M}_{C_1}=\bar{M}_{C_2}=\frac{5}{8}\times\frac{l}{4}=\frac{5l}{32}$$

于是跨中 C 处的挠度为

$$\Delta_{\mathrm{CV}}=\frac{\omega_1\bar{M}_{C_1}}{EI}+\frac{\omega_2\bar{M}_{C_2}}{EI}=\frac{2}{EI}\times\frac{ql^3}{24}\times\frac{5l}{32}=\frac{5ql^4}{384EI}\quad(\downarrow)$$

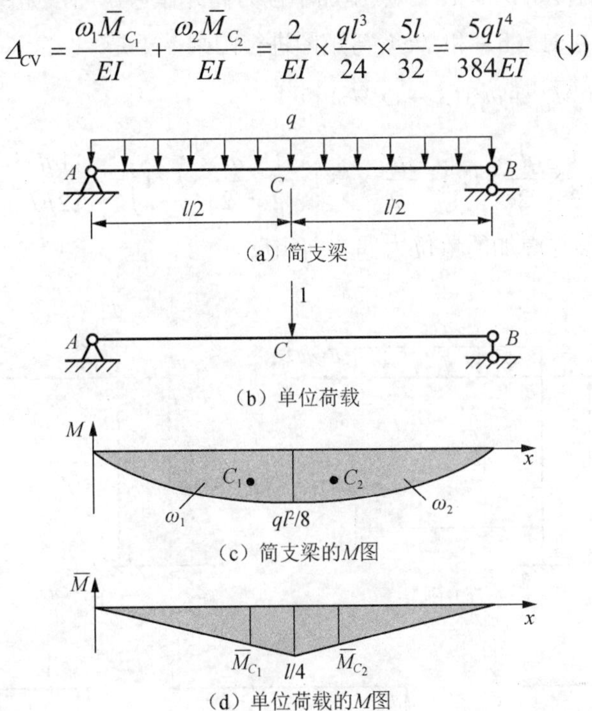

图 9-30 例 9-14 图

例 9-15 图 9-31(a)所示刚架，抗弯刚度为 EI，用图乘法求横截面 C 的铅垂位移 Δ_{CV}、水平位移 Δ_{CH} 和转角 θ_C。

解：1）画出刚架在原荷载的弯矩图，如图 9-31（b）所示，按规定将弯矩均画在杆件受拉的一侧。为了计算方便，AB 段的荷载弯矩图为一梯形，将其分为一个矩形和一个三角形［图 9-31（b）中虚线所示］。

2）计算 C 点的竖向位移 Δ_{CV}。在 C 点施加铅垂单位力并作弯矩图，如图 9-31（c）所示，则 C 点的竖向位移为图 9-31（b）和（c）弯矩图进行图乘：

$$\Delta_{\mathrm{CV}}=\frac{1}{EI}\left(\omega_1\bar{M}_{C1}+\omega_2\bar{M}_{C2}+\omega_3\bar{M}_{C3}\right)$$

$$=\frac{1}{EI}\left(\frac{1}{3}\times\frac{ql^2}{2}\times l\times\frac{3l}{4}+\frac{ql^2}{2}\times l\times l+\frac{1}{2}\times\frac{1}{2}ql^2\times l\times l\right)=\frac{7ql^4}{8EI}\quad(\downarrow)$$

3）计算 C 点的水平位移 Δ_{CH}。在 C 点施加水平单位力并作弯矩图，如图 9-31（d）所示，则 C 点的水平位移为图 9-31（c）和（d）弯矩图进行图乘：

$$\Delta_{\mathrm{CH}}=\frac{1}{EI}\left(\omega_1\bar{M}_{C1}+\omega_2\bar{M}_{C2}+\omega_3\bar{M}_{C3}\right)$$

$$=\frac{1}{EI}\left(\frac{ql^2}{2}\times l\times\frac{l}{2}+\frac{1}{2}\times\frac{1}{2}ql^2\times l\times\frac{2l}{3}\right)=\frac{5ql^4}{12EI}\quad(\rightarrow)$$

4）计算 C 点的转角 θ_C。在 C 点施加单位力偶并作弯矩图，如图 9-31（e）所示，则 C 点的转角为图 9-31（b）和（e）弯矩图进行图乘，于是

$$\theta_C=\frac{1}{EI}\left(\omega_1\bar{M}_{C1}+\omega_2\bar{M}_{C2}+\omega_3\bar{M}_{C3}\right)$$

$$=\frac{1}{EI}\left(-\frac{1}{3}\times\frac{ql^2}{2}\times l\times 1-\frac{ql^2}{2}\times l\times 1-\frac{1}{2}\times\frac{ql^2}{2}\times l\times 1\right)=-\frac{11ql^3}{12EI}\quad(\text{顺时针})$$

负号表示与实际位移与虚加的单位力偶方向相反。

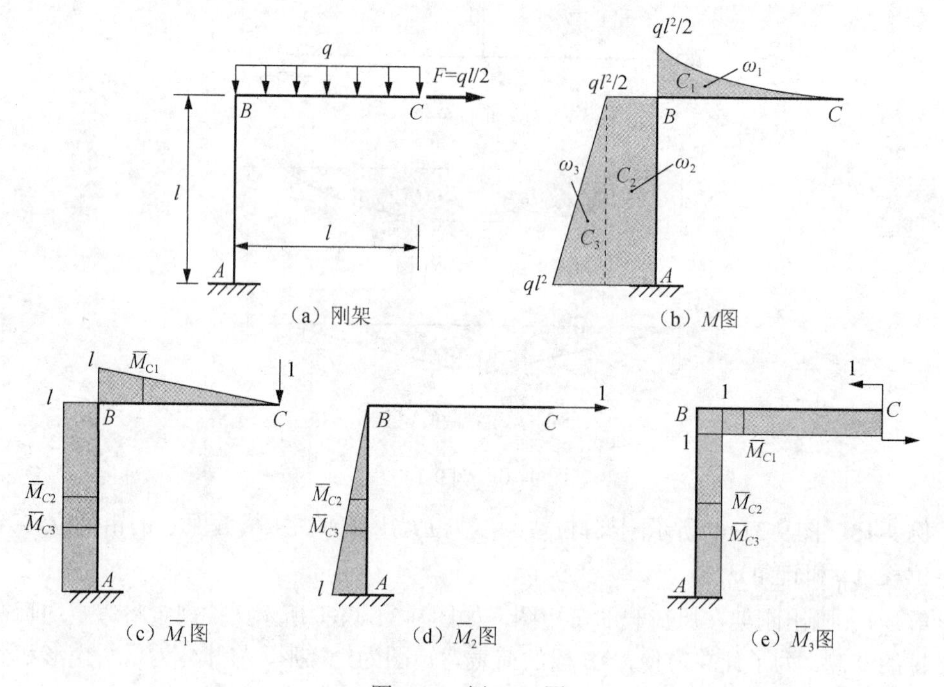

图 9-31　例 9-15 图

应用图乘法应注意：

1）画 $M(x)$ 和 $\overline{M}(x)$ 图时，正负号规定要一致。

2）$\overline{M_C}$ 必须取自直线图形。如果 M 图和 $\overline{M}$ 图都是直线图形，则 $\overline{M_C}$ 的数值可取自任一个图形。

3）当 M 为正弯矩时，ω 为正，反之为负。

4）图乘时应注意分段，每一段的 EI 须为常数，且 $\overline{M}$ 图必须为一条直线，否则必须分段计算。

5）当 M 图较复杂时，可考虑用叠加法作弯矩图，以易于确定 M 图的形心位置 x_C 和面积 ω。

*9.10 能量法分析超静定问题

本节为选学内容。

前面介绍基本变形时，曾讨论过一些简单超静定问题的求解方法。作为能量法的应用，本节讨论单位力法解超静定问题。

9.10.1 超静定问题分析

图 9-32（a）所示梁为一次超静定结构。将支座 B 作为多余约束去掉，以简支梁作为静定基本系统，简称为静定基，然后将荷载 q 和多余约束力 X_1 共同作用于静定基上，如图 9-32（b）所示。这种在原有荷载和多余约束力共同作用下的静定基称为原结构的相当系统。

在相当系统中，由于未知力的数目多于平衡方程的数目，只用平衡条件无法求出多余约束力 X_1，必须考虑变形条件以建立补充方程。因此，将原结构与相当系统的变形情况进行比较。原结构在支座 B 处没有竖向位移，相当系统上虽然该多余约束已被去掉，但若使其受力和变形情况与原结构完全一致，则在荷载 q 和多余约束力 X_1 共同作用下，B 点的竖向位移（沿 X_1 方向的位移 $\varDelta_1$）也应等于零，即

$$\varDelta_1 = 0 \tag{9-60}$$

式（9-60）即为确定 X_1 的变形条件。

以 $\varDelta_{1X_1}$ 表示未知力 X_1 单独作用于静定基上时，在 X_1 作用点沿 X_1 方向的位移[图 9-32（c）]；$\varDelta_{1\mathrm{F}}$ 表示荷载 q 单独作用于静定基上时，在 X_1 作用点沿 X_1 方向的位移［图 9-32（d）］。根据叠加原理，式（9-60）可以写为

$$\varDelta_{1X_1} + \varDelta_{1\mathrm{F}} = 0 \tag{9-61}$$

若以 δ_{11} 表示 X_1 为单位力（$\bar{X}_1 = 1$时）在 B 点沿 X_1 方向的位移［图 9-32（e）］，则有 $\varDelta_{1X_1} = \delta_{11} X_1$。于是，式（9-61）又可写为

$$\delta_{11} X_1 + \varDelta_{1\mathrm{F}} = 0 \tag{9-62}$$

式（9-62）中，由于 δ_{11} 和 $\varDelta_{1\mathrm{F}}$ 都是静定基在已知力作用下的位移，可用基本变形方法或能量法得到。因而，未知力 X_1 即可求出。由于是以力作为基本未知量的，这种方法称为力法，式（9-62）称为一次超静定问题的力法方程。

为了计算 δ_{11} 和 $\varDelta_{1\mathrm{F}}$，根据图 9-32（d）和（e），并考虑到问题的对称性，分别列出荷载及多余约束力 $\bar{X}_1 = 1$ 单独作用于静定基时 AB 段的弯矩方程：

$$M_{\mathrm{F}}(x) = qax - \frac{1}{2}qx^2$$

$$\bar{M}_1(x) = -\frac{x}{2}$$

由莫尔积分得

$$\delta_{11}=\int_l \frac{\bar{M}_1(x)\bar{M}_1(x)}{EI}\mathrm{d}x=\frac{2}{EI}\int_0^a\left(-\frac{x}{2}\right)\left(-\frac{x}{2}\right)\mathrm{d}x=\frac{a^3}{6EI}$$

$$\Delta_{1F}=\int_l \frac{M_F(x)\bar{M}_1(x)}{EI}\mathrm{d}x=\frac{2}{EI}\int_0^a\left(qax-\frac{1}{2}qx^2\right)\left(-\frac{x}{2}\right)\mathrm{d}x=-\frac{5qa^4}{24EI}$$

将δ_{11}和Δ_{1F}代入式（9-62），得

$$X_1=-\frac{\Delta_{1F}}{\delta_{11}}=\frac{5qa}{4}\quad(\uparrow)$$

正号表明X_1的实际方向与所设方向一致，即向上。多余约束力X_1求出后，其余的约束力及内力的计算都是静定问题。其弯矩图如图9-32（f）所示。

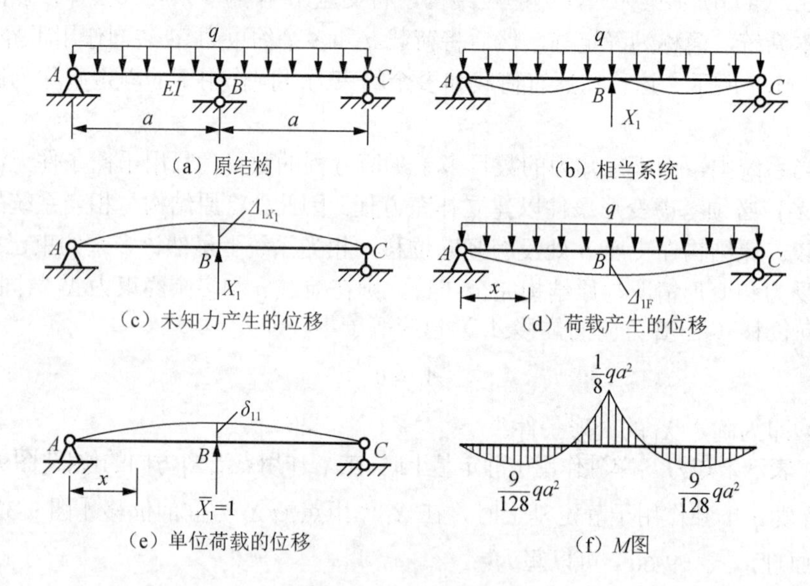

图9-32　力法计算原理

例9-16　如图9-33（a）所示刚架，各杆EI相同，且为常量。试绘制M图。

解：1）确定相当系统，列力法方程。选支座C为多余约束，将其去掉并代之以未知约束力X_1，相当系统如图9-33（b）所示。以Δ_{1F}表示相当系统受外力$\boldsymbol{F}$单独作用［图9-33（c）］在C点沿X_1方向的位移，用δ_{11}表示相当系统受单位力$\bar{X}_1=1$单独作用［图9-33（d）］在C点沿X_1方向的位移，则有

$$\delta_{11}X_1+\Delta_{1F}=0$$

2）确定δ_{11},Δ_{1F}。分别列出原有荷载及多余约束力$\bar{X}_1=1$单独作用于静定基时的弯矩方程。

CB段：

$$M_F(x)=0,\ \overline{M}(x)=x$$

BA段：

$$M_F(x)=-Fx,\ \bar{M}(x)=l$$

由莫尔积分，得

$$\Delta_{1F}=\int_l \frac{M_F(x)\bar{M}(x)}{EI}\mathrm{d}x=\int_0^l \frac{(-Fx)l}{EI}\mathrm{d}x=-\frac{Fl^3}{2EI}$$

$$\delta_{11}=\int_l \frac{\bar{M}(x)\bar{M}(x)}{EI}\mathrm{d}x=\int_0^l \frac{x\cdot x}{EI}\mathrm{d}x+\int_0^l \frac{l\cdot l}{EI}\mathrm{d}x=\frac{4l^3}{3EI}$$

3）由力法方程求解多余约束力。将上述计算结果代入力法方程，则有

$$X_1=-\frac{\Delta_{1F}}{\delta_{11}}=\frac{3}{8}F$$

4）画刚架的弯矩图。多余约束力 X_1 确定后，其他约束力均可用平衡方程求出，并画出弯矩图，如图 9-33（e）所示。

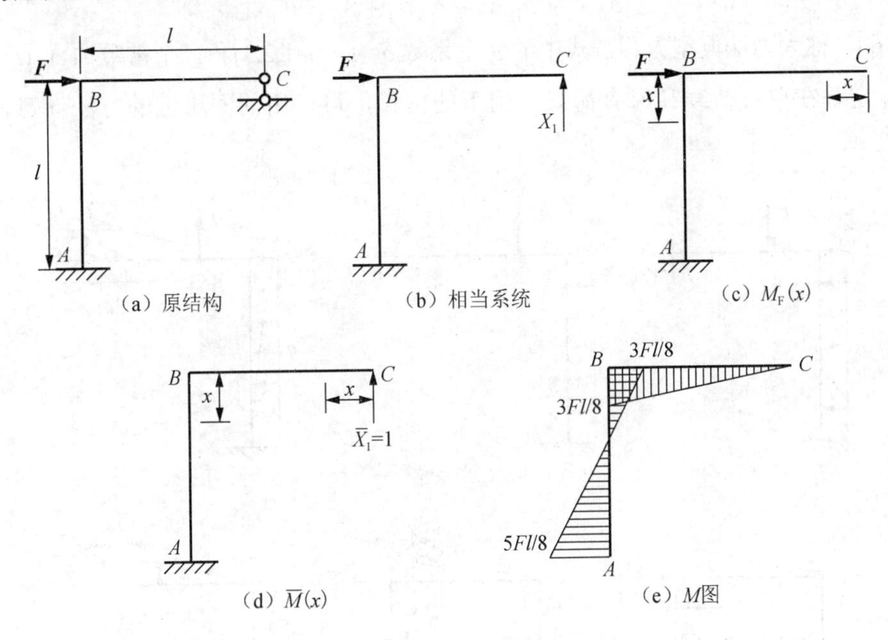

图 9-33 力法解一次超静定刚架

9.10.2 求解超静定问题的力法典型方程

通过上面的分析可以看出，用力法求解超静定问题，关键在于根据位移条件建立补充方程，进而求得多余约束力。对于高次超静定问题，其计算原理完全相同。下面以三次超静定结构为例，说明高次超静定问题的分析方法。

用力法分析图 9-34（a）所示的三次超静定刚架时，需去掉三个多余约束。现选 B 处的三个约束为多余约束，用三个相应的未知力 X_1、X_2 和 X_3 分别代替三个多余约束的作用。由于原结构在 B 处固定，因此，静定基在荷载和未知力共同作用下［图 9-34（b）］，B 点沿 X_1、X_2 和 X_3 方向的相应位移 Δ_1、Δ_2 和 Δ_3 都应等于零，位移条件为

$$\Delta_1=0,\quad \Delta_2=0,\quad \Delta_3=0 \tag{9-63}$$

将原有荷载和各单位荷载 $\bar{X}_1=1$、$\bar{X}_2=1$、$\bar{X}_3=1$ 分别作用于静定基上，如图 9-34

（c）～（f）所示，它们在 B 点沿 X_1 方向产生的位移分别为Δ_{1F}、δ_{11}、δ_{12}和δ_{13}，沿 X_2 方向产生的位移分别为Δ_{2F}、δ_{21}、δ_{22}和δ_{23}，沿 X_3 方向产生的位移分别为Δ_{3F}、δ_{31}、δ_{32}和δ_{33}。根据叠加原理，则有

$$\left.\begin{aligned}\Delta_1 = \delta_{11}X_1 + \delta_{12}X_2 + \delta_{13}X_3 + \Delta_{1F}\\ \Delta_1 = \delta_{21}X_1 + \delta_{22}X_2 + \delta_{23}X_3 + \Delta_{2F}\\ \Delta_1 = \delta_{31}X_1 + \delta_{32}X_2 + \delta_{33}X_3 + \Delta_{3F}\end{aligned}\right\}$$

位移条件式（9-63）可写为

$$\left.\begin{aligned}\delta_{11}X_1 + \delta_{12}X_2 + \delta_{13}X_3 + \Delta_{1F} = 0\\ \delta_{21}X_1 + \delta_{22}X_2 + \delta_{23}X_3 + \Delta_{2F} = 0\\ \delta_{31}X_1 + \delta_{32}X_2 + \delta_{33}X_3 + \Delta_{3F} = 0\end{aligned}\right\} \tag{9-64}$$

式（9-64）称为力法典型方程。式中的 9 个系数$\delta_{ij}\,(i,\ j=1,2,3)$和三个常数项$\Delta_{iF}\,(i=1,2,3)$都是静定基在单位荷载和原有荷载作用下的位移，可以用前面讲过的方法计算，其中$\delta_{ij}=\delta_{ji}$。

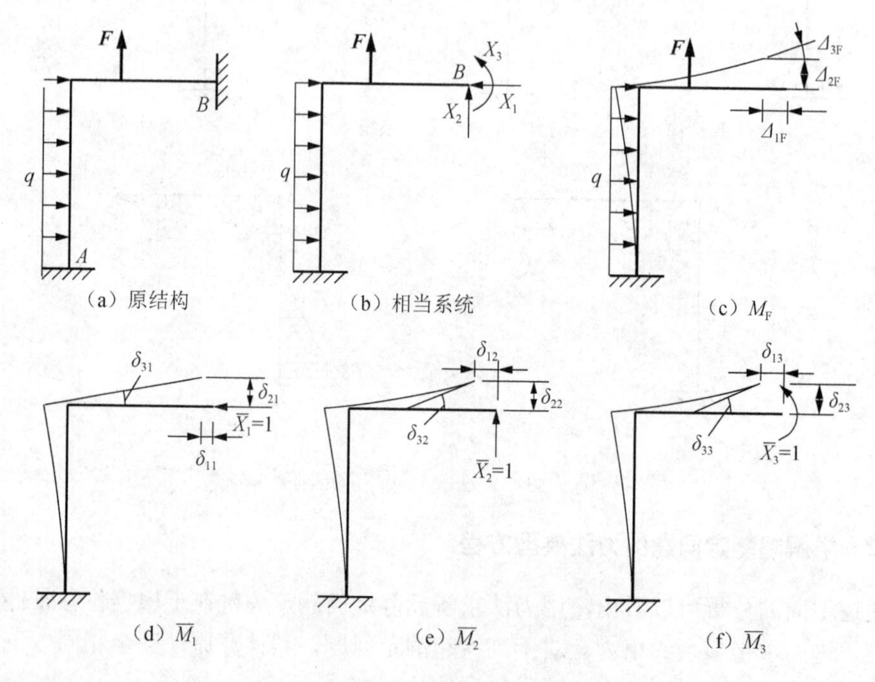

图 9-34 力法求解超静定结构

对于梁或刚架结构，由于剪力和轴力对变形的影响都远远小于弯矩，因此，在计算上述系数和常数项时，可以只考虑弯矩的影响。因此有

$$\delta_{ij} = \int_l \frac{\bar{M}_i(x)\bar{M}_j(x)}{EI}\mathrm{d}x\,,\quad \Delta_{iF} = \int_l \frac{M_F(x)\bar{M}_i(x)}{EI}\mathrm{d}x$$

例 9-17 图 9-35（a）所示刚架各杆的 EI 相同，且为常量。试求解此超静定刚架，并画刚架的弯矩图。

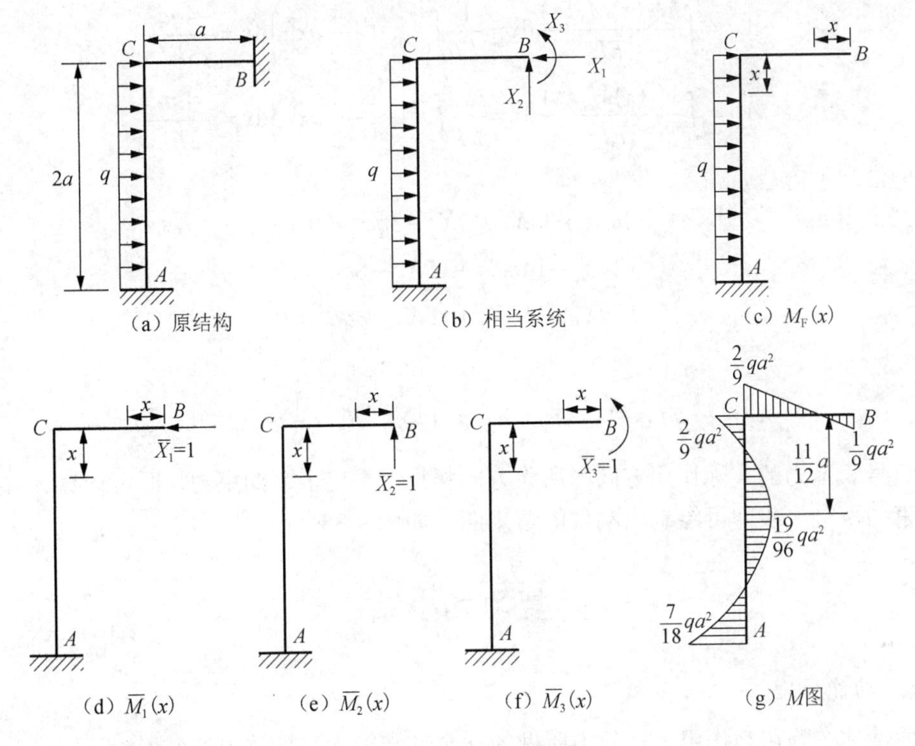

图 9-35　例 9-17 图

解：此刚架为三次超静定结构。选相当系统，如图 9-35（b）所示。将原有荷载及各单位约束力分别作用于静定基上［图 9-35（c）～（f）］，并分段列出 $M_F(x)$、$\bar{M}_1(x)$、$\bar{M}_2(x)$ 及 $\bar{M}_3(x)$。用莫尔积分计算力法典型方程中的各系数及常数项如下：

$$\delta_{11}=\int\frac{\bar{M}_1(x)\bar{M}_1(x)}{EI}\mathrm{d}x=\int_0^{2a}\frac{x\cdot x}{EI}\mathrm{d}x=\frac{8a^3}{3EI}$$

$$\delta_{22}=\int\frac{\bar{M}_2(x)\bar{M}_2(x)}{EI}\mathrm{d}x=\int_0^{2a}\frac{a\cdot a}{EI}\mathrm{d}x+\int_0^{a}\frac{x\cdot x}{EI}\mathrm{d}x=\frac{7a^3}{3EI}$$

$$\delta_{33}=\int\frac{\bar{M}_3(x)\bar{M}_3(x)}{EI}\mathrm{d}x=\int_0^{2a}\frac{1\times 1}{EI}\mathrm{d}x+\int_0^{a}\frac{1\times 1}{EI}\mathrm{d}x=\frac{3a}{EI}$$

$$\delta_{12}=\delta_{21}=\int\frac{\bar{M}_1(x)\bar{M}_2(x)}{EI}\mathrm{d}x=\int_0^{2a}\frac{x\cdot a}{EI}\mathrm{d}x=\frac{2a^3}{EI}$$

$$\delta_{23}=\delta_{32}=\int\frac{\bar{M}_2(x)\bar{M}_3(x)}{EI}\mathrm{d}x=\int_0^{2a}\frac{a\times 1}{EI}\mathrm{d}x+\int_0^{a}\frac{x\times 1}{EI}\mathrm{d}x=\frac{5a^2}{2EI}$$

$$\delta_{31}=\delta_{13}=\int\frac{\bar{M}_3(x)\bar{M}_1(x)}{EI}\mathrm{d}x=\int_0^{2a}\frac{1\cdot x}{EI}\mathrm{d}x=\frac{2a^2}{EI}$$

$$\Delta_{1F}=\int\frac{\bar{M}_1(x)M_F(x)}{EI}\mathrm{d}x=\frac{1}{EI}\int_0^{2a}x\cdot\left(-\frac{1}{2}qx^2\right)\mathrm{d}x=\frac{-2qa^4}{EI}$$

$$\Delta_{2F}=\int\frac{\bar{M}_2(x)M_F(x)}{EI}dx=\frac{1}{EI}\int_0^{2a}a\cdot\left(-\frac{1}{2}qx^2\right)dx=\frac{-4qa^4}{3EI}$$

$$\Delta_{3F}=\int\frac{\bar{M}_3(x)M_F(x)}{EI}dx=\frac{1}{EI}\int_0^{2a}1\times\left(-\frac{1}{2}qx^2\right)dx=\frac{-4qa^3}{3EI}$$

代入力法典型方程，得

$$4aX_1+3aX_2+3X_3-3qa^2=0$$
$$12aX_1+14aX_2+15X_3-8qa^2=0$$
$$12aX_1+15aX_2+18X_3-8qa^2=0$$

解得

$$X_1=\frac{11}{12}qa\,(\leftarrow),\quad X_2=-\frac{1}{3}qa\,(\downarrow),\quad X_3=\frac{1}{9}qa^2\ (逆时针)$$

式中负号表示力的实际作用方向与所设方向相反。求出多余约束力，即可计算 A 端的支座约束力，进一步即可绘制出刚架的弯矩图，如图 9-35（g）所示。

复习和小结

1. 功能原理

弹性体在静荷载作用下，外力所做的功全部转换为弹性体内的变形能，即

$$V_\varepsilon=W$$

2. 外力功的计算

在线弹性范围内，外力做的总功为

$$W=\sum_{i=1}^{n}\frac{1}{2}F_i\Delta_i$$

式中，F_i 为广义力；Δ_i 为与 F_i 相对应的广义位移。

3. 应变能密度

单位体积内储存的应变能称为应变能密度。

1）拉（压）应变能密度：

$$v_\varepsilon=\frac{1}{2}\sigma\varepsilon=\frac{1}{2}E\varepsilon^2=\frac{\sigma^2}{2E}$$

2）剪切应变能密度：

$$v_\varepsilon=\frac{1}{2}\tau\gamma=\frac{1}{2}G\gamma^2=\frac{\tau^2}{2G}$$

3）应变能密度的一般表达式：

$$v_\varepsilon=\frac{1}{2}(\sigma_1\varepsilon_1+\sigma_2\varepsilon_2+\sigma_3\varepsilon_3)=\frac{1}{2}(\sigma_x\varepsilon_x+\sigma_y\varepsilon_y+\sigma_z\varepsilon_z+\tau_{xy}\gamma_{xy}+\tau_{yz}\gamma_{yz}+\tau_{zx}\gamma_{zx})$$

4. 杆件的应变能

1）轴向拉伸：

$$V_\varepsilon = \int \frac{F_N{}^2(x)}{2EA} \mathrm{d}x$$

桁架：

$$V_\varepsilon = \sum_{i=1}^{n} \frac{F_{Ni}{}^2 l_i}{2E_i A_i}$$

2）扭转（圆截面杆）：

$$V_\varepsilon = \int \frac{T^2(x)}{2GI_P} \mathrm{d}x$$

3）弯曲：

$$V_\varepsilon = \int \frac{M^2(x)}{2EI} \mathrm{d}x$$

4）组合变形：

$$V_\varepsilon = \int_l \frac{F_N^2(x)}{2EA} \mathrm{d}x + \int_l \frac{T^2(x)}{2GI_P} \mathrm{d}x + \int_l \frac{M^2(x)}{2EI} \mathrm{d}x$$

注意：

① 应变能与荷载的关系是非线性的，在同一基本变形中应变能不可叠加；但在组合变形中，不同基本变形的内力和位移之间不会交叉做功，应变能对组合变形可用叠加原理。

② 对细长杆剪切应变能相对其他应变能非常小，在总应变能中忽略剪切变形的影响。

5. 受冲击荷载时构件的应力分析及强度设计

（1）冲击问题的基本假设

①冲击物为刚体；②冲击应力和变形，瞬时遍及被冲击物，并假设被冲击物仍处于线弹性范围内；③冲击过程中没有其他形式的能量损失，机械能守恒定律成立。

（2）冲击问题的计算

利用能量守恒定律，冲击物减少的能量完全转化为被冲击物的应变能，即

$$E = V_\varepsilon$$

式中，E 为冲击物冲击前后能量的变化，包括动能的变化和势能的变化；V_ε 为被冲击物应变能的变化。

（3）常用的几种动荷系数计算

1）动荷系数：

$$k_d = \frac{\Delta_d}{\Delta_{st}} = \frac{F_d}{F_{st}} = \frac{\sigma_d}{\sigma_{st}}$$

式中，Δ_d、F_d、σ_d 为冲击引起的动变形、动荷载和动应力；Δ_{st}、F_{st}、σ_{st} 为静变形、静荷载和静应力。

2）自由落体冲击：

$$k_{\mathrm{d}}=1+\sqrt{1+\frac{2h}{\Delta_{\mathrm{st}}}}=1+\sqrt{1+\frac{v^2}{g\Delta_{\mathrm{st}}}}$$

3）水平冲击：

$$k_{\mathrm{d}}=\sqrt{\frac{v^2}{g\Delta_{\mathrm{st}}}}$$

注意：对于不同的冲击形式，动荷系数 k_{d} 的计算公式并不相同，应从能量守恒出发，具体问题具体分析。

（4）构件受到冲击时的强度条件

被冲击构件的强度条件：

$$\sigma_{\mathrm{d,max}}=k_{\mathrm{d}}\sigma_{\mathrm{st,max}}\leqslant[\sigma]$$

6. 互等定理

1）功的互等定理：

$$F_1\Delta_{12}=F_2\Delta_{21}$$

2）位移互等定理：

$$\Delta_{12}=\Delta_{21}$$

7. 卡氏第二定理

利用卡氏第二定理计算杆系结构位移的一般公式：

$$\Delta_k=\frac{\partial V_{\varepsilon}}{\partial F_k}=\int_l\left[\frac{F_{\mathrm{N}}(x)}{EA}\frac{\partial F_{\mathrm{N}}(x)}{\partial F_k}+\frac{T(x)}{GI_P}\frac{\partial T(x)}{\partial F_k}+\frac{M(x)}{EI}\frac{\partial M(x)}{\partial F_k}\right]\mathrm{d}x$$

1）平面弯曲的梁：

$$\Delta_k=\int_l\frac{M(x)}{EI}\frac{\partial M(x)}{\partial F_k}\mathrm{d}x$$

2）受扭圆轴：

$$\Delta_k=\int_l\frac{T(x)}{GI_P}\frac{\partial T(x)}{\partial F_k}\mathrm{d}x$$

3）轴向拉杆：

$$\Delta_k=\int_l\frac{F_{\mathrm{N}}(x)}{EA}\frac{\partial F_{\mathrm{N}}(x)}{\partial F_k}\mathrm{d}x$$

桁架结构：

$$\Delta_k=\sum_{i=1}^{n}\frac{F_{\mathrm{N}i}l_i}{E_iA_i}\frac{\partial F_{\mathrm{N}i}}{\partial F_k}$$

8. 计算结构位移的单位荷载法

1）一般公式：

$$\Delta=\int_l(\bar{F}_{\rm N}{\rm d}\delta+\bar{T}{\rm d}\varphi+\bar{M}{\rm d}\theta)$$

2）莫尔积分：

$$\Delta=\int_l\frac{F_{\rm N}(x)\bar{F}_{\rm N}(x){\rm d}x}{EA}+\int_l\frac{T(x)\bar{T}(x){\rm d}x}{GI_{\rm P}}+\int_l\frac{M(x)\bar{M}(x){\rm d}x}{EI}$$

3）莫尔积分的几种具体形式。

轴向拉（压）杆和桁架：

$$\Delta=\sum_{i=1}^{n}\frac{F_{{\rm N}i}\bar{F}_{{\rm N}i}l_i}{E_iA_i}$$

直梁与平面刚架：

$$\Delta=\int_l\frac{M(x)\bar{M}(x){\rm d}x}{EI}$$

扭转圆轴：

$$\Delta=\int_l\frac{T(x)\bar{T}(x){\rm d}x}{GI_{\rm P}}$$

4）计算莫尔积分图乘法：

$$\Delta=\sum\frac{\omega_{F_{\rm N}}\bar{F}_{{\rm N}C}}{EA}+\sum\frac{\omega_{\rm M}\bar{M}_C}{EI}+\sum\frac{\omega_{\rm T}\bar{T}_C}{GI_{\rm P}}$$

式中，$\omega_{F_{\rm N}}$、$\omega_{\rm M}$、$\omega_{\rm T}$ 分别为荷载作用下各种内力图的面积；$\bar{F}_{{\rm N}C}$、$\bar{M}_C$、$\bar{T}_C$ 分别为与荷载内力图形心位置处对应的单位力内力图上的坐标。

9. 能量法分析超静定问题

1）一次超静定问题的力法方程：

$$\delta_{11}X_1+\Delta_{1{\rm F}}=0$$

式中，$\delta_{11}=\int_l\frac{\bar{M}(x)\bar{M}(x)}{EI}{\rm d}x$；$\Delta_{1{\rm F}}=\int_l\frac{M_{\rm F}(x)\bar{M}(x)}{EI}{\rm d}x$。

2）三次超静定的力法典型方程：

$$\left.\begin{aligned}\delta_{11}X_1+\delta_{12}X_2+\delta_{13}X_3+\Delta_{1{\rm F}}=0\\\delta_{21}X_1+\delta_{22}X_2+\delta_{23}X_3+\Delta_{2{\rm F}}=0\\\delta_{31}X_1+\delta_{32}X_2+\delta_{33}X_3+\Delta_{3{\rm F}}=0\end{aligned}\right\}$$

式中，$\delta_{ij}=\int_l\frac{\bar{M}_i(x)\bar{M}_j(x)}{EI}{\rm d}x$，$\Delta_{i{\rm F}}=\int_l\frac{M_{\rm F}(x)\bar{M}_i(x)}{EI}{\rm d}x$。

思 考 题

1．什么是线弹性结构？它必须满足什么条件？

2．两杆件受力如图 9-36 所示，各杆的应变能能否用叠加原理进行计算？

3．动荷载的主要特征是什么？它与静荷载的区别是什么？

4．分析冲击问题时为什么采用能量守恒原理？主要有哪些假设？为什么采用这些假设？

5．在水平冲击问题中，动荷系数计算公式中的 Δ_{st} 指的是什么？

6．刚架受力如图 9-37 所示，若刚架的弹性应变能为 V_ε，按卡氏第二定理，$\delta=\dfrac{\partial V_\varepsilon}{\partial F}$ 代表什么意思？

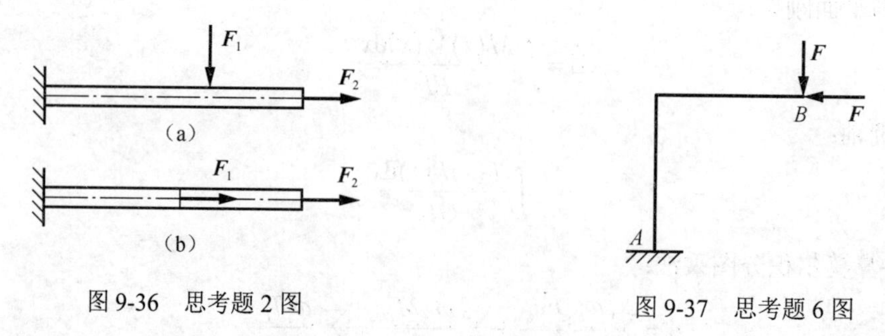

图 9-36　思考题 2 图　　图 9-37　思考题 6 图

7．什么是广义位移？什么是与广义位移相应的广义力？二者有什么关系？

8．图乘法的应用条件是什么？

习　题

1．两根材料相同的圆截面直杆，尺寸如图 9-38 所示。试比较两杆的应变能。

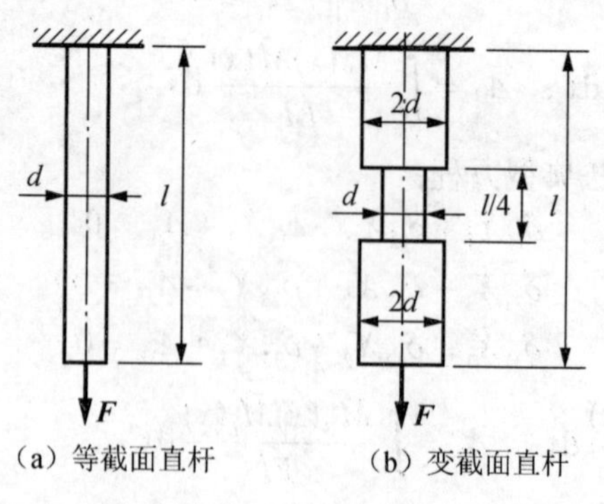

（a）等截面直杆　　（b）变截面直杆

图 9-38　习题 1 图

2．图 9-39 所示桁架各杆的材料相同，横截面面积相等，试求在力 $\boldsymbol{F}$ 作用下，桁架的应变能。

3．求图 9-40 所示各结构的应变能，忽略剪切的影响，对于只受拉伸（压缩）的杆件，考虑拉伸（压缩）时的应变能。

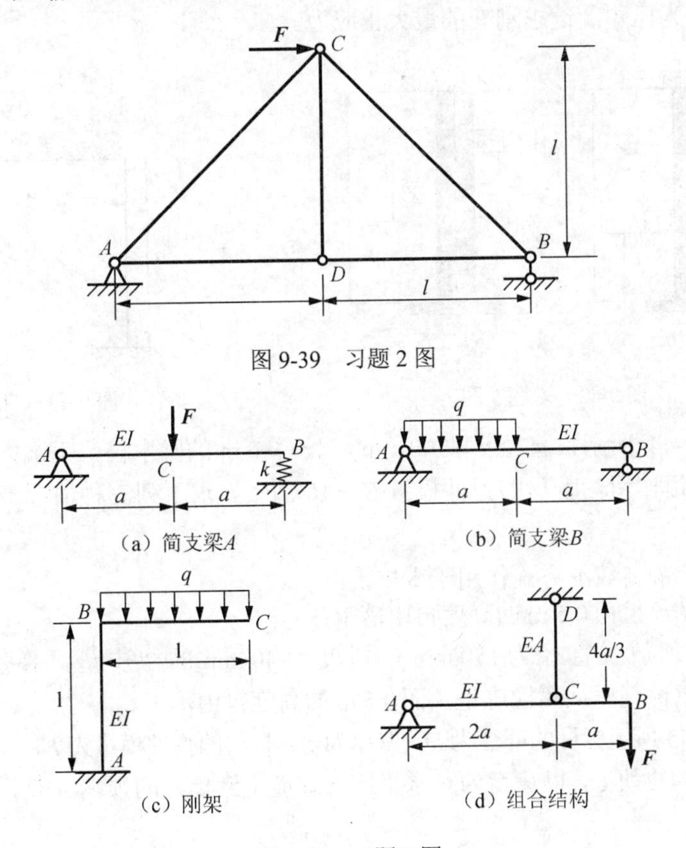

图 9-39　习题 2 图

（a）简支梁A

（b）简支梁B

（c）刚架

（d）组合结构

图 9-40　习题 3 图

4．重 $W=1\,\text{kN}$ 的物体，从 $h=40\,\text{mm}$ 的高度自由下落，试求梁的最大冲击应力。已知梁的长度 $l=2\text{m}$，弹性模量 $E=10\,\text{GPa}$，梁的横截面为矩形，尺寸如图 9-41 所示。

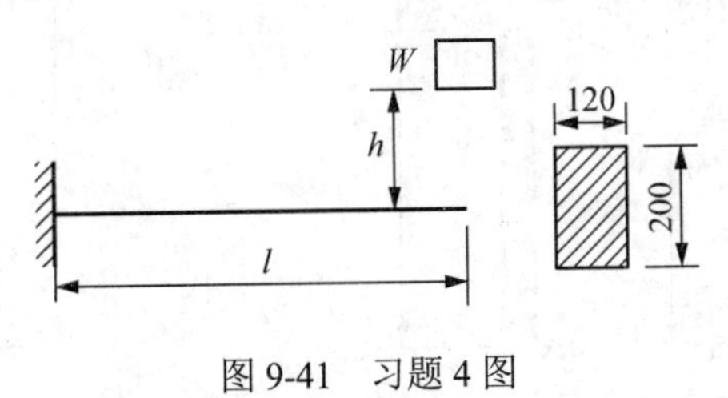

图 9-41　习题 4 图

5．图 9-42（a）所示一圆截面钢杆 AB，下端装有一固定圆盘，有一重力为 $W=10\,\text{kN}$ 的环形重物自高度 h 处自由落到盘上。已知：$h=100\,\text{mm}$，钢杆长 $l=1\,\text{m}$，直径 $d=40\,\text{mm}$，弹性模量 $E=200\,\text{GPa}$。试求：

（1）当重物自由落于盘上时，杆内最大的动应力；

（2）若在盘上放置一弹簧，其刚度系数 $k=2\text{kN/mm}$，重物由离弹簧顶端 h 处自由落于弹簧上［图 9-42（b）］时，杆内最大的动应力。

6．如图 9-43 所示，重为 W 的物体自由下落在刚架上，设刚架的抗弯刚度 EI 及抗弯截面系数 W_z 为已知，试求刚架的最大正应力。

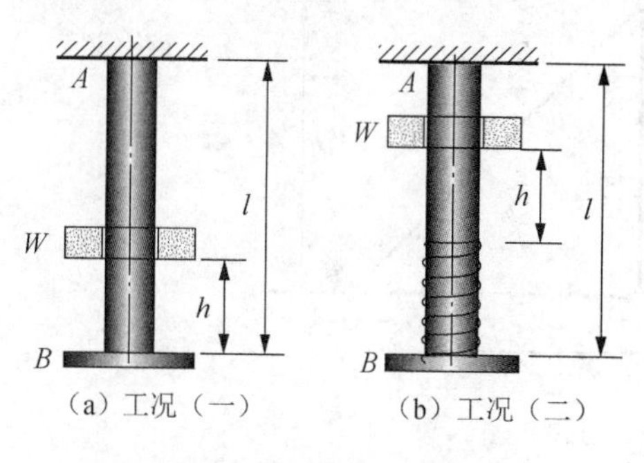

图 9-42　习题 5 图

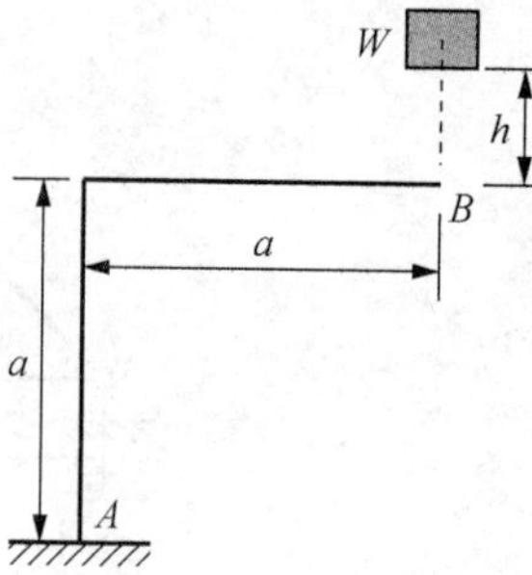

W
h
B
a
a
A

图 9-43　习题 6 图

7．如图 9-44 所示，直径 $d=300\,\text{mm}$，长 $l=6\,\text{m}$ 的圆木桩，下端固定，上端受重 $W=2\,\text{kN}$ 的重锤作用，木材的弹性模量 $E_1=10\,\text{GPa}$。求下列三种情况下木桩内的最大正应力：

（1）重锤以静荷载的方式作用于木桩上；

（2）重锤从离桩顶 0.5 m 的高度自由落下；

（3）在桩顶放置直径为 150 mm，厚度为 40 mm 的橡皮垫，橡皮的弹性模量 $E_2=8\,\text{MPa}$，重锤同样从离橡皮垫顶面 0.5 m 的高度自由落下。

8．如图 9-45 所示标杆的外径为 D，壁厚为 δ，材料的弹性模量为 E，许用应力为 $[\sigma]$。现一质量为 m 的物块 C，以速度为 v_0 水平笔直地撞击到标杆的顶端 A 处，试确定速度 v_0 允许的最大值。

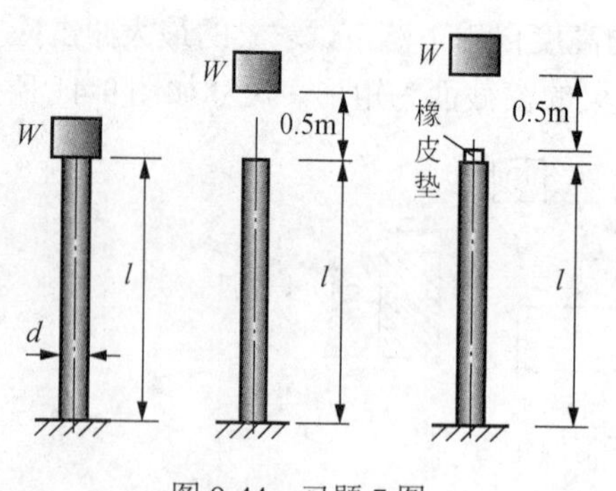

图 9-44　习题 7 图

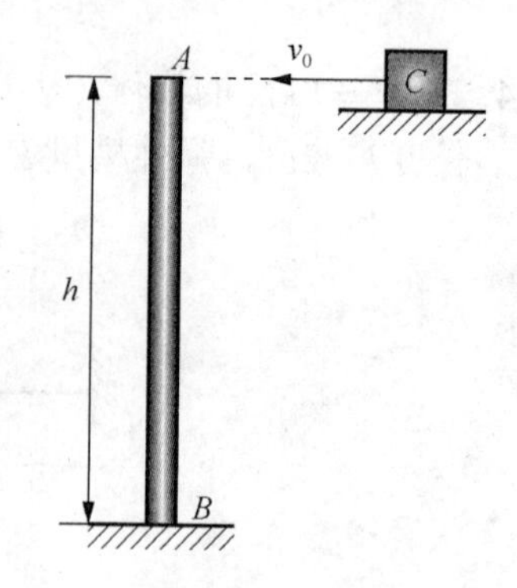

图 9-45　习题 8 图

9．用卡氏第二定理计算图 9-46 所示各梁横截面 B 的挠度 Δ_{BV} 和转角 θ_B。

10．用卡氏第二定理计算图 9-47 所示各梁横截面 B 的挠度 Δ_{BV}。

11．用单位荷载法计算图 9-48 所示各梁指定横截面的位移（其中 Δ_{BV} 表示横截面 B

的铅垂位移，θ_B 表示横截面 B 的转角，余类推）。

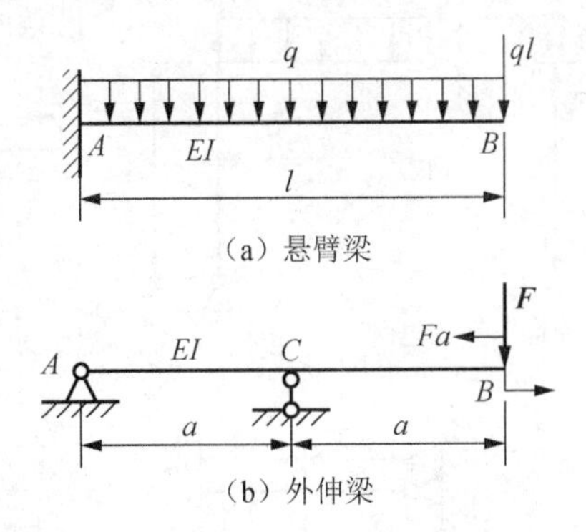

图 9-46　习题 9 图

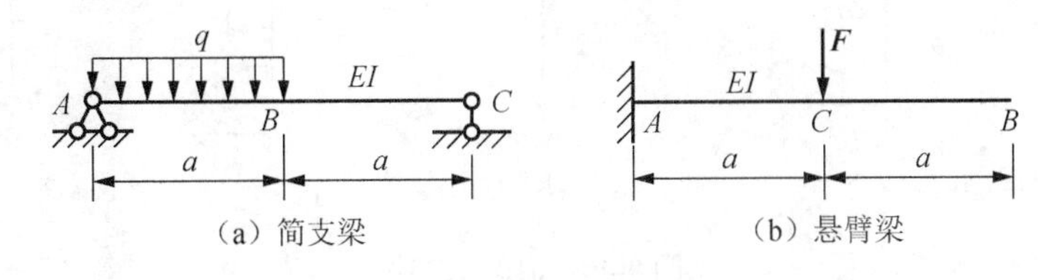

图 9-47　习题 10 图

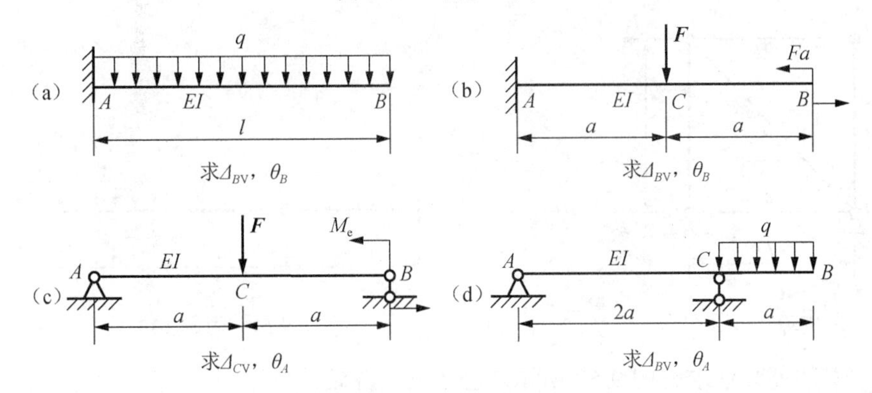

图 9-48　习题 11 图

12．用单位荷载法求图 9-49 所示各刚架指定横截面的位移，EI 为常量（其中 Δ_{BH} 表示横截面 B 的水平位移，Δ_{AV} 表示横截面 A 的铅垂位移，余类推）。

13．图 9-50 所示桁架各杆的刚度均为 EA。在荷载 $\boldsymbol{F}$ 作用下，试求节点 B 与 D 之间的相对位移 Δ_{BD}。

14．图 9-51 所示为组合梁，外伸段承受均布荷载 q 作用，设梁各段抗弯刚度 EI 为常量，试用单位荷载法计算梁中间铰两侧横截面间的相对转角 θ。

15．用图乘法计算习题 11 各梁指定横截面的位移。

16．用图乘法计算习题 12 各刚架指定横截面的位移。

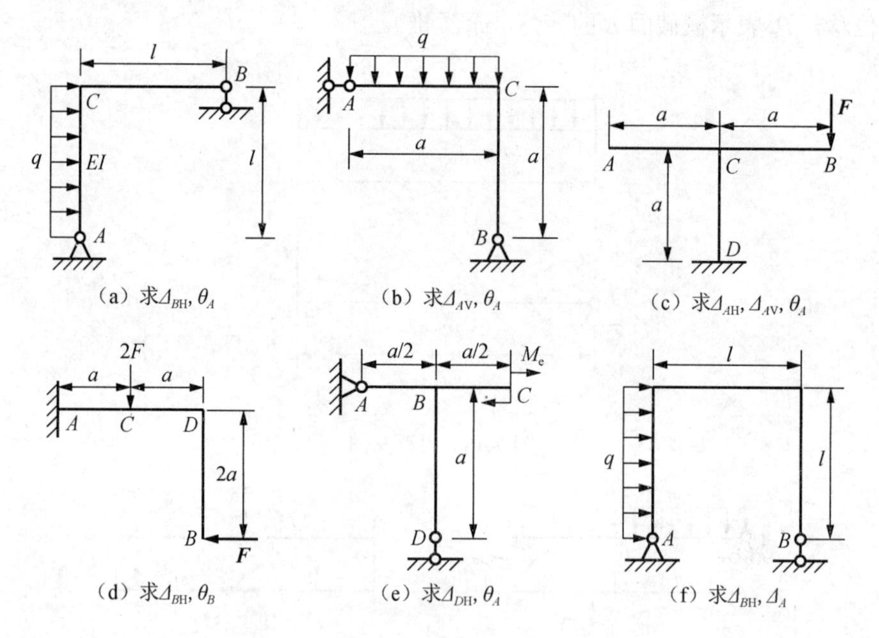

图 9-49　习题 12 图

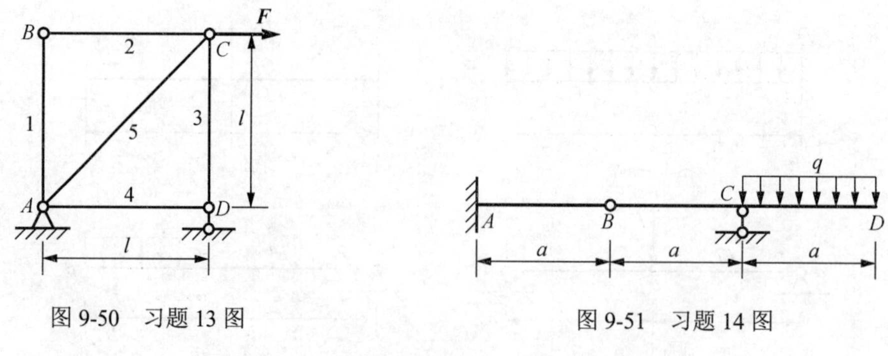

图 9-50　习题 13 图　　　　图 9-51　习题 14 图

17．利用能量法求解图 9-52 所示超静定梁，并画出弯矩图。

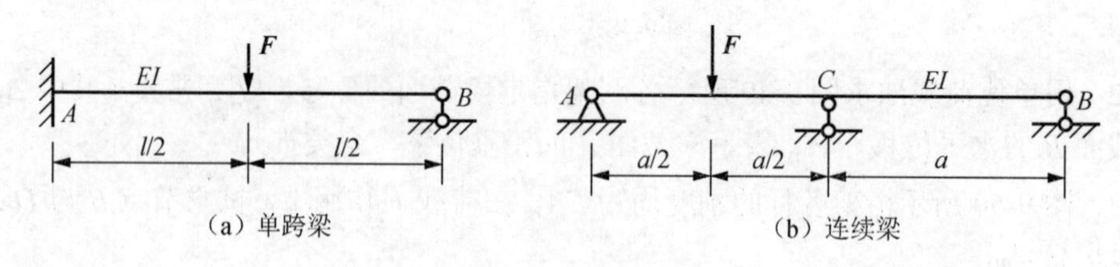

图 9-52　习题 17 图

18．图 9-53 所示为超静定刚架，各杆抗弯刚度均为常数 EI。试求约束力，并画弯矩图。

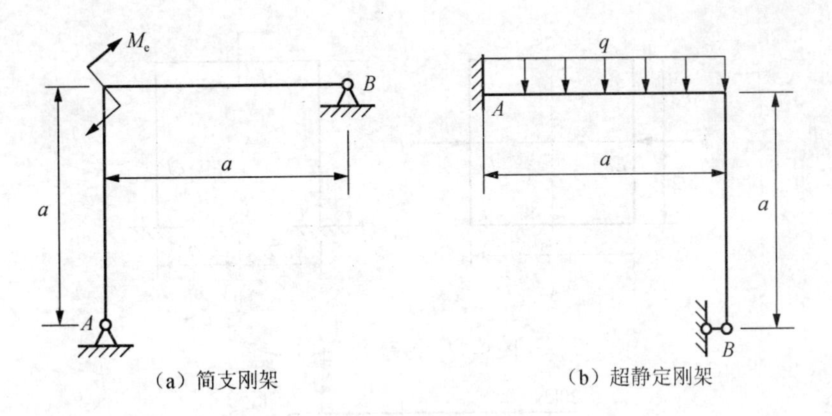

（a）简支刚架　　（b）超静定刚架

图 9-53　习题 18 图

19．求图 9-54 所示桁架各杆的轴力。各杆刚度均为常数 EA。

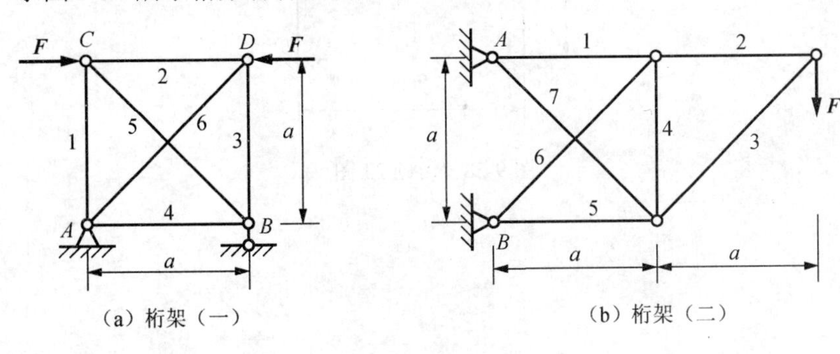

（a）桁架（一）　　（b）桁架（二）

图 9-54　习题 19 图

20．图 9-55 所示组合结构，AB 杆抗弯刚度为 EI，CD 杆抗拉（或抗压）刚度为 EA。试求 CD 杆的轴力。

21．图 9-56 所示刚架，各杆 EI 相同，且为常量。试求约束力，并画弯矩图。

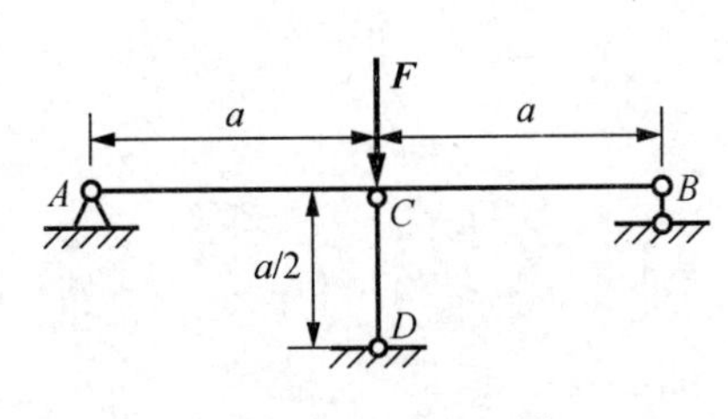

图 9-55　习题 20 图

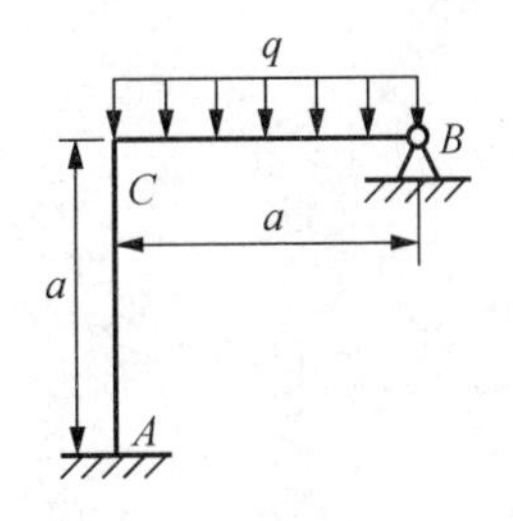

图 9-56　习题 21 图

22．绘制图 9-57 所示各结构的弯矩图。

23．绘制图 9-58 所示结构的弯矩图。

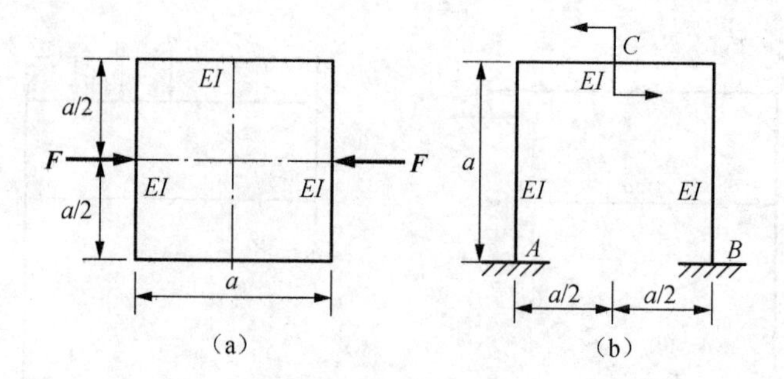

图 9-57　习题 22 图

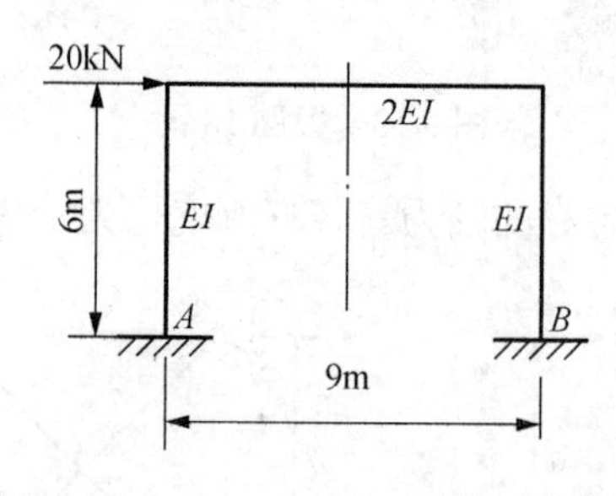

图 9-58　习题 23 图

习 题 答 案

第 2 章　轴向拉伸或压缩

1.（a）$F_{\mathrm{N1}} = +F$，$F_{\mathrm{N2}} = -F$；

（b）$F_{\mathrm{N1}} = +2F$，$F_{\mathrm{N2}} = 0$；

（c）$F_{\mathrm{N1}} = +2F$，$F_{\mathrm{N2}} = +F$

2．$F_{\mathrm{N1}} = -20\,\mathrm{kN}$，$F_{\mathrm{N2}} = -10\,\mathrm{kN}$，$F_{\mathrm{N3}} = +10\,\mathrm{kN}$

$\sigma_1 = \dfrac{F_{\mathrm{N1}}}{A_1} = -100\mathrm{MPa}$，$\sigma_2 = \dfrac{F_{\mathrm{N2}}}{A_2} = -33.3\,\mathrm{MPa}$，$\sigma_3 = \dfrac{F_{\mathrm{N3}}}{A_3} = +25.0\,\mathrm{MPa}$

3．$\sigma_{AB} = \dfrac{N_{AB}}{A} = \dfrac{10\times 1000}{100} = 100\mathrm{MPa}$，$\sigma_{BC} = \dfrac{N_{BC}}{A} = \dfrac{-10\times 1000}{100} = -100\mathrm{MPa}$

$\sigma_{CD} = \dfrac{N_{CD}}{A} = \dfrac{25\times 1000}{100} = 250\mathrm{MPa}$

4．N=P=20kN=2×10^4N，$\sigma = \dfrac{N}{A} = \dfrac{2\times 10^4}{3.14\times 10^{-4}} = 63.7\times 10^6\ \mathrm{N/m^2} = 63.7\,\mathrm{MPa}$

5．$\sigma_{EG} = \dfrac{F_{EG}}{2A} = \dfrac{357\times 10^3}{2\times 11.5\times 10^{-4}}\mathrm{Pa} = 155\,\mathrm{MPa}$（拉）

$\sigma_{AE} = \dfrac{F_{AE}}{2A} = \dfrac{367\times 10^3}{2\times 11.5\times 10^{-4}}\mathrm{Pa} = 159\,\mathrm{MPa}$（拉）

6．$\sigma = \dfrac{N}{A} = \dfrac{P}{\pi d^2/4} = \dfrac{40\times 1000}{\pi\times 10^2} = 127.39\mathrm{MPa} < [\sigma] = 140\mathrm{MPa}$

7．$N_{BC} = 2P_1$，$P_1 = 48\,\mathrm{kN}$；$N_{AB} = \sqrt{3}P_2$，$P_2 = \dfrac{N_{AB}}{\sqrt{3}} = 40.4\,\mathrm{kN}$；$P = P_2 = 40.4\,\mathrm{kN}$

8．$A_1 \geqslant 0.58\,\mathrm{m}^2$，$A_2 \geqslant 0.66\,\mathrm{m}^2$

9．$a \geqslant 58\,\mathrm{cm}$

10．$d \geqslant 3.58\mathrm{cm}$

11．$\varepsilon_{AC} = \dfrac{\sigma_{AC}}{E} = \dfrac{-2.5\times 10^6}{10\times 10^9} = -0.25\times 10^{-3}$　$\varepsilon_{CB} = \dfrac{\sigma_{CB}}{E} = \dfrac{-6.5\times 10^6}{10\times 10^9} = -0.65\times 10^{-3}$

$\Delta l = -\Delta l_{AC} - \Delta l_{CB} = -0.375 - 0.975 = -1.35(\mathrm{mm})$

12．$\varepsilon_{AB} = \dfrac{\Delta l_{AB}}{l_{AB}} = \dfrac{l_{A'B'} - l_{AB}}{l_{AB}} = \dfrac{\sqrt{(l_1+\Delta l_1)^2 + (l_2+\Delta l_2)^2} - \sqrt{l_1^2 + l_2^2}}{\sqrt{l_1^2 + l_2^2}}$

13．$\Delta l = \Delta l_1 - \Delta l_2 = 0.088\,\mathrm{mm}$（伸长）

14. $y_C = x_C = \Delta l = 0.476\text{mm}$

15. $\delta = \overline{AA_1} = \Delta l_1 = \dfrac{N_1}{C_1} = \dfrac{P}{C_1 + 2C_2\cos^2\alpha}$

第3章 扭转

1.（a）$T_{AB} = -2M, T_{BC} = -M$；

（b）$T_{AB} = -M, T_{BC} = 2M$；

（c）$T_{AB} = -15\text{kN}\cdot\text{m}$，$T_{BC} = -5\text{kN}\cdot\text{m}$，$T_{CD} = -10\text{kN}\cdot\text{m}$，$T_{DE} = -30\text{kN}\cdot\text{m}$

2. $\tau = 68.1\text{MPa}$，$\gamma = 8.51\times10^{-4}\text{MPa}$

3. $\tau_{10} = 35.06\text{MPa}$，$\tau_{\max} = 87.6\text{MPa}$

4. $\tau_{\max} = 19.2\text{MPa} < [\tau] = 50\text{MPa}$

5. 空心外径52.8mm，实心直径51.8mm

6.（1）$M_e \leqslant 110\text{N}\cdot\text{m}$；

（2）$\varphi_{AC} \leqslant 1.25°$

7.（1）$\tau_{\max} = 35.4\text{MPa} < [\tau]$，强度满足；

（2）$\varphi_{\max} = \varphi_{BC} = 0.845°/\text{m} > [\varphi]$，刚度不满足

8. 外径D不小于7.2mm。

9.（1）$\tau_{\max} = 49\text{MPa}$；

（2）$\varphi_{\max} = 1.4°/\text{m}$；

（3）$\varphi_{CA} = -0.38°$

第4章 弯曲内力和弯曲应力

1.（a）$F_{S1}=3\text{kN}$，$M_1=3\text{kN}\cdot\text{m}$;

（b）$F_{S1} = \dfrac{1}{2}ql$，$M_1 = -\dfrac{1}{8}ql^2$；

（c）$F_{S1}=-qa$，$M_1=qa^2$;

（d）$F_{S1}=8\text{kN}$，$M_1=-8\text{kN}\cdot\text{m}$

2.（a）$F_{SAC}=23\text{kN}$，$M_C=26\text{kN}\cdot\text{m}$;

（b）$F_{SC}=1.5qa$，$M_{CA}=3qa^2$，$M_{CB}=-qa^2$;

（c）$F_{SAB}=28\text{kN}$，$M_A=-20\text{kN}\cdot\text{m}$，$M_{\max} = 19.2\text{kN}\cdot\text{m}$;

（d）$F_{SAB} = \dfrac{1}{2}q_0 l$，$M_{AB} = \dfrac{1}{6}q_0 l^2$

3.（a）$F_{S\min} = -F$，$M_{\max} = Fa$；

（b）$F_{S\max} = \dfrac{qa}{2}$，$F_{S\min} = -\dfrac{3qa}{2}$；

（c）$F_{S\max} = qa$，$F_{S\min} = -\dfrac{5qa}{4}$，$M_{\min} = -\dfrac{3qa^2}{2}$；

（d）$F_{\text{Smax}} = qa$，$F_{\text{Smin}} = -qa$，$M_{\max} = \dfrac{qa^2}{2}$，$M_{\min} = -\dfrac{qa^2}{2}$

4.（a）$F_{SBA} = \dfrac{5}{8}ql$，$M_B = -\dfrac{1}{8}ql^2$，$M_{\max} = \dfrac{9ql^2}{128}$；

（b）$F_{SDB}=-9qa$，$M_D=5qa^2$，$M_{BD}=-4qa^2$；

（c）$F_{SAC}=9\text{kN}$，$M_{\max} = 14.25\text{kN} \cdot \text{m}$，$M_B=-4\text{kN}\cdot\text{m}$；

（d）$F_{SAB}=9\text{kN}$，$M_{\max} = 16.25\text{kN} \cdot \text{m}$，$M_B=-4\text{kN}\cdot\text{m}$

5．略

6．$\sigma_a = 6.04\text{MPa}$，$\tau_a = 0.38\text{MPa}$；

$\sigma_b = 12.9\text{MPa}$，$\tau_b = 0$；

$\sigma_c = 0$，$\tau_c = 0.48\text{MPa}$

7.（1）$\sigma^+_{\max} = 26.2\text{MPa}$，$\sigma^-_{\max} = 52.4\text{MPa}$；最大拉应力位于横截面 C 的下边缘处，最大压应力位于横截面 B 的下边缘处。

（2）$\Delta l = 0.218\text{mm}$。

（3）满足强度要求。

（4）不合理；此时危险面上的拉（压）应力距离中性轴的位置发生改变，有的危险面上的压应力矩中心轴的距离增加，有可能超过许用压应力而发生强度失效。

8.（1）$d \geqslant 273\text{mm}$，$A \geqslant 9226\text{mm}^2$；当面积相等时此横截面的正应力最大。

（2）$b \geqslant 57.2\text{mm}$，$h \geqslant 114.4\text{mm}$，$A \geqslant 6552\text{mm}^2$。

（3）45a 工字钢，$A=10245\text{mm}^2$。

（4）$D_2 \geqslant 114\text{mm}$，$d_2 \geqslant 68\text{mm}$，$A \geqslant 25472\text{mm}^2$；当面积相等时此横截面的正应力最小；最小正应力比最大正应力减少了 41.2%。

9．115mm

10．$P=56.8\text{kN}$

11.（1）$\sigma_{\max}=138.9\text{MPa}<[\sigma]$，安全；此种情况合理。

（2）$\sigma_{\max}=278\text{MPa}>[\sigma]$，不安全

12．$\sigma_{\max} = 51.8\text{MPa}$，$\tau_{\max} = 7.07\text{MPa}$

13．No.25a

14．37.1kN / m

15．$h(x) = \sqrt{\dfrac{3q}{b[\sigma]}x}$，固定端处的横截面高度大于等于 $h_{\min} = \dfrac{3ql}{2b[\tau]}$

第 5 章　梁的弯曲变形

1.（a）

$$\left.\begin{aligned} \theta_1 &= \frac{F}{16EI}(l^2 - 4x^2) \\ w_1 &= \frac{F}{48EI}(3l^2 x - 4x^3) \end{aligned}\right\}\left(0 \leqslant x \leqslant \frac{l}{2}\right),$$

$$\left.\begin{aligned}\theta_2 &= \frac{F}{16EI}(4x^2-8lx+3l^2)\\ w_2 &= \frac{F}{48EI}(4x^3-12lx^2+9l^2x-l^3)\end{aligned}\right\}\left(\frac{l}{2}\leqslant x\leqslant l\right);$$

（b）

$$\left.\begin{aligned}\theta_1 &= \frac{m}{EI}\left(\frac{x^2}{2l}-a+\frac{l}{3}+\frac{a^2}{2l}\right)\\ w_1 &= \frac{m}{EI}\left(\frac{x^3}{6l}-ax+\frac{l}{3}x+\frac{a^2}{2l}x\right)\end{aligned}\right\}(0\leqslant x\leqslant a),$$

$$\left.\begin{aligned}\theta_2 &= \frac{m}{EI}\left(\frac{x^2}{2l}-x+\frac{l}{3}+\frac{a^2}{2l}\right)\\ w_2 &= \frac{m}{EI}\left(\frac{x^3}{6l}-\frac{1}{2}x^2+\frac{l}{3}x+\frac{a^2}{2l}x-\frac{a^2}{2}\right)\end{aligned}\right\}(a\leqslant x\leqslant l)$$

2.（a）$w_{\max}=\dfrac{M_e l^2}{2EI}$，$\theta_{\max}=\dfrac{M_e l}{EI}$；

（b）$w_{\max}=\dfrac{ql^4}{8EI}$，$\theta_{\max}=\dfrac{ql^3}{6EI}$

3.（a）$\theta_A=\dfrac{Fl^2}{48EI}$，$w_C=\dfrac{Fl^3}{48EI}$；

（b）$w_B=\dfrac{41qa^4}{24EI}$，$\theta_B=\dfrac{7qa^3}{6EI}$；

（c）$w_C=\dfrac{Fa^3}{4EI}$，$w_D=\dfrac{Fa^3}{EI}$；

（d）$\theta_A=\dfrac{5qa^3}{4EI}$，$w_C=\dfrac{23qa^3}{16EI}$

4. $\dfrac{w_{\max}}{l}=7.5\times10^{-3}$，满足刚度条件

5.（a）36a 工字钢；

（b）16 号工字钢

第 6 章 应力状态与强度理论

1.（a）$\sigma_A=-\dfrac{4F}{\pi d^2}$；

（b）$\tau_A=79.6\text{MPa}$；

（c）$\tau_A=0.42\text{MPa}$，$\tau_B=0.31\text{MPa}$，$\sigma_B=2.1\text{MPa}$；

（d）$\sigma_A=50\text{MPa}$，$\tau_A=50\text{MPa}$

2. $\sigma=-110\text{MPa}$

3．$\sigma_1 = 10.66\text{MPa}$，$\sigma_3 = -0.06\text{MPa}$，$\alpha = 4.73^\circ$

4．（a）$\sigma_1 = 160.5\text{MPa}$，$\sigma_2 = 0$，$\sigma_3 = -30.5\text{MPa}$；

（b）$\sigma_1 = 36.3\text{MPa}$，$\sigma_2 = 0$，$\sigma_3 = -173.6\text{MPa}$；

（c）$\sigma_1 = 0$，$\sigma_2 = -16.97\text{MPa}$，$\sigma_3 = -53.03\text{MPa}$；

（d）$\sigma_1 = 170\text{MPa}$，$\sigma_2 = 70\text{MPa}$，$\sigma_3 = 0$

5．（a）$\sigma_1 = 94.7\text{MPa}$，$\sigma_2 = 50\text{MPa}$，$\sigma_3 = 5.3\text{MPa}$；

（b）$\sigma_1 = 80\text{MPa}$，$\sigma_2 = 50\text{MPa}$，$\sigma_3 = -20\text{MPa}$；

（c）$\sigma_1 = 50\text{MPa}$，$\sigma_2 = -50\text{MPa}$，$\sigma_3 = -80\text{MPa}$

6．$-1.46 \times 10^{-3}\text{mm}$

7．$\sigma_{r_2} = 29.8\text{MPa} < [\sigma_t]$，薄壁圆筒安全

8．$\sigma_{r_3} = 250\text{MPa} < [\sigma]$，$\sigma_{r_4} = 229\text{MPa} < [\sigma]$

9．$12.99\text{kN}\cdot\text{m/m}^3$

10．略

11．（a）$\sigma_\alpha = 34.64\text{MPa}$，$\tau_\alpha = 20\text{MPa}$；

（b）$\sigma_\alpha = 40\text{MPa}$，$\tau_\alpha = 10\text{MPa}$；

（c）$\sigma_\alpha = 35\text{MPa}$，$\tau_\alpha = -8.66\text{MPa}$；

（d）$\sigma_\alpha = 35\text{MPa}$，$\tau_\alpha = 60.6\text{MPa}$；

（e）$\sigma_\alpha = 47.32\text{MPa}$，$\tau_\alpha = -7.32\text{MPa}$；

（f）$\sigma_\alpha = 16.21\text{MPa}$，$\tau_\alpha = 0\text{MPa}$

12．$\sigma_{r_1} = \sigma_1 = 22.7\text{MPa} < [\sigma_t]$，$\sigma_{r_2} = 26.1\text{MPa} < [\sigma_t]$

13．按第三强度理论：$[\tau] = 0.5[\sigma]$；

按第四强度理论：$[\tau] = 0.577[\sigma]$

14．1 点：$\sigma_1 = \sigma_2 = 0$，$\sigma_3 = -120\text{MPa}$

2 点：$\sigma_1 = 25\text{MPa}$，$\sigma_2 = 0$，$\sigma_3 = -25\text{MPa}$

3 点：$\sigma_1 = 65.37\text{MPa}$，$\sigma_2 = 0$，$\sigma_3 = -5.37\text{MPa}$

4 点：$\sigma_1 = 120\text{MPa}$，$\sigma_2 = \sigma_3 = 0$

15．选用第一强度理论：$\sigma_1 = 17.3\text{MPa} < 30\text{MPa}$；

选用莫尔强度理论: $\sigma_1 - \sigma_3[\sigma_t]/[\sigma_c] = 17.4\text{MPa} < 30\text{MPa}$

16．$\sigma_{r_3} = 82.5\text{MPa}$

17．$\sigma_{r_2} = 20.7\text{MPa}$

第 7 章　组合变形及连接的实用计算

1．$\sigma_{max} = 156\text{MPa}$，安全

2．$\sigma_a = 0.2\text{MPa}$，$\sigma_b = 10.2\text{MPa}$，$f_z = 11.2\text{mm}$，$f_y = 6.9\text{mm}$

3．$\sigma_{max} = -21.1\text{MPa}$，$f_V = 3.18\text{mm}$，$f_H = 1.87\text{mm}$

4.（1）略；

（2）$\sigma_{max}=6.37\text{MPa}$，$\sigma_{min}=-6.62\text{MPa}$

5.（1）$\sigma=119.7\text{MPa}$；

（2）$\sigma=122.2\text{MPa}$（压）；

（3）$\sigma=123.5\text{MPa}$（压）

6.（1）$\sigma_{max}=11.47\text{MPa}$；

（2）$\sigma_{max}=10.6\text{MPa}$（拉）

7.（1）$\sigma_{c,max}=\dfrac{8}{3}\dfrac{F}{a^2}$；

（2）$\sigma_c=2\dfrac{F}{a^2}$

8．$\sigma_{max}=0.648\text{MPa}$，$h=0.372\text{m}$，$\sigma_{min}=-4.33\text{MPa}$

9．$h=0.674l$

10.（1）$\sigma=-0.84\text{MPa}$；

（2）$D=5.01\text{m}$

11．$d=20.7\text{mm}$

12．$f_C=4.6\text{mm}$

13．$\sigma_{r4}=121.3\text{MPa}$，安全

14．$d=55.8\text{mm}$

15．$\sigma_{r3}=45.02\text{MPa}$

第8章　压杆稳定

1．$[F]$=302kN

2.（a）$F_{cr}=\dfrac{c_1}{2}$；

（b）$F_{cr}=\dfrac{c_1c_2}{c_1+c_2}$

3.（1）F_{cr}=37kN;

（2）F_{cr}=52.6kN;

（3）F_{cr}=178kN;

（4）F_{cr}=320kN

4．$d_{AC}\geqslant 24.2\text{mm}$，$d_{BC}\geqslant 37.2\text{mm}$

5．$\dfrac{h}{b}$=1.429

6．$F_{cr}=\dfrac{\pi^2EI}{4l^2}$；$F_{cr}=\dfrac{\sqrt{2}\pi^2EI}{l^2}$

7．$F_{cr}=\dfrac{\pi^2EI}{(1.26l)^2}$

8. 29.2℃

9. （1）$\lambda=92.3$;

（2）$\lambda=65.8$;

（3）$\lambda=73.7$

第9章　能量法

1. （a）$V_{\varepsilon}=\dfrac{F^2l}{2EA}$；

（b）$V_{\varepsilon}=\dfrac{7}{16}\cdot\dfrac{F^2l}{2EA}$

2. $V_{\varepsilon}=\dfrac{2\sqrt{2}+1}{4}\dfrac{F^2l}{EA}$

3. （a）$V_{\varepsilon}=\dfrac{F^2}{8k}+\dfrac{F^2a^3}{12EI}$；

（b）$V_{\varepsilon}=\dfrac{17q^2a^5}{480EI}$；

（c）$V_{\varepsilon}=\dfrac{3q^2l^5}{20EI}$；

（d）$V_{\varepsilon}=\dfrac{3F^2a}{2EA}+\dfrac{F^2a^3}{2EI}$

4. $\sigma_{\mathrm{d,max}}=15\mathrm{MPa}$

5. （1）$\sigma_{\mathrm{d,max}}=572\mathrm{MPa}$;

（2）$\sigma_{\mathrm{d,max}}=58.7\mathrm{MPa}$

6. $\sigma_{\mathrm{d,max}}=\dfrac{Wa}{W_z}\left(1+\sqrt{1+\dfrac{3EIh}{2Wa^3}}\right)$

7. （1）$\sigma_{\mathrm{st}}=0.00283\mathrm{MPa}$;

（2）$\sigma_{\mathrm{d}}=6.9\mathrm{MPa}$;

（3）$\sigma_{\mathrm{d}}=1.2\mathrm{MPa}$

8. $v_{\max}=[\sigma][D^4-(D-\delta)^4]\sqrt{g\Delta_{\mathrm{st}}}$

9. （a）$\Delta_{BV}=\dfrac{11ql^4}{24EI}(\downarrow)$, $\theta_B=\dfrac{2ql^3}{3EI}$(顺)；

（b）$\Delta_{BV}=\dfrac{Fa^3}{6EI}(\uparrow)$, $\theta_B=\dfrac{Fa^2}{2EI}$(逆)

10. （a）$\Delta_{BV}=\dfrac{5ql^4}{768EI}(\downarrow)$；

（b）$\Delta_{BV}=\dfrac{5Fa^3}{6EI}(\downarrow)$

11.（a）$\Delta_{BV}=\dfrac{ql^4}{8EI}(\downarrow)$，$\theta_B=\dfrac{ql^3}{6EI}$(顺)；

（b）$\Delta_{BV}=\dfrac{7Fa^3}{6EI}(\uparrow)$，$\theta_B=\dfrac{3Fa^2}{2EI}$(逆)；

（c）$\Delta_{CV}=\dfrac{Fa^3}{6EI}+\dfrac{M_e a^2}{4EI}(\downarrow)$，$\theta_B=\dfrac{Fa^2}{4EI}+\dfrac{2M_e a}{3EI}$(逆)；

（d）$\Delta_{BV}=\dfrac{11qa^4}{24EI}(\downarrow)$，$\theta_A=\dfrac{qa^3}{6EI}$(顺)

12.（a）$\Delta_{BH}=\dfrac{3ql^4}{8EI}(\rightarrow)$，$\theta_A=\dfrac{ql^3}{3EI}$(顺)；

（b）$\Delta_{AV}=\dfrac{7qa^4}{24EI}(\downarrow)$，$\theta_B=\dfrac{ql^3}{12EI}$(顺)；

（c）$\Delta_{AH}=\dfrac{5Fa^3}{3EI}(\rightarrow)$，$\Delta_{AV}=\dfrac{Fa^3}{EI}(\uparrow)$，$\theta_A=\dfrac{Fa^2}{EI}$(顺)；

（d）$\Delta_{BH}=\dfrac{38Fa^3}{3EI}(\leftarrow)$，$\theta_B=\dfrac{7Fl^2}{EI}$(顺)；

（e）$\Delta_{DH}=\dfrac{M_e a^2}{6EI}(\leftarrow)$，$\theta_A=\dfrac{M_e a}{12EI}$(逆)；

（f）$\Delta_{BH}=\dfrac{11ql^4}{24EI}(\rightarrow)$，$\theta_A=\dfrac{ql^3}{2EI}$(顺)

13. $\Delta_{BD}=\dfrac{(4+\sqrt{2})Fl}{2EA}$(靠近)

14. $\theta=\dfrac{ql^3}{3EI}$

15. 见 11 题答案

16. 见 12 题答案

17.（a）$M_A=\dfrac{3}{16}Fl$(上侧受拉)；

（b）$M_C=\dfrac{3}{32}Fa$(上侧受拉)

18.（a）$F_{Ax}=\dfrac{M_e}{2a}(\rightarrow)$，$F_{Ay}=\dfrac{M_e}{2a}(\downarrow)$；

（b）$F_{Bx}=\dfrac{1}{8}qa(\rightarrow)$

19.（a）$F_{N4}=0.104F$；

（b）$F_{By}=\dfrac{1+2\sqrt{2}}{3+4\sqrt{2}}F(\uparrow)$

20. $F_{CD}=-\dfrac{10}{13}F$(压力)

21. $M_C = \frac{1}{14}qa^2$（外侧受拉）

22.（a）角点弯矩 $M = \frac{1}{16}Fa$（外侧受拉）；

（b）横截面 C 剪力 $F_{SC} = \frac{15M_e}{14a}$

23. $M_A = 33.3\text{kN}\cdot\text{m}$（外侧受拉）

参考文献

范慕辉，焦永树，2010．材料力学教程[M]．北京：机械工业出版社．

范钦珊，王波，殷雅俊，2000．材料力学[M]．北京：高等教育出版社．

范钦珊，殷雅俊，唐靖林，2015．材料力学[M]．3 版．北京：清华大学出版社．

干光瑜，秦惠民，2006．建筑力学：第二分册・材料力学[M]．4 版．北京：高等教育出版社．

侯作富，胡迷龙，张新红，2013．材料力学（土木建筑类）[M]．武汉：武汉理工大学出版社．

鞠彦忠，2008．材料力学[M]．武汉：华中科技大学出版社．

李前程，安学敏，赵彤，2004．建筑力学[M]．北京：高等教育出版社．

刘鸿文，2011．材料力学Ⅱ[M]．5 版．北京：高等教育出版社．

刘明超，李慧，刘俊杰，2012．压杆稳定性设计的数学分析[J]．力学与实践，（34）6：68-70．

梅凤翔，2003．工程力学[M]．北京：高等教育出版社．

单辉祖，2009．材料力学[M]．3 版．北京：高等教育出版社．

粟一凡，1984．材料力学[M]．北京：高等教育出版社．

孙训方，方孝淑，关来泰，2012．材料力学[M]．5 版．北京：高等教育出版社．

汪洋，姜建华，2016．细长压杆二阶屈曲临界态的数值模拟[J]．应用力学学报，33（5）：744-748．

王世斌，亢一澜，2008．材料力学[M]．北京：高等教育出版社．

文献民，姜鲁珍，2016．材料力学梁弯曲理论在结构概念设计中的应用[J]．浙江科技学院学报，28(1)：72-77．

熊立奇，2009．《材料力学》中应力状态分析教学方法研究[J]．科技创新导报，（5）：177-178．

于建军，耿建暖，段学新，2013．材料力学[M]．广州：华南理工大学出版社．

袁海庆，2014．材料力学[M]．3 版．武汉：武汉理工大学出版社．

BEER F P，JOHNSTON E R，2013．材料力学[M]．6 版（英文版）．北京：机械工业出版社．

GERE J M，GOODON B J，2011．材料力学[M]．7 版（英文版）．北京：机械工业出版社．

BEER F P，JOHNSTON E R，DEWOLF J T，et al.，2014．Mechanics of materials[M]．7th Edition. New York:McGraw-Hill Education．

附录1　截面图形的几何性质

截面图形的几何性质，包括静矩、形心、惯性矩、惯性半径、极惯性积、惯性积、主轴、主惯性轴和主惯性矩等，对于研究构件的强度、刚度等具有重要的意义。本章介绍了截面图形的几何性质及其计算方法。

1. 截面的静矩与形心

不同受力形式下杆件的应力和变形，不仅取决于外力的大小及杆件的尺寸，而且与杆件截面的几何性质有关。当研究杆件的应力、变形，以及失效问题时，都要涉及与截面形状和尺寸有关的几何量。这些几何量包括形心、静矩、惯性矩、惯性半径、极惯性积、惯性积、主轴等，统称为“平面图形的几何性质”。研究上述这些几何性质时，完全不考虑研究对象的物理和力学因素，而作为纯几何问题加以处理。

任意平面几何图形如附图1所示。在其上取面积微元 $\mathrm{d}A$，该微元在 xOy 坐标系中的坐标为 x、y。定义下列积分

$$\begin{cases} S_x = \int_A y\mathrm{d}A \\ S_y = \int_A x\mathrm{d}A \end{cases} \tag{附1}$$

式中，S_x、S_y 分别为图形对于 x 轴和 y 轴的截面一次矩或静矩（m^3）。

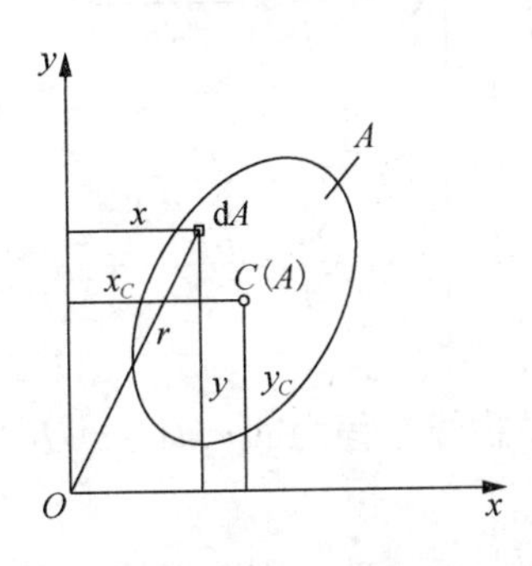

附图1　图形的静矩和形心

如果将 $\mathrm{d}A$ 视为垂直于图形平面的力，则 $y\mathrm{d}A$ 和 $x\mathrm{d}A$ 分别为 $\mathrm{d}A$ 对于 x 轴和 y 轴的力矩；S_x 和 S_y 则分别为 $\mathrm{d}A$ 对 x 轴和 y 轴之矩。图形几何形状的中心称为形心。若将面积视为垂直于图形平面的力，则形心即为合力的作用点。

设 x_C、y_C 为形心坐标，则根据合力之矩定理有

$$\begin{cases} S_x = Ay_C \\ S_y = Ax_C \end{cases} \tag{附 2}$$

或

$$\begin{cases} x_C = \dfrac{S_y}{A} = \dfrac{\int_A x\mathrm{d}A}{A} \\ y_C = \dfrac{S_x}{A} = \dfrac{\int_A y\mathrm{d}A}{A} \end{cases} \tag{附 3}$$

这就是图形形心坐标与静矩之间的关系。

根据上述定义可以看出：

1）静矩与坐标轴有关，同一平面图形对于不同的坐标轴有不同的静矩。对某些坐标轴，静矩为正；对另外某些坐标轴，静矩为负；对于通过形心的坐标轴，静矩等于零。

2）如果已经计算出静矩，就可以确定形心的位置；反之，如果已知形心位置，则可计算图形的静矩。

实际计算中，对于简单的、规则的图形，其形心位置可以直接判断，如矩形、正方形、圆形、正三角形等的形心位置是显而易见的。对于组合图形，则先将其分解为若干个简单图形（可以直接确定形心位置的图形）；然后由式（附 2）分别计算它们对于给定坐标轴的静矩，并求其代数和；再利用式（附 3），即可得组合图形的形心坐标，即

$$\begin{cases} S_x = A_1 y_{C_1} + A_2 y_{C_2} + \cdots + A_n y_{C_n} = \sum\limits_{i=1}^{n} A_i y_{C_i} \\ S_y = A_1 x_{C_1} + A_2 x_{C_2} + \cdots + A_n x_{C_n} = \sum\limits_{i=1}^{n} A_i x_{C_i} \end{cases} \tag{附 4}$$

$$\begin{cases} x_C = \dfrac{S_y}{A} = \dfrac{\sum\limits_{i=1}^{n} A_i x_{C_i}}{\sum\limits_{i=1}^{n} A_i} \\ y_C = \dfrac{S_x}{A} = \dfrac{\sum\limits_{i=1}^{n} A_i y_{C_i}}{\sum\limits_{i=1}^{n} A_i} \end{cases} \tag{附 5}$$

例 1　附图 2 所示截面的抛物线方程为 $y = h(1 - z^2/b^2)$，求此截面的静矩 S_z、S_y 及形心坐标。

解：附图 2 所示的微面积的 $\mathrm{d}A=\mathrm{d}z\mathrm{d}y$，则图形的面积为

$$A = \int_A \mathrm{d}A = \int_0^b \mathrm{d}z \int_0^{h(1-z^2/b^2)} \mathrm{d}y = \frac{2}{3}bh$$

对轴 z、y 的静矩分别为

$$S_z = \int_A y\mathrm{d}A = \int_A y\mathrm{d}y\mathrm{d}z = \int_0^b \mathrm{d}z \int_0^{h(1-z^2/b^2)} y\mathrm{d}y$$

$$= \int_0^b \frac{h^2}{2}\left(1-\frac{z^2}{b^2}\right)^2 \mathrm{d}z = \frac{h^2}{2b^4}\left(b^5+\frac{b^5}{5}-\frac{2b^5}{3}\right) = \frac{4}{15}bh^2$$

$$S_y = \int_A z\mathrm{d}A = \int_A z\mathrm{d}y\mathrm{d}z = \int_0^h \mathrm{d}y \int_0^z z\mathrm{d}z$$

$$= \int_0^h \frac{b^2}{2h}(h-y)\mathrm{d}y = \frac{b^2}{2h}\left(h^2-\frac{h^2}{2}\right) = \frac{b^2h}{4}$$

其形心坐标为

$$y_C = \frac{S_z}{A} = \frac{2}{5}h, \quad z_C = \frac{S_y}{A} = \frac{3}{8}b$$

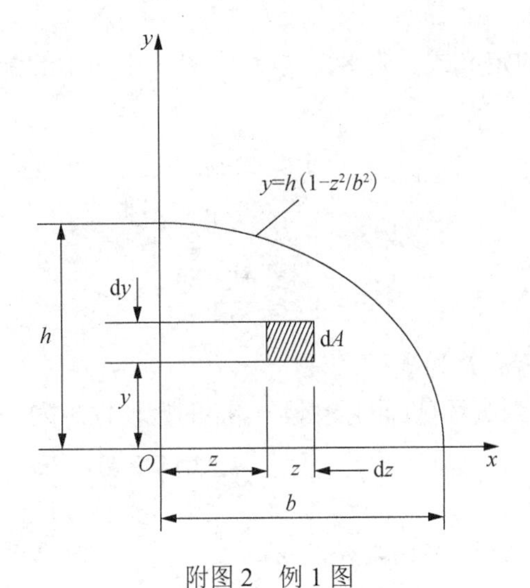

附图 2 例 1 图

2. 惯性矩与惯性积

由附图 1 中的任意图形，以及给定的 xOy 坐标系，定义下列积分

$$I_x = \int_A y^2\mathrm{d}A \tag{附 6}$$

$$I_y = \int_A x^2\mathrm{d}A \tag{附 7}$$

分别为图形对于 x 轴和 y 轴的截面二次轴矩或惯性矩。

定义积分

$$I_\mathrm{P} = \int_A r^2\mathrm{d}A \tag{附 8}$$

为图形对于点 O 的截面二次极矩或极惯性矩。

定义积分

$$I_{xy} = \int_A xy\mathrm{d}A \tag{附 9}$$

为图形对于通过点 O 的一对坐标轴 x、y 的惯性积。

定义

$$i_x = \sqrt{\frac{I_x}{A}}$$

$$i_y = \sqrt{\frac{I_y}{A}}$$

分别为图形对于 x 轴和 y 轴的惯性半径。

根据上述定义可知：

1）惯性矩和极惯性矩恒为正；而惯性积则由于坐标轴位置的不同，可能为正，也可能为负。三者单位均为 m^4 或 mm^4。

2）因为 $r^2 = x^2 + y^2$，所以由上述定义不难得出

$$I_P = I_x + I_y \tag{附 10}$$

3）根据极惯性矩的定义式（附 8），以及附图 3 中所示的微面积取法，不难得到圆截面对其中心的极惯性矩为

$$I_P = \frac{\pi d^4}{32} \tag{附 11}$$

或

$$I_P = \frac{\pi R^4}{2} \tag{附 12}$$

式中，d 为圆截面的直径；R 为半径。

类似地，还可以得到圆环截面对于圆环中心的极惯性矩为

$$I_P = \frac{\pi D^4}{32}\left(1-\alpha^4\right) \tag{附 13}$$

式中，D 为圆环截面的外径；d 为内径，$\alpha = \dfrac{d}{D}$。

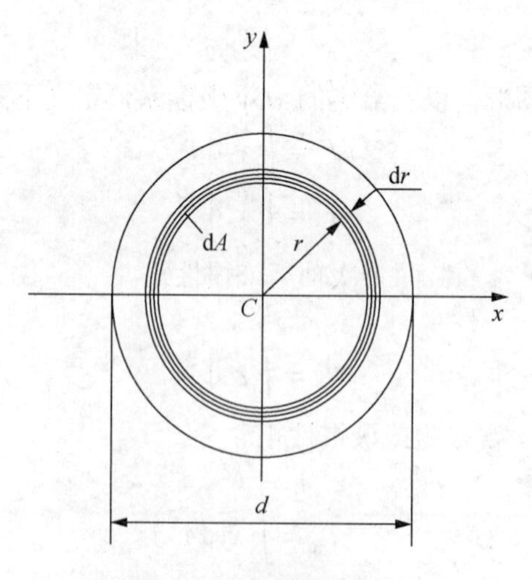

附图 3　圆截面的极惯性矩

4）根据惯性矩的定义式（附 6）和式（附 7），注意微面积的取法（附图 4），不难求得矩形对于平行其边界的轴的惯性矩为

$$I_x = \frac{bh^3}{12}，\quad I_y = \frac{hb^3}{12} \tag{附 14}$$

式中，h 为矩形截面的高度；b 为宽度。

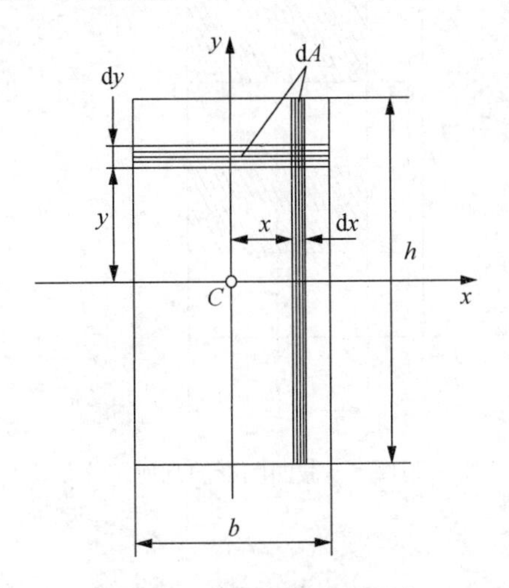

附图 4　矩形微面积的取法

根据式（附 10）和式（附 11），注意到圆截面对于通过其中心的任意两根轴具有相同的惯性矩，便可得到直径为 d 的圆截面对于通过其中心的任意轴的惯性矩均为

$$I_x = I_y = \frac{\pi d^4}{64} \tag{附 15}$$

对于外径为 D、内径为 d 的圆环截面，有

$$I_x = I_y = \frac{\pi D^4}{64}\left(1-\alpha^4\right) \tag{附 16}$$

式中，$\alpha = \dfrac{d}{D}$。

应用上述积分，还可以计算其他各种简单图形对于给定坐标轴的惯性矩。

若组合截面是由简单几何图形组合成的图形，为避免复杂数学运算，一般都不采用积分的方法计算它们的惯性矩，而是利用简单图形的惯性矩计算结果及图形对于平行轴惯性矩之间的关系，由求和的方法求得。

例 2　截面图形的几何尺寸如附图 5 所示。试求图中具有断面线部分的 I_x、I_y。

解：根据积分定义，具有断面线的图形对于轴 x、y 的惯性矩，等于高为 H、宽为 b 的矩形对于轴 x、y 的惯性矩减去高为 h、宽为 b 的矩形对于相同轴的惯性矩，即

$$I_x = \frac{bH^3}{12} - \frac{bh^3}{12} = \frac{b}{12}\left(H^3 - h^3\right)$$

$$I_y = \frac{Hb^3}{12} - \frac{hb^3}{12} = \frac{b^3}{12}(H-h)$$

上述方法称为负面积法。利用图形中有挖空部分的情形，计算比较简捷。

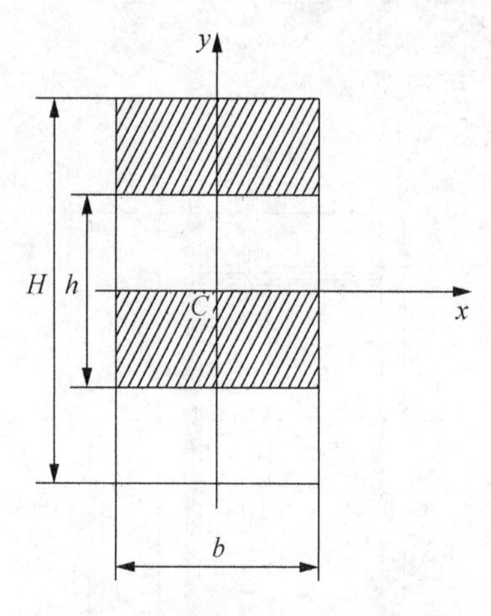

附图 5　截面图形的几何尺寸

3. 平行移轴公式

附图 6 所示的任意图形，在 xOy 坐标系中，对于轴 x、y 的惯性矩和惯性积为

$$I_x = \int_A y^2 \mathrm{d}A$$

$$I_y = \int_A x^2 \mathrm{d}A$$

$$I_{xy} = \int_A xy \mathrm{d}A$$

另有一坐标系 x_1Oy_1，其中 x_1 和 y_1 分别平行于 x 轴和 y 轴，且二者之间的距离为 a 和 b。

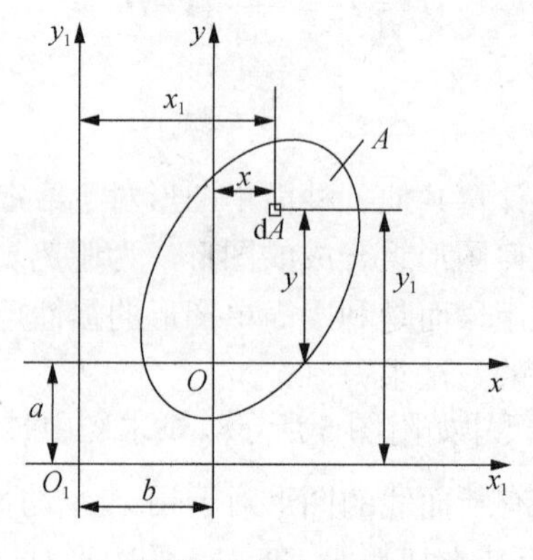

附图 6　移轴公式图

移轴公式图反映了图形对于互相平行轴的惯性矩、惯性积之间的关系，即通过已知对一对坐标轴的惯性矩、惯性积，求图形对另一对坐标轴的惯性矩与惯性积。下面推证

二者间的关系。

根据平行轴的坐标变换，有

$$x_1 = x + b$$
$$y_1 = y + a$$

将其代入下列积分

$$I_{x_1} = \int_A y_1^2 \mathrm{d}A$$
$$I_{y_1} = \int_A x_1^2 \mathrm{d}A$$
$$I_{x_1 y_1} = \int_A x_1 y_1 \mathrm{d}A$$

得

$$I_{x_1} = \int_A (y+a)^2 \mathrm{d}A$$
$$I_{y_1} = \int_A (x+b)^2 \mathrm{d}A$$
$$I_{x_1 y_1} = \int_A (y+a)(x+b) \mathrm{d}A$$

展开后，利用式（附 2）和式（附 3）中的定义，得

$$I_{x_1} = I_x + 2aS_x + a^2 A$$
$$I_{y_1} = I_y + 2bS_y + b^2 A$$
$$I_{x_1 y_1} = I_{xy} + aS_y + bS_x + abA \tag{附 17}$$

如果 x 轴、y 轴通过图形形心，则上述各式中的 $S_x = S_y = 0$，于是得

$$I_{x_1} = I_x + a^2 A$$
$$I_{y_1} = I_y + b^2 A$$
$$I_{x_1 y_1} = I_{xy} + abA \tag{附 18}$$

此即关于图形对于平行轴惯性矩与惯性积之间关系的移轴定理。其中，式（附 18）表明：

1）图形对任意轴的惯性矩，等于图形对于与该轴平行的形心轴的惯性矩，加上图形面积与两平行轴间距离平方的乘积。

2）图形对于任意一对直角坐标轴的惯性积，等于图形对于平行于该坐标轴的一对通过形心的直角坐标轴的惯性积，加上图形面积与两对平行轴间距离的乘积。

3）因为面积 A 及 a^2、b^2 项恒为正，所以自形心轴移至与之平行的任意轴，惯性矩总是增加的。

a 与 b 为原坐标系原点在新坐标系中的坐标，故二者同号时 abA 为正，异号时 abA 为负。所以，移轴后惯性积有可能增加，也可能减少。

4. 惯性矩与惯性积的转轴公式

转轴公式反映了坐标轴绕原点转动时，图形对这些坐标轴的惯性矩和惯性积的变化规律。

附图 7 所示的图形对于 x 轴、y 轴的惯性矩和惯性积分别为 I_x、I_y 和 I_{xy}。

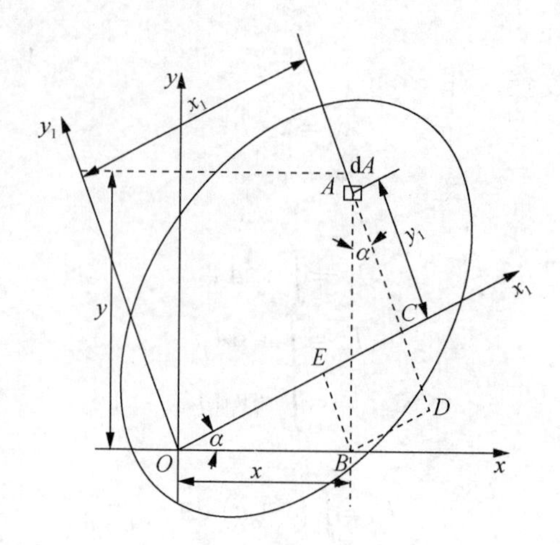

附图 7　转轴公式

现将 xOy 坐标系绕坐标原点逆时针转过角 α，得到一新的坐标系，记为 x_1Oy_1。要考察的是图形对新坐标系的 I_{x_1}、I_{y_1}、$I_{x_1y_1}$ 与 I_x、I_y、I_{xy} 之间的关系。

根据转轴时的坐标变换：

$$x_1 = x\cos\alpha + y\sin\alpha$$
$$y_1 = y\cos\alpha - x\sin\alpha$$

于是有

$$I_{x_1} = \int_A y_1^2 \mathrm{d}A = \int_A (y\cos\alpha - x\sin\alpha)^2 \mathrm{d}A$$
$$I_{y_1} = \int_A x_1^2 \mathrm{d}A = \int_A (x\cos\alpha + y\sin\alpha)^2 \mathrm{d}A$$
$$I_{x_1y_1} = \int_A x_1 y_1 \mathrm{d}A = \int_A (x\cos\alpha + y\sin\alpha)(y\cos\alpha - x\sin\alpha)\,\mathrm{d}A$$

将积分记号内各项展开，得

$$I_{x_1} = I_x\cos^2\alpha + I_y\sin^2\alpha - I_{xy}\sin 2\alpha$$
$$I_{y_1} = I_x\sin^2\alpha + I_y\cos^2\alpha + I_{xy}\sin 2\alpha$$
$$I_{x_1y_1} = \frac{I_x - I_y}{2}\sin 2\alpha + I_{xy}\cos 2\alpha \tag{附 19}$$

改写后，得

$$I_{x_1} = \frac{I_x + I_y}{2} + \frac{I_x - I_y}{2}\cos 2\alpha - I_{xy}\sin 2\alpha$$
$$I_{y_1} = \frac{I_x + I_y}{2} - \frac{I_x - I_y}{2}\cos 2\alpha + I_{xy}\sin 2\alpha \tag{附 20}$$

式（附 19）和式（附 20）即为转轴时惯性矩与惯性积之间的关系。

若将上述 I_{x_1} 与 I_{y_1} 相加，不难得到

$$I_{x_1} + I_{y_1} = I_x + I_y = \int_A \left(x^2 + y^2\right)\mathrm{d}A = I_\mathrm{P}$$

这表明：图形对一对垂直轴的惯性矩之和与角无关，即在轴转动时，其和保持不变。

式（附 19）和式（附 20）与移轴定理所得到的式（附 18）不同，它不要求 x 轴、y 轴通过形心。当然，其对于绕形心转动的坐标系也是适用的。

5. 截面的主惯性轴和主惯性矩

从式（附 19）的第三式可以看出，对于确定的点（坐标原点），当坐标轴旋转时，随着角度α的改变，惯性积也发生变化，并且根据惯性积可能为正，也可能为负的特点，总可以找到一角度α_0及相应的 x_0 轴、y_0 轴，图形对于这一坐标轴的惯性积等于零。为确定α_0，令式（附 19）中的第三式为零，即

$$I_{x_0y_0}=\frac{I_x-I_y}{2}\sin 2\alpha_0+I_{xy}\cos 2\alpha_0=0$$

由此解得

$$\tan 2\alpha_0=\frac{2I_{xy}}{I_x-I_y} \tag{附 21}$$

或

$$\alpha_0=\frac{1}{2}\arctan\left(-\frac{2I_{xy}}{I_x-I_y}\right) \tag{附 22}$$

如果将式（附 20）求导并令其为零，即

$$\frac{\mathrm{d}I_{x_1}}{\mathrm{d}\alpha}=0\text{，}\quad \frac{\mathrm{d}I_{y_1}}{\mathrm{d}\alpha}=0$$

同样可以得到式（附 21）或式（附 22）的结论。这表明：当α改变时，I_{x_1}、I_{y_1}的数值也发生变化，而当$\alpha=\alpha_0$时，二者分别为极大值和极小值。

定义 过一点存在这样一对坐标轴，图形对其的惯性积等于零，这一对坐标轴便称为过这一点的主轴。图形对主轴的惯性矩称为主轴惯性矩，简称主惯性矩。显然，主惯性矩具有极大或极小的特征。

当图形有一根对称轴时，对称轴及与之垂直的任意轴即为过二者交点的主轴。例如，附图 8 所示的具有一根对称轴的图形，位于对称轴 y 一侧的部分图形对 x 轴、y 轴的惯性积与位于另一侧的图形的惯性积，二者数值相等，但反号。所以，整个图形对于 x 轴、y 轴的惯性积 $I_{xy}=0$，故附图 8 中 x 轴、y 轴为主轴。又因为点 C 为形心，故 x 轴、y 轴为形心主轴。

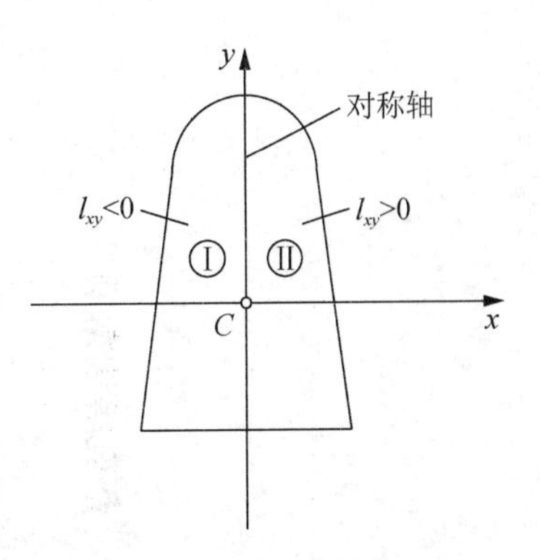

附图 8 对称轴为主轴

对于组合图形，一般都是由一些简单的图形（如矩形、正方形、圆形等）所组成，所以在确定其形心、形心主轴及形心主惯性矩的过程中，均不采用积分，而是利用简单图形的几何性质及移轴和转轴定理。

附录2 型钢表

一、热轧等边角钢

符号意义：

b——边宽度；　　I——惯性矩；

d——边厚度；　　i——惯性半径；

r——内圆弧半径；　　W——截面系数；

r_1——边端内弧半径；　　z_0——重心距离。

角钢号数	尺寸/mm			截面面积/cm^2	理论质量/(kg/m)	外表面积/(m^2/m)	参考数值										z_0/cm
							$x-x$			x_0-x_0			y_0-y_0			x_1-x_1	
	b	d	r				I_x/cm^4	i_x/cm	W_x/cm^3	I_{x0}/cm^4	i_{x0}/cm	W_{x0}/cm^3	I_{y0}/cm^4	i_{y0}/cm	W_{y0}/cm^3	I_{x1}/cm^4	
2	20	3	3.5	1.132	0.889	0.078	0.40	0.59	0.29	0.63	0.75	0.45	0.17	0.39	0.20	0.81	0.60
		4		1.459	1.145	0.077	0.50	0.58	0.36	0.78	0.73	0.55	0.22	0.38	0.24	1.09	0.64
2.5	25	3		1.432	1.124	0.098	0.82	0.76	0.46	1.29	0.95	0.73	0.34	0.49	0.33	1.57	0.73
		4		1.859	1.459	0.097	1.03	0.74	0.59	1.62	0.93	0.92	0.43	0.48	0.40	2.11	0.76
3.0	30	3	4.5	1.749	1.373	0.117	1.46	0.91	0.68	2.31	1.15	1.09	0.61	0.59	0.51	2.71	0.85
		4		2.276	1.786	0.117	1.84	0.90	0.87	2.92	1.13	1.37	0.77	0.58	0.62	3.63	0.89

续表

角钢号数	尺寸/mm			截面面积/cm^2	理论质量/(kg/m)	外表面积/(m^2/m)	参考数值										z_0/cm
							$x-x$			x_0-x_0			y_0-y_0			x_1-x_1	
	b	d	r				I_x/cm^4	i_x/cm	W_x/cm^3	I_{x0}/cm^4	i_{x0}/cm	W_{x0}/cm^3	I_{y0}/cm^4	i_{y0}/cm	W_{y0}/cm^3	I_{x1}/cm^4	
3.6	36	3	4.6	2.109	1.656	0.141	2.58	1.11	0.99	4.09	1.39	1.61	1.07	0.71	0.76	4.68	1.00
		4		2.756	2.163	0.141	3.29	1.09	1.28	5.22	1.38	2.05	1.37	0.70	0.93	6.25	1.04
		5		3.382	2.654	0.141	3.95	1.08	1.56	6.24	1.36	2.45	1.65	0.70	1.09	7.84	1.07
4.0	40	3	5	2.359	1.852	0.157	3.59	1.23	1.23	5.69	1.55	2.01	1.49	0.79	0.96	6.41	1.09
		4		3.086	2.422	0.157	4.60	1.22	1.60	7.29	1.54	2.58	1.91	0.79	1.19	8.56	1.13
		5		3.791	2.976	0.156	5.53	1.21	1.96	8.76	1.52	3.01	2.30	0.78	1.39	10.74	1.17
4.5	45	3		2.659	2.088	0.177	5.17	1.40	1.58	8.20	1.76	2.58	2.14	0.90	1.24	9.12	1.22
		4		3.486	2.736	0.177	6.65	1.38	2.05	10.56	1.74	3.32	2.75	0.89	1.54	12.18	1.26
		5		4.292	3.369	0.176	8.04	1.37	2.51	12.74	1.72	4.00	3.33	0.88	1.81	15.25	1.30
		6		5.076	3.985	0.176	9.33	1.36	2.95	14.76	1.70	4.64	3.89	0.88	2.06	18.36	1.33
5.0	50	3	5.5	2.971	2.332	0.197	7.18	1.55	1.96	11.37	1.96	3.22	2.98	1.00	1.57	12.50	1.34
		4		3.897	3.059	0.197	9.26	1.54	2.56	14.70	1.94	4.16	3.82	0.99	1.96	16.69	1.38
		5		4.803	3.770	0.196	11.21	1.53	3.13	17.79	1.92	5.03	4.64	0.98	2.31	20.90	1.42
		6		5.688	4.465	0.196	13.05	1.52	3.68	20.68	1.91	5.85	5.42	0.98	2.63	25.14	1.46
5.6	56	3	6	3.343	2.624	0.221	10.19	1.75	2.48	16.14	2.20	4.08	4.24	1.13	2.02	17.56	1.48
		4		4.390	3.446	0.220	13.18	1.73	3.24	20.92	2.18	5.28	5.46	1.11	2.52	23.43	1.53
		5		5.415	4.251	0.220	16.02	1.72	3.97	25.42	2.17	6.42	6.61	1.10	2.98	29.33	1.57
		8		8.367	6.568	0.219	23.63	1.68	6.03	37.37	2.11	9.44	9.89	1.09	4.16	47.24	1.68
6.3	63	4	7	4.978	3.907	0.248	19.03	1.96	4.13	30.17	2.46	6.78	7.89	1.26	3.29	33.35	1.70
		5		6.143	4.822	0.248	23.17	1.94	5.08	36.77	2.45	8.25	9.57	1.25	3.90	41.73	1.74
		6		7.288	5.721	0.247	27.12	1.93	6.0	43.03	2.43	9.66	11.20	1.24	4.46	50.14	1.78
		8		9.515	7.469	0.247	34.46	1.90	7.75	54.56	2.40	12.25	14.33	1.23	5.47	67.11	1.85
		10		11.657	9.151	0.246	41.09	1.88	9.39	64.85	2.36	14.56	17.33	1.22	6.36	84.31	1.93
7	70	4	8	5.570	4.372	0.275	26.39	2.18	5.14	41.80	2.74	8.44	10.99	1.40	4.17	45.74	1.86
		5		6.875	5.397	0.275	32.21	2.16	6.32	51.08	2.73	10.32	13.34	1.39	4.95	57.21	1.91
		6		8.160	6.406	0.275	37.77	2.15	7.48	59.93	2.71	12.11	15.61	1.38	5.67	68.73	1.95
		7		9.424	7.398	0.275	43.09	2.14	8.59	68.35	2.69	13.81	17.82	1.38	6.34	80.29	1.99
		8		10.667	8.373	0.274	48.17	2.12	9.68	76.37	2.68	15.43	19.98	1.37	6.98	91.92	2.03

续表

角钢号数	尺寸/mm			截面面积/cm²	理论质量/(kg/m)	外表面积/(m²/m)	参考数值										
							$x-x$			x_0-x_0			y_0-y_0			x_1-x_1	z_0/cm
	b	d	r				I_x/cm⁴	i_x/cm	W_x/cm³	I_{x0}/cm⁴	i_{x0}/cm	W_{x0}/cm³	I_{y0}/cm⁴	i_{y0}/cm	W_{y0}/cm³	I_{x1}/cm⁴	
7.5	75	5	9	7.367	5.818	0.295	39.97	2.33	7.32	63.30	2.92	11.94	16.63	1.50	5.77	70.56	2.04
		6		8.797	6.905	0.294	46.95	2.31	8.64	74.38	2.90	14.02	19.51	1.49	6.67	84.55	2.07
		7		10.160	7.976	0.294	53.57	2.30	9.93	84.96	2.89	16.02	22.18	1.48	7.44	98.71	2.11
		8		11.503	9.030	0.294	59.96	2.28	11.20	95.07	2.88	17.93	24.86	1.47	8.19	112.97	2.15
		10		14.126	11.089	0.293	71.98	2.26	13.64	113.92	2.84	21.48	30.05	1.46	9.56	141.71	2.22
8	80	5	9	7.912	6.211	0.315	48.79	2.48	8.34	77.33	3.13	13.67	20.25	1.60	6.66	85.36	2.15
		6		9.397	7.376	0.314	57.35	2.47	9.87	90.89	3.11	16.08	23.72	1.59	7.65	102.50	2.19
		7		10.860	8.525	0.314	65.58	2.46	11.37	104.07	3.10	18.40	27.09	1.58	8.58	119.70	2.23
		8		12.303	9.658	0.314	73.49	2.44	12.83	116.60	3.08	20.61	30.39	1.57	9.46	136.97	2.27
		10		15.126	11.874	0.313	88.43	2.42	15.64	140.09	3.04	24.76	36.77	1.56	11.08	171.74	2.35
9	90	6	10	10.637	8.350	0.354	82.77	2.79	12.61	131.26	3.51	20.63	34.28	1.80	9.95	145.87	2.44
		7		12.301	9.656	0.354	94.83	2.78	14.54	150.47	3.50	23.64	39.18	1.78	11.19	170.30	2.48
		8		13.944	10.946	0.353	106.47	2.76	16.42	168.97	3.48	26.55	43.97	1.78	12.35	194.80	2.52
		10		17.167	13.476	0.353	128.58	2.74	20.07	203.90	3.45	32.04	53.26	1.76	14.52	244.07	2.59
		12		20.306	15.940	0.352	149.22	2.71	23.57	236.21	3.41	37.12	62.22	1.75	16.49	293.76	2.67
10	100	6	12	11.932	9.366	0.393	114.95	3.10	15.68	181.98	3.90	25.74	47.92	2.00	12.69	200.07	2.67
		7		13.796	10.830	0.393	131.86	3.09	18.10	208.97	3.89	29.55	54.74	1.99	14.26	233.54	2.71
		8		15.638	12.276	0.393	148.24	3.08	20.47	235.07	3.88	33.24	61.41	1.98	15.75	267.09	2.76
		10		19.261	15.120	0.392	179.51	3.05	25.06	284.68	3.84	40.26	74.35	1.96	18.54	344.48	2.84
		12		22.800	17.898	0.391	208.90	3.03	29.48	330.95	3.81	46.80	86.84	1.95	21.08	402.34	2.91
		14		26.256	20.611	0.391	236.53	3.00	33.73	374.06	3.77	52.90	99.00	1.94	23.44	470.75	2.99
		16		29.627	23.257	0.390	262.53	2.98	37.82	414.16	3.74	58.57	110.89	1.94	25.63	539.80	3.06
11	110	7	12	15.196	11.928	0.433	177.16	3.41	22.05	280.94	4.30	36.12	73.38	2.20	17.51	310.64	2.96
		8		17.238	13.532	0.433	199.46	3.40	24.95	316.49	4.28	40.69	82.42	2.19	19.39	355.20	3.01
		10		21.261	16.690	0.432	242.19	3.38	30.60	384.39	4.25	49.42	99.98	2.17	22.91	444.65	3.09
		12		25.200	19.782	0.431	282.55	3.35	36.05	448.17	4.22	57.62	116.93	2.15	26.15	534.60	3.16
		14		29.056	22.809	0.431	320.71	3.32	41.31	508.01	4.18	65.31	133.40	2.14	29.14	625.16	3.24

续表

角钢号数	尺寸/mm			截面面积 /cm^2	理论质量 /（kg/m）	外表面积 /（m^2/m）	参考数值										z_0
							$x-x$			x_0-x_0			y_0-y_0			x_1-x_1	
	b	d	r				I_x /cm^4	i_x /cm	W_x /cm^3	I_{x0} /cm^4	i_{x0} /cm	W_{x0} /cm^3	I_{y0} /cm^4	i_{y0} /cm	W_{y0} /cm^3	I_{x1} /cm^4	z_0 /cm
12.5	125	8	14	19.750	15.504	0.492	297.03	3.88	32.52	470.89	4.88	53.28	123.16	2.50	25.86	521.01	3.37
		10		24.373	19.133	0.491	361.67	3.85	39.97	573.89	4.85	64.93	149.46	2.48	30.62	651.93	3.45
		12		28.912	22.696	0.491	423.16	3.83	40.17	671.44	4.82	75.96	174.88	2.46	35.03	783.42	3.53
		14		33.367	26.193	0.490	481.65	3.80	54.16	763.73	4.78	86.41	199.57	2.45	39.13	915.61	3.61
14	140	10		27.373	21.488	0.551	514.65	4.34	50.58	817.27	5.46	82.56	212.04	2.78	39.20	915.11	3.82
		12		32.512	25.522	0.551	603.68	4.31	59.80	958.79	5.43	96.85	248.57	2.76	45.02	1099.28	3.90
		14		37.567	29.490	0.550	688.81	4.28	68.75	1093.56	5.40	110.47	284.06	2.75	50.45	1284.22	3.98
		16		42.539	33.393	0.549	770.24	4.26	77.46	1221.81	5.36	123.42	318.67	2.74	55.55	1470.07	4.06
16	160	10	16	31.502	24.729	0.630	779.53	4.98	66.70	1237.30	6.27	109.36	321.76	3.20	52.76	1365.33	4.31
		12		37.411	29.391	0.630	916.58	4.95	78.98	1455.68	6.24	128.67	377.49	3.18	60.74	1639.57	4.39
		14		43.296	33.987	0.629	1048.36	4.92	90.95	1665.02	6.20	147.17	431.70	3.16	68.24	1914.68	4.47
		16		49.067	38.518	0.629	1175.08	4.89	102.63	1865.57	6.17	164.89	484.59	3.14	75.31	2190.82	4.55
18	180	12		42.241	33.159	0.710	1321.35	5.59	100.82	2100.10	7.05	165.00	542.61	3.58	78.41	2332.80	4.89
		14		48.896	38.388	0.709	1514.48	5.56	116.25	2407.42	7.02	189.14	625.53	3.56	88.38	2723.48	4.97
		16		55.467	43.542	0.709	1700.99	5.54	131.13	2703.37	6.98	212.40	698.60	3.55	97.83	3115.29	5.05
		18		61.955	48.634	0.708	1875.12	5.50	145.64	2988.24	6.94	234.78	762.01	3.51	105.14	3502.43	5.13
20	200	14	18	54.642	42.894	0.788	2103.55	6.20	144.70	3343.26	7.82	236.40	863.83	3.98	111.82	3734.10	5.46
		16		62.013	48.680	0.788	2366.15	6.18	163.65	3760.89	7.79	265.93	971.41	3.96	123.96	4270.39	5.54
		18		69.301	54.401	0.787	2620.64	6.15	182.22	4164.54	7.75	294.48	1076.74	3.94	135.52	4808.13	5.62
		20		76.505	60.056	0.787	2867.30	6.12	200.42	4554.55	7.72	322.06	1180.04	3.93	146.55	5347.51	5.69
		24		90.661	71.168	0.785	3338.25	6.07	236.17	5294.97	7.64	374.41	1381.53	3.90	166.55	6457.16	5.87

二、热轧不等边角钢

符号意义：

B ——长边宽度；　　b ——短边宽度；

d ——边厚；　　r ——内圆弧半径；

r_1 ——边端内圆弧半径；　　I ——惯性矩；

i ——惯性半径；　　W ——截面系数；

x_0 ——重心距离；　　y_0 ——重心距离。

角钢号数	尺寸/mm				截面面积/cm^2	理论质量/（kg/m）	外表面积/（m^2/m）	参考数值													
								$x-x$			$y-y$			x_1-x_1		y_1-y_1		$u-u$			
	B	b	d	r				I_x /cm^4	i_x /cm	W_x /cm^3	I_y /cm^4	i_y /cm	W_y /cm^3	I_{x1} /cm^4	y_0 /cm	I_{y1} /cm^4	x_0 /cm	I_u /cm^4	i_u /cm	W_u /cm^3	$\tan\alpha$
2.5/1.6	25	16	3	3.5	1.162	0.912	0.080	0.70	0.78	0.43	0.22	0.44	0.19	1.56	0.86	0.43	0.42	0.14	0.34	0.16	0.392
			4		1.499	1.176	0.079	0.88	0.77	0.55	0.27	0.43	0.24	2.09	0.90	0.59	0.46	0.17	0.34	0.20	0.381
3.2/2	32	20	3		1.492	1.171	0.102	1.53	1.01	0.72	0.46	0.55	0.30	3.27	1.08	0.82	0.49	0.28	0.43	0.25	0.382
			4		1.939	1.522	0.101	1.93	1.00	0.93	0.57	0.54	0.39	4.37	1.12	1.12	0.53	0.35	0.42	0.32	0.374
4/2.5	40	25	3	4	1.890	1.484	0.127	3.08	1.28	1.15	0.93	0.70	0.49	6.39	1.32	1.59	0.59	0.56	0.54	0.40	0.386
			4		2.467	1.936	0.127	3.93	1.26	1.49	1.18	0.69	0.63	8.53	1.37	2.14	0.63	0.71	0.54	0.52	0.381
4.5/2.8	45	28	3	5	2.149	1.687	0.143	4.45	1.44	1.47	1.34	0.79	0.62	9.10	1.47	2.23	0.64	0.80	0.61	0.51	0.383
			4		2.806	2.203	0.143	5.69	1.42	1.91	1.70	0.78	0.80	12.13	1.51	3.00	0.68	1.02	0.60	0.66	0.380
5/3.2	50	32	3	5.5	2.431	1.908	0.161	6.24	1.60	1.84	2.02	0.91	0.82	12.49	1.60	3.31	0.73	1.20	0.70	0.68	0.404
			4		3.177	2.494	0.160 8.02	8.02	1.59	2.39	2.58	0.90	1.06	16.65	1.65	4.45	0.77	1.53	0.60	0.87	0.402
5.6/3.6	56	36	3	6	2.743	2.153	0.181	8.88	1.80	2.32	2.92	1.03	1.05	17.54	1.78	4.70	0.80	1.73	0.79	0.87	0.408
			4		3.590	2.818	0.180	11.45	1.79	3.03	3.76	1.02	1.37	23.39	1.82	6.33	0.85	2.23	0.79	1.13	0.408
			5		4.415	3.466	0.180	13.86	1.77	3.71	4.49	1.01	1.65	29.25	1.87	7.94	0.88	2.67	0.78	1.36	0.404

续表

角钢号数	尺寸/mm				截面面积/cm^2	理论质量/（kg/m）	外表面积/（m^2/m）	参考数值													
								$x-x$			$y-y$			x_1-x_1		y_1-y_1		$u-u$			
	B	b	d	r				I_x/cm^4	i_x/cm	W_x/cm^3	I_y/cm^4	i_y/cm	W_y/cm^3	I_{x1}/cm^4	y_0/cm	I_{y1}/cm^4	x_0/cm	I_u/cm^4	i_u/cm	W_u/cm^3	$\tan\alpha$
6.3/4	63	40	4	7	4.058	3.185	0.202	16.49	2.02	3.87	5.23	1.14	1.70	33.30	2.04	8.63	0.92	3.12	0.88	1.40	0.398
			5		4.993	3.920	0.202	20.02	2.00	4.74	6.31	1.12	2.71	41.63	2.08	10.86	0.95	3.76	0.87	1.71	0.396
			6		5.908	4.638	0.201	23.36	1.96	5.59	7.29	1.11	2.43	49.98	2.12	13.12	0.99	4.34	0.86	1.99	0.393
			7		6.802	5.339	0.201	26.53	1.98	6.40	8.24	1.10	2.78	58.07	2.15	15.47	1.03	4.97	0.86	2.29	0.389
7/4.5	70	45	4	7.5	4.547	3.570	0.226	23.17	2.26	4.86	7.55	1.29	2.17	45.92	2.24	12.26	1.02	4.40	0.98	1.77	0.410
			5		5.609	4.403	0.225	27.95	2.23	5.92	9.13	1.28	2.65	57.10	2.28	15.39	1.06	5.40	0.98	2.19	0.407
			6		6.647	5.218	0.225	32.54	2.21	6.95	10.62	1.26	3.12	68.35	2.32	18.58	1.09	6.35	0.98	2.59	0.404
			7		7.657	6.011	0.225	37.22	2.20	8.03	12.01	1.25	3.57	79.99	2.36	21.84	1.13	7.16	0.97	2.94	0.402
7.5/5	75	50	5	8	6.125	4.808	0.245	34.86	2.39	6.83	12.61	1.44	3.30	70.00	2.40	21.04	1.17	7.41	1.10	2.74	0.435
			6		7.260	5.699	0.245	41.12	2.38	8.12	14.70	1.42	3.88	84.30	2.44	25.37	1.21	8.54	1.08	3.19	0.435
			8		9.467	7.431	0.244	52.39	2.35	10.52	18.53	1.40	4.99	112.50	2.52	34.23	1.29	10.87	1.07	4.10	0.429
			10		11.590	9.098	0.244	62.71	2.33	12.79	21.96	1.38	6.04	140.80	2.60	43.43	1.36	13.10	1.06	4.99	0.423
8/5	80	50	5	8	6.375	5.005	0.255	41.96	2.56	7.78	12.82	1.42	3.32	85.21	2.60	21.06	1.14	7.66	1.10	2.74	0.388
			6		7.560	5.935	0.255	49.49	2.56	9.25	14.95	1.41	3.91	102.53	2.65	25.41	1.18	8.85	1.08	3.20	0.387
			7		8.724	6.848	0.255	56.16	2.54	10.58	16.96	1.39	4.48	119.33	2.69	29.82	1.21	10.18	1.08	3.70	0.384
			8		9.867	7.745	0.254	62.83	2.52	11.92	18.85	1.38	5.03	136.41	2.73	34.32	1.25	11.38	1.07	4.16	0.381
9/ 5.6	90	56	5	9	7.212	5.661	0.287	60.45	2.90	9.92	18.32	1.59	4.21	121.32	2.91	29.53	1.25	10.98	1.23	3.49	0.385
			6		8.557	6.717	0.286	71.03	2.88	11.74	21.42	1.58	4.96	145.59	2.95	35.58	1.29	12.90	1.23	4.18	0.384
			7		9.880	7.756	0.286	81.01	2.86	13.49	24.36	1.57	5.70	169.66	3.00	41.71	1.33	14.67	1.22	4.72	0.382
			8		11.183	8.779	0.286	91.03	2.85	15.27	27.15	1.56	6.41	194.17	3.04	47.93	1.36	16.34	1.21	5.29	0.380
10/6.3	100	63	6	10	9.617	7.550	0.320	99.06	3.21	14.64	30.94	1.79	6.35	199.71	3.24	50.50	1.43	18.42	1.38	5.25	0.394
			7		11.111	8.722	0.320	113.45	3.20	16.88	35.26	1.78	7.29	233.00	3.28	59.14	1.47	21.00	1.38	6.02	0.393
			8		12.584	9.878	0.319	127.37	3.18	19.08	39.39	1.77	8.21	266.32	3.32	67.88	1.50	23.50	1.37	6.78	0.391
			10		15.467	12.142	0.319	153.81	3.15	23.32	47.12	1.74	9.98	333.06	3.40	85.73	1.58	28.33	1.35	8.24	0.387

续表

角钢号数	尺寸/mm				截面面积/cm^2	理论质量/（kg/m）	外表面积/（m^2/m）	参考数值														
								$x-x$			$y-y$			x_1-x_1		y_1-y_1		$u-u$			
	B	b	d	r				I_x/cm^4	i_x/cm	W_x/cm^3	I_y/cm^4	i_y/cm	W_y/cm^3	I_{x1}/cm^4	y_0/cm	I_{y1}/cm^4	x_0/cm	I_u/cm^4	i_u/cm	W_u/cm^3	$\tan\alpha$
10/8	100	80	6	10	10.637	8.350	0.354	107.04	3.17	15.19	61.24	2.40	10.16	199.83	2.95	102.68	1.97	31.65	1.72	8.37	0.627
			7		12.304	9.656	0.354	122.73	3.16	17.52	70.08	2.39	11.71	233.20	3.00	119.98	2.01	36.17	1.72	9.60	0.626
			8		13.944	10.946	0.353	137.92	3.14	19.81	78.58	2.37	13.21	266.61	3.04	137.37	2.05	40.58	1.71	10.80	0.625
			10		17.167	13.176	0.353	166.87	3.12	24.24	94.65	2.35	16.12	333.63	3.12	172.48	2.13	49.10	1.69	13.12	0.622
11/7	110	70	6	10	10.637	8.350	0.354	133.37	3.54	17.85	42.92	2.01	7.90	265.78	3.53	69.08	1.57	25.36	1.54	6.53	0.403
			7		12.301	9.656	0.354	153.00	3.53	20.60	49.01	2.00	9.09	310.07	3.57	80.82	1.61	28.95	1.53	7.50	0.402
			8		13.944	10.946	0.353	172.04	3.51	23.30	54.87	1.98	10.25	354.39	3.62	92.70	1.65	32.45	1.53	8.45	0.401
			10		17.167	13.476	0.353	208.39	3.48	28.54	65.88	1.96	12.48	443.13	3.70	116.83	1.72	39.20	1.51	10.29	0.397
12.5/8	125	80	7	11	14.096	11.066	0.403	227.98	4.02	26.86	74.42	2.30	12.01	454.99	4.01	120.32	1.80	43.81	1.76	9.92	0.408
			8		15.989	12.551	0.403	256.77	4.01	30.41	83.49	2.28	13.56	519.99	4.06	137.85	1.84	49.75	1.75	11.18	0.407
			10		19.712	15.474	0.402	312.04	3.98	37.33	100.67	2.26	16.56	650.09	4.14	173.40	1.92	59.45	1.74	13.64	0.404
			12		23.351	18.330	0.402	364.41	3.95	44.01	116.67	2.24	19.43	780.39	4.22	209.67	2.00	69.35	1.72	16.01	0.400
14/9	140	90	8	12	18.038	14.160	0.453	365.64	4.50	38.48	120.69	2.59	17.34	730.53	4.50	195.79	2.04	70.83	1.98	14.31	0.411
			10		22.261	17.475	0.452	445.50	4.47	47.31	146.03	2.56	21.22	913.20	4.58	245.92	2.12	85.82	1.96	17.48	0.409
			12		26.400	20.724	0.451	521.59	4.44	55.87	169.79	2.54	24.95	1096.09	4.66	296.89	2.19	100.21	1.95	20.54	0.406
			14		30.456	23.908	0.451	594.10	4.42	64.18	192.10	2.51	28.54	1279.26	4.74	348.82	2.27	114.13	1.94	23.52	0.403
16/10	160	100	10	13	25.315	19.872	0.512	668.69	5.14	62.13	205.03	2.85	26.56	1362.89	5.24	336.59	2.28	121.74	2.19	21.92	0.390
			12		30.054	23.592	0.511	784.91	5.11	73.49	239.06	2.82	31.28	1635.56	5.32	405.94	2.36	142.33	2.17	25.79	0.388
			14		34.709	27.247	0.510	896.30	5.08	84.56	271.20	2.80	35.83	1908.50	5.40	476.42	2.43	162.23	2.16	29.56	0.385
			16		39.281	30.835	0.510	1003.04	5.05	95.33	301.60	2.77	40.24	2181.79	5.48	548.22	2.51	182.57	2.16	33.44	0.382
18/11	180	110	10	14	28.373	22.273	0.571	956.25	5.80	78.96	278.11	3.13	32.49	1940.40	5.89	447.22	2.44	166.50	2.42	26.88	0.376
			12		33.712	26.464	0.571	1124.72	5.78	93.53	325.03	3.10	38.32	2328.38	5.98	538.94	2.52	194.87	2.40	31.66	0.374
			14		38.967	30.589	0.570	1286.91	5.75	107.76	369.55	3.08	43.97	2716.60	6.06	631.95	2.59	222.30	2.39	36.32	0.372
			16		44.139	34.649	0.569	1443.06	5.72	121.64	411.85	3.06	49.44	3105.15	6.14	726.46	2.67	248.94	2.38	40.87	0.369
20/12.5	200	125	12	14	37.912	29.761	0.641	1570.90	6.44	116.73	483.16	3.57	49.99	3193.85	6.54	787.74	2.83	285.79	2.74	41.23	0.392
			14		43.867	34.436	0.640	1800.97	6.41	134.65	550.83	3.54	57.44	3726.17	6.62	922.47	2.91	326.58	2.73	47.34	0.390
			16		49.739	39.045	0.639	2023.35	6.38	152.18	615.44	3.52	64.69	4258.86	6.70	1058.86	2.99	366.21	2.71	53.32	0.388
			18		55.526	43.588	0.639	2238.30	6.35	169.33	677.19	3.49	71.74	4792.00	6.78	1197.13	3.06	404.83	2.70	59.18	0.385

三、热轧普通工字钢

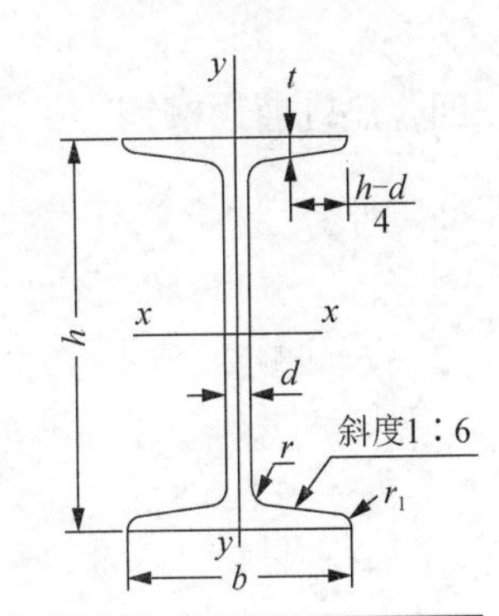

符号意义：

h ——高度；　　　　r_1 ——腿端圆弧半径；

b ——腿宽；　　　　I ——惯性矩；

d ——腰厚；　　　　W ——截面系数；

t ——平均腿厚；　　i ——惯性半径；

r ——内圆弧半径；　S ——半截面的面积矩。

型号	尺寸/mm						截面面积/（cm^2）	理论质量/（kg/m）	参考数值						
									$x-x$				$y-y$		
	h	b	d	t	r	r_1			I_x /cm^4	W_x /cm^3	i_x /cm	$I_x : S_x$ /cm	I_y /cm^4	W_y /cm^3	i_y /cm
10	100	68	4.5	7.6	6.5	3.3	14.3	11.2	245	49	4.14	8.59	33	9.72	1.52
12.6	126	74	5	8.4	7	3.5	18.1	14.2	488.43	77.529	5.195	10.85	46.906	12.677	1.609
14	140	80	5.5	9.1	7.5	3.8	21.5	16.9	712	102	5.76	12	64.4	16.1	1.73
16	160	88	6	9.9	8	4	26.1	20.5	1130	141	6.58	13.8	93.1	21.2	1.89
18	180	94	6.5	10.7	8.5	4.3	30.6	24.1	1660	185	7.36	15.4	122	26	2
20a	200	100	7	11.4	9	4.5	35.5	27.9	2370	237	8.15	17.2	158	31.5	2.12
20b	200	102	9	11.4	9	4.5	39.5	31.1	2500	250	7.96	16.9	169	33.1	2.06
22a	220	110	7.5	12.3	9.5	4.8	42	33	3400	309	8.99	18.9	225	40.9	2.31
22b	220	112	9.5	12.3	9.5	4.8	46.4	36.4	3570	325	8.78	18.7	239	42.7	2.27
25a	250	116	8	13	10	5	48.5	38.1	5023.54	401.88	10.18	21.58	280.046	48.283	2.403
25b	250	118	10	13	10	5	53.5	42	5283.96	422.72	9.938	21.27	309.297	52.423	2.404
28a	280	122	8.5	13.7	10.5	5.3	55.45	43.4	7114.14	508.15	11.32	24.62	345.051	56.565	2.495
28b	280	124	10.5	13.7	10.5	5.3	61.05	47.9	7480	534.29	11.08	24.24	379.496	61.209	2.493
32a	320	130	9.5	15	11.5	5.8	67.05	52.7	11075.5	692.2	12.84	27.46	459.93	70.758	2.619
32b	320	132	11.5	15	11.5	5.8	73.45	57.7	11621.4	726.33	12.58	27.09	501.53	75.989	2.614
32c	320	134	13.5	15	11.5	5.8	79.95	62.8	12167.5	760.47	12.34	26.77	543.81	81.166	2.608
36a	360	136	10	15.8	12	6	76.3	59.9	15760	875	14.4	30.7	552	81.2	2.69
36b	360	138	12	15.8	12	6	83.5	65.6	16530	919	14.1	30.3	582	84.3	2.64
36c	360	140	14	15.8	12	6	90.7	71.2	17310	962	13.8	29.9	612	87.4	2.6
40a	400	142	10.5	16.5	12.5	6.3	86.1	67.6	21720	1090	15.9	34.1	660	93.2	2.77
40b	400	144	12.5	16.5	12.5	6.3	94.1	73.8	22780	1140	15.6	33.6	692	96.2	2.71
40c	400	146	14.5	16.5	12.5	6.3	102	80.1	23850	1190	15.2	33.2	727	99.6	2.65
45a	450	150	11.5	18	13.5	6.8	102	80.4	32240	1430	17.7	38.6	855	114	2.89
45b	450	152	13.51	18	13.5	6.8	111	87.4	33760	1500	17.4	38	894	118	2.84
45c	450	154	5.5	18	13.5	6.8	120	94.5	35280	1570	17.1	37.6	938	122	2.79
50a	500	158	12	20	14	7	119	93.6	46470	1860	19.7	42.8	1120	142	3.07
50b	500	160	14	20	14	7	129	101	48560	1940	19.4	42.4	1170	146	3.01
50c	500	162	16	20	14	7	139	109	50640	2080	19	41.8	1220	151	2.96
56a	560	166	12.5	21	14.5	7.3	135.25	106.2	65585.6	2342.31	22.02	47.73	1370.16	165.08	3.182
56b	560	168	14.5	21	14.5	7.3	146.45	115	68512.5	2446.69	21.63	47.17	1486.75	174.25	3.162
56c	560	170	16.5	21	14.5	7.3	157.85	123.9	71439.4	2551.41	21.27	46.66	1558.39	183.34	3.158
63a	630	176	13	22	15	7.5	154.9	121.6	93916.2	2981.47	24.62	54.17	1700.55	193.24	3.314
63b	630	178	15	22	15	7.5	167.5	131.5	98083.6	3163.98	24.2	53.51	1812.07	203.6	3.289
63c	630	180	17	22	15	7.5	180.1	141	102251.1	3298.42	23.82	52.92	1924.91	213.88	3.268

四、热轧普通槽钢

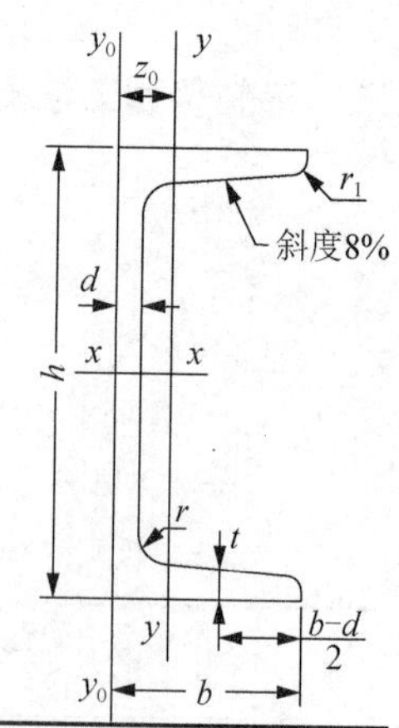

符号意义：

h ——高度；　　r_1 ——腿端圆弧半径；

b ——腿宽；　　I ——惯性矩；

d ——腰厚；　　W ——截面系数；

t ——平均腿厚；　　i ——惯性半径；

r ——内圆弧半径；　　z_0 —— $y-y$ 与 y_0-y_0 轴线间距离。

型号	尺寸/mm						截面面积/cm²	理论质量/(kg/m)	参考数值								
									$x-x$			$y-y$			y_0-y_0	z_0/cm
	h	b	d	t	r	r_1			W_x/cm³	I_x/cm⁴	i_x/cm	W_y/cm³	I_y/cm⁴	i_y/cm	I_{y0}/cm⁴	
5	50	37	4.5	7	7	3.5	6.93	5.44	10.4	26	1.94	3.55	8.3	1.1	20.9	1.35
6.3	63	40	4.8	7.5	7.5	3.75	8.444	6.63	16.123	50.786	2.453	4.50	11.872	1.185	28.38	1.36
8	80	43	5	8	8	4	10.24	8.04	25.3	101.3	3.15	5.79	16.6	1.27	37.4	1.43
10	100	48	5.3	8.5	8.5	4.25	12.74	10	39.7	198.3	3.95	7.8	25.6	1.41	54.9	1.52
12.6	126	53	5.5	9	9	4.5	15.69	12.37	62.137	391.466	4.953	10.242	37.99	1.567	77.09	1.59
14a	140	58	6	9.5	9.5	4.75	18.51	14.53	80.5	563.7	5.52	13.01	53.2	1.7	107.1	1.71
14b	140	60	8	9.5	9.5	4.75	21.31	16.73	87.1	609.4	5.35	14.12	61.1	1.69	120.6	1.67
16a	160	63	6.5	10	10	5	21.95	17.23	108.3	866.2	6.28	16.3	73.3	1.83	144.1	1.8
16b	160	65	8.5	10	10	5	25.15	19.74	116.8	934.5	6.1	17.55	83.4	1.82	160.8	1.75
18a	180	68	7	10.5	10.5	5.25	25.69	20.17	141.4	1272.7	7.04	20.03	98.6	1.96	189.7	1.88
18b	180	70	9	10.5	10.5	5.25	29.29	22.99	152.2	1369.9	6.84	21.52	111	1.95	210.1	1.84
20a	200	73	7	11	11	5.5	28.83	22.63	178	1780.4	7.86	24.2	128	2.11	244	2.01
20b	200	75	9	11	11	5.5	32.83	25.77	191.4	1913.7	7.64	25.88	143.6	2.09	268.4	1.95
22a	220	77	7	11.5	11.5	5.75	31.84	24.99	217.6	2393.9	8.67	28.17	157.8	2.23	298.2	2.1
22b	220	79	9	11.5	11.5	5.75	36.24	28.45	233.8	2571.4	8.42	30.05	176.4	2.21	326.3	2.03
25a	250	78	7	12	12	6	34.91	27.47	269.597	3369.62	9.823	30.607	175.529	2.243	322.256	2.065
25b	250	80	9	12	12	6	39.91	31.39	282.402	3530.04	9.405	32.657	196.421	2.218	353.187	1.982
25c	250	82	11	12	12	6	44.91	35.32	295.236	3690.45	9.065	35.926	218.415	2.206	384.133	1.921
28a	280	82	7.5	12.5	12.5	6.25	40.02	31.42	340.328	4764.59	10.91	35.718	217.989	2.333	387.566	2.097
28b	280	84	9.5	12.5	12.5	6.25	45.62	35.81	366.46	5130.45	10.6	37.929	242.144	2.304	427.589	2.016
28c	280	86	11.5	12.5	12.5	6.25	51.22	40.21	392.594	5496.32	10.35	40.301	267.602	2.286	426.597	1.951
32a	320	88	8	14	14	7	48.7	38.22	474.879	7598.06	12.49	46.473	304.787	2.502	552.31	2.242
32b	320	90	10	14	14	7	55.1	43.25	509.012	8144.2	12.15	49.157	336.332	2.471	592.933	2.158
32c	320	92	12	14	14	7	61.5	48.28	543.145	8690.33	11.88	52.642	374.175	2.467	643.299	2.092
36a	360	96	9	16	16	8	60.89	47.8	659.7	11874.2	13.97	63.54	455	2.73	818.4	2.44
36b	360	98	11	16	16	8	68.09	53.45	702.9	12651.8	13.63	66.85	496.7	2.7	880.4	2.37
36c	360	100	13	16	16	8	75.29	50.1	746.1	13429.4	13.36	70.02	536.4	2.67	947.9	2.34
40a	400	100	10.5	18	18	9	75.05	58.91	878.9	17577.9	15.30	78.83	592	2.81	1067.7	2.49
40b	400	102	12.5	18	18	9	83.05	65.19	932.2	18644.5	14.98	82.52	640	2.78	1135.6	2.44
40c	400	104	14.5	18	18	9	91.05	71.47	985.6	19711.2	14.71	86.19	687.8	2.75	1220.7	2.42